M. W. PENTKOWSKI

NOMOGRAPHIE

NOMOGRAPHIE

VON

M. W. PENTKOWSKI

MIT 149 ABBILDUNGEN IM TEXT

1 9 5 3

AKADEMIE-VERLAG · BERLIN

М. В. Пентковский, Номография
Erschienen im Staatsverlag für technisch-theoretische Literatur der UdSSR 1949

Die Redaktion des russischen Originals wurde durchgeführt vom
korrespondierenden Mitglied der Akademie der Wissenschaften der UdSSR
N. W. GERSEWANOW

Übersetzt aus dem Russischen von Manfred Peschel
Wissenschaftliche Redaktion: Joh. Fischer,
Mitarbeiter am Institut für Physikalische Hydrographie
der Deutschen Akademie der Wissenschaften zu Berlin

Die Herausgabe der deutschen Übersetzung wurde gefördert vom Kulturfonds
der Deutschen Demokratischen Republik

Erschienen im Akademie-Verlag GmbH., Berlin W 8, Mohrenstraße 39
Lizenz-Nr. 202 · 100/85/52

Satz und Druck: Druckerei „Magnus Poser" Zweigbetrieb Jena
Bestell- und Verlagsnummer 5089
Printed in Germany

VORWORT DES HERAUSGEBERS

Die Anregung, dieses Buch auch den deutschen Lesern zugänglich zu machen, verdankt der Herausgeber dem Vizepräsidenten der Deutschen Akademie der Wissenschaften zu Berlin und Direktor des Instituts für Physikalische Hydrographie, Herrn Prof. Dr. HANS ERTEL, der das Original anläßlich einer Delegationsreise nach der UdSSR im Jahre 1951 von dort mitbrachte.

Das vorliegende Buch nimmt unter allen bisherigen in Deutschland bekanntgewordenen in- und ausländischen Werken über Nomographie eine Sonderstellung ein. Es setzt voraus, daß der Leser die einfachsten Methoden des Nomogrammansatzes kennt und in seiner Berufspraxis vielleicht schon einige Nomogramme berechnet und gezeichnet hat, so daß ihm zumindest die begrifflichen Grundlagen von Nomogrammen bekannt sind.

Die besondere Methodik dieses Buches liegt darin, daß nur einige wenige Formeln aus der Ingenieurspraxis nomographisch dargestellt werden. Diese werden aber unter verschiedenen Gesichtspunkten angesetzt und diskutiert. Es wird in jedem Falle erläutert, welche Forderungen an das Nomogramm gestellt wurden und aus welchen Gründen man sich für eine bestimmte Darstellung entschied. Dabei stehen Betrachtungen über Ablesegenauigkeit, ökonomische Platzausnutzung und Vermeidung spitzer Schnitte im Vordergrund. Daß auch der ästhetische Eindruck nicht zu kurz kommt, wird der Leser ebenfalls mit Befriedigung vermerken. Aus diesen Gründen dürfte das Buch gerade für den Nomogrammpraktiker von Nutzen sein. Das Buch schließt sich etwa an die bestens bekannten und bewährten Bücher von SCHWERDT [1], LUCKEY [5, 6], ZÜHLKE [8] und KIESSLER [4] an und bereitet den Weg zum Verständnis der Standardwerke SCHWERDTS [2, 3] vor.

Nachstehend seien hier für den deutschen Leser einige Werke genannt, die nicht nur wegen ihrer grundlegenden Ausführungen, sondern auch wegen ihres folgerichtigen Aufbaus seit Jahren immer wieder zur Hand genommen werden, weil sie dem Entwerfer und Berechner von Nomogrammen wertvolle Hilfe leisten:

[1] SCHWERDT, H.: Einführung in die praktische Nomographie. Salle, Berlin 1927.

[2] SCHWERDT, H.: Lehrbuch der Nomographie. Springer-Verlag, Berlin 1924.

[3] SCHWERDT, H.: Die Anwendung der Nomographie in der Mathematik. Springer-Verlag, Berlin 1931.

[4] KIESSLER, F.: Angewandte Nomographie, Teil I und II. Girardet, Essen 1952.

[5] LUCKEY, P.: Einführung in die Nomographie. Teubner, Leipzig 1949.

[6] LUCKEY, P.: Nomographie. Teubner, Leipzig 1949.
[7] PIRANI-RUNGE: Graphische Darstellung in Wissenschaft und Technik. Göschen 728, Berlin (Neuauflage in Vorbereitung).
[8] ZÜHLKE, M.: Wirtschaftlich rechnen. Westermann, Berlin 1952.

Auch sei in diesem Zusammenhang auf die reichhaltige Literaturzusammenstellung hingewiesen, die GLAGOLEW seinem Werk:

Handbuch der Nomographie, Moskau 1937,

beigefügt hat.

Dem Vizepräsidenten der Deutschen Akademie der Wissenschaften zu Berlin, Herrn Prof. Dr. HANS ERTEL, für stete Förderung und wertvolle Ratschläge bei der Bearbeitung dieses Buches auch an dieser Stelle den ergebensten Dank auszusprechen, ist dem Herausgeber aufrichtiges Bedürfnis.

Dem Übersetzer, Herrn stud. rer. nat. MANFRED PESCHEL, gebührt der Dank für die mit Fleiß und Umsicht durchgeführte Gesamtübersetzung des Werkes aus dem russischen Original.

Dem Zeichner, Herrn RICHARD SCHÖN, dankt der Herausgeber für die saubere und gewissenhafte Neuanfertigung aller Abbildungen, die ein großes Maß an Geschicklichkeit erforderten.

Der Akademie-Verlag zu Berlin verdient den besonderen Dank des Herausgebers für die verständnisvolle Berücksichtigung drucktechnischer Vorschläge.

Mit dem Wunsche, daß dieses Buch zur Förderung der Nomographie beitragen und darüber hinaus den Leser auch zum Entwurf gut durchdachter Nomogramme anregen möge, übergibt der Herausgeber dieses Buch der Fachwelt.

Joh. Fischer

VORWORT DES REDAKTEURS

Ein wesentlicher Teil des vorliegenden Leitfadens der Nomographie behandelt die Entwicklung technischer Methoden, die es ermöglichen, Nomogramme aufzubauen, welche den an sie gestellten Genauigkeitsanforderungen entsprechen.

Während die bis zu dieser Zeit über diesen Gegenstand erschienenen Aufsätze hauptsächlich auf die Prinzipien der Nomographierung dieser oder jener Formel und ihren Zusammenhang mit dem geometrischen Charakter der Darstellung beschränkt bleiben, wobei Fragen der Bequemlichkeit und Zweckmäßigkeit der Nomogramme nur nebenbei flüchtig behandelt wurden, wird im vorliegenden Buch gerade diesem zweiten Teil größte Aufmerksamkeit gewidmet. Dadurch, daß der Autor besonders ausgearbeitete Verfahren anführt, zu denen man bei der praktischen Konstruktion von Nomogrammen greifen muß, schließt er den Kreis der Methoden, um die Aufgaben der Praxis zu lösen. Hierher gehören die besonderen Verfahren, die es gestatten, die Variablen mit gegebener Genauigkeit entweder mit absoluter oder relativer Genauigkeit, darzustellen; die besonderen Verfahren, wie man Nomogramme in Netze umwandelt; die Anwendung von Schemata, die Nomogrammskelette heißen. Mit allen diesen Verfahren erreicht man die endgültige Formgebung, die einem Nomogramm sein vollendetes Aussehen und seinen praktischen Wert verleiht.

Unter diesen Bedingungen muß man annehmen, daß dieses Buch besonders den Ingenieuren nützlich sein wird, die für technische Zwecke nomographische Hilfsmittel und Zeichnungen herstellen.

VORWORT DES AUTORS

Unser Land hat sich in einen mächtigen Industriestaat verwandelt. Die Zahl seiner Werke und Fabriken, seiner Eisenbahnen und Schächte vermehrt sich, seine Landwirtschaft wurde mechanisiert. Die schöpferische Arbeit von Millionen Sowjetmenschen, ausgerüstet mit der neuzeitlichen Technik, ist auf den Aufbau des Kommunismus gerichtet.

Die neuzeitliche Technik, ihr Aufbau und ihre Anwendung wird von einer großen Menge Berechnungen begleitet, welche in wissenschaftlichen Forschungsinstituten und Laboratorien, in Konstruktions- und Projektionsbüros, in den Werken, Schächten und auf dem Lande durchgeführt werden. Viele Leute sind mit Berechnungen beschäftigt, die enorm viel Zeit verschlingen. Manchmal erschweren komplizierte Berechnungen die Anwendung einer vollendeteren Technik, eine in die Breite gehende Einführung besserer Arbeitsmethoden.

Die wichtigste Aufgabe besteht darin, Methoden zu entwickeln, die, verbunden mit der Anwendung von Berechnungen, zum Gemeinbesitz der breitesten Massen werden, um Zehntausende qualifizierter Arbeiter von ermüdender und einförmiger Rechenarbeit zu befreien. Das bedeutet, neue Menschenreserven für unsere Volkswirtschaft freizumachen, Millionen Rubel zu sparen, Planung und Bau zu beschleunigen.

Eine große Rolle muß dabei die Nomographie spielen. Nomogramme sind die einfachsten Rechenhilfsmittel. Ihr Gebrauch ist bequem. Nach einem Nomogramm kann man die Lösung schnell ermitteln, die Zeitersparnis ist hierbei groß. Nomogramme erfordern auch keine besondere Qualifikation, um mit ihnen Berechnungen durchzuführen. In den Händen der Konstrukteure und Forscher finden die Nomogramme noch eine andere ganz wichtige Anwendung. Da die Nomogramme die Abhängigkeiten zwischen den gegebenen, durch Rechenformeln ausgedrückten Größen darstellen, gestatten sie, diese Abhängigkeiten anschaulich zu machen und neue physikalische Eigenschaften der Erscheinungen oder Eigenschaften von Konstruktionen zu entdecken, die infolge der Kompliziertheit ihrer analytischen Form unentdeckt geblieben und nicht enträtselt worden wären. Ungeachtet des offensichtlichen Vorteils der nomographischen Methoden, werden diese verhältnismäßig selten und nicht wirksam genug angewandt. Dies erklärt sich einerseits durch die geringe Kenntnis, die breite Kreise von den Möglichkeiten der Nomographie haben; andererseits gibt die Mehrzahl der über Nomographie existierenden Leitfäden keine Antwort auf die grundlegenden Fragen der Praxis: wie groß ist die Genauigkeit bei Berechnungen an Nomogrammen, wie muß ein Nomogramm aufgebaut sein, um Berechnungen mit gegebener Genauigkeit durchzuführen, und wie kann man ein solches Nomogramm möglichst einfach konstruieren? Die Unfähigkeit, den Anwendungsbereich eines gegebenen Nomogramms zu bestimmen, führt oft zur Anwendung des Nomogramms auf Fälle, für die es nicht bestimmt ist; dies wiederum führt zu Mißverständnissen und zu Enttäuschungen bei der Verwendung nomographischer Methoden. Hier muß man auch die weitverbreitete irrige Meinung erwähnen, daß es unmöglich sei, Nomogramme für Berechnungen mit großer Genauigkeit anzuwenden.

Im vorliegenden Buch werden die Darstellungsmöglichkeiten mathematischer Formeln (analytischer Abhängigkeiten) durch Nomogramme und die Gebrauchsregeln verschiedener Nomogramme dargelegt.

Neben der Darlegung der allgemeinen Theorie der Nomogrammkonstruktionen wird in ihm eine systematische Analyse der Abhängigkeit zwischen der äußeren Form eines Nomogramms und der Ungenauigkeit der mit ihm erzielten Resultate durchgeführt; es werden auch die Methoden aufgezeigt, die eine Lösung mit gegebener Genauigkeit liefern. Dadurch unterscheidet sich dieses Buch bedeutend von anderen Büchern, die der Nomographie gewidmet sind. Das konkrete Herangehen an das Nomogramm, als eines Rechenhilfsmittels, das die Bedingungen seiner praktischen Bestimmung erfüllen muß, ist nur der sowjetischen Nomographie eigen. Diese Stellung der Nomographie wurde zum erstenmal von N. M. Gersewanow in seinen „Grundlagen der Nomographie" klar umrissen und in dem Buch „Methodik der Konstruktion von Nomogrammen" von B. A. Newski weiterentwickelt. Aber es war unmöglich, die dort niedergelegten Gedanken restlos auszunutzen, weil hinreichend wirksame Methoden der Konstruktion von Nomogrammen fehlten. Derartige Methoden sind in meinem Buch „Projektive Umwandlung von Nomogrammen" dargelegt, wo ein anschauliches Verfahren der Umwandlung von Nomogrammen angegeben wurde, das auf der Anwendung des ganz abstrakten Apparates der nichteuklidischen Geometrie beruht. Das vorliegende Buch ist die nächste Etappe in der aufgezeigten Richtung. In ihm sind sehr streng die Bedingungen formuliert, die Nomogramme erfüllen müssen; es werden die Methoden angegeben, nach denen auf der Grundlage der neu eingeführten Begriffe der „Charakteristik" einer Skala und ihrer besten Umformung ein Nomogramm obige Bedingungen erfüllen kann. Neben den Netzen für die projektive Umformung werden für die Nomogramme der Gleichungen dritter nomographischer Ordnung „Skelette" eingeführt, die die Durchführung sowohl projektiver als auch nichtprojektiver Umformungen dieser Nomogramme gestatten. Netze, Skelette, der Begriff von der Charakteristik und der besten Umformung bilden den Apparat, mit dessen Hilfe es möglich ist, vollendete Nomogramme aufzubauen, die unter den jetzigen Bedingungen so sehr gebraucht werden. Erhielt man mit den früher existierenden Methoden solche Nomogramme, so war dies eine Sache des Zufalls.

Das Buch besteht aus der Einführung, dem ersten Teil, der der Beschreibung von Fluchtlinientafeln und Netzen, ihrer Benutzungsanweisungen und der Theorie ihres Aufbaus gewidmet ist; dem zweiten Teil, der die Methoden der Konstruktion von Nomogrammen enthält, und dem Schluß, wo die allgemeine Theorie der

Darstellung funktionaler Abhängigkeiten dargelegt ist, die die Nomogramme aller einzelnen Typen erfaßt. In den Text ist eine große Zahl (39) von Nomogrammen eingefügt, die so angelegt sind, wie es in der Ingenieurpraxis üblich ist. Sie können dem Unterricht als Hinweis über den Gebrauch von Nomogrammen dienen.

Man kann dieses Buch verschieden benutzen. Stellt man sich die Aufgabe, sich damit bekanntzumachen, was sind Nomogramme und wie gebraucht man sie, so genügt es, die Einführung, das erste Kapitel und die Paragraphen 19, 21, 22, 24, 25, 27, 28, 29 der folgenden Kapitel durchzulesen. Will sich der Leser eine Vorstellung über die Möglichkeiten der Nomographierung machen, dann muß er die Einführung, den ersten Teil des Buches und den Schluß durchlesen. Das Buch ist ganz darauf abgestellt, zu lehren, wie man für die einfachsten Fälle Nomogramme guter Qualität konstruiert, nachdem man sich mit Nomogrammen und ihrer Anwendung vertraut gemacht hat.

Das Gesagte bestimmt den Zweck des Buches. Man kann es als kurzes Lehrmittel der neuzeitlichen Nomographie betrachten. Das Buch ist bestimmt für Ingenieure, wissenschaftliche Arbeiter und Studenten der technischen Hochschulen. Die vorausgesetzten Kenntnisse, die zum Lesen des Buches notwendig sind, beschränken sich auf den Inhalt des Programms des ersten Semesters im Kurs der höheren Mathematik der technischen Hochschule. Die Darlegung der Theorie ist beschreibend. Dort, wo Beweise nötig wären, wurden Hinweise auf die entsprechende Literatur gemacht. Die Mehrzahl der Hinweise bezieht sich auf das Buch von N. A. Glagolew: „Die theoretischen Grundlagen der Nomographie", mit dem man sich bei einem weiteren Studium des Gegenstandes vertraut machen muß.

INHALTSVERZEICHNIS

ZWEITER TEIL

PRAKTISCHE KONSTRUKTIONSVERFAHREN VON NOMOGRAMMEN

EINFÜHRUNG

§ 1. Was ist ein Nomogramm

Nomogramme nennt man die geometrischen Darstellungen funktionaler Abhängigkeiten. Es gibt verschiedene Grundsätze, nach denen man Nomogramme konstruiert. Sie unterscheiden sich darin, wie man die Variablen und wie man die funktionalen Abhängigkeiten zwischen den Variablen darstellt.

Das einfachste Nomogramm ist die graphische Darstellung der Funktion $y = f(x)$ (Fig. 1a), das die Abhängigkeit zwischen den Variablen x und y darstellt. Die Werte der Variablen betrachtet man hier als Koordinaten der Kurvenpunkte.

Komplizierter hinsichtlich des Nomogramms wird die Darstellung einer Funktion zweier Veränderlicher $y = f(x, t)$ mit Hilfe einer einparametrigen Linienschar (Fig. 1b). Jede der Kurven kann man hier als graphische Darstellung der Abhängigkeit y von x bei vorgegebenem konstanten Wert der Variablen t betrachten.

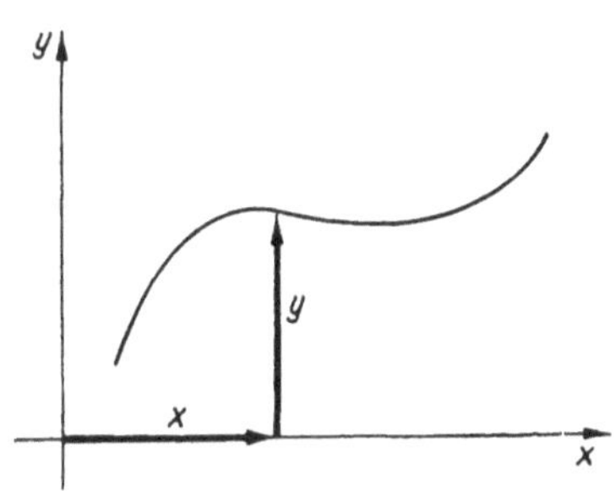

Fig. 1a.

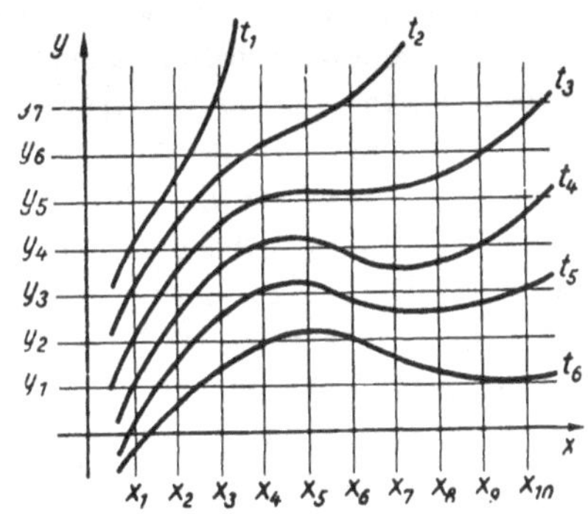

Fig. 1b.

Diese beiden Darstellungsweisen einer funktionalen Abhängigkeit werden weitgehend in der mathematischen Analysis und in der Ingenieurpraxis angewandt. Aber sie allein genügen bei weitem nicht allen Anforderungen der Praxis.

Verweilen wir kurz bei den allgemeinen Prinzipien der Konstruktion von Nomogrammen[1]). Die Werte der Variablen werden auf den Nomogrammen entweder durch Linien oder durch Punkte dargestellt.

1) Diese werden eingehender am Schluß des Buches dargelegt.

Werden die Werte der Variablen durch Linien dargestellt, so wird jedem Wert der Variablen auf der Ebene eine bestimmte Linie zugeordnet. Diese Linie, der man einen Wert der Variablen zugeordnet hat, heißt Bildlinie, der Wert der Variablen ihr Argumentwert. Die Gesamtheit der Linien, die einzelne Werte der Veränderlichen darstellen, bildet in der Ebene eine einparametrige Kurvenschar. Diese ist eine Darstellung des Variabilitätsbereiches der Variablen oder kurz eine Darstellung der Variablen.

Man kann auf Fig. 1b sich die Veränderliche x durch die Schar zur y-Achse paralleler Geraden dargestellt denken, weil man jeder solchen Geraden einen bestimmten x-Wert zuschreiben kann, nämlich ihren Fußpunkt auf der Abszissenachse. Die Veränderliche y wird durch eine Schar zur x-Achse paralleler Geraden dargestellt. Von diesem Gesichtspunkt aus ist die Kurvenschar auf der Figur eine Darstellung der Veränderlichen t. Um nun nach diesem Nomogramm den Wert einer Veränderlichen t aufzufinden, der gegebenen x- und y-Werten entspricht, muß man zu den gegebenen x- und y-Werten den Punkt finden, der diese Koordinaten hat und dann den Parameterwert der Kurve bestimmen, die durch diesen Punkt hindurchgeht. Man kann auch t als den Parameter der Kurve ansehen, die durch den Schnittpunkt der die gegebenen x- und y-Werte darstellenden Geraden geht. Es werden demnach Werte der Variablen, die durch eine funktionale Abhängigkeit verbunden sind, auf einem Nomogramm durch Linien dargestellt, die durch einen Punkt gehen. Dies ist die geometrische Abhängigkeit zwischen den Darstellungen der Variablen, in die auf dem Nomogramm die funktionale Abhängigkeit zwischen den Variablen selbst übergeht. Dies kann man als eine Darstellung der gegebenen funktionalen Abhängigkeit betrachten. Nomogramme, die dem oben beschriebenen ähnlich sind, nennt man Netze. Man kann Nomogramme angeben, bei denen der funktionalen Abhängigkeit zwischen den Variablen eine andere geometrische Abhängigkeit zwischen den Bildlinien entspricht.

Stellt man die Werte der Variablen durch Punkte dar, so wird jedem Wert der Variablen auf der Ebene ein ganz bestimmter Punkt zugeordnet. Ein solcher Punkt heißt Bildpunkt und der ihm entsprechende Wert der Variablen sein Argument. Die Gesamtheit der Punkte, die einzelne Werte der Variablen darstellen, bildet den geometrischen Ort der Bildpunkte und heißt Skala, auch die Bezeichnungen: Leiter, Teilungsträger sind üblich. Eine Skala ist also eine Darstellung des Variabilitätsbereiches einer Veränderlichen oder kurz, eine Darstellung der Veränderlichen. Nomogramme, bei denen die Variablen durch Skalen dargestellt werden, heißen Nomogramme aus Bildpunkten. Ebenso wie im Falle der Nomogramme aus Bildlinien kann man auch hier die geometrische Abhängigkeit zwischen den Punkten, deren Argumente durch die funktionale Abhängigkeit verbunden sind, angeben und darstellen. Am weitesten verbreitet sind die Fluchtlinientafeln (Leitertafeln). Auf solchen Nomogrammen liegen diejenigen Punkte, die durch die gegebene funktionale Abhängigkeit miteinander verknüpft sind, auf einer Geraden. Am Schluß werden andere geometrische Abhängigkeiten zwischen den Bildpunkten eines Nomogramms gezeigt.

Man verwendet auch Nomogramme, die sowohl Bildlinien als auch Bildpunkte enthalten.

Vom praktischen Gesichtspunkt aus sind am günstigsten die Fluchtlinien- und die Netztafeln. Das vorliegende Buch ist hauptsächlich diesen zwei Typen von Nomogrammen gewidmet.

§ 2. Die praktische Anwendung von Nomogrammen

Historisch gesehen, sind Nomogramme entstanden als ein Mittel, die Rechenarbeit zu erleichtern. Dies ist auch noch heute die Hauptverwendung der Nomogramme. Komplizierte Berechnungen werden bei Anwendung von Nomogrammen durch Ziehen von Geraden entlang eines Lineals zu einfachen Operationen. Zeigen wir dies an einem Beispiel. Fig. 2 stellt das Nomogramm der funktionalen Abhängigkeit zwischen den Variablen P, R, ϱ' und ϱ'' dar, die durch die Gleichung

$$P = \frac{R\,(R+1)\;(e^{(1+R)\,(\varrho'+\varrho'')}-1)}{e^{(\varrho'+\varrho'')\,(1+R)}(R^2+R+1)+R\,[e^{\varrho'\,(1+R)}+e^{\varrho''\,(1+R)}+1]}$$

gegeben sind und der man oft bei wärmetechnischen Berechnungen begegnet. Der physikalische Sinn der obigen Formel spielt für uns in diesem Zusammenhang keine Rolle, auch von einer Bezeichnung der Maßeinheiten wollen wir absehen. Die unmittelbare Bestimmung eines Wertes von P nach der Formel, bei gegebenen R, ϱ' und ϱ'', führt zu langwierigen und komplizierten Berechnungen. Man kann dafür im Mittel ungefähr 20 Minuten ansetzen. Nach dem Nomogramm wird derselbe Wert P im Laufe einer Minute gefunden. Das bedeutet eine Zeitersparnis von 95 %. Der abgelesene Wert ist außerdem dimensionsrichtig.

Das Nomogramm besteht aus der Skala der Variablen P und aus zwei Scharen von Bildlinien. Die Linien der einen Schar entsprechen den Werten der Variablen R, die der anderen den Werten der Variablen ϱ' und ϱ''. Hier werden die Variablen ϱ' und ϱ'' durch die Linien ein und derselben Schar dargestellt und die Argumentbezeichnungen an den Linien fallen für ϱ' und ϱ'' zusammen.

Das Nomogramm ist so aufgebaut, daß drei Punkte, nämlich die Schnittpunkte der Linie der Variablen R mit den Linien der Variablen ϱ' und ϱ'' und ein Punkt der Skala P auf einer Geraden liegen, wenn ihre Argumente der funktionalen Abhängigkeit gehorchen. Das Ableseschema, mit dem das Nomogramm versehen ist, zeigt den Lösungsweg. Die betreffenden Punkte sind auf ihm dementsprechend mit den Buchstaben A, B und C bezeichnet. Auf dem Nomogramm ist punktiert ein Lösungsbeispiel aufgetragen, wie man den Wert P findet, wenn $R = 1{,}0$, $\varrho' = 0{,}2$ und $\varrho'' = 2{,}0$ sind. Um P zu bestimmen, suchen wir unter den Linien der Variablen R die Linie, die das Argument $R = 1{,}0$ hat. Dann ermitteln wir ihren Schnittpunkt mit der Linie $\varrho' = 0{,}2$ (Punkt B) und der Linie $\varrho'' = 2{,}0$ (Punkt A). Durch diese Punkte legen wir eine Gerade (sie ist punktiert aufgetragen) bis zu ihrem Schnitt mit der Skala P (Punkt C). Das Argument des Schnittpunktes ist dann der gesuchte Wert P. Man findet ihn zu 0,548.

Nomogramme kann man also als besonders spezialisierte Rechenvorrichtungen betrachten. Jedes Nomogramm ist für Berechnungen nach einer bestimmten Formel konstruiert.

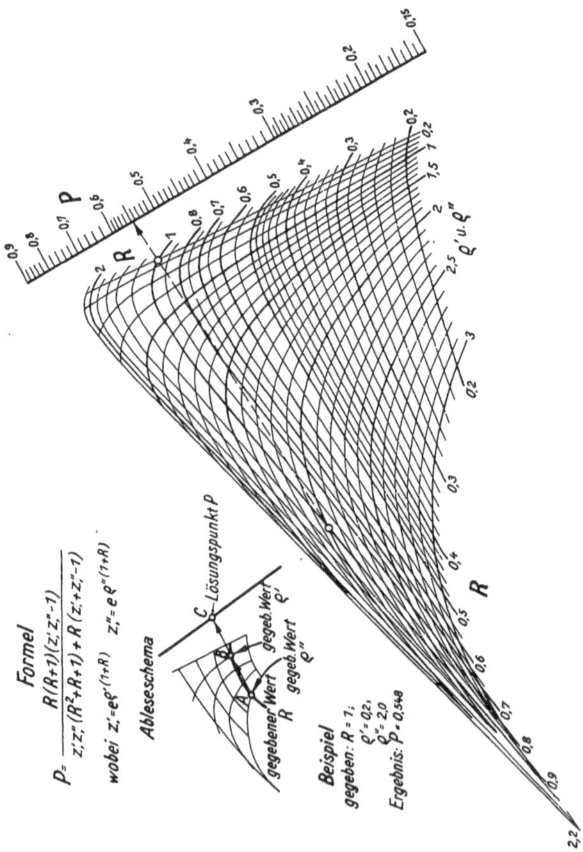
Formel
$P = \frac{R(R+1)(z_1' z_1'' - 1)}{z_1' z_1'' (R^2+R+1) + R(z_1' + z_1'' - 1)}$
wobei $z_1' = e^{\varrho'(1+R)}$ $z_1'' = e^{\varrho''(1+R)}$
Ableseschema
Lösungspunkt P
gegebener Wert R
geweb. Wert ϱ'
geweb. Wert ϱ''
Beispiel
gegeben: R = 1; ϱ' = 0,2; ϱ'' = 2,0
Ergebnis: P = 0,548
P
R
ϱ' u. ϱ''
R

Fig. 2.

Die Anwendung von Nomogrammen erweitert bedeutend den Kreis der numerisch auswertbaren Formeln, die man in der Ingenieurpraxis gebrauchen kann. Rechenmethoden, die früher wegen der Kompliziertheit der zu berechnenden analytischen Ausdrücke unmöglich anzuwenden waren, werden nach Nomographierung dieser Ausdrücke anwendbar. Ein glänzendes Beispiel dafür ist die Berechnung von Fundamenten nach der Formel von GERSEWANOW[1]). Die Formel dient zur Berechnung der Senktiefe eines Fundamentes. Sie wurde gefunden mit Hilfe strengerer Voraussetzungen als analoge Formeln anderer Autoren, jedoch war ihre Anwendung unmöglich wegen der Kompliziertheit der notwendigen Rechnungen. Die Berechnung der Fundamente nach dieser Methode wurde erst möglich, nachdem man ein Nomogramm für die mathematische Formel konstruiert hatte. Die Formel hat die Form:

$$H_0 = b \cdot \lambda\left(\varphi, \frac{H}{b}\right),$$

wo H die Senktiefe des Fundaments in m ist, b die Breite des Fundaments in m, φ der Winkel der inneren Reibung am Grunde in Graden, λ eine Funktion der Variablen φ und $\frac{H}{b}$, H_0 die Äquivalentbelastung in m. Um den Wert λ zu erhalten, muß man aus den Ausdrücken

$$\frac{1+fz}{\omega}\left(\frac{H}{b}\right)^2 = f\omega z^3 + \left[(\omega - 1) + 2f\omega\frac{H}{b}\right]z^2 + \\ + \left[2\frac{H}{b} + f + f\omega\left(\frac{H}{b}\right)^2 - 2\lambda\right]z + 2f\lambda + \omega\left(\frac{H}{b}\right)^2$$

und

$$\lambda = \frac{f^2\omega}{1+f^2}\left\{ z^3 + \left(\frac{4\omega - 1}{2f - \omega} + \frac{H}{b}\right)z^2 + \frac{\omega - 1}{\omega f^2} + \frac{2H}{fb}\right) z + \frac{H}{bf^2} + \frac{1}{2\omega f}\right\}$$

die Veränderliche z eliminieren, wobei $f = \operatorname{tg}\varphi$ und $\omega = \operatorname{tg}^2\left(45^0 + \frac{\varphi}{2}\right)$ sind. Es ist offensichtlich, daß eine Bestimmung des Wertes H nach der angeführten Formel praktisch unmöglich ist. In Fig. 3 ist das Nomogramm zur Berechnung der Werte $\frac{H}{b}$ dargestellt $\left(\text{wenn } \frac{H}{b} \text{ bekannt ist, so ist } H \text{ leicht zu finden}\right)$. Es besteht aus den Skalen für die Veränderlichen H_0 und b und zwei Scharen von Bildlinien, die die Variablen φ und $\frac{H}{b}$ darstellen. Den Lösungsweg zeigt das Ableseschema, das in der oberen rechten Ecke der Figur angebracht ist. Auf dem Nomogramm ist punktiert ein Beispiel zur Berechnung des Wertes $\frac{H}{b}$ aufgetragen, wenn $H_0 = 20\,m$, $b = 1{,}8\,m$ und $\varphi = 25^0$ sind. Das Verhältnis $\frac{H}{b}$ errechnet man dann zu 0,85. Nach dem Nomogramm findet man die Lösung schnell und einfach.

---

1) D. E. POLSCHIN: „Nomogramme zur Berechnung von Fundamenten" (russ.), Труды ВИОС, gesammelte Werke, Band 1 (Basen und Fundamente), Staatlicher Bauverlag, 1933.

Aus dem angeführten Beispiel folgt, daß der analytische Ausdruck einer funktionalen Abhängigkeit, für die ein Nomogramm aufgestellt werden soll, in bezug auf die gesuchte Veränderliche unlösbar sein kann. Es genügt, wenn man eine

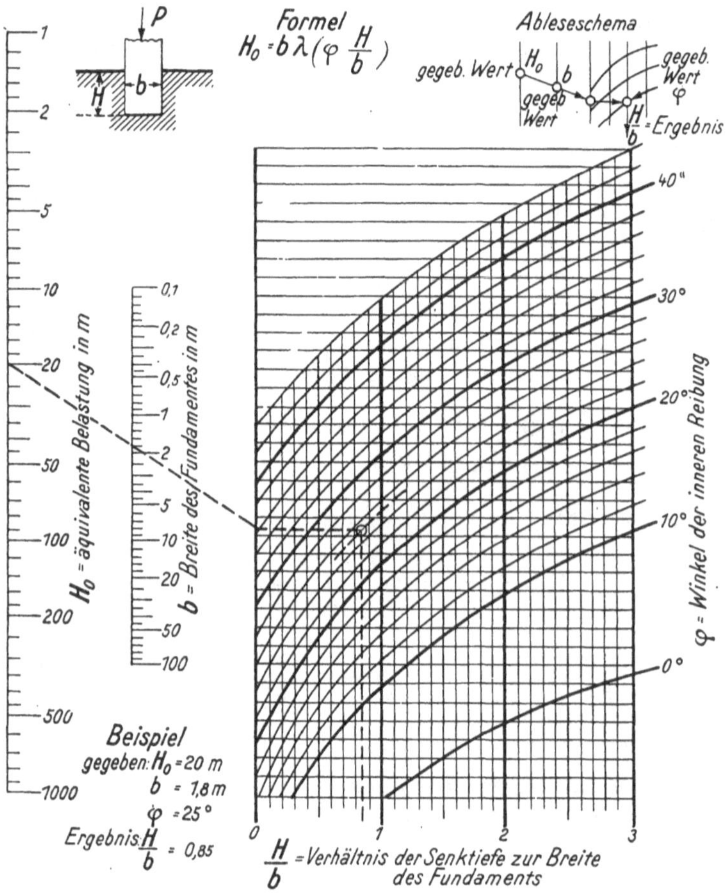

Fig. 3.

Gleichung hat, die die unabhängigen Variablen und die Funktion verbindet. Dabei spielt die Lösbarkeit der Gleichung bezüglich der Veränderlichen, für deren Berechnung das Nomogramm aufgestellt wird, gewöhnlich keine Rolle. Im folgenden wollen wir annehmen, wenn wir eine Untersuchung allgemeinen Charakters durchführen, daß die funktionale Abhängigkeit durch eine Gleichung gegeben ist.

Jedoch beschränkt sich die praktische Anwendung von Nomogrammen nicht nur auf die Berechnungen, die man mit ihnen durchführen kann, man kann Nomogramme auch zur Analyse der funktionalen Abhängigkeiten benutzen, die durch sie dargestellt werden. Die Anwendung analytischer Methoden zur Untersuchung der Eigenschaften von Funktionen vieler Veränderlicher führt oft zu unbequemen Rechnungen, und die Resultate sind im allgemeinen schwierig zu interpretieren. Nomogramme sind hier oft das einzige zur Untersuchung geeignete Mittel. Wenn man das Nomogramm studiert, kann man leicht die charakteristischen Besonderheiten einer gegebenen funktionellen Abhängigkeit erkennen. Diese Methode der Untersuchung hat eine große Zukunft.

Je nach den konkreten Bedingungen, unter denen man ein Nomogramm benutzt, kann man ihm diese oder jene Form geben. Von Zeichnungen kann man übergehen zu mechanisierten Nomogrammen, zu Rechenschiebern, schließlich kann man auf dem nomographischen Prinzip besondere Rechengeräte aufbauen.

§ 3. Kurze historische Angaben

Die Nomographie[1]) als selbständiger Teil der Mathematik existiert noch nicht lange. Die ersten Nomogramme wurden von Ingenieuren aufgestellt, die Mittel und Wege gesucht hatten, sich die Rechenarbeit zu erleichtern. Die Methoden zur Konstruktion von Nomogrammen trugen einen von Fall zu Fall verschiedenen Charakter. Die Hauptmasse der Nomogramme gehörte zum Typ der Netztafeln.

Als erste wurde die Theorie der Netznomogramme aus geraden Linien ausgearbeitet. Dies gehört in den Anfang des 19. Jahrhunderts. Später, in den neunziger Jahren des letzten Jahrhunderts, wurde die Theorie der Fluchtlinientafeln geschaffen. Ihr Begründer war der französische Mathematiker M. d'Ocagne.

Die Periode von 1900 bis 1910 ist ausgezeichnet durch das Erscheinen einer Reihe großer Arbeiten, die der Theorie der Fluchtlinientafeln gewidmet sind. Gleichzeitig wurden die Grundlagen zu einer allgemeinen Theorie der Nomogramme gelegt. Hier muß man die Arbeiten von Soreau, H. M. Gersewanow, A. K. Wlassow erwähnen.

In Rußland begann sich als erster Professor Gersewanow mit Fragen der Nomographie zu beschäftigen. Von 1906 bis 1908 wurden zwei Ausgaben seines Werkes „Grundlagen der nomographischen Rechnung" veröffentlicht, in dem die Grundlagen der Theorie der Konstruktion von Fluchtlinientafeln gelegt wurden. Hier wurden auch die Theorie der Nomogramme aus parallelen Leitern und die Methoden der Integration von Differentialgleichungen dargelegt, die auf dem nomographischen Prinzip beruhen. In der Entwicklungsgeschichte der Nomographie in unserem Lande spielt ein anderes Buch von Gersewanow „Die Theorie und die Konstruktion von Ingenieurnomogrammen" eine große Rolle, das 1926 herausgegeben und binnen kurzem neu aufgelegt wurde.

Bei ihrem heutigen Stande ist die Nomographie für die sowjetischen Gelehrten eine Verpflichtung. Sie sind im Besitze grundlegender theoretischer Ergebnisse, die es gestatten würden, eine Methode der Konstruktion von Nomogrammen zu schaffen, die alle praktischen Anforderungen voll befriedigt.

1) Das Wort Nomographie ist aus den zwei griechischen Wörtern: νόμος = Gesetz und γραφώ = ich schreibe gebildet.

Die Ausarbeitung theoretischer und praktischer Fragen der Nomographie begann in der Sowjetunion in den dreißiger Jahren, und binnen kurzer Zeit hatte man bereits große Erfolge erzielt. Der Aufschwung der Sowjetnomographie ist eng mit dem Namen des Professors N. A. Glagolew verbunden (1888—1945). Er organisierte und leitete das erste nomographische Zentrum der Sowjetunion — das wissenschaftliche nomographische Forschungsseminar in der Moskauer Staatlichen Lomonossow-Universität. Dieses Seminar vereinigte alle sowjetischen Nomographen und wurde zum Zentrum des heutigen nomographischen Denkens. Eine bemerkenswerte Besonderheit der Arbeiten des Seminars besteht in der Heranziehung neuzeitlicher mathematischer Methoden zur Lösung von Aufgaben der Nomographie. N. A. Glagolew war nicht nur der Organisator und Leiter des Seminars, sondern er gab auch eine ganze Reihe interessanter und prinzipiell wichtiger Arbeiten über Nomographie heraus. Sehr bekannt ist sein im Jahre 1934 herausgegebenes Buch „Theoretische Grundlagen der Nomographie".

Eine große Arbeit bei der Schaffung von Methoden zur Nomographierung von Ingenieurberechnungen, von Methoden der technischen Ausführung und Formgebung von Nomogrammen wurde im nomographischen Büro geleistet, das anfangs (1932) bei Narkomtjaschprom entstanden war und später beim Theoretisch-Technischen Verlag bestand. Einer der Organisatoren dieses Büros war ebenfalls N. A. Glagolew.

ERSTER TEIL

THEORETISCHE GRUNDLAGEN DER KONSTRUKTION VON NOMOGRAMMEN

1. KAPITEL

FLUCHTLINIENTAFELN (Allgemeine Ausführungen)

Im ersten Kapitel werden Beispiele für Fluchtlinientafeln gebracht, es wird das Prinzip ihres Aufbaus dargelegt und eine Analyse der Abhängigkeit der Rechengenauigkeit von der Form des Nomogramms durchgeführt.

Die Genauigkeit der Berechnungen nach einem Nomogramm bestimmt seine Anwendbarkeit für diese oder jene praktischen Zwecke. In diesem Kapitel werden die Bedingungen formuliert, bei deren Beachtung es gelingt, Nomogramme herzustellen, die eine Lösung mit vorgegebener Genauigkeit liefern. Eine wesentliche Rolle spielt dabei der Begriff der Charakteristik einer Skala, der in § 7 eingeführt wird.

§ 4. Die Skala

Figur 4 stellt eine Fluchtlinientafel dar, die zur Berechnung des Volumens V eines Kugelsegmentes bei vorgegebenem Grundkreisradius r und gegebener Höhe h dient. Die funktionale Abhängigkeit zwischen den Variablen V, r und h ist durch die Gleichung

$$V = \frac{\pi}{6} h\,(3r^2 + h^2) \tag{1.1}$$

gegeben.

Das Nomogramm stellt diese Abhängigkeit dar. (Man sagt auch, daß das Nomogramm für die Formel [1.1] konstruiert sei.)

Beschäftigen wir uns etwas eingehender mit der Darstellung der Werte der Variablen in einem Nomogramm, indem wir einstweilen die Darstellung der funktionalen Abhängigkeit selbst beiseite lassen.

Wie aus der Figur ersichtlich ist, sind für die Variablen V, r und h im Nomogramm Skalen vorhanden. Jede dieser Skalen ist eine Darstellung einer der Veränderlichen. Die Werte der Variablen werden durch die Punkte der zugehörigen Skala dargestellt, und man kann für jeden beliebigen speziellen Wert der Variablen auf der Skala den ihm entsprechenden Punkt angeben.

Skalen sind das Hauptmittel, um die Variablen auf Fluchtlinientafeln darzustellen. Der Begriff der Skala ist einer der wichtigsten Begriffe in der Nomographie. Wir setzen die Grundvorstellung von einer Skala als bekannt voraus. Wir wollen sie präzisieren und die notwendige Terminologie einführen. Beiläufig wollen wir uns auch mit der Formgebung der Skalen und ihren Gebrauchsanweisungen beschäftigen.

Als Skala der Variablen u bezeichnen wir den geometrischen Ort der Punkte, von denen jedem ein bestimmter Wert der Variablen u zugeordnet wird. Den

Punkt mit dem ihm zugeschriebenen Wert der Variablen nennen wir Bildpunkt. Den Wert der Variablen, der dem gegebenen Punkte zugeschrieben wurde, also den angeschriebenen Wert, nennen wir Argumentwert des Punktes.

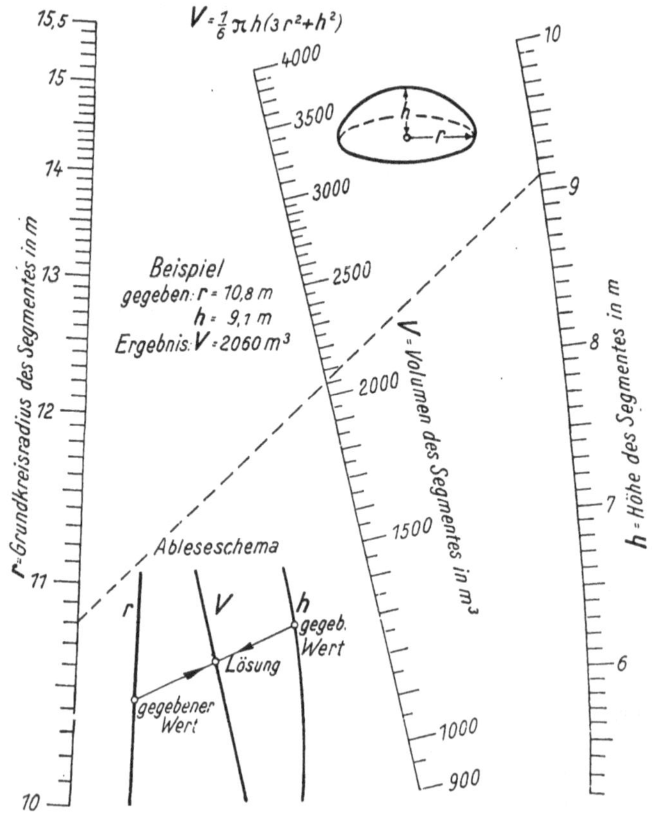

Fig. 4.

Kurz kann man die Definition einer Skala auch folgendermaßen wiederholen: *Eine Skala ist der geometrische Ort von Bildpunkten.* Bilden diese Punkte eine Linie[1]), so heißt letztere *Träger der Skala* (Teilungsträger). In Fig. 5 ist die Skala der Variablen u dargestellt. Die Punkte der Skala bilden hier eine Kurve. Eine solche Skala heißt *krummlinig.* Durch die Beschriftung auf der Figur werden die eingeführten Termina erläutert.

Bei der Bezifferung einer Skala ist es unmöglich, den zu jedem Punkte gehörenden Argumentwert hinzuzuschreiben[2]). Damit man die Skala gebrauchen

1) Im Spezialfall ist es möglich, daß eine Skala nur aus einer Reihe einzelner Punkte besteht.

2) Ausgenommen der Fall, wenn die Skala aus einer kleinen Zahl einzelner Punkte besteht.

kann (d. h. damit man zu einem gegebenen Punkte den zugehörigen Argumentwert und zu dem gegebenen Wert der Variablen den Punkt finden kann), muß man der Skala eine ansprechende Form geben. Zu diesem Zweck schreibt man die Argumente nur an die Punkte der Skala heran, die runden Werten der Variablen entsprechen. So sind in Fig. 5 nur die Punkte mit den Argumenten 0,5; 1,0; ... 3,0; 3,5 mit Benennungen versehen. Um die Lage der Punkte auf der Skala zu bezeichnen, versieht man sie mit Strichen. Dabei ist eine Reihe von Punkten mit Strichen ohne Benennung, mit unbenannten Strichen, versehen. Die unbenannten Striche bezeichnen Punkte, deren Argumente das Variabilitätsintervall der Veränderlichen zwischen zwei nebeneinanderliegenden Punkten mit benannten Argumenten in eine entsprechende Zahl Schritte teilen, die jedoch nicht immer gleich groß zu sein brauchen. Auf diese Weise kann man leicht ihre Argumentwerte bestimmen. Auf der Skala in Fig. 5 sind zwischen jedem Paar benachbarter Punkte mit benanntem Argument vier Punkte mit unbenannten Strichen versehen. Sie teilen das Variabilitätsintervall der Veränderlichen zwischen den Punkten mit den Argumenten 2,0; 2,5; die Punkte mit den Argumenten 2,1; 2,2; 2,3; 2,4 sind mit unbenannten Strichen versehen. Gewöhnlich teilt man das Variabilitätsintervall der Veränderlichen zwischen zwei Punkten mit benannten Argumenten durch unbenannte Striche in 10, 5 oder 2 Teile[1]). Der unbenannte Strich, der der Mitte des zu teilenden Intervalls entspricht, wird verlängert. Dies erleichtert das Zurechtfinden auf der Skala.

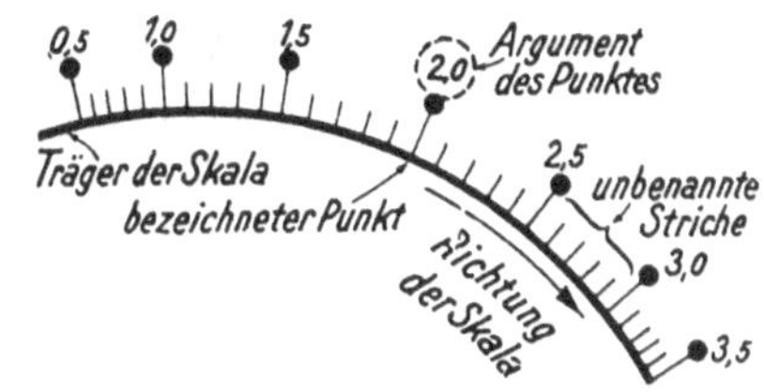

Fig. 5.

Die Punkte der Skala, die mit benannten oder unbenannten Strichen versehen sind, bilden die Skalenteilung.

Die Grenze des Variabilitätsbereiches der Veränderlichen, die durch Punkte der Skala dargestellt sind, nennt man kurz Grenzen der Skala oder ihren Bereich.

Die Richtung, in der die Argumentwerte der Punkte anwachsen, nennt man Richtung der Skala. In Fig. 5 ist die Richtung durch einen Pfeil gekennzeichnet. Es gibt auch Skalen, deren Richtung sich in einem beliebigen ihrer Punkte ändert.

Die äußersten Punkte der Skala, die für bestimmte Bereiche der Veränderlichen hergestellt wurde, nennt man Anfang und Ende der Skala. Im Allgemeinfall, wenn die Richtung der Skala sich ändert, kann es vorkommen, daß die Argumentwerte von Anfang und Ende der Skala nicht die Grenzwerte des Variabilitätsbereiches der Veränderlichen sind. In Fig. 5 sind die Punkte mit den Argumenten 0,5 und 3,5 Anfang und Ende der Skala.

---

1) Die Zahl der Teile hängt mit dem Charakter der Maßeinheit der Variablen zusammen, für die die Skala gedacht ist. Die obigen Zahlen z. B. entsprechen den metrischen Maßen. Für das Gradmaß der Winkel z. B. kann die Zahl 6, 3 oder 2 sein.

Im folgenden werden wir oft den Begriffen Argumentschritt und Teilstrichabstand begegnen. *Den Teil einer Skala, der durch zwei ihrer Punkte begrenzt wird, nennen wir Skalenteilung*[1]), *Argumentschritt nennen wir den Unterschied der Argumentwerte von Anfang und Ende der Teilung*[2]), *Teilstrichabstand den Abstand zwischen Anfang und Ende der Teilung.* Auf ein und derselben Skala können sich die Teilstrichabstände, die durch benachbarte Striche begrenzt sind, sowie die entsprechenden Argumentschritte ändern. In dem betrachteten Beispiel haben die Teilungen, die durch Striche begrenzt werden, einen konstanten Argumentschritt von 0,1. Der Teilstrichabstand jedoch ändert sich längs der Skala; anfangs wächst er, später nimmt er wieder ab. In Fig. 6 ist eine geradlinige Skala der Variablen t dargestellt, auf der mit wachsendem t die Teilstrichabstände ein und desselben Argumentschrittes kleiner werden, wobei die Abstände zwischen zwei benachbarten Strichen so klein werden, daß man den Argumentschritt der Teilungen ändern muß. Dies geschieht zweimal: im Punkte 2,0 und im Punkte 5,0.

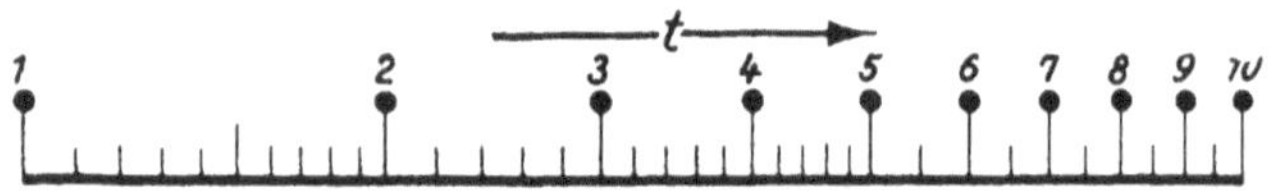

Fig. 6.

Wenn auf einer Skala die Teilungen bei konstantem Argumentschritt konstanten Teilstrichabstand haben, so nennt man die Skala *gleichförmig*.

Wenn auf einer Skala die Teilungen ein und desselben Argumentschrittes in verschiedenen Punkten der Skala verschiedenen Teilstrichabstand haben, so nennt man die Skala *ungleichförmig*.

Beim Gebrauch der Nomogramme muß man mit den Skalen zwei Operationen durchführen: Man muß zu einem Punkt der Skala den zugehörigen Argumentwert der Veränderlichen und zu einem Wert der Veränderlichen den entsprechenden Punkt auf der Skala bestimmen.

Wenn der betrachtete Punkt auf der Skala mit einem Strich versehen ist oder wenn dem Wert der Variablen auf der Skala ein Punkt mit einem Strich entspricht, so bedürfen beide Operationen keiner weiteren Erläuterung.

Wenn der Punkt auf einer Teilung liegt, die durch Punkte mit Strichen begrenzt ist, so muß man eine Operation durchführen, die graphische Interpolation heißt. Wir teilen in Gedanken die Teilung, auf der wir den Punkt gefunden haben, in zwei oder fünf der Länge nach gleiche Teile und schreiben jedem Teilpunkt entsprechende Argumente zu, wobei wir annehmen, daß innerhalb der

1) Man darf nicht den eingeführten Begriff der Einteilung einer Skala mit der Definition verwechseln, nach der man mit Teilung einer Skala den Teil zwischen zwei benachbarten Strichen bezeichnet. Letzteres verbindet diese Definition mit der graphischen Formgebung der Skala — ihrer Graduierung.

2) Dabei wird vorausgesetzt, daß die Richtung einer Skala sich innerhalb der Grenzen einer Teilung nicht ändert.

Grenzen der betrachteten Teilung die Skala gleichförmig ist. Dies ist leicht durchzuführen, weil sowohl der Argumentschritt als auch die Argumente von Anfang und Ende der Teilung bekannt sind. Das Argument des gegebenen Punktes setzen wir gleich dem Argument des nächsten Hilfspunktes. Auf Fig. 7 ist in vergrößertem Maßstab das Aufsuchen eines Punktes der uns aus Fig. 5 schon vertrauten Skala gezeigt. Man findet das Argument des gegebenen Punktes zu 2.23[1]).

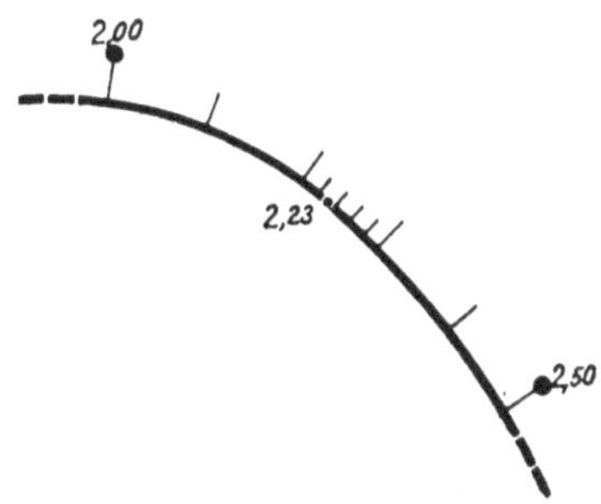

Fig. 7.

Das Aufsuchen eines Punktes auf der Skala nach seinem Argument, wenn dieser Punkt mit keinem Strich versehen ist, unterscheidet sich im wesentlichen wenig von dem schon beschriebenen Prozeß, d. h. zu einem gegebenen Punkte das zugehörige Argument zu suchen. Wir ermitteln auf der Skala die kleinste Teilung, die noch durch mit Strichen bezeichnete Punkte begrenzt wird, zwischen deren Argumentwerten der gegebene Wert der Variablen eingeschlossen wird. In Gedanken teilen wir die gefundene Teilung in zwei oder fünf Teile und wählen als gesuchten Punkt den Punkt der Teilung, dessen Argument sich am wenigsten von dem gegebenen Wert der Variablen unterscheidet.

Bei ordnungsgemäß aufgebauten Skalen (was dies bedeutet, davon wird später noch die Rede sein) und genügender Übung kann man diese beiden Operationen schnell und ohne wesentliche Ungenauigkeiten ausführen.

§ 5. Fluchtlinientafeln und ihre Benutzungsanweisung

Kehren wir zu dem Nomogramm für die Berechnung des Volumens eines Kugelsegmentes zurück, das in Fig. 4 gebracht wurde. Wie schon festgestellt wurde, besteht es aus drei Skalen für die Variablen r, h und V und ist eine Darstellung der funktionalen Abhängigkeit zwischen diesen Variablen, die durch die Gleichung

$$V = \frac{\pi}{6} h \; (3r^2 + h^2) \tag{1.1}$$

gegeben ist. Die funktionale Abhängigkeit ist auf dem Nomogramm in einem beschränkten Variabilitätsbereich der Veränderlichen dargestellt. Dieser Bereich ist durch die Grenzen der Skalen für r, h und V bestimmt. Auf der Skala der Radien variiert r von 10,0 bis 15,5. Auf der Höhenskala bewegt sich die Höhe zwischen 5,20 und 10,0 m, und auf der Volumenskala läuft V von 900 bis 4000 m^3.

Das Nomogramm ist so aufgebaut, daß, wenn man von jeder Skala je einen Punkt so herausgreift, daß diese auf einer Geraden liegen, diese Punkte die Gleichung (1.1) erfüllen. In eine solche geometrische Abhängigkeit der Punkte, die die Werte der Variablen r, h und V darstellen, geht auf dem Nomogramm die

1) Die hier benutzte Interpolation nennt man lineare Interpolation.

funktionale Abhängigkeit zwischen den Variablen r, h und V über, wie sie durch die Gleichung (1.1) gegeben ist.

Hieraus leitet sich die Benutzungsanweisung eines Nomogramms ab, auch Ablesevorschrift genannt. Um das Volumen bei gegebenem Grundkreisradius und gegebener Höhe des Segmentes zu finden, verfahren wir folgendermaßen: Wie suchen auf der Skala r für die Radien und auf der Höhenskala h die Punkte auf, die den gegebenen Werten des Radius und der Höhe entsprechen. Durch diese Punkte legen wir eine Gerade und ermitteln ihren Schnittpunkt mit dem Träger der Volumenskala V. Das Argument dieses Punktes ist dann der gesuchte Wert des Volumens. In der Praxis wird das Durchlegen der Geraden durch das Anlegen eines Lineals ersetzt, und die Lösung wird an der Stelle der Skala abgelesen, wo der Rand des Lineals sich mit der Skala schneidet. Am günstigsten für diesen Zweck erweist sich ein besonderes durchsichtiges Lineal mit einem schwarzen Strich, der an Stelle des Linealrandes benutzt wird. Ein solches durchsichtiges Lineal erleichtert das Ablesen der Lösung und die notwendige Interpolation sowohl auf den Skalen der gegebenen Größen als auch auf der Lösungsskala. Auf Fig. 4 ist punktiert ein Beispiel aufgetragen, wie man das Volumen eines Segmentes bestimmt, dessen Grundkreisradius r gleich 10,8 m und dessen Höhe h gleich 9,1 m ist. Nach dem Nomogramm finden wir, daß das Volumen gleich 2060 m³ ist. [Die genaue Rechnung ergibt: 2062 m³.]

Betrachten wir noch eine Fluchtlinientafel. In Fig. 8 wird ein Nomogramm zur Berechnung der Koordinatenzuwüchse gegeben, wenn wir in einem rechtwinkligen Koordinatensystem von einem Punkte zu einem anderen Punkte übergehen, wobei l der Abstand zwischen den Punkten und φ der Winkel ist, den die Richtung von dem ersten zum zweiten Punkte mit der x-Achse bildet. Die Formeln zur Berechnung der Zuwüchse lauten:

$$\Delta x = l \cos\varphi, \qquad \Delta y = l \sin\varphi, \tag{1.2}$$

wobei Δx der Abszissenzuwachs und Δy der Ordinatenzuwachs an der betrachteten Stelle ist. Das Nomogramm besteht aus vier Skalen: einer Skala der Abstände l, zwei Skalen der Winkel φ: je eine Skala zur Berechnung der Zuwüchse Δx und Δy, und einer Skala für die Zuwüchse, die gleichzeitig eine Skala für Δx und Δy ist. Im wesentlichen sind auf der Figur zwei Nomogramme dargestellt, ein Nomogramm zur Berechnung von Δx und ein Nomogramm zur Berechnung von Δy, die gemeinsame Skalen für die Abstände l und die Zuwüchse Δx und Δy haben. Das erste Nomogramm besteht aus der Skala φ zur Berechnung von Δx, der Skala l und der Skala der Zuwüchse Δx. Es ist eine Darstellung der funktionalen Abhängigkeit, die durch die erste der Gleichungen (1.2) gegeben ist. Das zweite Nomogramm, das aus der Skala φ zur Berechnung von Δy, der Skala l sowie der Skala der Zuwüchse Δy besteht, stellt die funktionale Abhängigkeit dar, die durch die zweite der Gleichungen (1.2) gegeben ist. In beiden Fällen bezieht sich die Darstellung nur auf einen beschränkten Variabilitätsbereich der Veränderlichen: φ bewegt sich auf den Skalen der Nomogramme von 0 bis 90°, l variiert zwischen 0 und 1000 m, Δx und Δy schwanken ebenfalls zwischen 0 und 1000 m. Das Konstruktionsprinzip dieser Darstellung ist dasselbe wie im Fall des ersten Nomogramms: drei Punkte, von jeder Skala einer, die auf einer Geraden liegen, haben Argumentwerte, die die Gleichungen (1.2) befriedigen. Die Benutzungsanweisung dieses Nomogramms unterscheidet sich auch nicht

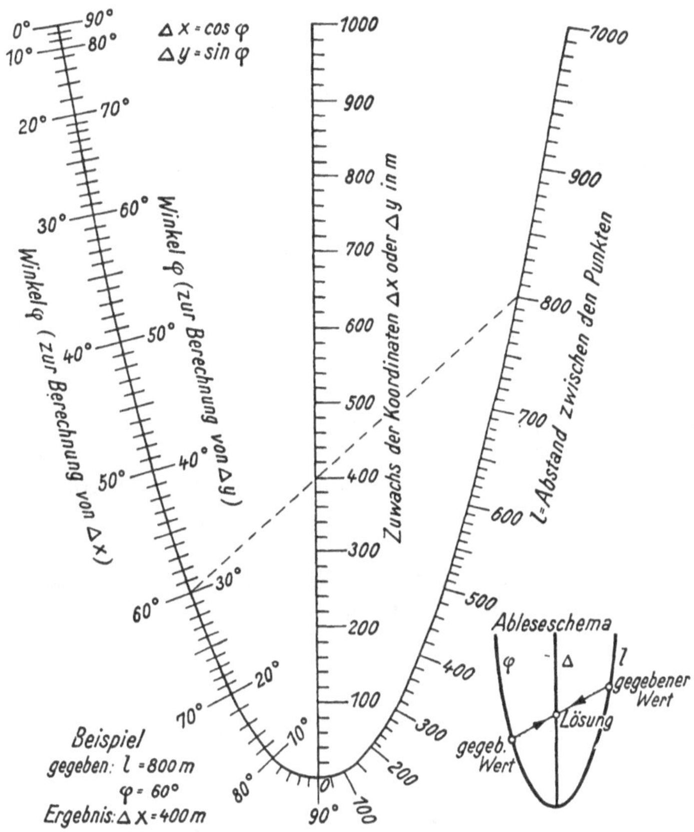

Fig. 8.

von der des ersten Nomogramms. Um bei gegebenen Werten von φ und l den Zuwachs Δx zu ermitteln, muß man auf den Skalen für φ und l diejenigen Punkte aufsuchen, die den gegebenen Werten von φ und l entsprechen und durch diese Punkte eine Gerade legen. Das Argument des Schnittpunktes dieser Geraden mit dem Träger der Skala für die Zuwüchse ist dann der gesuchte Wert von Δx; Δy findet man in analoger Weise. Auf dem Nomogramm ist punktiert ein Beispiel zur Ermittlung des Zuwachses Δx aufgetragen, wenn der Abstand $l = 800$ m und der Winkel $\varphi = 60^0$ ist. Der gesuchte Wert Δx ist gleich 400 m.

Die zwei angeführten Beispiele, das Nomogramm zur Berechnung des Volumens eines Kugelsegmentes und das Nomogramm zur Berechnung der

Koordinatenzuwüchse, erläutern genügend klar das allgemeine Konstruktionsprinzip von Fluchtlinientafeln für Gleichungen mit drei Variablen:

(1.3) $$F\ (u, v, w) = 0.$$

Es besteht in folgendem: *Die Werte der Variablen, die in die Gleichung eingehen, werden auf einem Nomogramm durch Punkte dargestellt, die die Skalen dieser Variablen bilden. Die durch die Gleichung gegebene funktionale Abhängigkeit zwischen den Variablen geht auf dem Nomogramm in die geometrische Abhängigkeit seiner Skalen über, die darin besteht, daß Punkte, die Werte der Variablen darstellen und die Gleichung befriedigen, immer auf einer Geraden liegen.*

Die äußere Form eines Nomogramms, d. h. die Form seiner Skalen und ihrer Lage zueinander, wird durch die Form der darzustellenden funktionalen Abhängigkeit und durch die Art, wie das Nomogramm konstruiert wird, bestimmt. So bestand das Nomogramm zur Bestimmung des Volumens eines Kugelsegmentes aus zwei geradlinigen und einer krummlinigen Skala. Alle seine drei Skalen waren ungleichförmig geteilt. Die Nomogramme zur Berechnung der Koordinatenzuwüchse bestanden aus zwei krummlinigen und einer geradlinigen Skala, wobei die letztere gleichförmig geteilt war. Im Allgemeinfall kann eine Fluchtlinientafel für eine Gleichung mit drei Veränderlichen (1.3) aus drei krummlinigen Skalen der Variablen u, v und w bestehen (Fig. 9).

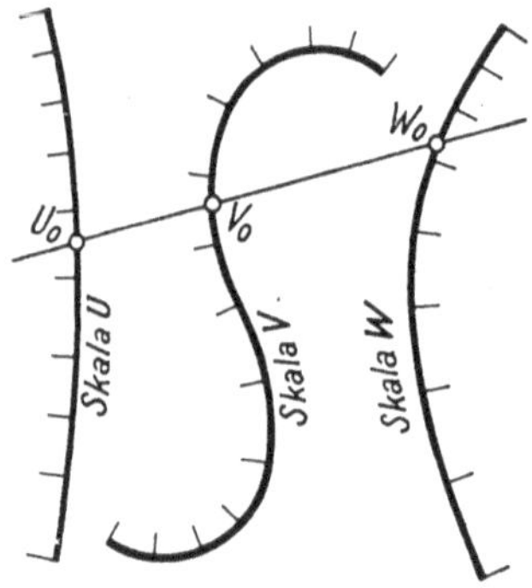

Fig. 9.

Die Ablesevorschrift ist für alle Fluchtlinientafeln ein und dieselbe: *Durch die Punkte auf den Skalen der gegebenen Größen, die ihren gegebenen Werten entsprechen, legen wir eine Gerade. An ihrem Schnittpunkt mit der Skala der dritten Variablen lesen wir die Lösung ab.*

Wir werden im folgenden die Punkte, die den gegebenen Werten der Variablen entsprechen, kurz *gegebene Punkte* nennen; die Gerade, die durch die gegebenen Punkte bestimmt wird und zur Auffindung des Punktes dient, der uns die Lösung liefert, wollen wir *Lösungsgerade* und den Punkt, der die Lösung liefert, *Lösungspunkt* (Ergebnispunkt) nennen.

Man muß daran denken, daß jedes Nomogramm eine funktionale Abhängigkeit nur in dem Bereich der Veränderlichen darstellt, dessen Grenzen durch die Grenzen der Skalen des Nomogramms bestimmt sind.

§ 6. Die Rechengenauigkeit in Nomogrammen

Alle Berechnungen mit Hilfe von Nomogrammen tragen Näherungscharakter. Die Lösung, die man nach einem Nomogramm findet, ist mit einem Fehler behaftet. Dieser ist eine notwendige Folge der Ungenauigkeiten, die bei den zur Durchführung der Lösung notwendigen Operationen auftreten[1]).

Wir wollen die Fehlerquellen, die beim Gebrauch eines Nomogramms auftreten, bestimmen. Am einfachsten führt man dies an einem Beispiel durch. Wir wollen uns wieder dem Nomogramm zur Bestimmung des Volumens eines Kugelsegmentes zuwenden (Fig. 4). Man bestimmt das Volumen bei gegebenem Wert des Segmentradius und gegebener Segmenthöhe. Um die Lösung zu ermitteln, muß man im Nomogramm folgende Operationen durchführen:

1. Man muß zu den gegebenen Werten von r und h auf den Skalen für den Radius und für die Höhe die ihnen entsprechenden Punkte aufsuchen, also die gegebenen Punkte, die zur Bestimmung der Lösung dienen,

2. hat man durch die gegebenen Punkte eine Gerade, die Lösungsgerade, zu legen,

3. muß man den Schnittpunkt der Lösungsgeraden mit dem Träger der Lösungsskala, den Lösungspunkt, bestimmen, endlich muß man

4. das Argument des Lösungspunktes — den gesuchten Wert des Volumens V — ablesen.

Keine dieser Operationen kann ganz genau durchgeführt werden. Sie sind alle mit bekannten Ungenauigkeiten behaftet und deshalb nur angenähert. Wir wollen jede Operation einzeln betrachten und versuchen, den Einfluß ihrer Ungenauigkeit auf die Ungenauigkeit der Lösung abzuschätzen. Wir wollen annehmen, daß der Fehler 0,2 mm nicht übersteigt. Im folgenden werden wir immer nur die größtmöglichen Werte von Ungenauigkeiten in Betracht ziehen, ohne daß wir dies jedesmal einzeln erwähnen.

Bestimmt man die Lage der Punkte für die gegebenen Größen, so begeht man folgende Ungenauigkeiten. Beim Aufsuchen des Punktes auf der Skala nach seinem Argument muß man eine lineare graphische Interpolation durchführen. Zerlegt man die Teilungen zwischen zwei Strichen nach Augenmaß in zwei oder in fünf Teile, so ergibt dies eine geometrische Ungenauigkeit beim Eintragen der Teilpunkte, die gleich 0,2 mm ist. Bei der linearen Interpolation setzen wir voraus, daß innerhalb der Grenzen einer Teilung zwischen zwei benachbarten Strichen die Skala gleichförmig ist. Bei ungleichförmigen Skalen führt dies zu einem Fehler in der Lagebestimmung des Punktes nach seinem Argument. Je stärker sich die Teilstrichabstände bei denselben Argumentschritten ändern, um so größer ist der Fehler bei der Interpolation.

Wir wollen dies an einem Beispiel zeigen. In Fig. 10 ist in vergrößertem Maßstabe ein Stückchen einer Skala der Variablen u dargestellt, das drei unbenannte Striche enthält, die wir mit a, b und c bezeichnen wollen. Die Richtung der Skala

---

1) Das Nomogramm enthält notwendig auch Ungenauigkeiten in seinem Aufbau. Aber wir werden diese nicht berücksichtigen, da bei Beachtung der Grundregeln der Berechnung der Skalen und ihres Aufbaus (siehe Kap. VII) die Ungenauigkeiten in der Konstruktion eines Nomogramms sehr klein gemacht werden können, und die Ungenauigkeit der Lösung dann im wesentlichen durch die Ungenauigkeiten der Operationen bestimmt wird, die man zum Auffinden der Lösung durchführt.

ist durch einen Pfeil gekennzeichnet. Die Teilungen, die durch die Striche a, b und c abgegrenzt werden, haben denselben Argumentschritt. In dem betrachteten Teil der Skala nimmt ihr Teilstrichabstand mit wachsendem u zu. Auf der rechten Teilung der Skala, die durch die Striche b und c abgegrenzt wird, sind über dem Träger der Skala die Striche aufgetragen, die der linearen Interpolation auf der Teilung bc entsprechen, und unter dem Träger der Skala befinden sich die Striche, die der wahren Lage der Punkte entsprechen, die das Variabilitätsintervall der Variablen u zwischen b und c in gleiche Teile teilen. Die Ungenauigkeiten bei der Lagebestimmung der Punkte nach ihrem Argument durch lineare Interpolation sind gut an der Figur zu sehen. Sie sind durch die Verstärkungen auf dem Träger der Skala dargestellt. Ist die Unterteilung (Graduierung) der Skala derart, daß die links und rechts benachbarten Teilungen desselben Argumentschrittes sich von der betrachteten Teilung im Teilstrichabstand um höchstens 1 mm unterscheiden, so ist die Ungenauigkeit in der Lagebestimmung eines Punktes nicht größer als 0,1 mm. Mithin können wir endgültig annehmen, daß man bei der Lagebestimmung eines Punktes auf der Skala eine Ungenauigkeit begeht, die 0,3 mm nicht überschreitet. Diese Ungenauigkeit liegt in Richtung der Skala. Es wird auch eine Ungenauigkeit in Normalenrichtung zur Skala auftreten, da der Träger der Skala bei seiner Darstellung auf der Figur eine gewisse Dicke hat. Man kann annehmen, daß die Ungenauigkeit in Normalenrichtung zur Skala 0,15 mm nicht übersteigt (bei einer Dicke der Trägerlinie von 0,3 mm).

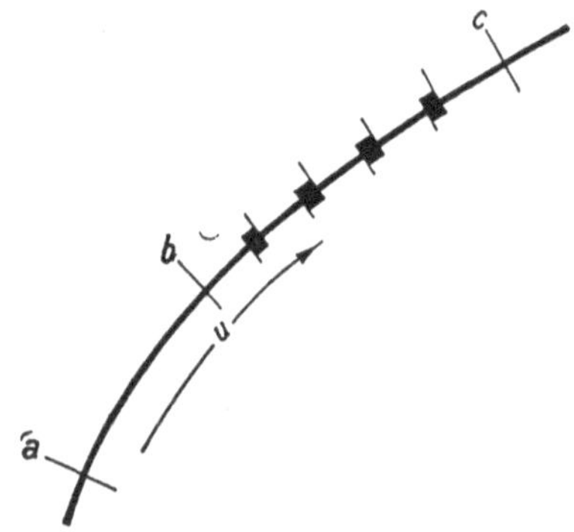

Fig. 10.

Das Durchlegen der Lösungsgeraden enthält einen Fehler, der gewöhnlich bei geometrischen Konstruktionen auftritt. Die wahre Lage der Punkte, durch die man die Gerade legt, kann sich von der Lage der auf der Skala gefundenen Punkte um eine Größe unterscheiden, die kaum größer als 0,3 *mm* ist. Hier muß man bemerken, daß das Durchlegen der Geraden durch die Punkte der gegebenen Größen und das Aufsuchen dieser Punkte selbst gewöhnlich kombiniert und gleichzeitig durchgeführt wird[1]). Dies erlaubt, daß man nur die Summe der Fehler in Betracht zieht und diese noch einengen kann.

Der Fehler der Lagebestimmung des Lösungspunktes hat zwei Ursachen: Er wird bestimmt durch die Ungenauigkeit in der Lage der Lösungsgeraden und durch die Ungenauigkeit in der Bestimmung des Schnittpunktes der Lösungsgeraden mit dem Träger der Lösungsskala. In Fig. 11 sind in vergrößertem

1) Eine Ausnahme bildet der Fall, daß die Lösungsgerade mit dem Träger der Skala einen spitzen Winkel bildet. Hier muß man zuerst den Punkt auf der Skala aufsuchen und dann erst das Lineal anlegen.

Maßstabe die äußerst möglichen Lagen der Lösungsgeraden gezeigt in Abhängigkeit davon, wie bei ihrer Konstruktion die Ungenauigkeiten gerichtet sind. Die Figur stellt den für die Untersuchung einfachsten Fall dar, wenn nämlich die Lösungsgerade senkrecht zu den Skalen des Nomogramms gerichtet ist. Bezeichnen wir den Abstand zwischen den Skalen mit l, den Abstand des Lösungspunktes vom nächsten gegebenen Punkte mit m (die Abstände werden entlang der Lösungsgeraden gemessen), die Ungenauigkeiten in der Konstruktion der

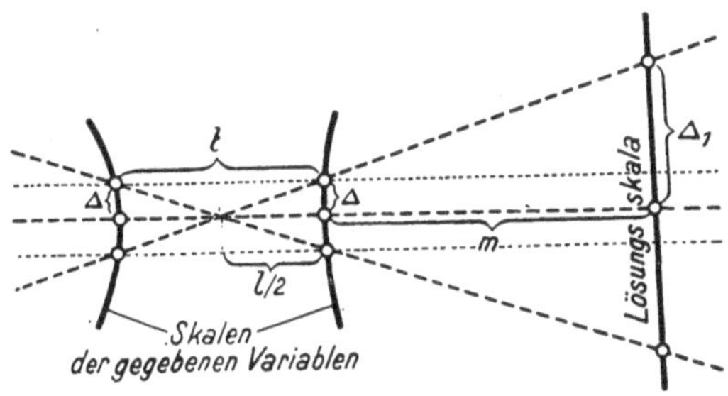

Fig. 11.

Lösungsgeraden mit Δ und die Ungenauigkeit in der Lage des Lösungspunktes mit Δ_1, so erhalten wir aus den ähnlichen Dreiecken die sofort ins Auge fallende Beziehung

$$\frac{l}{2} : \Delta = \left(m + \frac{l}{2}\right) : \Delta_1,$$

woraus folgt

$$\Delta_1 = \left(2\frac{m}{l} + 1\right)\Delta.$$

Ist das Verhältnis $\frac{m}{l}$ gleich 1, so vergrößert sich der Fehler um das Dreifache, bei einem Verhältnis $\frac{m}{l} = 2$ haben wir eine Vergrößerung um das Fünffache; mit wachsendem $\frac{m}{l}$ wächst also der Fehler sehr rasch.

In Fig. 12 wird gezeigt, wie sich der Fehler vergrößert, wenn die Lösungsgerade den Träger der Lösungsskala unter schrägem Winkel schneidet. Näherungsweise kann man annehmen, daß der Fehler in der Lage des Lösungspunktes bei einem Winkel α der Lösungsgeraden mit dem Träger der Skala gleich

$$\Delta_1 = \frac{\Delta}{\sin \alpha}$$

ist, wobei Δ die Abweichung von der zur Lösungsgeraden senkrechten Richtung ist. Bei einem Winkel $\alpha = 20^0$ vergrößert sich die Ungenauigkeit, verglichen mit Δ, um ungefähr das Dreifache.

Fig. 13 zeigt in vergrößertem Maßstabe den Fehler, der beim Aufsuchen des Schnittpunktes der Lösungsgeraden mit dem Träger der Lösungsskala entsteht. Ist die Lösungsgerade senkrecht zum Träger der Skala gerichtet, so übersteigt der Fehler nicht die Größe der üblichen Fehler, die bei der Zeichnung auftreten, d. h. etwa 0,1 mm. Bildet die Lösungsgerade mit dem Träger einen spitzen Winkel, so beginnt sich die Dicke der Trägerlinie der Skala bei der Lagebestimmung des Schnittpunktes wesentlich bemerkbar zu machen. Die Lage des Schnittpunktes

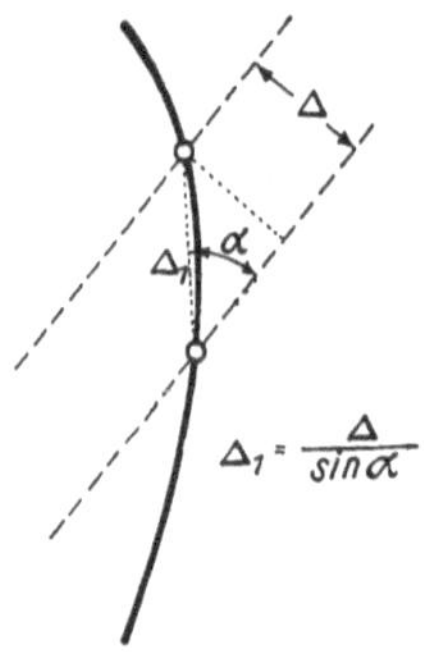

Fig. 12.

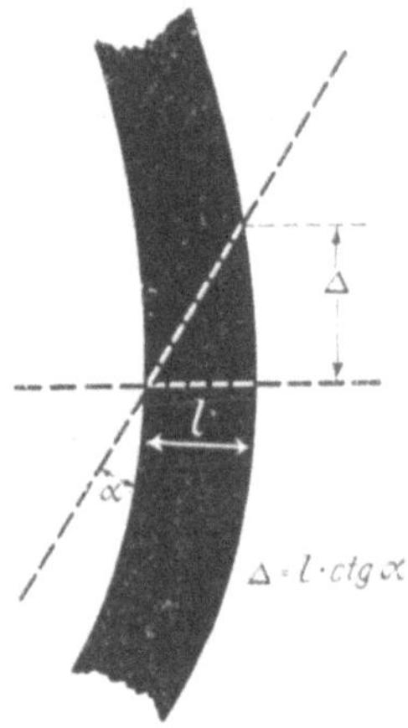

Fig. 13.

wird unbestimmt. Nach Fig. 13 kann man die Länge des Abschnittes bestimmen, von dem man jeden Punkt als Schnittpunkt annehmen kann. Diese ist gleich

$$\Delta = l \cdot \operatorname{cotg} \alpha,$$

wobei α der Winkel zwischen der Lösungsgeraden und dem Träger der Skala und l die Dicke der Trägerlinie der Skala sind. Bei einem Winkel $\alpha = 20^0$ wird Δ ungefähr $3\,l$.

Die Ableseungenauigkeit der Lösung ist näherungsweise von derselben Größenordnung wie die Ungenauigkeit beim Eintragen eines Punktes nach seinem Argument auf der Skala, d. h. das abgelesene Argument muß nicht dem gefundenen Lösungspunkte angehören, sondern kann zu einem Punkte gehören, der von ihm bis zu 0,3 mm entfernt ist.

Wir wollen den endgültigen summarischen Fehler in der Lage des Lösungspunktes auf der Skala mit Δl bezeichnen. Dies ist der Abstand des wahren Lösungspunktes von dem Punkt, dessen Argument als Lösung abgelesen wurde. In der Größe Δl sind alle Ungenauigkeiten beim Aufsuchen des Lösungspunktes und die Ableseungenauigkeiten seines Argumentes zusammengenommen. Wir wollen Δl *die geometrische Ungenauigkeit bei der Bestimmung des Lösungspunktes* nennen. Es ist schwierig, Δl abzuschätzen. Diese Größe hängt davon ab, wie die Skalen eines Nomogramms relativ zueinander liegen. Zum Teil wird sie auch durch die Graduierung der Skalen der gegebenen Größen bestimmt. In verschiedenen Punkten der Lösungsskala und bei verschiedenen Anordnungen der Lage der gegebenen Punkte wird die Größe Δl verschieden ausfallen. Man kann vorsorglich annehmen, daß bei einem richtig aufgebauten Nomogramm Δl nicht größer als 0,5 mm ist für den Fall, daß sich die Lösungsgerade zwischen den

Skalen der gegebenen Größen befindet und 0,5—1,0 mm beträgt, wenn die Lösungsskala außerhalb liegt. Die Ungenauigkeit der Lösung, die man mittels eines Nomogramms erhält (wir wollen sie mit Δw bezeichnen), wird gleich dem Argumentunterschied des wahren Lösungspunktes und des gefundenen Lösungspunktes, die voneinander einen Abstand Δl haben. Mit anderen Worten: *Die Ungenauigkeit der Lösung* Δw ist gleich dem *Argumentschritt der Teilung, deren Teilstrichabstand gleich* Δl *ist.* Diese wird auch von der Größe der geometrischen Ungenauigkeit beim Aufsuchen des Lösungspunktes und von dem Wert dieser Ungenauigkeit in dem gegebenen Orte der Skala abhängen. Im Falle einer ungleichförmigen Skala wird ein und dieselbe geometrische Ungenauigkeit Δl an verschiedenen Orten der Skala zu verschiedenen Ungenauigkeiten der Lösung führen, weil bei einer ungleichförmigen Skala sich die Argumentschritte konstanten Teilstrichabstandes längs der Skala ändern. Also hängt die Ungenauigkeit der Lösung wesentlich von der Form der Lösungsskala ab. Wenden wir uns wieder dem Nomogramm zur Berechnung des Volumens eines Kugelsegmentes zu, so kann man hier annehmen, daß die Ungenauigkeit in der Lagebestimmung des Lösungspunktes 0,5 mm nicht überschreitet. Dies liefert am Anfang der Skala eine Lösungsungenauigkeit kleiner als 10 m³ und am Ende der Skala eine Ungenauigkeit, die nicht größer als 30 m³ ist.

Bei der Abschätzung der Ungenauigkeit einer Lösung ist gewöhnlich der größte Wert der Ungenauigkeit von Interesse innerhalb der Grenzen, in denen sich die Lösung bewegen kann. Dies ist nämlich die Größe, die die Ungenauigkeit der Berechnungen nach einem Nomogramm bestimmt, wenn bei gleichen Rechenbedingungen die Lösung innerhalb ihrer Variabilitätsgrenzen mit ein und derselben Genauigkeitsstufe bestimmt werden soll.

§ 7. Die Charakteristik einer Skala

Wenn man eine beliebige ungleichförmig geteilte Skala betrachtet, so werden sich bei konstantem Argumentschritt die Teilstrichabstände längs der Skala ändern. So wachsen z. B. auf der Skala, die in Fig. 5 angeführt wurde, bei konstantem Argumentschritt 0,1 die Teilstrichabstände anfangs an, um später wieder abzunehmen. Auf der Volumenskala des Nomogramms zur Berechnung des Volumens eines Kugelsegmentes (Fig. 4) nehmen die Teilstrichabstände bei gleichbleibendem Argumentschritt monoton ab. Die Abhängigkeit zwischen Teilstrichabstand bei konstantem Argumentschritt und der Lage der Teilung auf der Skala bestimmt die Form der Skala, d. h. die Verteilung der Argumente auf der Skala. Diese Abhängigkeit nennen wir die *Charakteristik einer Skala.* Um den Einfluß der geometrischen Ausmaße der Zeichnung einer Skala auszuschalten, werden wir zur Bestimmung der Länge einer Teilung deren relative Länge benutzen: das Verhältnis der Länge der gegebenen Teilung zur Länge der ganzen Skala innerhalb des gegebenen Variabilitätsbereiches der Veränderlichen. Durch die Einführung der relativen Länge der Teilungen werden alle Skalen, die aus der gegebenen durch Maßstabsänderung hervorgehen, ein und dieselbe Charakteristik haben. Demnach versteht man unter *Charakteristik einer Skala die relative Länge der Teilung bei gegebenem Argumentschritt als Funktion der Variablen einer Skala.*

Einen analytischen Ausdruck für die Charakteristik einer Skala kann man etwa wie folgt erhalten. Gegeben sei eine Skala der Variablen u. Wir bezeichnen die relative Länge des Bogens des Trägers der Skala vom Anfang der Skala bis zu einem Punkte mit dem Argument u mit $s = s\,(u)$ (Fig. 14a). Wir wollen die Länge der Teilung berechnen, deren Argumentschritt gleich Δu ist und deren Anfang sich im Punkte u befindet. Wir bezeichnen diesen Teilstrichabstand mit Δs; Δs ist dann gleich der Differenz der Bogenlängen vom Anfang der Skala bis zu den Punkten mit den Argumenten u und $(u + \Delta u)$:

$$\Delta s = s\,(u + \Delta u) - s\,(u).$$

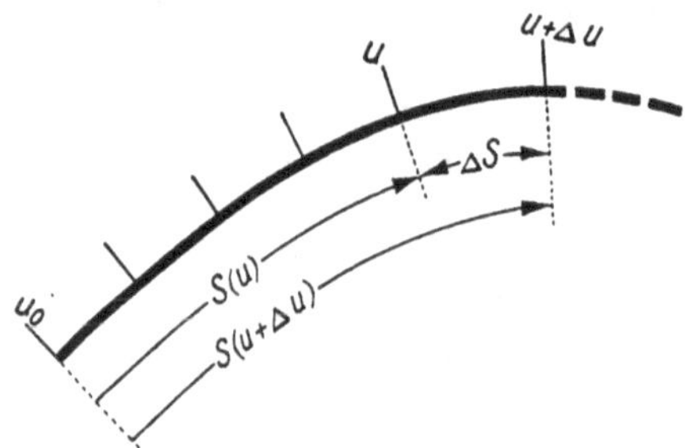

Fig. 14a.

Näherungsweise kann man $\Delta s \approx ds$ setzen und erhält so

$$\Delta s \approx s'\,(u)\,\Delta u. \tag{1.4}$$

Dies ist der analytische Ausdruck (Gleichung) der Charakteristik einer Skala u; Δu muß man hier als die gegebene Funktion u ansehen, die den Typ der Charakteristik bestimmt.

Im folgenden werden wir zwei Arten von Charakteristiken einer Skala betrachten: gleichförmige und logarithmische Charakteristiken. *Wir nennen die Charakteristik einer Skala gleichförmig, wenn sie für Teilungen konstanten Argumentschrittes hergestellt wurde.* Die Gleichung einer gleichförmigen Charakteristik erhalten wir, wenn wir in der Gleichung (1.4) Δu gleich der konstanten Größe δ setzen; sie hat die Form

$$\Delta s = s'\,(u) \cdot \delta. \tag{1.5}$$

Zur Vereinfachung der Terminologie werden wir gleichförmige Charakteristiken kurz Charakteristiken nennen, wenn keine Besonderheiten zu beachten sind.

Wir nennen die Charakteristik einer Skala logarithmisch, wenn sie für Teilungen hergestellt wurde, die einen konstanten relativen Argumentschritt haben.

Unter relativem Argumentschritt einer Teilung versteht man das Verhältnis des Argumentschrittes einer Teilung zum Werte der Variablen in einem der Endpunkte der Teilung: $\frac{\Delta u}{u}$. Um die Gleichung der logarithmischen Charakteristik einer Skala zu erhalten, muß man in der Gleichung (1.4) $\frac{\Delta u}{u}$ gleich einer konstanten Größe δ setzen oder $\Delta u = u \cdot \delta$; sie hat die Form

$$\Delta s = s'\,(u) \cdot u \cdot \delta. \tag{1.6}$$

Ist die gleichförmige Charakteristik einer Skala konstant, so ist die Skala gleichförmig. Dies folgt unmittelbar aus den Definitionen der gleichförmigen Charakteristik und der gleichförmigen Skala: wenn die Charakteristik konstant ist, so heißt das, daß die Teilungen konstanten Argumentschrittes immer denselben Teilstrichabstand für alle Punkte der Skala haben, d. h. aber per definitionem, die Skala ist gleichförmig. Die Bogenlänge des Trägers der Skala von ihrem Anfang bis zu dem Punkte mit dem Argument u wird dann proportional dem Werte u. Dies kann man auch aus der Gleichung (1.5) erhalten, indem man Δs gleich einer konstanten Größe k setzt, woraus folgt

$$k = s'(u) \cdot \delta$$

und

$$\frac{k}{\delta} \int_{u_0}^{u} du = \int_{u_0}^{u} s'(u)\, du$$

oder

$$s(u) = \frac{k}{\delta}(u - u_0),$$

weil $s(u_0) = 0$, wobei u_0 das Argument des Skalenanfangs ist.

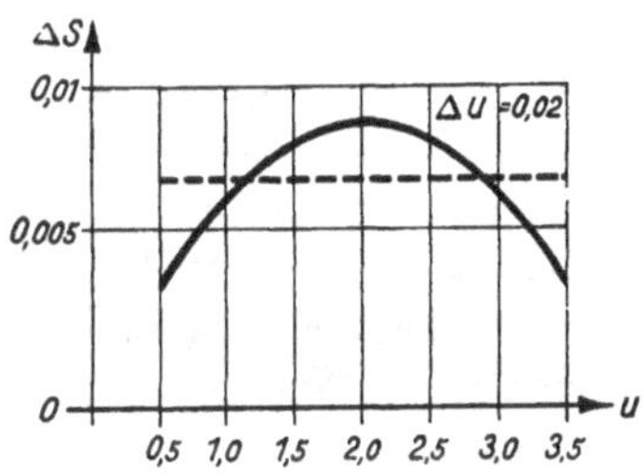

Fig. 14b.

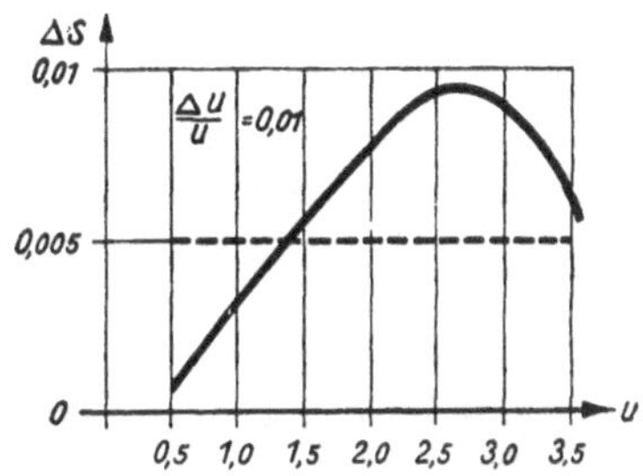

Fig. 14c

Wenn die gleichförmige Charakteristik einer Skala nicht konstant ist, so wird ihre Änderung zeigen, wie diese Skala von einer gleichförmigen Skala abweicht. In Fig. 14b ist die gleichförmige Charakteristik der Skala der Variablen u dargestellt, die bereits in Fig. 5 dargestellt wurde. Die Charakteristik dieser Skala wächst am Anfang an, erreicht bei $u = 2{,}0$ ein Maximum und fällt dann ab. Das bedeutet, daß am Anfang die Teilstrichabstände der Teilungen bei gegebenem konstantem Argumentschritt Δu wachsen (der Argumentschritt ist hier gleich 0,02 gewählt; das Wachstum geht bis zum Punkte mit dem Argument 2,0); dann aber werden die Teilstrichabstände kleiner, wobei am Anfang und am Ende der Skala die Teilstrichabstände der Teilungen ein und desselben Argumentschrittes gleich groß sind. Dem Aussehen der Charakteristik nach kann man sagen, daß die Skala sich von einer gleichförmigen dadurch unterscheidet, daß ihre Teilungen bei gleichbleibendem Argumentschritt $\Delta u = 0{,}02$ in der Mitte ungefähr doppelt so groß sind wie an den Enden.

Wenn die logarithmische Charakteristik einer Skala konstant ist, so nennen wir eine solche Skala logarithmische Skala. Auf einer logarithmischen Skala werden also die Teilungen ein und desselben Teilstrichabstandes einen konstanten relativen

Argumentschritt haben. Die Abhängigkeit der Bogenlänge des Trägers der Skala (vom Anfang bis zum Punkte mit dem Argument u) vom Werte u kann man aus der Gleichung der logarithmischen Charakteristik einer Skala (1.6) erhalten, indem wir in ihr Δs gleich einer konstanten Größe k setzen. Wir erhalten

$$k = s'(u) \cdot u \cdot \delta$$

oder

$$s'(u) = \frac{k}{\delta} \frac{l}{u},$$

woraus folgt

$$\int_{u_0}^{u} s'(u)\, du = \frac{k}{\delta} \int_{u_0}^{u} \frac{du}{u} \text{ oder } s(u) = \frac{k}{\delta} (\ln u - \ln u_0) = \frac{k}{\delta} \ln \frac{u}{u_0},$$

d. h., für eine logarithmische Skala ist die Bogenlänge des Trägers der Skala vom Anfang der Skala bis zu dem Punkte mit dem Argument u proportional dem Logarithmus des Wertes $\frac{u}{u_0}$. Geradlinige logarithmische Skalen finden wir auf dem Rechenschieber.

Wenn die logarithmische Charakteristik einer Skala nicht konstant ist, so wird ihre Veränderung zeigen, wie diese Skala von einer logarithmischen Skala abweicht. Auf Fig. 14c ist die logarithmische Charakteristik derselben Skala dargestellt, für die wir vorher die gleichförmige Charakteristik aufstellten. Die Charakteristik dieser Skala wächst am Anfang an, erreicht ein Maximum bei $u = 2{,}7$ und fällt dann ab. Das heißt, daß die Teilstrichabstände ein und desselben konstanten relativen Argumentschrittes Δu (hier wurde $\frac{\Delta u}{u}$ gleich 0,01 gewählt) am Anfang anwachsen und dann abnehmen. Den kleinsten Teilstrichabstand haben die Teilungen am Anfang der Skala. Wie aus der Charakteristik ersichtlich ist, unterscheidet sich diese Skala sehr stark von einer logarithmischen Skala. Wenn man sie mit einer logarithmischen Skala vergleicht, die denselben Teilstrichabstand bei einer Teilung von konstantem relativem Argumentschritt von 0,01 hat (die Charakteristik einer solchen Skala ist in Fig. 14c punktiert durch die zur Abszissenachse parallele Gerade angedeutet), so hat unsere Skala Teilungen, die bei $u = 2{,}7$ anderthalb mal größer und bei $u = 0{,}5$ sechsmal kleiner sind als eine logarithmische Skala desselben Teilstrichabstandes.

Die betrachteten Beispiele zeigen, daß man mit Hilfe des eingeführten Begriffes der Charakteristik einer Skala sowohl die Güte einer Skala abschätzen, als auch Aufgaben lösen kann, die im Zusammenhang mit dem Argumentschritt der Teilungen und ihrer Lage auf der Skala stehen. Die logarithmische Charakteristik einer Skala gestattet es, zu beurteilen, wie weit eine solche Skala von einer logarithmischen Skala abweicht; die gleichmäßige Charakteristik einer Skala erlaubt die Beurteilung, wie weit sie von einer gleichförmigen Skala abweicht[1]).

1) Die Charakteristiken einer Skala sind ein analytischer Ausdruck für den nicht genau definierten Begriff, den man Form oder Spektrum einer Skala nannte.

Den Punkt, wo die Charakterstik einer Skala Null wird, nennen wir *Verdichtungspunkt einer Skala.*

§ 8. Wie muß ein Nomogramm aufgebaut sein

Wie wir feststellten, ist die mit einem Nomogramm gefundene Lösung mit einem Fehler behaftet, dessen Größe in bedeutendem Maße durch die Form des Nomogramms bestimmt wird.

Für ein und dieselbe Gleichung kann man dem Aussehen nach verschiedene Nomogramme konstruieren. Die theoretische Grundlage dieses Sachverhalts wird im folgenden Kapitel gegeben. Hier können wir dies nur durch ein Beispiel erhärten: in Fig. 15 ist ein anderes Nomogramm zur Berechnung des Volumens eines Kugelsegmentes dargestellt. Es unterscheidet sich bedeutend von dem von uns früher zur Lösung derselben Aufgabe angeführten Nomogramm. Im ersten Nomogramm hatte die Lösungsskala eine logarithmische Charakteristik, die annähernd konstant war (Fig. 4). Hier nun (Fig. 15) ist die Lösungsskala gleichförmig. Die Lage der Skalen zueinander hat sich auch etwas verändert. Die Veränderung der Charakteristik der Lösungsskala führt dazu, daß bei ein und derselben geometrischen Ungenauigkeit Δl beim Aufsuchen des Lösungspunktes auf beiden Nomogrammen die Lösung mit verschiedener Genauigkeit ermittelt wird. (Δl ist in beiden Nomogrammen ungefähr gleich, weil die unbedeutende Veränderung in der gegenseitigen Lage der Skalen des Nomogramms in der Größe von Δl kaum zum Ausdruck kommt.)

Wenn auf dem zweiten Nomogramm einer geometrischen Ungenauigkeit von $\Delta l = 0{,}5$ mm eine konstante Ungenauigkeit der Lösung von $\sim 15\ \text{m}^3$ entspricht, so wird auf dem ersten Nomogramm (Fig. 4) diese Ungenauigkeit mit wachsender Größe der Lösung zunehmen. Bei $V = 900\ \text{m}^3$ ist sie gleich $10\ \text{m}^3$ und bei $V = 4000\ \text{m}^3$ erreicht sie einen Wert von $30\ \text{m}^3$. Bei der Betrachtung dieser zwei Nomogramme entsteht die Frage, welches von beiden besser ist.

Die Möglichkeit, für eine Gleichung eine ganze Reihe sich voneinander unterscheidender Nomogramme zu konstruieren, wirft eine weitere grundlegende Frage auf. Ist es möglich, Nomogramme zu konstruieren, die noch besser als die angeführten sind?

Wir wollen annehmen, daß die Güte eines Nomogramms durch die Genauigkeit der mit ihm gefundenen Lösung bestimmt wird. Die Genauigkeit, mit der ein Nomogramm eine Lösung liefern soll, wird praktisch dadurch bestimmt, welchem Zweck die mit ihm durchzuführenden Berechnungen dienen sollen. Wir halten das Nomogramm für das beste, bei dem man mit kleinen Ausmaßen der Zeichnung die notwendige Genauigkeit der Berechnungen erreicht[1]).

In § 6 untersuchten wir die Fehlerquellen bei Berechnungen in einem Nomogramm. Die dort erlangten Ergebnisse werden wir jetzt benutzen, um Bedingungen aufzustellen, deren Erfüllung die Rechenungenauigkeiten möglichst gering

1) Hier handelt es sich um Nomogramme, die zu Berechnungen und nicht zur Untersuchung funktionaler Abhängigkeiten bestimmt sind.

machen. Je nachdem wieweit bei der Konstruktion des Nomogramms diese Bedingungen erfüllt sind, werden wir die Qualität des Nomogramms beurteilen. Vorerst wollen wir uns kurz mit den Begriffen der Genauigkeit des Wertes einer Größe und der Genauigkeit der Rechenoperationen befassen[1]).

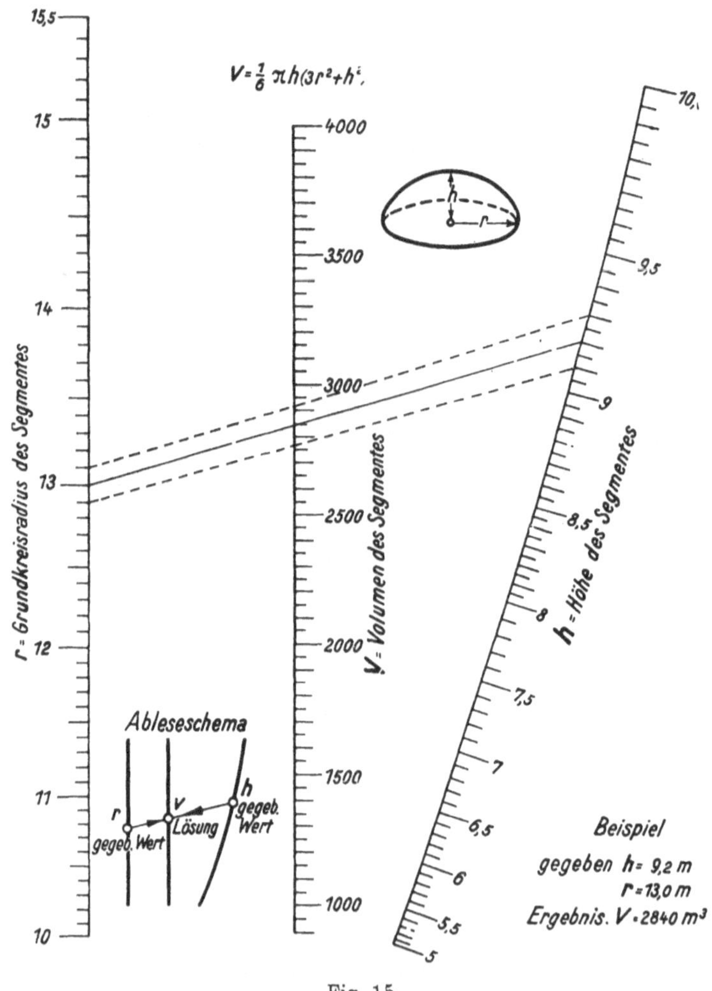

Fig. 15.

Näherungswert einer Große heißt die Zahl, die man an Stelle ihres wahren Wertes benutzt. So verfährt man, wenn der wahre Wert schwierig oder unmöglich zu bestimmen ist oder wenn die Einführung eines Näherungswertes die Berechnungen vereinfacht und praktisch zulässig ist. Als Beispiel mag der Näherungswert

1) Eingehender wird dies behandelt in: M. L. FRANK: „Elementare Näherungsberechnungen", ГТТИ, 1933; A. N. KRYLOW: „Vorträge über Näherungsberechnungen", Verlag AH UdSSR 1933 (russ.).

der Zahl π dienen, der gleich 3,14 angenommen wird. Die Mehrzahl der Werte, mit denen man es in der Technik und im täglichen Leben zu tun hat, sind Näherungswerte.

Der absolute Wert der Differenz zwischen dem wahren Wert einer Größe und ihrem Näherungswert nennt man *absoluten Fehler* des Näherungswertes. Der wahre Wert einer Größe ist oft nicht bekannt und infolgedessen ist auch der absolute Fehler ihres Näherungswertes unbekannt. Aber in solchen Fällen ist es möglich, daß man eine gewisse positive Zahl kennt, die größer ist als der absolute Wert des Fehlers. Diese heißt *obere Grenze des Fehlers.* So kann man die obere Grenze des Näherungswertes 3,14 der Zahl π mit 0,002 annehmen (der Wert π hat die Form: $\pi = 3{,}14159\ldots$).

Um die Näherungswerte abzuschätzen, verwendet man auch den Begriff des relativen Fehlers. *Relativer Fehler* eines Näherungswertes einer gewissen Größe nennt man das Verhältnis ihres absoluten Fehlers zu dem vorliegenden Näherungswert dieser Größe. Ist der relative Fehler einer Näherungsgröße unbekannt, gibt es aber eine Größe, die er nicht übertrifft, so heißt letztere *obere Grenze des relativen Fehlers* der Näherungsgröße. Der relative Fehler wird oft in Prozenten des Näherungswertes einer Größe ausgedrückt.

Im folgenden werden wir bei der Betrachtung der oberen Grenze des absoluten und der oberen Grenze des relativen Fehlers diese Grenzen kurz „absoluter" und „relativer" Fehler nennen, wenn der Sinn des Textes die genauere Bezeichnung nicht besonders erforderlich macht.

Die Rechenoperationen mit Näherungsgrößen liefern nur einen Näherungswert des Ergebnisses. Aus der Differentialrechnung ist folgende Formel bekannt, die es gestattet, den Fehler eines Ergebnisses von Berechnungen nach den Fehlern der gegebenen Größen abzuschätzen. Ist die Größe w durch die Relation

$$w = f(u, v)$$

gegeben, so ist die Ungenauigkeit Δw in der Bestimmung von w, wenn u und v die Ungenauigkeiten Δu und Δv haben, gleich

$$\Delta w = \frac{\partial f}{\partial u} \Delta u + \frac{\partial f}{\partial v} \Delta v \tag{1.7}$$

infolge der Näherungsgleichung

$$\Delta w \approx dw.$$

Nach dem obigen Ausdruck darf man schließen, daß der Fehler Δw von den Fehlern der gegebenen Größen, von der Form der Funktion $f(u, v)$ und von dem Punkte abhängt, in dem der Wert der Funktion bestimmt wird.

Rechenoperationen mit genau bestimmten Größen können entweder wieder zu genauen oder aber zu Näherungsergebnissen führen. Genaue Rechenoperationen liefern den wahren Wert der gesuchten Größe; Näherungsoperationen liefern einen Näherungswert der gesuchten Größe. So ist die Operation der Multiplikation, wenn sie auf einer Rechenmaschine ausgeführt wird, eine genaue Operation, weil die Rechenmaschine den wahren Wert des Produktes angibt. Wird die Operation der Multiplikation mit Hilfe einer Logarithmentafel ausgeführt, so ist sie eine Näherungsoperation, weil eine Logarithmentafel nur Näherungswerte der Logarithmen angibt. Die Praxis kennt eine große Menge Näherungsoperationen. Zu ihnen gehört z. B. die angenäherte Berechnung der Werte unbestimmter Integrale durch Reihenentwicklung des Integranden nach der SIMPSONschen Formel und viele andere. *Die Berechnung mit Hilfe eines Nomogramms gehört zu den Methoden der Näherungsoperationen.* Die Anwendung von Näherungsoperationen ist deshalb möglich, weil es gewöhnlich vollkommen ausreicht, den angenäherten Wert eines Ergebnisses zu kennen.

Der Fehler einer Näherungsoperation, d. h. die Differenz zwischen dem wahren und dem gefundenen Wert des Ergebnisses, ist durch den Charakter der Operation bestimmt. Verschiedenartige Rechenverfahren können verschiedene Fehler liefern. In § 6 zeigten wir, daß die Fehler bei der Berechnung nach Nomogrammen durch die Form der Nomogramme bestimmt werden.

In der Praxis führt man gewöhnlich Näherungsoperationen mit Näherungsgrößen durch. Die Fehler solcher Operationen werden durch die Fehler der gegebenen Größen und durch die Fehler der Operationen selbst bestimmt. *Bei der Berechnung nach einem Nomogramm muß man berücksichtigen, daß der Fehler des Resultates sowohl von dem Fehler der Operation beim Aufsuchen der Lösung als auch von den Fehlern der gegebenen Größen abhängt.* Diese beiden Fehlerquellen der Lösung muß man in Betracht ziehen.

Der Fehler der Lösung, der von den Fehlern der gegebenen Größen abhängt, kann in einem Nomogramm leicht gefunden werden. Zu diesem Zweck vergrößert man die absoluten Fehler der gegebenen Größen um so viel, daß dann die Fehler, die beim Aufsuchen der Lösung entstehen, keine wesentliche Rolle mehr spielen. Damit erhält man bestimmte Zuwüchse der gegebenen Variablen, für die man dann den entsprechenden Lösungszuwachs im Nomogramm ablesen kann. Der Lösungszuwachs ist dabei um dieselbe Zahl vergrößert wie die absoluten Fehler der gegebenen Größen. [Man kann annehmen, daß näherungsweise der Zuwachs der Funktion linear von den Zuwüchsen der unabhängigen Variablen abhängt — siehe (1.7).]

Das Verhältnis zwischen den beiden Bestandteilen des Fehlers einer Lösung kann unterschiedlich sein. Es kann sein, daß die Ungenauigkeit der Lösung praktisch vollkommen durch die Ungenauigkeit der Rechenoperation bestimmt wird und daß die Ungenauigkeiten infolge des Näherungswertes der gegebenen Größen unbedeutend gering sind. Es kann sein, daß der Fehler sich ungefähr gleichmäßig auf beide Fehlerquellen verteilt. Und schließlich ist noch der Fall möglich, daß die Ungenauigkeiten der Rechenoperation unbedeutend sind im Vergleich mit der Ungenauigkeit der Lösung, die durch die Ungenauigkeiten der gegebenen Größen bestimmt wird. Die ersten beiden Fälle sind bei der Konstruktion von Nomogrammen zulässig, wenn man mit der Genauigkeit der erzielten Resultate zufrieden ist. Der letzte Fall läßt sich nur durch die Bequemlichkeit beim Gebrauch eines Nomogramms rechtfertigen; man muß jedoch in Betracht ziehen, daß dies dazu führen kann, daß man die Lösung am Nomogramm mit einer fiktiven Genauigkeit abliest, d. h. mit einer Genauigkeit, die nicht durch die Genauigkeit der gegebenen Größen bedingt ist.

Wir wollen an einem Beispiel zeigen, wie eine solche Art fiktiver Genauigkeit auftreten kann. Wir nehmen an, daß bei der Bestimmung des Volumens eines Kugelsegmentes die Werte der gegebenen Größen bis auf 0,1 m genau seien, d. h., die wahren Werte r und h können sich von den gegebenen um 0,1 m unterscheiden. Haben wir nach dem Nomogramm V ausgerechnet, so erhalten wir eine Größe, die von dem wahren Wert des Volumens abweicht. Nach der Volumenskala auf dem Nomogramm, das in Fig. 15 angeführt wurde, kann man zu dem gefundenen Lösungspunkte das Volumen mit einer Genauigkeit bis zu 10 m³ ablesen. Doch dies ist nur eine fiktive Genauigkeit. Sind die gegebenen Werte h und r : $h = 9{,}2$ m und $r = 13{,}0$ m, so können die wahren Werte innerhalb der Grenzen $9{,}1 \leq h \leq 9{,}3$ und $12{,}9 \leq r \leq 13{,}1$ liegen. Auf dem Nomogramm können die Punkte, die den wahren Werten der gegebenen Größen entsprechen, innerhalb der Teilungen 9,1—9,3 auf der h-Skala und 12,9—13,1 auf der r-Skala liegen. Der wahre Lösungspunkt kann sich also innerhalb eines Abschnittes der Lösungsskala befinden, der begrenzt wird durch die Schnittpunkte der Lösungsgeraden, die durch die Punkte $h = 9{,}1$; $r = 12{,}9$ und $h = 9{,}3$; $r = 13{,}1$ gehen. Diese Geraden sind in der Figur punktiert eingetragen. Der mögliche Fehler der Lösung wird ausgedrückt durch die Hälfte des obigen Abschnittes und wird gleich 100 m³, d. h. zehnmal so groß wie die Ableseungenauigkeit der Lösung. Wenn man in dem gegebenen Fall die Lösung aus dem Nomogramm entnimmt, so kann man sich offenbar damit begnügen, daß man das Argument des Punktes mit einem Strich abliest, der dem gefundenen Lösungspunkte am nächsten liegt. Es ist sinnlos, die Lösung mit größerer Genauigkeit abzulesen. Für die gegebenen Werte h und r läßt sich der Wert V zu 2800 oder 2900 m³ errechnen.

Im folgenden werden wir ein Nomogramm nur nach der Größe des Fehlers der Lösung bewerten, der durch die Operation innerhalb des Nomogramms hervorgerufen wird.

Wie wir feststellten, *wird die Ungenauigkeit einer Operation im Nomogramm durch die Größe der Unbestimmtheit Δl in der Lage des Lösungspunktes und durch den Argumentschritt Δw einer Teilung des Teilstrichabstandes Δl am gegebenen Orte der Lösungsskala bestimmt* (siehe Seite 21). Um die Bedingungen aufzufinden, die ein Nomogramm erfüllen muß, damit dieser Fehler möglichst gering wird, spalten wir diese Aufgabe in zwei Teilaufgaben: wir wollen zunächst die Bedingungen ermitteln, durch die die geometrische Ungenauigkeit beim Aufsuchen des Lösungspunktes möglichst gering wird, und dann die Bedingungen, durch die der Wert dieser Ungenauigkeit auf der Lösungsskala möglichst klein wird.

Die Größe der geometrischen Ungenauigkeit Δl in der Lagebestimmung des Lösungspunktes hängt von der gegenseitigen Lage der Skalen des Nomogramms und von der Unterteilung der Skalen der gegebenen Größen ab. Die Ausmaße eines Nomogramms (gewöhnlich wählt man die lange Seite der Figur zwischen 100 und 600 mm) haben nur geringen Einfluß auf die Größe des geometrischen Fehlers. Die in § 6 durchgeführte Untersuchung der Natur der geometrischen Ungenauigkeit gestattet, folgende Bedingungen aufzustellen, deren Erfüllung die Größe der Ungenauigkeit innerhalb zulässiger Grenzen hält.

1. Die Unterteilung (Graduierung) auf den Skalen der gegebenen Größen muß eine lineare Interpolation zulassen.

2. Die Lösungsskala eines Nomogramms muß sich nach Möglichkeit zwischen den Skalen der gegebenen Größen befinden. Wenn die Lösungsskala sich außerhalb befindet, so darf das Verhältnis des Abstandes vom Lösungspunkt bis zum nächsten gegebenen Punkt zum Abstand zwischen den gegebenen Punkten nicht größer als zwei sein.

3. Der Schnittwinkel der Lösungsgeraden mit dem Träger der Lösungsskala darf nicht größer als 20—30° sein.

Die Größen der Schnittwinkel der Lösungsgeraden mit den Skalen der gegebenen Größen üben keinen Einfluß auf die Größe des Fehlers aus. Man muß nur den Punkt auf der Skala der gegebenen Größe aufsuchen, ehe man die Lösungsgerade anlegt, dann muß man, indem man den Punkt mit einer Nadelspitze oder einem Bleistift festhält, durch diesen Punkt die Gerade legen. Gewöhnlich wird das Anlegen der Lösungsgeraden (des Linealrandes) und das Aufsuchen des Punktes der gegebenen Größe gleichzeitig durchgeführt: Man findet den Punkt der gegebenen Größe als Schnittpunkt der Lösungsgeraden mit dem Träger der Skala der gegebenen Variablen. Führt man das Anlegen der Lösungsgeraden auch im Falle spitzer Winkel zwischen dem Träger der Skala und der Lösungsgeraden so durch, so wird dies zu einer erheblichen Vergrößerung des geometrischen Fehlers führen, und man muß deshalb darauf verzichten.

Obere Grenze des absoluten Fehlers einer Lösung, die mittels eines Nomogramms gefunden wird, nennen wir den größten Wert des absoluten Fehlers der Lösung innerhalb ihrer Bereiche auf dem Nomogramm. Dieser wird offenbar gleich dem größten Argumentschritt Δw einer Teilung des Teilstrichabstandes Δl auf der Lösungsskala. Die Größe Δl soll dabei bei einem gegebenen Nomogramm für alle Punkte der Lösungsskala dieselbe sein. Der Argumentschritt einer Teilung vom Teilstrichabstande Δl wird sich im Allgemeinfall längs der Skala ändern. Seine Veränderung wird durch die Form der Charakteristik der Skala bestimmt. Wenn wir annehmen, daß der Argumentschritt der Teilung in einem gegebenen Punkte der Skala ungefähr dem Teilstrichabstand der Teilung proportional ist, können wir zwischen Δw, Δl und Δs durch den Begriff der gleichförmigen Charakteristik der Skala einen Zusammenhang herstellen. Es ist nämlich, $\frac{\Delta w}{\Delta l} = \frac{\delta}{\Delta s \cdot S}$ oder

$$\Delta w = \frac{\delta \cdot \Delta l}{S \cdot \Delta s}, \tag{1.8}$$

wobei S die Länge der Skala und $S \cdot \Delta s$ der wahre Teilstrichabstand einer Teilung vom Argumentschritt δ ist. Weil Δl, δ und S konstant sind, so ist die Ungenauigkeit der Lösung Δw in den Punkten der Skala am größten, wo die Charakteristik der Skala Δs den kleinsten Wert hat. Den kleinsten Wert der Charakteristik werden wir ihre *untere Grenze* nennen[1]). Ein Nomogramm mit einer

1) Infolge ihrer geometrischen Bedeutung hat die Charakteristik einer Skala immer eine obere und eine untere Grenze.

gleichförmigen Lösungsskala ergibt eine Lösung mit einem konstanten absoluten Fehler, weil die Charakteristik einer solchen Skala konstant ist. Eine beliebige, von einer gleichförmigen verschiedene Skala liefert bei demselben Teilstrichabstand die Lösung mit einem größeren absoluten Fehler, weil der Wert der unteren Grenze ihrer Charakteristik hier kleiner sein wird als der Wert der Charakteristik einer gleichförmigen Skala bei dem gleichen δ.

Obere Grenze des relativen Fehlers einer Lösung, die mittels eines Nomogramms gefunden wird, nennen wir den größten Wert des relativen Fehlers der Lösung innerhalb ihrer Variabilitätsgrenzen auf dem Nomogramm. Dieser wird gleich dem größten relativen Argumentschritt $\frac{\Delta w}{w}$ einer Teilung mit dem Teilstrichabstand Δl auf der Lösungsskala. Aus denselben Erwägungen wie auch im Falle des absoluten Fehlers kann man hier durch den Wert der logarithmischen Charakteristik einer Skala eine Abhängigkeit zwischen $\frac{\Delta w}{w}$, Δl und Δs finden. Nämlich

$$\frac{\Delta w}{w} : \Delta l = \delta : \Delta s \cdot S,$$

woraus folgt

$$\frac{\Delta w}{w} = \frac{\delta \cdot \Delta l}{S \cdot \Delta s}. \tag{1.9}$$

Den größten Fehler $\frac{\Delta w}{w}$ wird die Lösung in den Punkten der Skala haben, wo die logarithmische Charakteristik der Skala Δs den kleinsten Wert hat. Ein Nomogramm mit einer logarithmischen Lösungsskala liefert eine Lösung mit einem konstanten relativen Fehler, weil die logarithmische Charakteristik einer solchen Skala konstant ist. Eine beliebige Skala, die von einer logarithmischen Skala verschieden ist, wird beim selben Teilstrichabstand einen größeren relativen Fehler liefern, weil der Wert der unteren Grenze ihrer logarithmischen Charakteristik kleiner ist als der Wert der logarithmischen Charakteristik einer logarithmischen Skala bei dem gleichen δ.

Also kommen wir zu dem Schluß, *daß die Form der Lösungsskala eines Nomogramms dadurch bestimmt wird, wie man die Ungenauigkeit der Lösung beurteilt.*

Wenn bei den Verhältnissen der Praxis der Fehler einer Lösung nach seiner absoluten Größe beurteilt wird, so gibt bei denselben Ausmaßen der Lösungsskala (und Δl) ein Nomogramm mit einer gleichförmigen Lösungsskala oder mit einer Skala, die sich von einer gleichförmigen sehr wenig unterscheidet, die größte Genauigkeit. Letztere ist eine solche Skala, deren gleichförmige Charakteristik einen möglichst großen Wert der unteren Grenze hat. Wenn bei den Bedingungen der Praxis die Lösung nach der relativen Größe ihres Fehlers beurteilt wird, so wird bei denselben Ausmaßen der Lösungsskala ein Nomogramm mit einer logarithmischen Lösungsskala oder mit einer Skala, die sich von einer logarithmischen sehr wenig unterscheidet, die größte Genauigkeit besitzen. Als solche kann eine Skala dienen, deren logarithmische Charakteristik einen möglichst großen Wert der unteren Grenze hat.

Die zulässige Ungenauigkeit der Lösung, die nach einem Nomogramm gefunden wird, kann auch durch eine Vorschrift gegeben sein, der ihre Werte in Abhängigkeit von den Werten der Lösung unterliegen. Auch in diesem Falle liefert bei kleinen Ausmaßen der Zeichnung das Nomogramm die nötige Genauigkeit, wenn die Charakteristik der Lösungsskala entsprechend dem vorgeschriebenen Gesetz aufgebaut ist, nach dem sich die zulässige Ungenauigkeit ändert.

Aus den Ausdrücken (1.8) und (1.9) kann man schließen, daß man außer der Wahl der entsprechenden Charakteristik auch durch Vergrößerung von S, der Länge der Lösungsskala, die Ungenauigkeit der Lösung vermindern kann. Aber dieser Weg führt zu einer übermäßigen Vergrößerung der Ausmaße der Zeichnung; deshalb muß ein richtig aufgebautes Nomogramm eine entsprechend passend gewählte Charakteristik der Lösungsskala haben.

Die erzielten Resultate kann man in Gestalt folgender Bedingungen darstellen, bei deren Erfüllung ein Nomogramm eine Lösung mit dem notwendigen Genauigkeitsgrad liefert:

1. Die Lösungsskala muß eine Charakteristik haben, deren Typ durch die Art der zulässigen Ungenauigkeit bestimmt wird. Wenn die Lösung nach einem Nomogramm nach der Größe der absoluten Ungenauigkeit beurteilt wird, ist die beste Form einer Lösungsskala eine gleichförmige Skala oder eine, die ihr am nächsten kommt. Wenn die Lösung nach der Größe des relativen Fehlers beurteilt wird, ist die beste Form der Lösungsskala eine logarithmische Skala oder eine, die ihr am nächsten kommt.

2. Die Länge der Lösungsskala muß so sein, daß in dem Punkte, wo die Charakteristik den kleinsten Wert hat, der Argumentschritt einer Teilung des Teilstrichabstandes Δl nicht größer als die zulässige Ungenauigkeit wird.

Je nachdem, wie obige Bedingungen erfüllt sind, kann man die Qualität eines Nomogramms beurteilen.

Wenn wir jetzt zu den zwei Nomogrammen für ein und dieselbe Gleichung zur Bestimmung des Volumens eines Kugelsegmentes zurückkehren, die am Anfang des Paragraphen betrachtet wurden, so können wir jetzt die Frage lösen, welches Nomogramm besser ist. Beide Nomogramme genügen den Bedingungen, was die gegenseitige Lage der Skalen anbetrifft: in beiden Fällen befindet sich die Lösungsskala zwischen den Skalen der gegebenen Größen; die Skalen der gegebenen Größen lassen eine lineare Interpolation zu. Folglich wird bei der Berechnung bei beiden Nomogrammen die geometrische Ungenauigkeit beim Aufsuchen des Lösungspunktes gering. Man kann sie für beide Nomogramme als gleich annehmen. Die Nomogramme unterscheiden sich voneinander nur durch die Charakteristiken ihrer Lösungsskalen. Das Nomogramm, das in Fig. 4 dargestellt wurde, hat eine Lösungsskala, die einer logarithmischen Skala sehr nahe kommt. Das Nomogramm, das in Fig. 15 dargestellt wurde, hat eine gleichförmige Lösungsskala. Das erste Nomogramm eignet sich besser zum Aufsuchen des Volumens eines Kugelsegmentes mit einem konstanten relativen Fehler. Das zweite Nomogramm ist besser zum Aufsuchen der Lösung mit einem konstanten absoluten Fehler. So wird also die endgültige Lösung der Frage, welches

Nomogramm besser ist, davon abhängen, wie man die Größe der zulässigen Ungenauigkeit der Lösung beurteilt, d. h. von den Bedingungen, für die in der Praxis das Nomogramm bestimmt ist. Die Ausmaße der im Text angeführten Nomogramme erlauben beim ersten Nomogramm die Lösung mit einer Genauigkeit bis zu einem Prozent zu ermitteln, beim zweiten mit einer Genauigkeit bis zu 15 m.

Schließlich kann man noch sagen, daß die Form des besten Nomogramms für eine gegebene Gleichung durch die konkreten praktischen Bedingungen bestimmt werden muß, für die es gebraucht werden soll. Die Form eines Nomogramms hängt davon ab, welche der Variablen die Lösung liefert, und auch davon, wie die zulässige Ungenauigkeit der Lösung beurteilt wird und welcher Art ihre Größe ist.

2. KAPITEL

FLUCHTLINIENTAFELN (Theoretische Grundlagen)

Es gibt viele Formen von Fluchtlinientafeln. Ihre Form wird sowohl durch die Gleichung, für die ein Nomogramm hergestellt werden soll, als auch durch dessen Konstruktionsverfahren bestimmt. Die einzelnen Gleichungsarten lassen verschiedene Nomographierungsverfahren zu. Alle Fluchtlinientafeln kann man einer projektiven Umformung und einige von ihnen auch einer nichtprojektiven Umformung unterwerfen. Jedes konkrete Nomogramm ist eine spezielle Darstellungsform der Abhängigkeit, die nomographiert werden soll, wenn man sie loslöst von der Vielfalt aller möglichen Nomogramme, bezogen auf dieselbe Gleichung. Bei der Beurteilung eines Nomogramms und besonders bei seiner Konstruktion ist es außerordentlich wichtig, die Eigenschaften, die nicht mit seiner Umwandlung verbunden sind, von den Eigenschaften abzutrennen, die als Folge dieser Umwandlungen auftreten, d. h. die geometrische Struktur eines Nomogramms zu erkennen. Nur die Kenntnis der geometrischen Struktur eines Nomogrammes gestattet es, Umwandlungen ausfindig zu machen, die dem Nomogramm eine Form verleihen, die die Bedingungen der praktischen Anwendung noch besser erfüllt.

In diesem Kapitel werden die nomographierbaren Gleichungen klassifiziert und die entsprechenden verschiedenen Gleichungstypen eines Nomogramms betrachtet. Die Hauptaufmerksamkeit werden wir der geometrischen Struktur dieser Nomogramme widmen; § 11 ist den Haupteigenschaften der projektiven Umformung in der Ebene gewidmet. Die Kenntnis dieser Eigenschaften ist unbedingt bei der Untersuchung der geometrischen Struktur von Nomogrammen erforderlich.

§ 9. Die Gleichungen der Skalen eines Nomogramms

Bei der Konstruktion eines Nomogramms sind seine Skalen durch Parametergleichungen in cartesischen Koordinaten gegeben. Als Parameter wählt man die Variable, die durch die Skala dargestellt werden soll. So werden z. B. die Gleichungen einer Skala der Variablen u folgende Form haben:

$$x = \varphi(u); \qquad y = \psi(u).$$

Wenn man der Variablen u in der Folge die Werte u_1, u_2, u_3 ... usw. gibt, so kann man die Koordinaten der entsprechenden Punkte der Skalen ermitteln und diese Punkte konstruieren. Auf diese Weise kann man die ganze Skala innerhalb der Grenzen des gegebenen Variabilitätsintervalls der Veränderlichen u aufbauen.

Für die Gleichung

$$F\ (u, v, w) = 0 \tag{2.1}$$

ist das Nomogramm dann festgelegt, wenn die Gleichungen

$$\left.\begin{array}{lll} \text{der Skala } u: & x_1 = \varphi_1(u), & y_1 = \psi_1(u) \\ \text{der Skala } v: & x_2 = \varphi_2(v), & y_2 = \psi_2(v) \\ \text{der Skala } w: & x_3 = \varphi_3(w), & y_3 = \psi_3(w) \end{array}\right\} \tag{2.2}$$

bekannt sind.

Wir wollen zeigen, wie man sie finden kann. Wir setzen voraus, daß ein Nomogramm bereits konstruiert vorliegt (Fig. 9). Sind u_0, v_0 und w_0 die Argumente von drei Punkten des Nomogramms, die auf einer Geraden liegen, so müssen die Zahlen u_0, v_0 und w_0 die Gleichung (2.1) befriedigen. Umgekehrt entspricht jedem Zahlentripel, das die Gleichung (2.1) befriedigt, auf dem Nomogramm ein Tripel von Punkten, die auf einer Geraden liegen. Unter Benutzung der Gleichungen der Skalen des Nomogramms wollen wir die Bedingung, daß drei Punkte mit den Argumenten u, v und w auf einer Geraden liegen, formulieren. Wie aus der analytischen Geometrie bekannt ist, hat diese Bedingung für die Punkte mit den Koordinaten (x_1, y_1), (x_2, y_2) und (x_3, y_3) folgende Form[1])

$$\begin{vmatrix} 1 & x_1 & y_1 \\ 1 & x_2 & y_2 \\ 1 & x_3 & y_3 \end{vmatrix} = 0.$$

Wenn wir hier die Ausdrücke für die Koordinaten der Skalenpunkte einsetzen aus (2.2), so erhalten wir eine Beziehung zwischen den Funktionen, die in die Gleichungen für die Skalen eingehen.

$$\begin{vmatrix} 1 & \varphi_1(u) & \psi_1(u) \\ 1 & \varphi_2(v) & \psi_2(v) \\ 1 & \varphi_3(w) & \psi_3(w) \end{vmatrix} = 0. \tag{2.3}$$

Die Gleichung (2.3) werden alle Zahlentripel u, v und w erfüllen, die Argumente von Punkten des Nomogramms sind, die auf einer Geraden liegen. Aber diese Zahlentripel stellen alle für die Gleichung (2.1) möglichen Lösungen dar. Folglich enthält die Gleichung (2.3) unter ihren Lösungen alle Lösungen der Gleichung (2.1) [aber nicht alle Lösungen der Gleichung (2.3) können Lösungen von (2.1) sein]. Also wenn man für die Gleichung (2.1) ein Nomogramm aufbauen kann, so gibt es immer solch eine Gleichung der Form (2.3), die unter ihren Lösungen alle Lösungen der Gleichung (2.1) enthält. Kann man also eine Gleichung der Form (2.3) finden, die alle Lösungen der Gleichung (2.1) enthält, so kann man für die Gleichung (2.1) ein Nomogramm konstruieren, dessen Skalen durch die Gleichungen (2.2) gegeben sind.

Damit verfügt man über ein Mittel, die Gleichungen der Skalen eines Nomogramms zu bestimmen. *Um für die Gleichung $F\ (u, v, w) = 0$ ein Nomogramm zu konstruieren, muß man eine Gleichung finden,*

---

1) Siehe Anhang 1 (Determinanten).

$$\begin{vmatrix} 1 & \varphi_1(u) & \psi_1(u) \\ 1 & \varphi_2(v) & \psi_2(v) \\ 1 & \varphi_3(w) & \psi_3(w) \end{vmatrix} = 0, \tag{2.3}$$

auf deren linken Seite eine Determinate steht, bei der eine Spalte aus lauter Einsen besteht und bei der jede Zeile Funktionen nur einer Veränderlichen enthält. Diese Gleichung muß unter ihren Lösungen alle Lösungen der gegebenen Gleichung enthalten. Eine derartige Gleichung heißt *Soreausche Gleichung.* Im Spezialfall kann es vorkommen, daß die SOREAUsche Gleichung genau so viel Lösungen wie die gegebene Gleichung besitzt. *Die Werte der Funktionen der zweiten Spalte der Determinate liefern die Abszissen und die Werte der Funktionen der dritten Spalte liefern die Ordinaten der Punkte der Skalen des Nomogramms.*

Die Lösungen der Gleichung (2.3), die keine Lösungen der Gleichung (2.1) sind, kann man aus dem Nomogramm leicht ausschließen. Dies kann man meist allein schon dadurch tun, daß man nur die notwendigen Teile der Skalen des Nomogramms einzeichnet.

§ 10. Die Nomographierbarkeit von Gleichungen

Die Bedingungen, die eine Gleichung erfüllen muß, damit man für sie ein Nomogramm konstruieren kann, heißen Anamorphosierbarkeitsbedingungen oder Umwandlungsbedingungen[1]). Leider gibt es keine solchen Bedingungen, die eine für die Praxis brauchbare Form haben. Die von verschiedenen Autoren angegebenen Methoden lösen entweder die Frage von der Möglichkeit der Konstruktion eines Nomogramms nicht bis zu Ende, oder sie sind so kompliziert, daß sie praktisch unanwendbar sind. Zu den ersten gehören die sogenannten Bedingungen von ST. ROBERT, deren Erfüllung nur Aufschluß gibt über die Möglichkeit, Nomogramme mit zwei geradlinigen Skalen zu konstruieren. Auf die Frage nach der Möglichkeit der Konstruktion eines Nomogramms mit zwei oder drei krummlinigen Skalen geben sie keine Antwort. Zu den letzteren kann man die Bedingungen von GRONWALL rechnen[2]).

Die Schwierigkeit, diese Aufgabe zu lösen, wird dadurch vergrößert, daß man neben der Gleichung

$$F(u, v, w) = 0 \tag{2.1}$$

noch Gleichungen von der Form

$$F(u, v, w) \cdot \Theta_1(v, w) \cdot \Theta_2(u, w) \cdot \Theta_3(u, v) = 0$$

betrachten muß, wobei $\Theta_1(v, w)$, $\Theta_2(u, w)$ und $\Theta_3(u, v)$ beliebige Funktionen mit zwei Variablen sind. Solche Gleichungen stellen keine neuen Abhängigkeiten zwischen den Variablen u, v und w her und werden durch dieselben Nomogramme ausgedrückt, wie auch die erste Gleichung.

---

1) Wie diese Bezeichnung entsteht, siehe auf Seite 82.

2) Eine besser anwendbare Form von Nomographierbarkeitsbedingungen führt A. N. MOLDAUER in dem Artikel: „Über einen Fall der allgemeinen Anamorphose“ an. „Nomographischer Sammelband“, ОНТИ, 1935 (russ.)

Es ist auch noch der Fall möglich, daß die Gleichung (2.1) nicht nomographierbar ist, daß aber ein Nomogramm von der Gleichung[1])

$$F(u, v, w) \cdot F_1(u, v, w) = 0 \qquad (2.4)$$

existiert oder

$$\Phi[F(u, v, w)] = 0, \quad \text{wobei} \quad \Phi(0) = 0 \quad \text{ist.}$$

In beiden Fällen wird das Nomogramm außer den Lösungen der Grundgleichung noch Lösungen liefern, die die Grundgleichung nicht befriedigen. Dies ruft praktisch keine Schwierigkeit hervor, weil es immer möglich ist, ein Verfahren anzugeben, um die überflüssigen Lösungen zu entfernen.

Manchmal zeigt es sich — damit werden wir später zu tun haben —, daß man außer der gegebenen Gleichung auch die Gleichung der Form (2.4) nomographieren kann. Dies führt zur Vieldeutigkeit der Nomographierung: Für ein und dieselbe Gleichung kann man der Struktur nach verschiedene Nomogramme konstruieren. Die praktische Lösung der Frage über die Nomographierbarkeit läuft darauf hinaus, die gegebene Gleichung auf eine der kanonischen Formen zu bringen, für die die SOREAUschen Gleichungen und folglich auch die Gleichungen der Skalen des Nomogramms bekannt sind. Das Ergebnis hängt hier von den Fertigkeiten des Nomographen ab, und ein Mißerfolg bei der Herstellung der kanonischen Form bedeutet nicht immer, daß es unmöglich wäre, ein Nomogramm zu konstruieren.

§ 11. Die Umwandlung von Nomogrammen

Wir erläuterten, daß die gegenseitige Lage der Skalen eines Nomogramms und die Form seiner Lösungsskala eine Reihe von Bedingungen erfüllen müssen. Das Nomogramm liefert eine Lösung mit der notwendigen Genauigkeit jedoch nur, wenn diese Bedingungen erfüllt sind. Die Form der Lösungsskala wird aber dadurch bestimmt, wie man die zulässige Ungenauigkeit beurteilt, die gegenseitige Lage der Skalen hingegen hängt wesentlich davon ab, welche der Variablen der Gleichung die Lösung liefern soll. Kurz gesagt, die Form eines Nomogramms wird durch die konkreten Bedingungen seiner praktischen Anwendung bestimmt. Es kann notwendig sein, daß man für ein und dieselbe Gleichung für verschiedene praktische Zwecke Nomogramme konstruieren muß, die sich bedeutend voneinander unterscheiden. Als Beispiel dafür mögen die

---

1) Ein Beispiel dafür ist die Gleichung

$$w + \frac{u}{2} - \sqrt{\left(\frac{u}{2}\right)^2 - v} = 0,$$

die nicht nomographierbar ist (siehe jedoch Bemerkung auf Seite 262. — Der Herausg.). Aber die Gleichung

$$\left(w + \frac{u}{2} - \sqrt{\left(\frac{u}{2}\right)^2 - v}\right)\left(w + \frac{u}{2} + \sqrt{\left(\frac{u}{2}\right)^2 - v}\right) = 0$$

ist nomographierbar, weil sie nach der Vereinfachung die Form:

$$w^2 + wu + v = 0$$

annimmt. Für diese kann man die SOREAUsche Gleichung leicht finden. (Diese Gleichung gehört zu der kanonischen Form von CAUCHY — siehe § 17.)

Nomogramme dienen, die in Fig. 4 und in Fig. 15 dargestellt wurden. Die Form einer Fluchtlinientafel kann in weiten Grenzen variieren. Man sagt, man kann das Nomogramm einer Umwandlung unterwerfen. Dies ist eine vom praktischen Gesichtspunkt aus außerordentlich wichtige Eigenschaft der Fluchtlinientafeln. Ihr ist es zu verdanken, daß die Fluchtlinientafeln zum Haupttyp nomographischer Vorstellungen wurden[1]). Bei der Konstruktion von Fluchtlinientafeln kann man in bekannter Weise immer erreichen, daß die Bedingungen erfüllt sind, die in § 8 dargelegt wurden.

Die Möglichkeit, Nomogramme umzuwandeln, folgt aus ihrem Konstruktionsprinzip. Die funktionale Abhängigkeit zwischen den Variablen einer gegebenen Gleichung geht auf einem Nomogramm in die geometrische Abhängigkeit zwischen den Punkten über, die die Werte dieser Variablen darstellen. Drei Zahlen, die die Gleichung befriedigen, entsprechen einem Tripel von Punkten, die auf einer Geraden liegen. Eine Umformung, die diese geometrische Abhängigkeit zwischen den Punkten bewahrt, bewahrt auch die funktionale Abhängigkeit zwischen den Argumenten dieser Punkte. *Folglich kann man Nomogramme solchen Umwandlungen unterwerfen, bei denen ein beliebiges Tripel von Punkten (von jeder Skala einer), die auf einer Geraden liegen, in ein Tripel von Punkten übergeht, die wieder auf einer Geraden liegen. Dies sind projektive Umformungen der Ebene, bei denen jede Gerade der Ebene wieder in eine Gerade übergeht*[2]). *Manche Typen von Nomogrammen lassen auch nichtprojektive Umformungen besonderer Art zu*[3]).

Man muß mit den Haupteigenschaften der projektiven Umformung der Ebene vertraut sein, um eine klare Vorstellung von der geometrischen Struktur und der Möglichkeit ihrer Umformung zu bekommen. Wir wollen mit der Betrachtung des einfachsten Falles einer projektiven Verformung der Ebene beginnen, mit der Verformung bei einer Zentralprojektion. Es seien im Raum zwei Ebenen π_1 und π_2 und ein Punkt P gegeben, der keiner von beiden Ebenen angehört (Fig. 16). Wir wählen auf der Ebene π_1 einen Punkt A_1 und legen durch die Punkte A_1 und P eine Gerade. Diese schneidet die Ebene π_2 im Punkte A_2. Der Punkt A_2 heißt *Projektion* des Punktes A_1 der Ebene π_1 auf die Ebene π_2. Der Punkt P heißt *Projektionszentrum*. Die Gerade A_1P heißt *projizierende Gerade*. Die Ebene, die von den projizierenden Geraden der Punkte einer beliebigen Geraden l_1 der Ebene π_1 gebildet wird, heißt projizierende Ebene (auf der Figur die Ebene PA_2C_2). Die Schnittgerade der projizierenden Ebene zur Geraden l_1 mit der Ebene π_2 ist die Projektion der Geraden l_1 auf die Ebene π_2. Die Operation, die jedem Punkt der Ebene π_1 seine Projektion auf der Ebene π_2 zuordnet, heißt Projektion der Ebene π_1 auf die Ebene π_2 aus dem Zentrum P.

Damit die Projektion möglich ist, muß man annehmen, daß jede Gerade des Raumes sich mit jeder beliebigen Ebene des Raumes schneidet. Wir werden

1) Genaueres darüber siehe § 80.

2) N. A. Glagolew, „Theoretische Grundlagen der Nomographie“ ГТТИ, 1939, Seite 198. Im folgenden werden wir bei Hinweisen auf dieses Buch der Kürze halber schreiben: Glagolew, Th. Gr. No. (russ.).

3) Siehe Kapitel 8, § 46.

annehmen, daß *parallele Geraden Geraden sind, die sich in einem unendlich fernen Punkte schneiden und daß jede Gerade einen unendlich fernen Punkt hat.* Hieraus wird folgen, daß eine zu einer Ebene parallele Gerade sich mit ihr in einem einzigen unendlich weit entfernten Punkte schneidet; zwei parallele Ebenen schneiden sich in einer unendlich fernen Geraden; jede Ebene hat eine einzige Gerade, die im Unendlichen liegt; die unendlich fernen Geraden des Raumes bilden eine unendlich ferne Ebene. Die unendlich weit entfernte Ebene ist der geometrische Ort aller unendlich weit entfernten Elemente (Punkte oder Geraden) des Raumes.

Nach Einführung von unendlich fernen Elementen kann man für jeden Punkt der Ebene π_1 eine Projektion auf die Ebene π_2 finden. Punkte, für die die projizierenden Strahlen parallel zur Ebene π_2 sind, haben als Projektionen unendlich ferne Punkte der Ebene π_2. Eine Gerade der Ebene π_1, die eine zur Ebene π_2 parallele projizierende Ebene hat, hat als Projektion eine unendlich ferne Gerade der Ebene π_2. Um die Projektion einer unendlich fernen Geraden der Ebene π_1 auf die Ebene π_2 zu finden, muß man durch das Projektionszentrum eine zur Ebene π_1 parallele Ebene legen. Diese schneidet sich mit der Ebene π_1 in einer unendlich fernen Geraden und projiziert diese auf die Ebene π_2. Bei der Projektion der Ebene π_1 auf die Ebene π_2 findet man für jede Figur der ersten Ebene ihre Projektion auf der zweiten. Es ist ganz offensichtlich, daß das Urbild der Figur und ihre Projektion sich voneinander unterscheiden werden. Die Figuren der Ebene π_1 werden beim Projizieren einer Verformung unterworfen. Man kann die Operation der Projektion als Verwandlung der Ebene π_1 in die Ebene π_2 betrachten (oder als Umwandlung der Ebene π_2 in die Ebene π_1). Der Zusammenhang zwischen den Punkten beider Ebenen wird durch die projizierenden Geraden hergestellt. Hauptmerkmal der Umformung ist, daß jedem Punkt und jeder Geraden der einen Ebene ein und nur ein Punkt und eine und nur eine Gerade der zweiten Ebene entspricht.

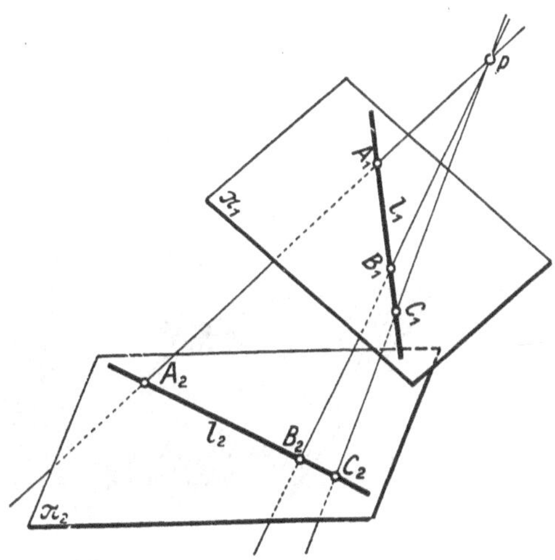

Fig. 16.

Durch die Einführung unendlich ferner Elemente sind wir von dem in der Elementargeometrie üblichen Axiomensystem abgewichen[1]): Das Parallelenaxiom haben wir durch das Axiom ersetzt, daß zwei Gerade sich immer schneiden (entweder in einem gewöhnlichen oder in einem unendlich fernen Punkte). Diese

1) Über das Axiomensystem, das in der Elementargeometrie (euklidisch) üblich ist, siehe im Anhang zum 2. Teil des Buches „Elementargeometrie" von Kisseljow (russ.).

Veränderung der Axiomatik führt zu einer Änderung der Eigenschaften der wichtigsten geometrischen Gebilde. Die Vorstellungen von der Geraden, von der Ebene und vom Raum werden andere.

Am Beispiel der Projektion eines Dreieckes von einer Ebene auf eine andere wollen wir uns mit den neuen Eigenschaften der Geraden und der Ebene und mit den Eigenschaften der Umwandlung einer Ebene bei der Projektion vertraut machen.

In Fig. 17 sind zwei Ebenen π_1 und π_2 dargestellt. In der Ebene π_1 liegt das Dreieck $A_1B_1C_1$. Wir projizieren es vom Punkte P aus auf die Ebene π_2. Der Punkt A_2 sei die Projektion der Dreiecksspitze A_1 auf die Ebene π_2. Wir

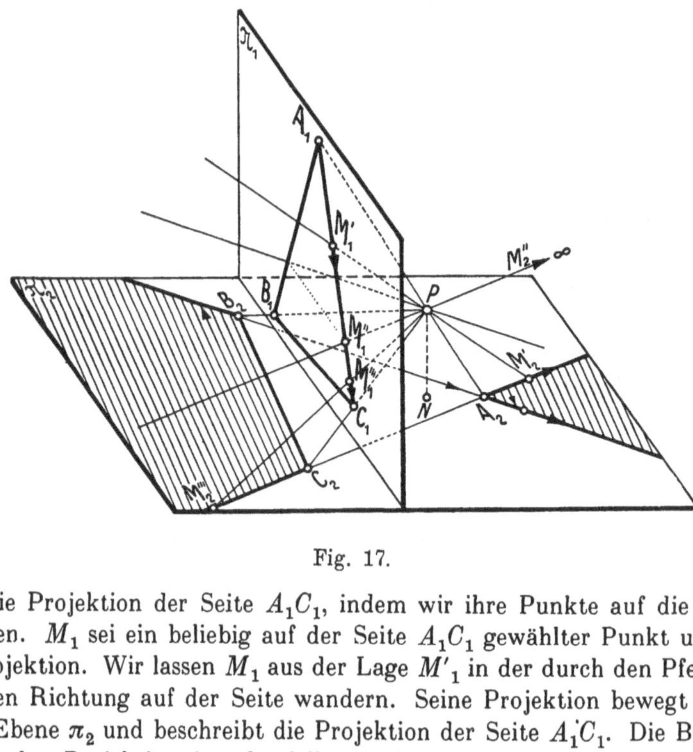

Fig. 17.

finden die Projektion der Seite A_1C_1, indem wir ihre Punkte auf die Ebene π_2 projizieren. M_1 sei ein beliebig auf der Seite A_1C_1 gewählter Punkt und M_2 sei seine Projektion. Wir lassen M_1 aus der Lage M'_1 in der durch den Pfeil gekennzeichneten Richtung auf der Seite wandern. Seine Projektion bewegt sich dann auf der Ebene π_2 und beschreibt die Projektion der Seite A_1C_1. Die Bewegungsrichtung der Projektion ist ebenfalls durch einen Pfeil gekennzeichnet. Der Punkt M_2 wird sich dann aus der Lage M_2' von der Schnittlinie der Ebenen entfernen, wenn dann der projizierende Strahl parallel zur Projektionsebene liegt, wird die Projektion des Punktes M_1'' der Seite A_1C_1 ein unendlich ferner Punkt der Ebene π_2. Bewegt man den Punkt M_1 auf der Seite A_1C_1 noch weiter, so wird seine Projektion auf der linken Seite der Figur erscheinen und sich der Schnittlinie der Ebenen nähern. In die Figur ist der Punkt M_2''' — die Projektion des Punktes M_1''' auf der Seite A_1C_1 eingetragen und durch Pfeile die Richtung bezeichnet, in die sich der Punkt und seine Projektion bewegen. Die Projektion der Spitze C_1 ist der Punkt C_2. Also wird der Abschnitt A_1C_1 in den

Teil der Geraden A_2C_2 projiziert, der einen unendlich fernen Punkt enthält. Wir wollen diesen Teil mit $A_2 \infty C_2$ bezeichnen. Wenn wir die Konstruktion der Projektion der Geraden A_1C_1 fortsetzen, indem wir den Strahl M_1P so um den Punkt P drehen, daß der Punkt M_1 auf der Verlängerung der Seite A_1C_1 entlanggleitet, so beschreibt die Projektion M_2 des Punktes M_1 den Abschnitt A_2C_2. Die Punkte des Abschnittes C_2A_2 sind dann die Projektionen des Abschnittes $C_1 \infty A_1$ der Geraden A_1C_1. Dabei tritt folgende bemerkenswerte Eigenschaft der Geraden zutage: *Jede Gerade ist abgeschlossen*: Wenn sich der Strahl M_2P um den Punkt P dreht, so beschreibt der Punkt M_2 eine Gerade, die im Punkte A_2 beginnt, nach rechts ins Unendliche verläuft, von links aus dem Unendlichen kommt und wieder im Punkt A_2 endet. Diese neue Eigenschaft der Geraden wird durch Einführung des unendlich fernen Punktes hervorgerufen.

Auf die gleiche Weise konstruieren wir die Projektion der Seite A_1B_1. Die Projektion der Seite A_1B_1 ist der Abschnitt $A_2 \infty B_2$. Läßt man durch aufeinanderfolgende Verschiebungen eines Punktes die ganze Gerade A_2B_2 beschreiben, so beobachtet man hier folgende interessante Eigenschaft: Wenn wir mit der Bewegung im Punkte A_2 beginnen, so entfernt sich die Projektion in der durch den Pfeil gekennzeichneten Richtung von der Geraden A_2C_2. Lassen wir die Projektion die volle Gerade beschreiben, so nähern wir uns schließlich der Geraden A_2C_2 von der anderen Seite. Dabei ist der Punkt A_2 der einzige Schnittpunkt der Geraden A_2B_2 mit der Geraden A_2C_2. Mit anderen Worten: *Eine Gerade teilt die Ebene nicht in zwei Teile.* Man kann von der einen Seite einer Geraden auf die andere Seite übergehen ohne die Gerade zu schneiden. Diese Eigenschaft der Ebene ist eine Folge der Einführung unendlich ferner Punkte der Ebene.

Wenn wir, nachdem wir die Projektion der Seite C_1B_1 noch konstruiert haben, versuchen, die Projektion des Dreieckes $A_1B_1C_1$ zu schraffieren, bemerken wir, daß die Projektion des Dreieckes sich nach rechts hin ins Unendliche verliert und von der linken Seite her wieder erscheint. Die Projektion des Dreieckes enthält also unendlich ferne Punkte. Mit Vorbehalt darf man sagen, daß bei der Projektion das Dreieck „zerrissen“ worden sei.

Wenn man bei der Schraffierung des Dreieckes die Striche mit Pfeilen versieht, die von der Seite A_2C_2 zur Seite A_2B_2 gerichtet sind, so wechselt beim Übergang von der linken zur rechten Seite der Figur die Richtung der Pfeile. Man kann sagen, *daß sich die Richtung eines Pfeiles beim Übergang durch eine unendlich ferne Gerade umkehrt.*

Es ist offensichtlich, daß, wenn die Lage des Projektionszentrums sich ändert, das Verhältnis, in dem der linke und rechte Teil der Projektion des Dreieckes steht, ein anderes wird.

Die Verfolgung der Ebenen bei Zentralprojektion ist ein Spezialfall der projektiven Verformung der Ebene. Als allgemeine projektive Umformung kann man eine solche umkehrbar eindeutige Punktverformung der Ebene definieren, bei der jede Gerade der Ebene wieder in eine Gerade übergeht. Jede beliebige projektive Umformung kann man als Resultat einer doppelt ausgeführten Zentralprojektion erhalten.

Im Allgemeinfall gehen bei der projektiven Umformung der Ebene ihre unendlich fernen Elemente in gewöhnliche Geraden und Punkte über, und sie werden sich auch im folgenden durch nichts von diesen unterscheiden. Dies ist auch die Begründung dafür, daß man sie als gleichberechtigt mit den übrigen Geraden und Punkten der Ebene ansieht. Ein unendlich ferner Punkt oder eine unendlich ferne Gerade ist also ein Sonderfall der Lage eines Punktes oder eine Gerade der projektiven Ebene, bezogen auf den Umfang der Zeichnung, auf der man also eine projektive Ebene als Ganzes nicht darstellen kann.

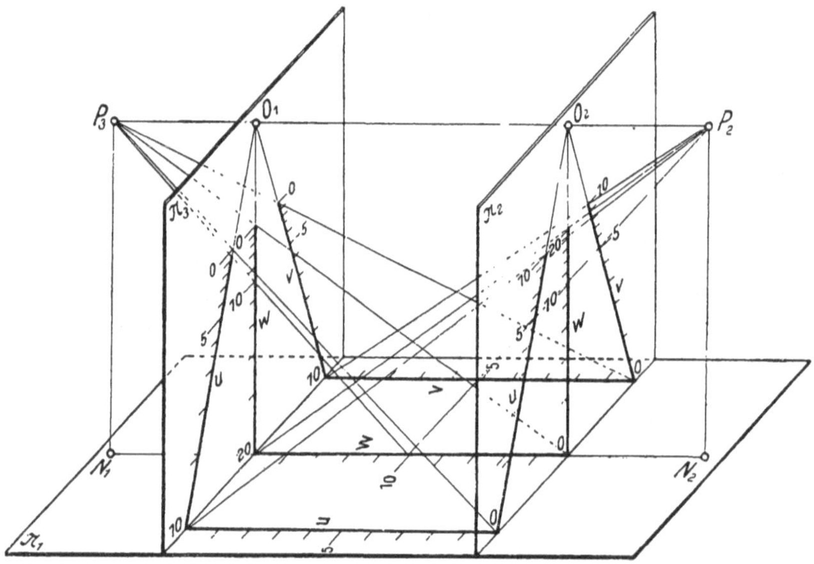

Fig. 18.

Wir werden für die Umformung von Nomogrammen durch Zentralprojektion Beispiele anführen.

In Fig. 18 ist die Ebene π_1 mit dem auf sie aufgetragenen Nomogramm für die Addition

$$w = u + v \tag{2.5}$$

dargestellt. Wir wollen es Nomogramm Nr. 1 nennen. Es besteht aus drei parallelen Skalen für die Variablen u, v und w. Alle drei Skalen sind gleichförmig. Vom Punkte P_2 aus wird das Nomogramm auf die Ebene π_2 projiziert. Jede der Skalen des Nomogramms hat als ihre Projektion auf der Ebene π_2 eine Skala derselben Veränderlichen. Diese Skalen bilden ein Nomogramm, das auch dieselbe funktionale Abhängigkeit darstellt wie das ursprüngliche Nomogramm. Wir nennen es Nomogramm Nr. 2. Wenn wir das als Ergebnis der Umformung erhaltene Nomogramm mit dem ursprünglichen vergleichen, so sehen wir, daß sie sich wesentlich voneinander durch die Form ihrer Skalen unterscheiden.

Die Skalen sind logarithmischen Skalen ähnlich geworden. Die Teilstrichabstände der Teilungen verkleinern sich mit wachsendem Wert der Veränderlichen bei gleichbleibenden Argumentschritten. Das neue Nomogramm liefert eine Lösung mit größerer Genauigkeit als das erste bei kleinen Werten der Variablen w, mit geringerer Genauigkeit als das ursprüngliche bei großen Werten der Variablen w. Die parallelen Skalen des ersten Nomogramms gingen bei der Umformung in sich schneidende Skalen über. Das heißt, daß im Nomogramm Nr. 1 der Schnittpunkt der Skalen ein unendlich ferner Punkt der Ebene war.

Auf derselben Figur ist vom Punkte P_3 das Nomogramm Nr. 1 auf die Ebene π_3 projiziert worden. Als Ergebnis erhielt man auf der Ebene π_3 das Nomogramm Nr. 3. Es unterscheidet sich durch die Form seiner Skalen wesentlich sowohl von dem ursprünglichen als auch von dem durch die erste Umformung erhaltenen Nomogramm. Hier wachsen die Teilstrichabstände bei konstantem Argumentschritt der Teilungen mit wachsendem Wert der Veränderlichen. Bei einem solchen Nomogramm wächst die Genauigkeit der Lösung mit deren wachsendem Wert.

Also haben wir in Fig. 18 drei Nomogramme für ein und dieselbe Gleichung. Je zwei von ihnen kann man aus dem dritten durch projektive Umformung bekommen. In Hinsicht auf die Darstellung der funktionalen Abhängigkeit zwischen den Variablen u, v und w sind sie gleichberechtigt. Man kann sie alle drei als Resultate einer Umformung eines vierten Nomogramms betrachten. Unterwirft man sie neuen projektiven Umformungen, so erhält man unzählig viele Nomogramme für dieselbe Gleichung.

Nomogramme, die durch projektive Umformung auseinander hervorgehen, werden wir im folgenden als *projektiv gleich bezeichnen.* Wie wir sehen, können sich projektiv gleiche Nomogramme hinsichtlich ihrer praktischen Verwendung voneinander wesentlich unterscheiden.

Das angeführte Beispiel zeigt, wie sehr die Form einer Skala durch Umformung des Nomogramms verändert werden kann.

In Fig. 19 wird eine andere Umformung desselben Nomogramms gezeigt. Das Nomogramm, das wir Nomogramm Nr. 1 nannten, liegt in der horizontalen Ebene π_1. Es wird vom Punkte P aus auf die Vertikalebene π_2 projiziert. Weil die Skala der Variablen w auf der Schnittgeraden der Ebenen liegt, wird sie bei der Projektion nicht verändert. Die Projektionen ihrer Punkte sind die zu projizierenden Punkte selbst. Das umgewandelte Nomogramm hat also dieselbe Skala für w. Die Skalen der Variablen u und v wechseln bei der Projektion ihre Plätze. Wenn sich am Anfang die Skala der Variablen w zwischen den Skalen der Variablen u und v befand, so befindet sich jetzt die Skala der Variablen u in der Mitte.

Die Charakteristiken der Skalen ändern sich nicht bei der Umformung. Wenn die Skalen gleichförmig waren, so bleiben sie es auch nach der Umformung. Aber die Richtung der Skalen ändert sich. Wenn auf der ursprünglichen Skala alle Skalen die gleiche Richtung hatten, so hat nach der Umformung die Skala der Variablen v eine andere Richtung als die Skalen u und w. Die Parallelität der Skalen bleibt bei der Umformung erhalten. Das heißt, daß die betrachtete

Umformung den unendlich fernen Schnittpunkt der Skalen des ursprünglichen Nomogramms wieder in einen unendlich fernen Punkt überführt.

Also *kann man bei dieser Umformung des Nomogramms die Reihenfolge der Skalen ändern.*

Faßt man die Ergebnisse beider Beispiele zusammen, so kann man auf die geometrische Struktur eines Nomogramms und auf ihre mögliche Form schließen. Das Nomogramm für die Gleichung (2.5) besteht aus drei geradlinigen Skalen, die sich in einem Punkte schneiden. Wenn ihr Schnittpunkt ein unendlich ferner Punkt ist, so sind die Skalen des Nomogramms einander parallel. Die Reihenfolge der Skalen im Nomogramm, ihre Richtung und Charakteristik können sich

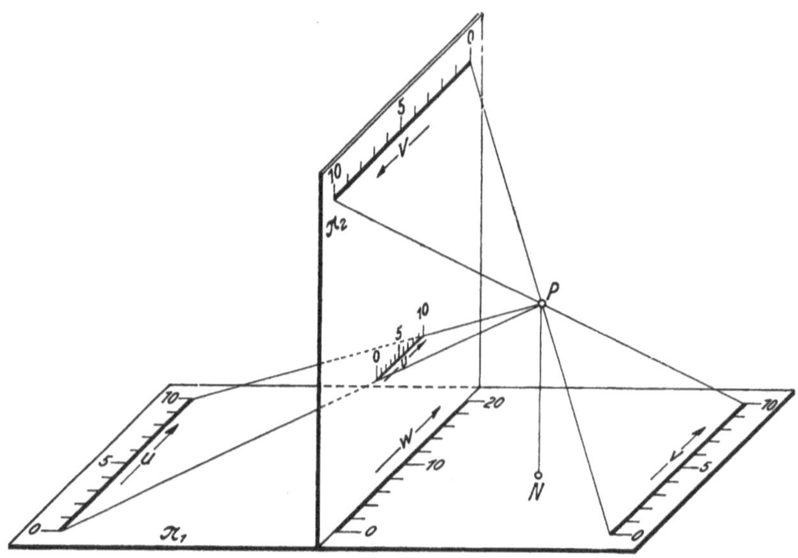

Fig. 19.

ändern. In der Übersicht, die in Fig. 20 dargestellt ist, sind schematisch neun mögliche Formen eines Nomogramms angeführt. Die mittlere Spalte enthält Schemata von Nomogrammen mit parallelen Skalen. Sie unterscheiden sich in der Reihenfolge der Skalen. In allen drei Fällen sind die Skalen des Nomogramms gleichförmig. In den Schemata der Nomogramme, die in der linken und rechten Spalte stehen, schneiden sich die Skalen. Alle Schemata, die auf derselben Zeile liegen, haben die gleiche Reihenfolge der Skalen. Die linken und rechten Nomogramme unterscheiden sich durch die Richtung, in der bei gleichem Argumentschritt die Teilstrichabstände ihrer Teilungen abnehmen, sie unterscheiden sich in der Charakteristik ihrer Skalen. Die Charakteristiken nehmen nach dem Schnittpunkt der Skalen hin ab. Im linken Nomogramm der ersten Zeile nehmen die Charakteristiken der Skalen mit wachsendem Wert der

Variablen ab. Im rechten Nomogramm derselben Zeile nehmen die Charakteristiken der Skalen mit wachsendem Wert der Variablen zu.

Wir wollen noch ein Umwandlungsbeispiel eines Nomogramms betrachten. In Fig. 8, 21 und 22 sind drei Nomogramme dargestellt, von denen eins aus dem anderen durch projektive Umformung hervorgeht. Die Nomogramme sind zur Berechnung der Zuwüchse von Punktkoordinaten konstruiert. Das eine von ihnen haben wir eingehend im § 5, Kapitel 1 betrachtet. Jedes dieser Nomogramme besteht aus einer geradlinigen Skala für die Veränderliche, die die Lösung Δx liefert, und krummlinigen Skalen für die gegebenen Veränderlichen φ und l. Die Skalen φ und l haben einen gemeinsamen Träger. Die Nomogramme unterscheiden sich durch die Form des Trägers φ und l und durch die Charakteristiken der Skalen. Im ersten Nomogramm (Fig. 8) war der Träger der Skalen φ und l eine Parabel. Die Skala Δx war gleichförmig. Auf dem zweiten Nomogramm (Fig. 21) ist der Träger der Skalen φ und l eine Ellipse. Die Lösungsskala hat hier eine fallende Charakteristik. Auf dem dritten Nomogramm (Fig. 22) ist der gemeinsame Träger der Skalen φ und l eine Hyperbel (auf der Figur ist nur einer ihrer Äste angegeben). Die Lösungsskala hat hier eine steigende Charakteristik.

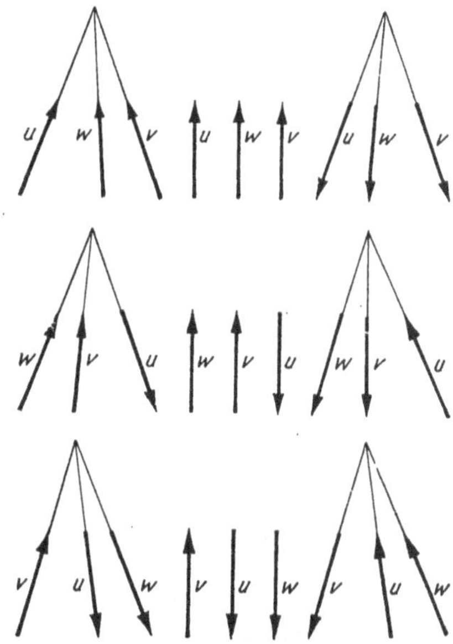

Fig. 20.

Mit einer Änderung der Charakteristiken der Skalen bei der Umformung der Nomogramme hatten wir es schon in den vorhergehenden Beispielen zu tun. Neu ist hier, *daß sich bei der Umformung des Nomogramms auch die Form des Trägers der Skala ändern kann.* Beim ersten Blick auf die Nomogramme gewinnt man den Eindruck, daß man es auf der einen Seite mit ein und demselben Nomogramm zu tun hat, das der projektiven Umformung unterworfen wurde, und daß man es auf der anderen Seite mit ganz verschiedenen Nomogrammen für ein und dieselbe Gleichung zu tun hat. Der Zusammengang, der zwischen den angeführten Nomogrammen besteht, wird sofort klar, wenn wir Fig. 23 betrachten. Auf ihr sind die Ergebnisse der Projektion dargestellt, die man erhält, wenn man vom Punkte P aus einen Kreis, der in der Ebene α gelegen ist, auf Ebenen projiziert, die eine verschiedene Lage im Raum einnehmen. Die Geraden, die vom Punkte P aus den Kreis projizieren, bilden einen Kreiskegel mit der Spitze im Punkte P. Lassen wir diesen durch verschieden geneigte Ebenen schneiden, so erhalten wir die Projektionen des Kreises auf diese Ebenen.

Wenn die Schnittebene α_1 keiner der projizierenden Geraden parallel ist und den Kreiskegel nur in einem Teil schneidet, so erhält man als Schnittfigur eine Ellipse (im Sonderfall einen Kreis). Wenn die Schnittebene α_2 einer der den Kreiskegel bildenden Geraden parallel ist, so ist die Schnittlinie eine Parabel.

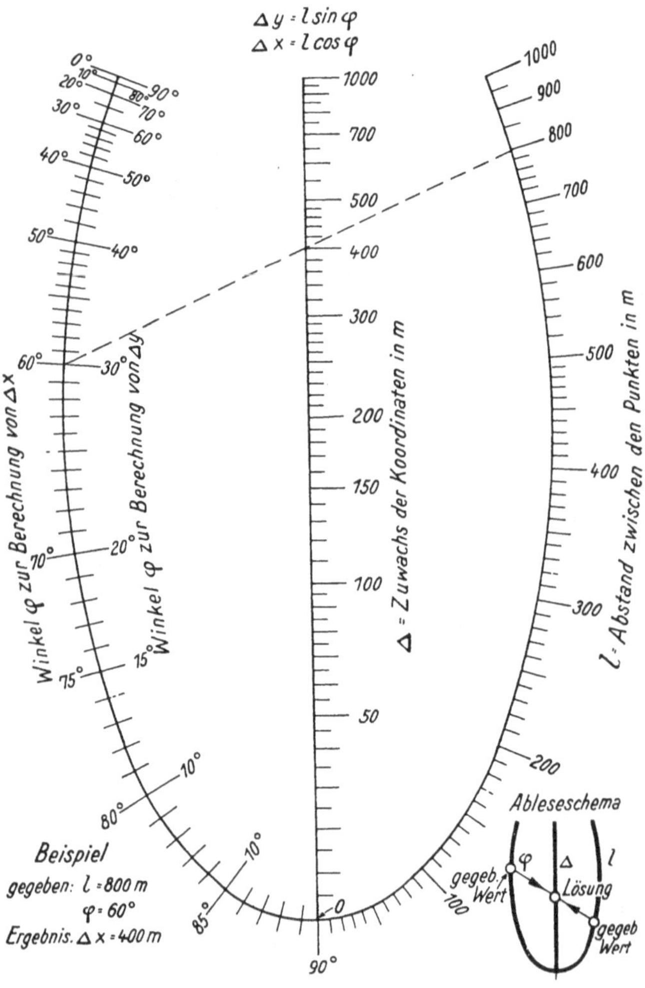

Fig. 21.

Wenn die schneidende Ebene α_3 beide Teile des Kreiskegels schneidet (dabei ist sie zwei projizierenden Geraden parallel), so erhält man als Schnitt eine Hyperbel.

Also sind *vom Gesichtspunkte der projektiven Umformung aus* alle drei Kurven zweiten Grades: *Ellipse, Parabel und Hyperbel untereinander identisch.* Eine Kurve kann man aus der anderen durch projektive Umformung erhalten.

Das angeführte Verfahren, wie man eine der Kurven aus der anderen erhalten kann, gibt die Berechtigung dazu, daß man alle diese Kurven Kegelschnitte nennt. Wenn eine der Skalen eines Nomogramms auf einer Kurve zweiten Grades liegt, so kann es vorkommen, daß diese Skala nach der projektiven Umformung des Nomogramms auf einer Ellipse, Hyperbel oder Parabel liegt. Weil die Notwendigkeit einer Umformung immer durch die Bedingungen in § 8, Kapitel 1

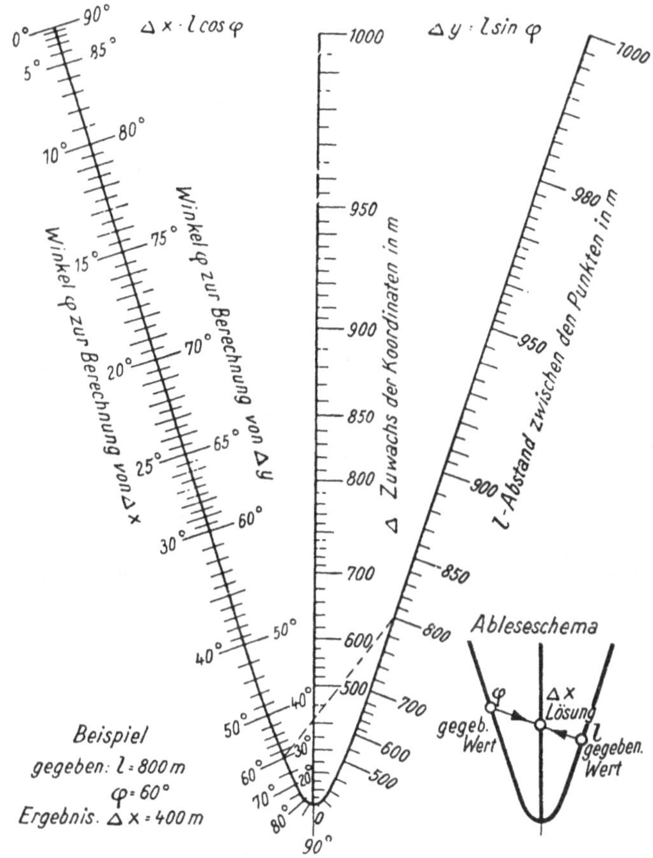

Fig. 22.

gegeben ist, so kann die Erfüllung dieser Bedingungen zu einer der drei möglichen Formen der Kurven zweiten Grades führen[1]).

Die geometrische Struktur des Nomogramms zur Berechnung der Koordinatenzuwüchse ist jetzt klar. Das Nomogramm besteht aus einer geradlinigen Skala für die Variable Δx und krummlinigen Skalen für die Variablen φ und l, deren gemeinsamer Träger ein Kegelschnitt ist.

1) Einige Kurse der Nomographie haben die Tendenz, die Konstruktionen von Nomogrammen auf Ellipse, Parabel und Hyperbel isoliert voneinander zu betrachten. Offensichtlich ist eine solche Methodik fehlerhaft.

Die angeführten Eigenschaften der projektiven Umformung und die betrachteten Beispiele zeugen von den ungeheuren Möglichkeiten, die man hat, Nomogramme umzuformen. Ein und dasselbe Nomogramm kann in den verschiedensten Formen dargestellt werden, von denen jede ganz verschiedenen Anforderungen der Praxis genügt. Dies ist der besondere Wert von Fluchtlinientafeln. Bei der Konstruktion eines Nomogramms muß man immer versuchen, sich die ganze Vielfalt seiner möglichen Formen und seine geometrische Struktur vorzustellen (insbesondere die, die bei der projektiven Umformung erhalten bleibt).

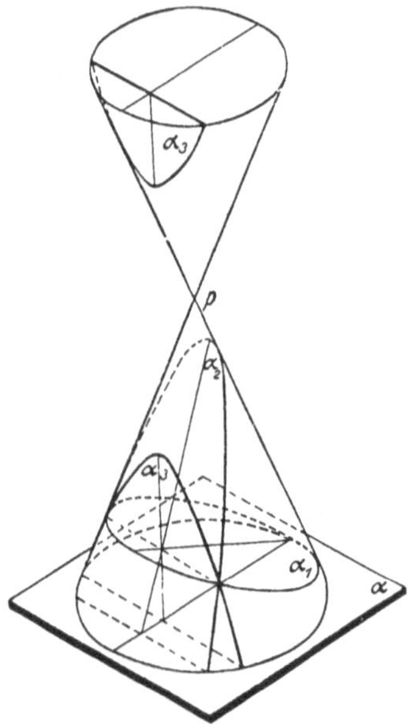

Fig. 23.

Die Möglichkeit, Nomogramme umzuformen, kann auch auf analytischem Wege bei der Betrachtung der SOREAUschen Gleichung erkannt werden. Gleichzeitig kann man hier einen analytischen Ausdruck für die Verwirklichung der Umformung in Koordinatenform erhalten. Für irgendeine Gleichung möge die SOREAUsche Gleichung bekannt sein.

$$\text{(2.3)} \qquad \begin{vmatrix} 1 & \varphi_1(u) & \psi_1(u) \\ 1 & \varphi_2(v) & \psi_2(v) \\ 1 & \varphi_3(w) & \psi_3(w) \end{vmatrix} = 0.$$

Wir multiplizieren die Elemente der ersten Spalte der Determinante mit dem konstanten Faktor a_{33}, die Elemente der zweiten Spalte mit a_{31}, die Elemente der dritten Spalte mit a_{32}. Dies bedeutet eine Multiplikation der rechten Seite der Gleichung mit dem Produkt $a_{33} \cdot a_{31} \cdot a_{32}$. Dies ändert aber nichts an der Gleichung. Dann fügen wir zu den Elementen jeder Spalte Größen hinzu, die den entsprechenden Elementen der zwei anderen Spalten proportional sind. Dabei wird der Wert der Determinante nicht geändert. Wir erhalten schließlich

$$\text{(2.6)} \qquad \begin{vmatrix} a_{31}\varphi_1 + a_{32}\psi_1 + a_{33} & a_{11}\varphi_1 + a_{12}\psi_1 + a_{13} & a_{21}\varphi_1 + a_{22}\psi_1 + a_{23} \\ a_{31}\varphi_2 + a_{32}\psi_2 + a_{33} & a_{11}\varphi_2 + a_{12}\psi_2 + a_{13} & a_{21}\varphi_2 + a_{22}\psi_2 + a_{23} \\ a_{31}\varphi_3 + a_{32}\psi_3 + a_{33} & a_{11}\varphi_3 + a_{12}\psi_3 + a_{13} & a_{21}\varphi_3 + a_{22}\psi_3 + a_{23} \end{vmatrix} = 0.$$

wobei a_{ik} die Koeffizienten sind, die man nach Einführung der ähnlichen Glieder erhält. Wenn wir die Elemente jeder Zeile durch das zugehörige Element der ersten Spalte dividieren, erhalten wir eine SOREAUsche Gleichung

$$\text{(2.7)} \qquad \begin{vmatrix} 1 & \dfrac{a_{11}\varphi_1+a_{12}\psi_1+a_{13}}{a_{31}\varphi_1+a_{32}\psi_1+a_{33}} & \dfrac{a_{21}\varphi_1+a_{22}\psi_1+a_{23}}{a_{31}\varphi_1+a_{32}\psi_1+a_{33}} \\ 1 & \dfrac{a_{11}\varphi_2+a_{12}\psi_2+a_{13}}{a_{31}\varphi_2+a_{32}\psi_2+a_{33}} & \dfrac{a_{21}\varphi_2+a_{22}\psi_2+a_{23}}{a_{31}\varphi_2+a_{32}\psi_2+a_{33}} \\ 1 & \dfrac{a_{11}\varphi_3+a_{12}\psi_3+a_{13}}{a_{31}\varphi_3+a_{32}\psi_3+a_{33}} & \dfrac{a_{21}\varphi_3+a_{22}\psi_3+a_{23}}{a_{31}\varphi_3+a_{32}\psi_3+a_{33}} \end{vmatrix} = 0.$$

Die neue SOREAUsche Gleichung hat dieselbe Bedeutung wie die ursprüngliche. Die Koeffizienten a_{ik} unterliegen der einzigen Bedingung, daß die aus ihnen gebildete Koeffizientendeterminante verschieden von Null ist:

$$\begin{vmatrix} a_{11} & a_{12} & a_{13} \\ a_{21} & a_{22} & a_{23} \\ a_{31} & a_{32} & a_{33} \end{vmatrix} \neq 0, \tag{2.8}$$

weil die Determinante, die im linken Teil der Gleichung (2.6) steht, ein Produkt der Determinate, die im linken Teil der ursprünglichen SOREAUschen Gleichung (2.3) steht, mit der Koeffizientendeterminante (2.8) ist, was leicht nachzuprüfen ist, wenn man die erste Determinante entwickelt und den erhaltenen Ausdruck umformt.

In die Gleichungen der Skalen eines Nomogramms, die man aus der neuen SOREAUschen Gleichung (2.7) erhalten kann, gehen also neun frei wählbare Koeffizienten ein. Geben wir ihnen verschiedene Werte, so erhalten wir verschiedene Formen ein und desselben Nomogramms. Die Koeffizienten a_{ik} sind die Parameter bei der Umformung eines Nomogramms[1]). Eine analytische Form der Umformung kann man leicht aus den Gleichungen für die Skalen eines Nomogramms für die Gleichung (2.3) und die Gleichung (2.7) erhalten. Für die Gleichung (2.3) hatten die Gleichungen der Skalen folgende Form

$$x = \varphi_i, \qquad y = \psi_i, \tag{2.2}$$

wo demzufolge der Index i den Wert 1 für die Skala u, 2 für die Skala v und 3 für die Skala w annimmt. Die Gleichungen der Skalen des Nomogramms für die Gleichung (2.7) haben die Form

$$x' = \frac{a_{11}\varphi_i + a_{12}\psi_i + a_{13}}{a_{31}\varphi_i + a_{32}\psi_i + a_{33}}; \qquad y' = \frac{a_{21}\varphi_i + a_{22}\psi_i + a_{23}}{a_{31}\varphi_i + a_{32}\psi_i + a_{33}}, \tag{2.9}$$

wobei der Index i dieselbe Bedeutung wie im ersten Fall hat. Zum Unterschied vom ersten Fall werden hier die Koordinaten der Skalenpunkte mit x' und y' bezeichnet.

Aus den Formeln (2.9) kann man leicht schließen, daß beim Übergang von einem Nomogramm, das nach den Gleichungen (2.2) aufgebaut ist, zu einem Nomogramm, das nach den Gleichungen (2.9) konstruiert ist, sich die Koordinaten der Skalenpunkte nach ein und demselben Gesetz umformen:

$$x' = \frac{a_{11}x + a_{12}y + a_{31}}{a_{31}x + a_{32}y + a_{33}}, \qquad y' = \frac{a_{21}x + a_{22}y + a_{23}}{a_{31}x + a_{32}y + a_{33}}. \tag{2.10}$$

Dies ist auch die analytische Form für die Umformung eines Nomogramms, die der Einführung der Koeffizienten a_{ik} in die Determinante der SOREAUschen Gleichung entspricht. Die auf alle Punkte der Ebene übertragene Umformung (2.10) ist der analytische Ausdruck für die projektive Umformung der Ebene[2]).

1) Unabhängige Parameter hat die Umwandlung nur 8, weil in den Gleichungen der Skalen Zähler und Nenner durch einen der Koeffizienten a_{31} dividiert werden können.

2) GLAGOLEW, Th. Gr. No., Seite 199 (russ.).

Also ist die Einführung konstanter Koeffizienten in die Determinante der SOREAUschen Gleichung gleichbedeutend mit einer projektiven Umformung der Ebene eines Nomogramms (mit einer beliebigen ihrer speziellen Formen).

§ 12. Klassifizierung nomographierbarer Gleichungen

Wir nennen eine Gleichung *nomographierbar*, wenn man für sie eine SOREAUsche Gleichung finden kann.

Nomographierbare Gleichungen unterscheiden sich in ihrer *nomographischen Ordnung.* Nomographische Ordnung einer Gleichung nennt man die Zahl der verschiedenen Funktionen einer Veränderlichen in der SOREAUschen Gleichung nach ihrer Entwicklung und Vereinfachung.

So ist zum Beispiel die SOREAUsche Gleichung

$$\begin{vmatrix} 1 & u & u^2 \\ 1 & v & v^2 \\ 1 & 0 & w \end{vmatrix} = 0$$

eine Gleichung dritter nomographischer Ordnung, weil wir nach der Berechnung der Determinante und nach dem Kürzen durch den Faktor $(v - u)$ eine Gleichung

$$w + u \cdot v = 0$$

erhalten, die nur drei verschiedene Funktionen u, v und w enthält.

Die niedrigste noch mögliche Ordnung eines Nomogramms ist die dritte, weil in eine Gleichung mit drei Variablen für jede Variable mindestens eine Funktion eingehen muß. Die höchste noch mögliche nomographische Ordnung ist die sechste, wenn nämlich alle Funktionen in der SOREAUschen Gleichung voneinander verschieden sind.

Nomogramme unterscheiden sich in ihrer *Gattung. Gattung eines Nomogramms* nennt man die Zahl seiner krummlinigen Skalen.

Beide Nomogramme (Fig. 4 und 15) zur Berechnung des Volumens eines Kugelsegmentes waren erster Gattung. Die Nomogramme zur Berechnung der Koordinatenzuwüchse (Fig. 8, 21 und 22) waren zweiter Gattung. Die Nomogramme, die in Fig. 18 und 19 dargestellt wurden, waren nullter Gattung; diese Nomogramme hatten überhaupt keine krummlinigen Skalen.

Die höchste mögliche Gattung eines Nomogramms ist die dritte, wenn nämlich alle seine drei Skalen krummlinig sind.

Die Gleichungen dritter nomographischer Ordnung enthalten für jede der drei Variablen u, v und w eine Funktion. Wir wollen sie mit $f_1(u)$, $f_2(v)$ und $f_3(w)$ bezeichnen. Durch Umformungen kann jede Gleichung dritter nomographischer Ordnung auf eine beliebige der drei folgenden kanonischen (Grund-) Formen gebracht werden:

$$f_3(w) = f_1(u) \cdot f_2(v),$$

$$f_3(w) = f_1(u) + f_2(v)$$

und

$$f_1(u) \cdot f_2(v) \cdot f_3(w) = f_1(u) + f_2(v) + f_3(w)^{1)},$$

1) GLAGOLW, Th. Gr. No., Seite 84. Die dritte kanonische Form kann man auch in der Form $f_3(w) = \dfrac{f_1(u) + f_2(v)}{f_1(u) \cdot f_2(v) - 1}$ schreiben (russ.).

die man dementsprechend auch *erste, zweite* und *dritte kanonische Formen* einer Gleichung dritter nomographischer Ordnung nennt.

Die Gleichungen vierter nomographischer Ordnung enthalten vier verschiedene Funktionen: je eine Funktion für die Variablen u und v und zwei Funktionen für die Variable w. Bezeichnet man sie mit $f_1(u)$, $f_2(v)$, $\frac{f_3(w)}{h_3(w)}$ und $\frac{g_3(w)}{h_3(w)}$, so kann jede Gleichung vierter kanonischer Ordnung auf eine der zwei folgenden kanonischen Formen gebracht werden[1]):

$$f_1(u) \cdot f_3(w) + f_2(v) \cdot g_3(w) + h_3(w) = 0,$$

$$f_1(u) \cdot f_2(v) \cdot f_3(w) + [f_1(u) + f_2(v)]\, g_3(w) + h_3(w) = 0,$$

die dementsprechend kanonische Form von CAUCHY und kanonische Form von CLARK genannt werden.

Die Gleichungen fünfter nomographischer Ordnung enthalten fünf verschiedene Funktionen der Variablen u, v und w. Bezeichnet man sie mit $f_1(u)$, $f_2(v)$, $\varphi_2(v)$, $f_3(w)$ und $\varphi_3(w)$, so kann eine Gleichung fünfter nomographischer Ordnung in der folgenden kanonischen Form dargestellt werden:

$$f_1(u) = \frac{f_2(v) + f_3(w)}{\varphi_2(v) + \varphi_3(w)}.$$

Die Gleichungen sechster nomographischer Ordnung enthalten sechs verschiedene Funktionen, je zwei für jede der drei Variablen u, v und w. Bezeichnet man sie mit $f_1(u)$, $\varphi_1(u)$, $f_2(v)$, $\varphi_2(v)$, $f_3(w)$ und $\varphi_3(w)$, so schreibt sich die kanonische Form der Gleichung sechster nomographischer Ordnung in der Form

$$\frac{f_1(u) + f_2(v)}{\varphi_1(u) + \varphi_2(v)} = \frac{f_1(u) + f_3(w)}{\varphi_1(u) + \varphi_3(w)}.$$

In den folgenden Paragraphen wird für jede kanonische Form die SOREAUsche Gleichung angegeben und die geometrische Struktur der ihnen entsprechenden Nomogramme untersucht werden.

Die Nomogramme dritter nomographischer Ordnung besitzen eine Reihe spezifischer Besonderheiten. Die Nomogramme verschiedener kanonischer Formen ein und derselben Gleichung unterscheiden sich voneinander durch ihre geometrische Struktur. Für jede der drei kanonischen Formen kann man SOREAUsche Gleichungen angeben, deren Nomogramme sich voneinander durch die Gattung unterscheiden. Für die erste und zweite kanonische Form kann man SOREAUsche Gleichungen angeben, die Nomogramme nullter, zweiter und dritter Gattung liefern; für die dritte kanonische Form solche, die Nomogramme zweiter und dritter Gattung[2]) liefern. Nomogramme ein und derselben Gattung können auf projektive und auf nichtprojektive Weise auseinander hervorgehen. Im letzten Fall kann man sie auf projektive Weise nicht ineinander überführen[3]).

Die Gattung von Nomogrammen für die Gleichungen vierter, fünfter und sechster nomographischer Ordnung ändert sich nicht und alle Nomogramme für

1) Ebenda, Seite 112.

2) GLAGOLEW, Th. Gr. No., Seite 105 (russ.).

3) M. W. PENTKOWSKI: „Nichtprojektive Umformungen von Nomogrammen für Gleichungen dritter nomographischer Ordnung." ДАН UdSSR 62, 5, 1948 (russ.).

ein und dieselbe Gleichung können auf projektivem Wege ineinander übergeführt werden[1]).

§ 13. Nomogramme für die erste kanonische Form der Gleichungen dritter nomographischer Ordnung

Die erste kanonische Form für die Gleichung dritter nomographischer Ordnung hat die Form

$$f_3(w) = f_1(u) \cdot f_2(v). \tag{2.11}$$

Für sie kann man auf drei verschiedene Arten die SOREAUschen Gleichungen schreiben. Diese führen zu drei Formen von Nomogrammen, die sich wesentlich voneinander durch ihre geometrische Struktur unterscheiden. Es sind Nomogramme nullter, zweiter und dritter Gattung.

Die Nomogramme nullter Gattung erhalten wir, wenn wir die SOREAUsche Gleichung (2.11) in der Form[2]) schreiben

$$\begin{vmatrix} 1 & 0 & f_1(u) \\ 1 & \frac{1}{1-f_2(v)} & 0 \\ 1 & 1 & f_3(w) \end{vmatrix} = 0. \tag{2.12}$$

Wenn wir die Determinante, die auf der linken Seite der SOREAUschen Gleichung steht, entwickeln, so können wir leicht nachprüfen, daß die Gleichung (2.12) gleichbedeutend ist mit der Gleichung (2.11).

Das Verfahren, nach dem man die SOREAUsche Gleichung findet, besteht in folgendem:

Wir bezeichnen

$$x = f_1(u); \qquad y = f_3(w) \tag{2.13}$$

und setzen diese Werte in die Gleichung (2.11) ein. Wir erhalten

$$y = x \cdot f_2(v)$$

oder, wenn wir alle Glieder auf die linke Seite bringen und das Vorzeichen ändern:

$$x \cdot f_2(v) - y = 0.$$

Wenn wir die Ausdrücke (2.13) in eine etwas andere Form schreiben, so erhalten wir ein System von drei Gleichungen mit zwei Unbekannten x und y.

$$\left.\begin{aligned} x + 0 \cdot y - f_1(u) = 0, \\ f_2(v)\, x - y + 0 = 0, \\ 0 \cdot x + y - f_3(w) = 0. \end{aligned}\right\} \tag{2.14}$$

1) GLAGOLEW, Th. Gr. No., Seite 45, erstes SOREAUsches Theorem (russ.).

2) Die Gleichung (2.12) ist ein Spezialfall der Gleichung (2.7). Den beliebigen Konstanten a_{ik} hat man hier spezielle Werte gegeben, durch die die Gleichungen der Skalen eines Nomogramms die einfachste Form annehmen. Dies erleichtert die Untersuchung der geometrischen Struktur eines Nomogramms. Wenn wir im folgenden SOREAUsche Gleichungen vereinfachen, werden wir von diesen Überlegungen ausgehen.

Das Gleichungssystem muß linear abhängig sein, weil es aus den Bezeichnungen (2.13) hervorgegangen ist. Die Bedingung für die lineare Abhängigkeit eines Gleichungssystems ist die verschwindende Determinante der Koeffizienten der Gleichungen des Systems, d. h.

$$\begin{vmatrix} 1 & 0 & -f_1(u) \\ f_2(v) & -1 & 0 \\ 0 & 1 & -f_3(w) \end{vmatrix} = 0. \tag{2.15}$$

Das System ist linear abhängig für alle u, v und w, die die Gleichung (2.11) befriedigen. Infolgedessen erfüllen alle u, v und w, die die Gleichung (2.11) befriedigen, auch die Gleichung (2.15). Die Gleichung (2.15) können wir auf die Form der SOREAUschen Gleichung bringen, wenn wir zu den Elementen der ersten Spalte der Determinante die entsprechenden Elemente der zweiten Spalte hinzufügen, und wenn wir dann die Elemente jeder Zeile durch das Element dividieren, das in der ersten Spalte dieser Zeile steht.

Für die übrigen kanonischen Formen werden wir nicht die SOREAUschen Gleichungen ableiten, weil der Weg, wie man sie erhält, für alle Fälle prinzipiell derselbe ist.

Aus der SOREAUschen Gleichung (2.12) erhalten wir die einfachsten Gleichungen der Skalen eines Nomogramms. Sie haben die Form

$$\left.\begin{array}{lll} \text{Skala } u\colon & x_1 = 0 & y_1 = f_1(u); \\ \text{Skala } v\colon & x_2 = \dfrac{1}{1-f_2(v)}, & y_2 = 0; \\ \text{Skala } w\colon & x_3 = 1 & y_3 = f_3(w). \end{array}\right\} \tag{2.16}$$

Alle drei Skalen des Nomogramms sind geradlinig. Die Skala der Variablen u liegt auf der y-Achse, die der Variablen v auf der x-Achse und die der Variablen w auf einer Geraden im Abstand 1 parallel zur y-Achse. Das Schema des Nomogramms ist in Fig. 24 dargestellt. Dies ist der Sonderfall der Lage der geradlinigen Skalen eines Nomogramms zueinander, wenn sich der Schnittpunkt zweier Skalen im Unendlichen befindet.

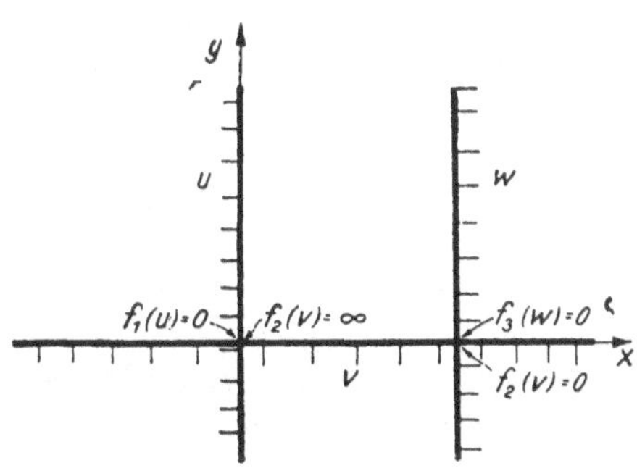

Fig. 24.

Im Allgemeinfall *wird das Nomogramm nullter Gattung einer Gleichung, die zu der ersten kanonischen Form führt, aus drei geradlinigen Skalen bestehen, die sich paarweise schneiden und ein Dreieck bilden.* Das Schema eines solchen Nomogramms ist in Fig. 25 dargestellt. Die Schnittpunkte der Skalen des Nomogramms heißen *kritische Punkte.* In diesen Punkten wird die Lage der Lösungsgeraden unbestimmt. Aus den Gleichungen (2.16) kann man die Argumente aller kritischen Punkte bestimmen. Der Schnittpunkt der Skalen u und v befindet sich im Koordinatenursprung. Aus den Gleichungen der Skala der Variablen u finden wir, daß $y = 0$, wenn $f_1(u) = 0$.

Aus der Gleichung der Skala der Variablen v finden wir, daß $x = 0$, wenn $f_2(v) = \infty$. Folglich hat der Schnittpunkt der Variablen u und v Argumente, für die gilt $f_1(u) = 0$ und $f_2(v) = \infty$. Auf analoge Weise finden wir, daß der Schnittpunkt der Skalen der Variablen v und w Argumente hat, für die $f_2(v) = 0$ und $f_3(w) = 0$ sind. Der Schnittpunkt der Variablen u und w befindet sich im Unendlichen. Er hat einen unendlich großen Ordinatenwert. Mit Hilfe der Gleichungen (2.16) finden wir, daß dies eintritt, wenn sowohl $f_1(u)$ als auch $f_3(w)$ unendlich werden. Infolgedessen hat der Schnittpunkt der Variablen u und w Argumente, in welchen $f_1(u) = \infty$ und $f_3(w) = \infty$ sind. Es ist ganz offensichtlich, daß die Werte zweier Funktionen im Schnittpunkte ihrer Skalen nach der Gleichung (2.11) keinen Wert der dritten Funktion bestimmen. Dieser bleibt unbestimmt. In den Fig. 24 und 25 sind die Werte der Funktionen $f_1(u)$, $f_2(v)$ und $f_3(w)$ an den kritischen Punkten eingetragen.

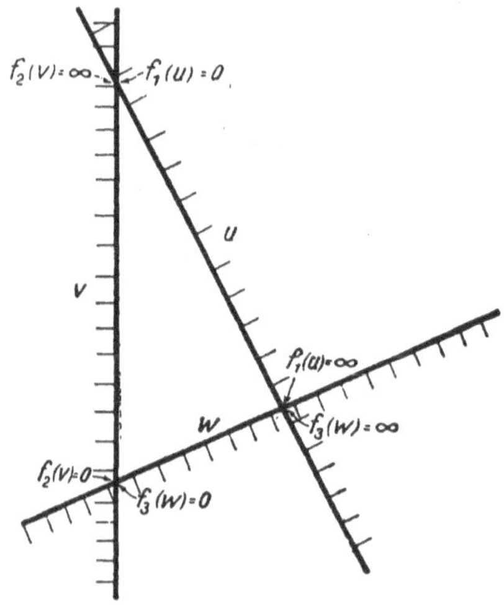

Fig. 25.

Als Beispiel für ein Nomogramm einer Gleichung der ersten kanonischen Form ist in Fig. 26 ein Nomogramm zur Berechnung der Koordinatenzuwüchse dargestellt. Die Gleichung, die den Wert des Koordinatenzuwachses Δx angibt,

$$\Delta x = l \cdot \cos \varphi,$$

hat die Gestalt der ersten kanonischen Form. Das Nomogramm besteht aus drei geradlinigen Skalen für die Variablen l, Δx und φ. Die Skala der Winkel φ ist von zwei Seiten aus aufgetragen. Von der einen Seite aus zur Berechnung der Zuwüchse Δx, von der anderen zur Berechnung der Zuwüchse Δy. Das Nomogramm unterscheidet sich von den früher für dieselbe Gleichung angeführten Nomogrammen (siehe Fig. 8, 21 und 22). Die Benutzungsanweisung des Nomogramms ist für alle Fluchtlinientafeln die gleiche. Weil die Lösungsskala gleichförmig ist, eignet sich das Nomogramm am besten zur Berechnung der Zuwüchse mit einem konstanten absoluten Fehler.

Um das Nomogramm zweiter Gattung zu erhalten, schreiben wir die SOREAUsche Gleichung in der Form

$$\begin{vmatrix} 1 & f_1(u) & f_1^2(u) \\ 1 & -f_2(v) & f_2^2(v) \\ 1 & 0 & f_3(w) \end{vmatrix} = 0. \tag{2 17}$$

Wenn wir die Determinante[1]), die auf der linken Seite der Gleichung steht, entwickeln, so erhalten wir

$$[f_2 + f_1]\,[f_1 f_2 - f_3] = 0,$$

1) Im folgenden, besonders in Berechnungen, werden wir zur Abkürzung f_1 an Stelle von $f_1(u)$, f_2 an Stelle von $f_2(u)$ und f_3 an Stelle von $f_3(u)$ schreiben.

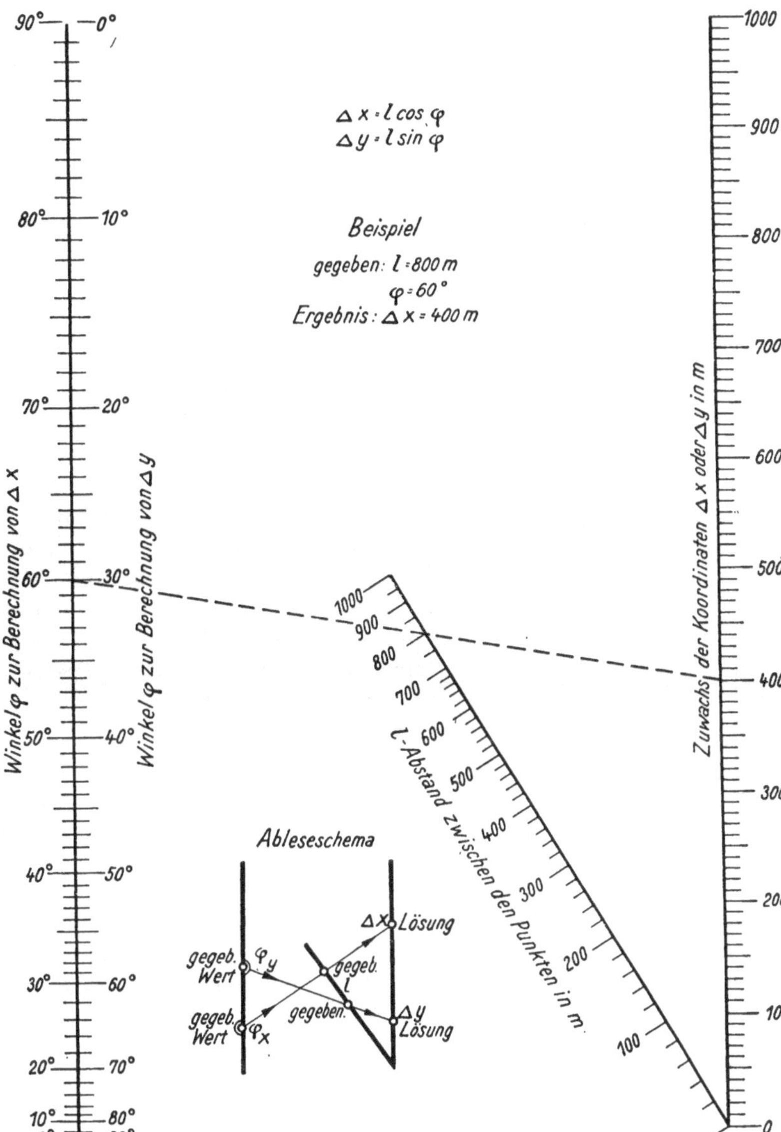

Δx = l cos φ
Δy = l sin φ
Beispiel
gegeben: l = 800 m
φ = 60°
Ergebnis: Δx = 400 m
Winkel φ zur Berechnung von Δx
Winkel φ zur Berechnung von Δy
l-Abstand zwischen den Punkten in m
Zuwachs der Koordinaten Δx oder Δy in m
Ableseschema
gegeb. Wert φy
gegeb. Wert φx
gegeb. l
gegeben
Δx Lösung
Δy Lösung

Fig. 26.

d. h., die obige SOREAUsche Gleichung unterscheidet sich von der Gleichung (2.11) nur durch den Faktor

$$f_2 + f_1$$

auf der linken Seite und daher werden alle Lösungen der Gleichung (2.11) auch Lösungen der Gleichung (2.17) sein. Die Gleichungen der Skalen des Nomogramms haben dann die Form

$$\left.\begin{array}{lll} \text{Skala } u\colon & x_1 = f_1(u), & y_1 = f_1^2(u); \\ \text{Skala } v\colon & x_2 = -f_2(v) & y_2 = f_2^2(v); \\ \text{Skala } w\colon & x_3 = 0, & y_3 = f_3(w). \end{array}\right\} \tag{2.18}$$

Eliminieren wir die Variable u aus den Gleichungen der Skala u, so finden wir die Gleichung des Trägers der Skala u:

$$y = x^2.$$

Dies ist die Gleichung einer Parabel, deren Hauptachse mit der Ordinatenachse zusammenfällt. Der Scheitel der Parabel befindet sich im Koordinatenursprung. Die Elimination der Variablen v aus den Gleichungen der Skala v liefert dasselbe Ergebnis. Die Skalen der Variablen u und v haben einen gemeinsamen Träger. Träger der Skala der Variablen w ist eine Gerade — die Hauptachse der Parabel. Ein Schema des Nomogramms ist in Fig. 27 dargestellt. Das Nomogramm ist zweiter Gattung (zwei krummlinige Skalen). Wir haben einen Spezialfall einer Nomogrammlage vor uns, nämlich den Fall, wo eine der Tangenten an den Träger der Skalen u und v, an den Kegelschnitt, eine unendlich ferne Gerade der Ebene ist. In diesem Falle hat der Kegelschnitt die Form einer Parabel. Bei einer projektiven Umformung kann die Parabel auch in eine Ellipse oder in eine Hyperbel übergehen. Daß die Skala w auf der Hauptachse der Parabel liegt, ist auch ein Spezialfall. Bei der projektiven Umformung geht die Hauptachse in eine Sehne eines Kegelschnittes über. Das einzige, was bei einer projektiven Umformung erhalten bleibt, ist das Vorhandensein zweier Schnittpunkte des geradlinigen Trägers der Skala mit dem Kegelschnitt. Das Schema eines Nomogramms im Allgemeinfall ist in Fig. 28 dargestellt.

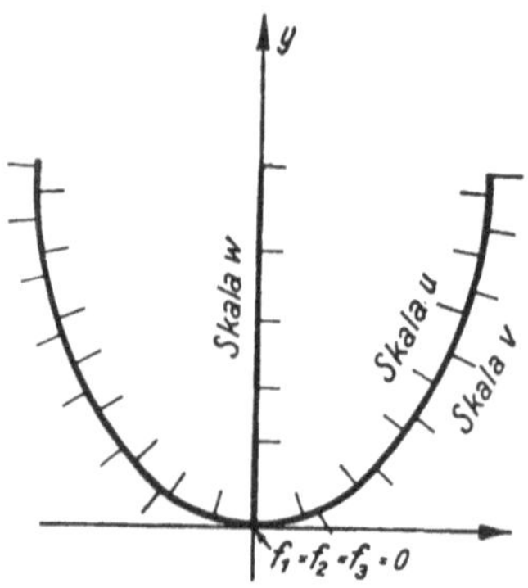

Fig. 27.

Das Nomogramm zweiter Gattung einer Gleichung, die man auf die erste kanonische Form gebracht hat, besteht aus zwei krummlinigen Skalen, die auf einem gemeinsamen Träger, einem Kegelschnitt, liegen, und einer geradlinigen Skala für die dritte Variable, die auf einer Sehne des Kegelschnittes liegt.

Weil die Funktionen der Variablen u, v und w in die kanonische Form einer Gleichung gleichberechtigt eingehen, so kann man die geradlinige Skala einer beliebigen der drei Variablen zuordnen. Als Beispiele für ein Nomogramm zweiter

Gattung einer Gleichung, die man auf die erste kanonische Form gebracht hat, kann man auf die Nomogramme zur Berechnung der Koordinatenzuwüchse (Fig. 8, 21 und 22) verweisen.

Vom praktischen Gesichtspunkte aus sind für Gleichungen, die man auf die erste kanonische Form gebracht hat, in der Mehrzahl der Fälle die Nomogramme zweiter Gattung am geeignetsten. Ihr Konstruktionsverfahren wird im zweiten Teil dieses Buches aufgezeigt.

Um ein Nomogramm dritter Gattung zu erhalten, schreiben wir die SOREAUsche Gleichung in der Form

$$\begin{vmatrix} 1 & \dfrac{f_1(u)}{1+f_1^3(u)} & \dfrac{f_1^2(u)}{1+f_1^3(u)} \\ 1 & \dfrac{f_2(v)}{1+f_2^3(v)} & \dfrac{f_2^2(v)}{1+f_2^3(v)} \\ 1 & \dfrac{f_3^2(w)}{1+f_3^3(w)} & \dfrac{f_3(w)}{1+f_3^3(w)} \end{vmatrix} = 0. \qquad (2.19)$$

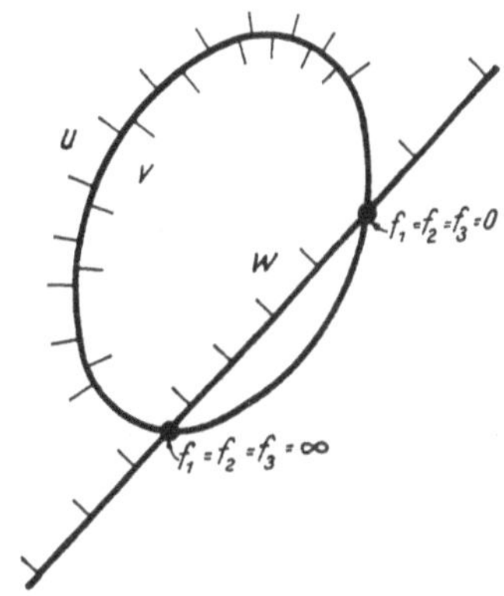

Fig. 28.

Entwickeln wir die Determinante, die im linken Teil der Gleichung steht, so erhalten wir

$$\frac{f_1-f_2}{1+f_3^3}\cdot\frac{f_2f_3-1}{1+f_1^3}\cdot\frac{f_1f_3-1}{1+f_2^3}(f_1\cdot f_2-f_3)=0.$$

Die Gleichung (2.19) unterscheidet sich von der Gleichung (2.11) durch den Faktor

$$\frac{f_1-f_2}{1+f_3^3}\cdot\frac{f_2f_3-1}{1+f_1^3}\cdot\frac{f_1f_3-1}{1+f_2^3}$$

auf der linken Seite und enthält unter ihren Lösungen alle Lösungen der Gleichung (2.11).

Die Gleichungen der Skalen des Nomogramms haben dann die folgende Form

$$\left.\begin{aligned} &\text{Skala } u\colon x_1=\frac{f_1(u)}{1+f_1^3(u)}, \quad y_1=\frac{f_1^2(u)}{1+f_1^3(u)}; \\ &\text{Skala } v\colon x_2=\frac{f_2(v)}{1+f_2^3(v)}, \quad y_2=\frac{f_2^2(v)}{1+f_2^3(v)}; \\ &\text{Skala } w\colon x_3=\frac{f_3^2(w)}{1+f_3^3(w)}, \quad y_3=\frac{f_3(w)}{1+f_3^3(w)}. \end{aligned}\right\} \qquad (2.20)$$

Weil die Gleichungen aller drei Skalen in bezug auf die Funktionen $f_1(u)$, $f_2(v)$ und $1/f_3(w)$ dieselbe Form haben, so liegen diese Skalen offensichtlich auf ein und demselben Träger. Eliminieren wir aus den Gleichungen der ersten Skala den Parameter u, so finden wir die Gleichung des Trägers. Sie hat die Form

$$x^3 - y^3 = yx.$$

Der Träger, eine Kurve dritten Grades, trägt die Bezeichnung „Cartesisches Blatt". Das Schema des Nomogramms ist in Fig. 29 dargestellt.

In Fig. 30 ist ein Nomogramm zur Berechnung der Koordinatenzuwüchse dargestellt, bei dem alle drei Skalen auf einem „Cartesischen Blatt" liegen. Es ist ein Beispiel für ein Nomogramm dritter Gattung einer Gleichung, die man auf die erste kanonische Form gebracht hat. Wenn man die Nomogramme zur Berechnung der Koordinatenzuwüchse, die in Fig. 8, 26 und 30 dargestellt sind, miteinander vergleicht, so kann man sich eine Vorstellung davon machen, wie sich ein Nomogramm beim Übergang von einer Gattung zu einer anderen ändert.

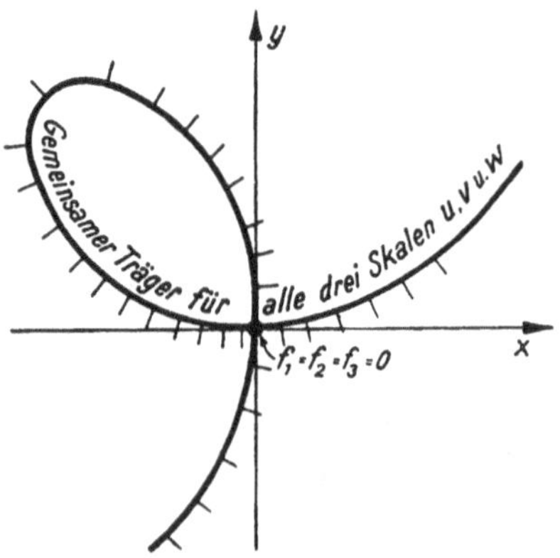

Fig. 29.

Im Allgemeinfall hat ein Nomogramm *dritter Gattung für eine Gleichung, die man auf die erste kanonische Form gebracht hat, drei krummlinige Skalen, die auf einen gemeinsamen Träger, einer Kurve dritten Grades mit einem Knotenpunkt liegen.*

Die Nomogramme zweiter und nullter Gattung sind die Sonderfälle des Nomogramms dritter Gattung, wenn die Kurve dritten Grades in eine Kurve zweiten Grades und in eine Gerade oder in drei Gerade zerfällt.

§ 14. Die Nomogramme der zweiten kanonischen Form für Gleichungen dritter nomographischer Ordnung

Die zweite kanonische Form einer Gleichung dritter nomographischer Ordnung hat die Gestalt

$$f_3(w) = f_1(u) + f_2(v). \tag{2.21}$$

Für diese kann man auf drei verschiedene Arten die SOREAUschen Gleichungen schreiben. Diese führen zu drei wesentlich verschiedenen Formen von Nomogrammen: zu den Nomogrammen nullter, zweiter und dritter Gattung. Diese unterscheiden sich von den Nomogrammen der gleichen Gattung für eine Gleichung, die zur ersten kanonischen Form führte, durch ihre geometrische Struktur.

Die SOREAUsche Gleichung mit der Form

$$\begin{vmatrix} 1 & 0 & f_1(u) \\ 1 & 1 & f_2(v) \\ 1 & \frac{1}{2} & \frac{1}{2} f_3(w) \end{vmatrix} = 0$$

liefert das Nomogramm nullter Gattung.

Diese Gleichung fällt mit der Gleichung (2.21) zusammen, weil wir nach der Entwicklung der Determinante erhalten

$$f_3 - f_1 - f_2 = 0.$$

Die Gleichungen der Skalen des Nomogramms haben die Form

$$\left.\begin{array}{lll} \text{Skala } u\colon & x_1 = 0, & y_1 = f_1(u); \\ \text{Skala } v\colon & x_2 = 1, & y_2 = f_2(v); \\ \text{Skala } w\colon & x_3 = \frac{1}{2}, & y_3 = \frac{1}{2} f_3(w). \end{array}\right\} \quad (2.22)$$

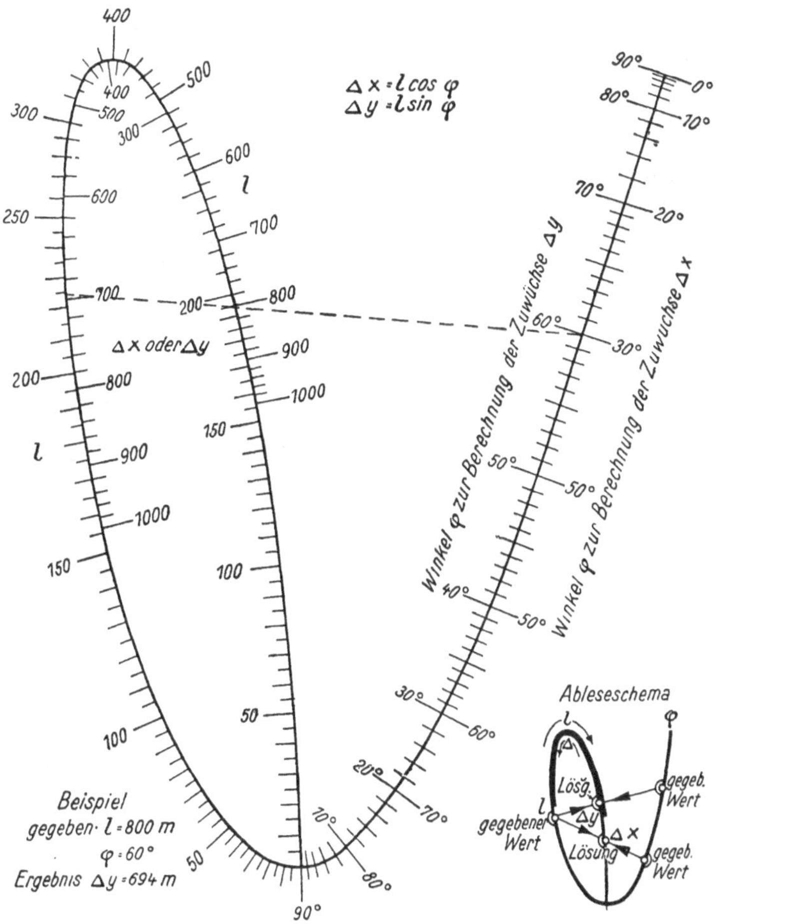

Fig. 30.

Alle drei Skalen sind geradlinig. Ein Schema des Nomogramms ist in Fig. 31 dargestellt. Dies ist der Sonderfall der Lage der Skalen zueinander, wenn ihr Schnittpunkt sich im Unendlichen befindet. Im Allgemeinfall befindet sich der Schnittpunkt der Skalen eines Nomogramms in endlicher Entfernung (Fig. 32). Der Schnittpunkt der Skalen ist der kritische Punkt eines Nomogramms. Aus den Gleichungen (2.22) ersehen wir, daß er Argumentwerte hat, für die alle drei

Funktionen $f_1(u)$, $f_2(v)$ und $f_3(w)$ unendlich werden. Diese Werte sind auf dem Schema des Nomogramms eingetragen.

Demnach besteht im Allgemeinfall das Nomogramm nullter Gattung für eine Gleichung, die man auf die zweite kanonische Form bringt, aus drei geradlinigen Skalen, die sich in einem Punkte schneiden.

Als Beispiel dafür ist in Fig. 33 ein Nomogramm zur Berechnung des Abstandes l zwischen zwei Punkten nach dem Zuwachs der Koordinaten Δx und Δy eines Punktes bezüglich des anderen dargestellt. Dieser Aufgabe begegnet man oft in der Topographie. Die Abhängigkeit zwischen l, Δx und Δy hat die Form

$$l = \sqrt{\Delta x^2 + \Delta y^2}.$$

Sie führt zu der zweiten kanonischen Form, nachdem man die rechte und linke Seite der Gleichung ins Quadrat erhoben hat. Das Nomogramm wird so umgeformt, daß die Lösungsskala der Variablen l eine möglichst gleichförmige Charakteristik hat, d. h. einer gleichförmigen Skala möglichst nahekommt. Eine

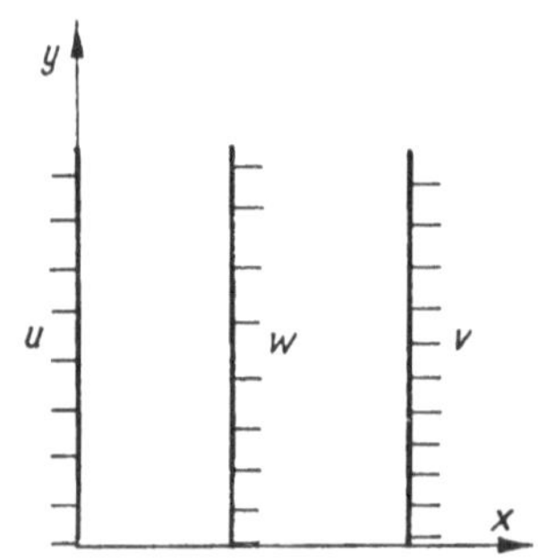

Fig. 31.

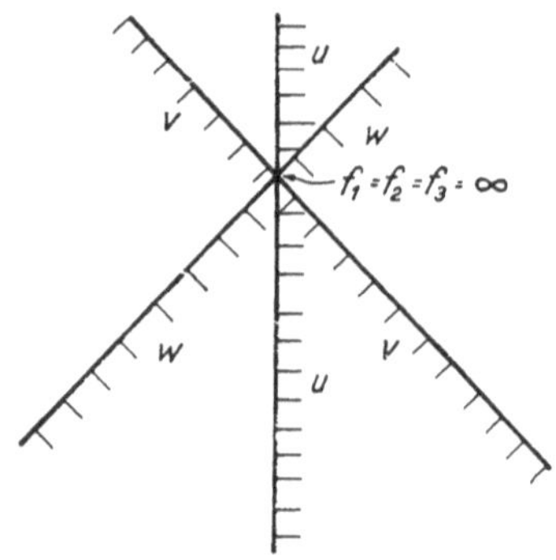

Fig. 32.

solche Form der Skala l wählt man, wenn man nach dem Nomogramm die Lösung mit einem konstanten absoluten Fehler erhalten will.

Um das Nomogramm *zweiter Gattung* zu bekommen, schreiben wir die SOREAUsche Gleichung in der Form

$$\begin{vmatrix} 1 & \dfrac{1}{f_1(u)} & \dfrac{1}{f_1^2(u)} \\ 1 & \dfrac{1}{f_2(v)} & \dfrac{1}{f_2^2(v)} \\ 1 & \dfrac{1}{f_3(w)} & 0 \end{vmatrix} = 0.$$

Entwickeln wir die linke Seite der Gleichung, so erhalten wir

$$\frac{f_2 - f_1}{f_1^2 \cdot f_2^2 \cdot f_3^2}(f_1 + f_2 - f_3) = 0.$$

Diese Gleichung enthält alle Lösungen der Gleichung (2.21), weil sie sich von ihr nur durch den Faktor

$$\frac{f_2 - f_1}{f_1^2 \cdot f_2^2 \cdot f_3^2}$$

auf der linken Seite unterscheidet.

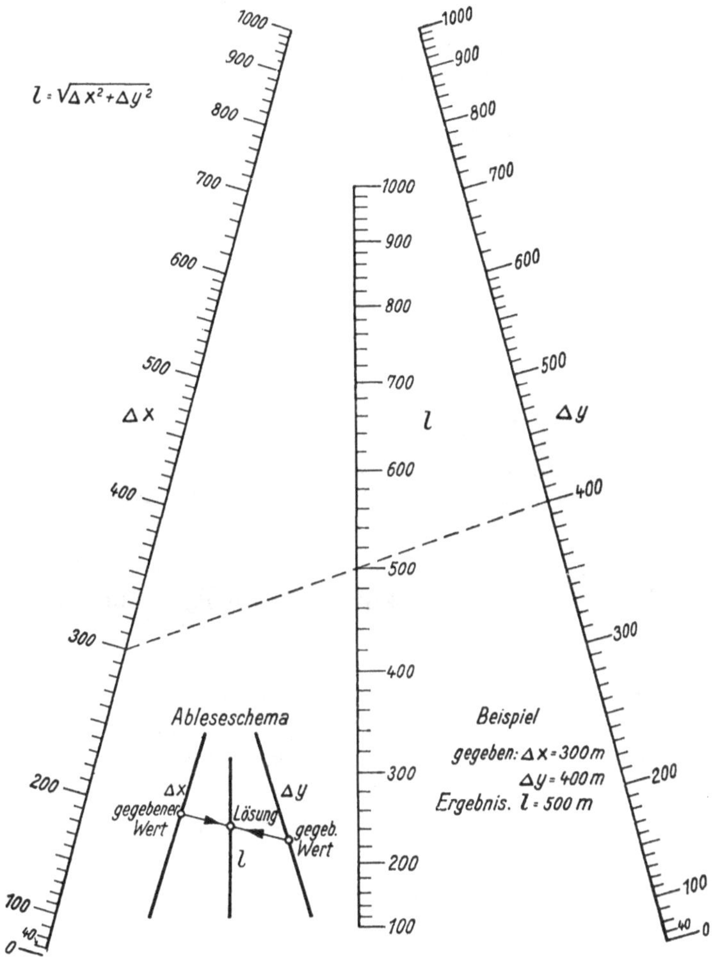

Fig. 33.

Die Gleichungen der Skalen des Nomogramms werden dann

$$\left.\begin{aligned} &\text{Skala } u\colon \quad x_1 = \frac{1}{f_1(u)}, \quad y_1 = \frac{1}{f_1^2(u)}; \\ &\text{Skala } v\colon \quad x_2 = \frac{1}{f_2(v)}, \quad y_2 = \frac{1}{f_2^2(v)}; \\ &\text{Skala } w\colon \quad x_3 = \frac{1}{f_3(w)}, \quad y_3 = 0. \end{aligned}\right\} \tag{2.23}$$

Eliminieren wir die Variable u aus den Gleichungen der Skala u, so erhalten wir die Gleichung ihres Trägers. Sie hat die Form

$$y = x^2.$$

Der Träger der Skala u ist eine zur y-Achse symmetrische Parabel, deren Scheitel im Koordinatenursprung liegt. Die Elimination der Variablen v aus den Gleichungen der Skala v liefert dasselbe Ergebnis. Das bedeutet, daß diese Skalen einen gemeinsamen Träger haben.

Der Träger der Skala w ist eine Gerade, die mit der x-Achse zusammenfällt. Ein Schema des Nomogramms ist in Fig. 34 dargestellt. Bei der projektiven Umformung kann die Parabel in eine Ellipse oder eine Hyperbel übergehen. Infolgedessen ist der Träger der Skalen u und v ein Kegelschnitt in einer seiner

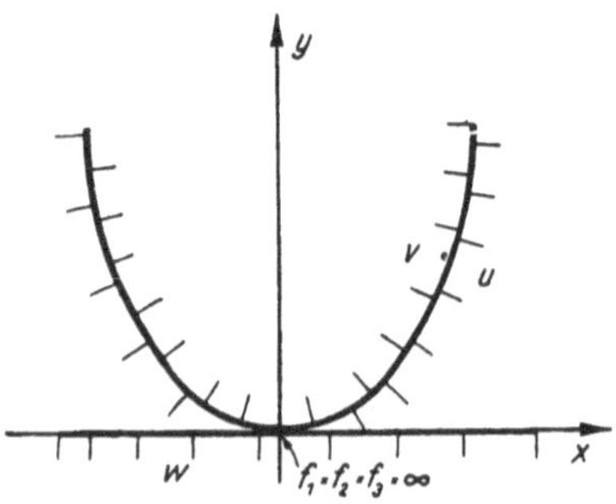

Fig. 34.

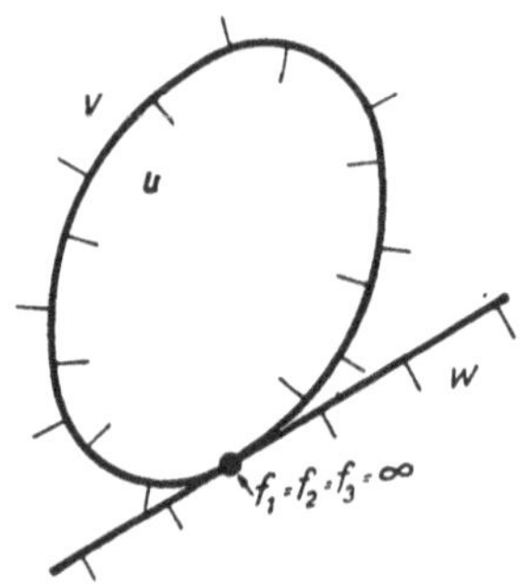

Fig. 35.

möglichen Formen. Bei der projektiven Umformung bleibt die Berührung der Geraden mit der Kurve erhalten, und der Träger der Skala w berührt immer den Kegelschnitt.

Im Allgemeinfall besteht *ein Nomogramm zweiter Gattung für eine Gleichung, die man auf die zweite kanonische Form gebracht hat, aus zwei krummlinigen Skalen, die auf ein und demselben Kegelschnitt liegen, und einer geradlinigen Skala für die dritte Veränderliche, deren Träger den Kegelschnitt berührt* (Fig. 35).

Will man die Nomogramme der dritten Gattung erhalten, so muß man die SOREAUsche Gleichung in folgender Form schreiben

$$\begin{vmatrix} 1 & f_1(u) & f_1^3(u) \\ 1 & f_2(v) & f_2^3(v) \\ 1 & -f_3(w) & -f_3^3(w) \end{vmatrix} = 0.$$

Nach der Entwicklung der Determinante auf der linken Seite nimmt die Gleichung die Form an

$$(f_2 + f_3)(f_1 + f_3)(f_2 - f_1)(f_1 + f_2 - f_3) = 0.$$

Diese Gleichung unterscheidet sich von der Gleichung (2.21) nur durch den Faktor

$$(f_2 + f_3)(f_1 + f_3)(f_2 - f_1)$$

auf der linken Seite. Deshalb werden ihre Lösungen alle Lösungen der zweiten kanonischen Form (2.21) enthalten.

Die Gleichungen der Skalen sind dann

$$\left.\begin{array}{lll} \text{Skala } u\colon x_1 = & f_1(u) & y_1 = f_1^3(u); \\ \text{Skala } v\colon x_2 = & f_2(v) & y_2 = f_2^3(v); \\ \text{Skala } w\colon x_3 = & -f_3(w) & y_3 = -f_3^3(w). \end{array}\right\} \tag{2.24}$$

Die Gleichungen aller drei Skalen haben in bezug auf die Funktionen u, v und w ein und dieselbe Form. Folglich liegen alle drei Skalen auf ein und demselben Träger. Eliminieren wir aus den Gleichungen der ersten Skala die Variable u, so erhalten wir ihre Gleichung. Diese hat die Form

$$y = x^3.$$

Dies ist die Gleichung einer kubischen Parabel – einer unikursalen Kurve dritten Grades. Ein Schema des Nomogramms ist in Fig. 36 dargestellt. Der Punkt, für den $f_1(u) = f_2(v) = f_3(w) = \infty$ wird, befindet sich im Unendlichen. Wenn man mit Hilfe der projektiven Umformung diesen Punkt in den Koordinatenursprung überführt, so hat der Träger der Skalen eine Form, wie sie in Fig. 37 dargestellt ist. Die Kurve hat im Koordinatenursprung einen Umkehrpunkt.

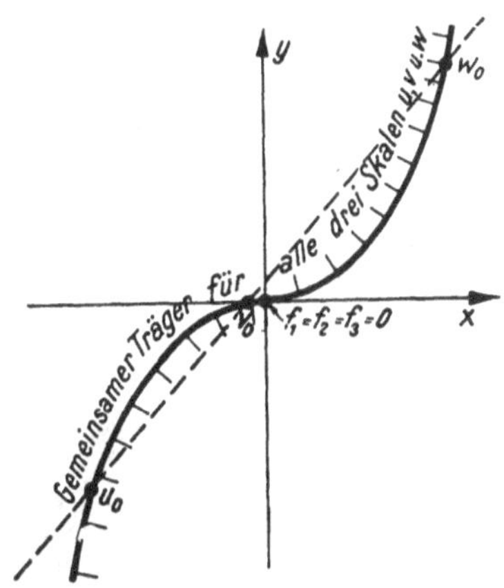

Fig. 36.

Das Nomogramm dritter Gattung für eine Gleichung, die man auf die zweite kanonische Form gebracht hat, besteht aus krummlinigen Skalen, die auf einem gemeinsamen Träger, einer unikursalen Kurve dritten Grades mit einem Wendepunkt liegen.

Die Nomogramme zweiter oder nullter Gattung sind dann die Sonderfälle des Nomogramms dritter Gattung, wenn die Kurve dritten Grades in eine Kurve zweiten Grades und eine Gerade oder in drei Geraden zerfällt.

§ 15. Nomogramme der dritten kanonischen Form für Gleichungen dritter nomographischer Ordnung

Die dritte kanonische Form hat die Gestalt:

$$f_1(u) \cdot f_2(v) \cdot f_3(w) = f_1(u) + f_2(v) + f_3(w). \tag{2.25}$$

Die Nomogramme dieser Gleichung können entweder zweiter oder dritter Gattung sein, d. h. entweder sind zwei oder alle drei Skalen krummlinig. Nomogramme nullter Gattung für eine Gleichung, die man auf die dritte kanonische Form gebracht hat, kann man nicht konstruieren[1]).

1) N. A. Glagolew, Th. Gr. No., Seite 105 (russ.).

Um die Nomogramme *zweiter Gattung* zu erhalten, schreiben wir die SOREAU-sche Gleichung in der Gestalt

$$\begin{vmatrix} 1 & f_1(u) & f_1^2(u) \\ 1 & f_2(v) & f_2^2(v) \\ 1 & \frac{1}{f_3(w)} & -1 \end{vmatrix} = 0.$$

Wenn wir die Determinante auf der linken Seite der Gleichung entwickelt haben, so erhalten wir

$$\frac{f_1 - f_2}{f_3}(f_3 + f_2 + f_1 - f_1 \cdot f_2 \cdot f_3) = 0.$$

Diese Gleichung unterscheidet sich von der Gleichung (2.25) nur durch den Faktor

$$(f_1 - f_2) \cdot \frac{1}{f_3}$$

auf der linken Seite und enthält deshalb auch alle ihre Lösungen.

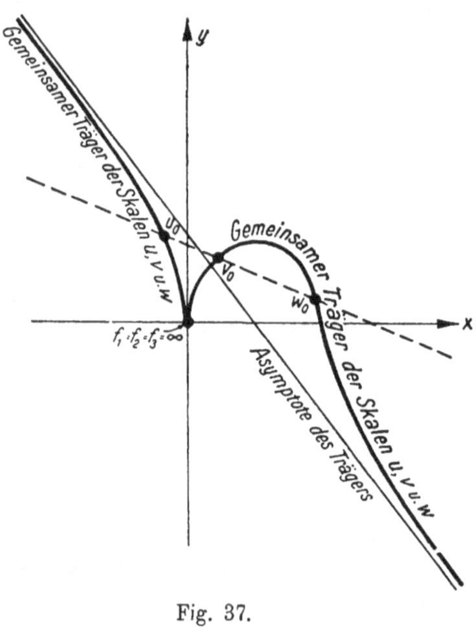

Fig. 37.

Die Gleichungen der Skalen des Nomogramms haben die Form

$$\left.\begin{aligned} &\text{Skala } u\colon\ x_1 = f_1(u), && y_1 = f_1^2(u); \\ &\text{Skala } v\colon\ x_2 = f_2(v), && y_2 = f_2^2(v); \\ &\text{Skala } w\colon\ x_3 = 1/f_3(w) && y_3 = -1. \end{aligned}\right\} \tag{2.26}$$

Eliminieren wir den Parameter u aus den Gleichungen der Skala der Variablen u, so finden wir die Gleichung ihres Trägers

$$y = x^2.$$

Die Elimination des Parameters v auf den Gleichungen der Skala der Variablen v liefert das gleiche Resultat. Folglich liegen beide Skalen auf ein und derselben Kurve, und zwar auf einer Parabel, deren Scheitel sich im Koordinatenursprung befindet und deren Hauptdurchmesser mit der y-Achse zusammenfällt. Die Skala der Variablen w ist geradlinig. Ihr Träger, eine Gerade, ist parallel zur x-Achse und liegt im Abstand 1 unterhalb der Achse. Ein Schema des Nomogramms ist in Fig. 38 dargestellt. Hier haben wir den Sonderfall der Lage der Skalen zueinander vor uns, wenn der Träger der Skalen u und v eine Parabel ist und der Träger der Skale w eine Gerade ist, die senkrecht auf dem Hauptdurchmesser der Parabel steht.

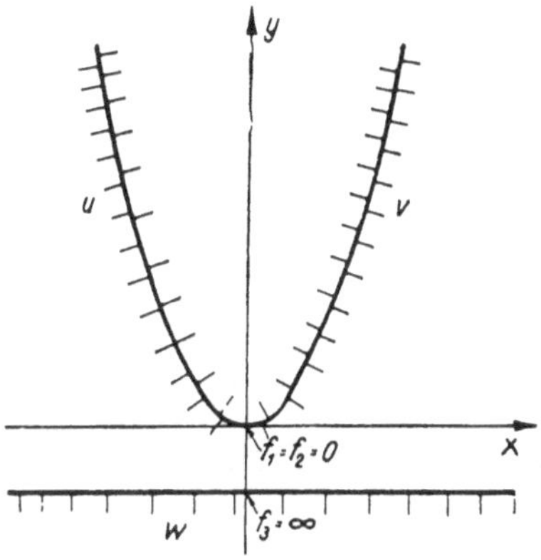

Fig. 38.

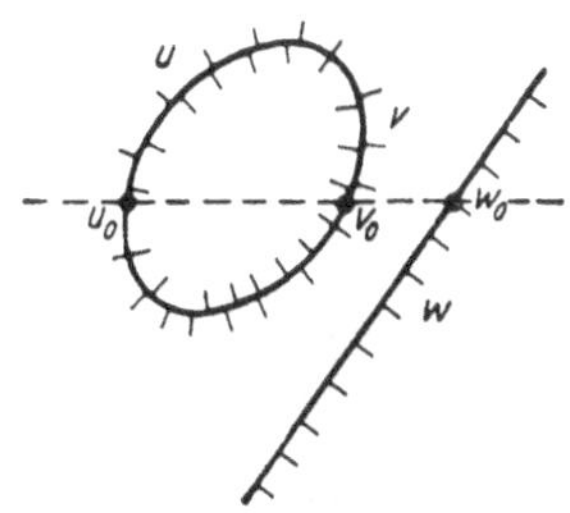

Fig. 39.

Im Allgemeinfall *besteht ein Nomogramm zweiter Gattung für eine Gleichung, die auf die dritte kanonische Form gebracht wurde, aus zwei krummlinigen Skalen mit einem gemeinsamen Träger — einer Kurve zweiten Grades (Ellipse, Parabel oder Hyperbel) und einer geradlinigen Skala für die dritte Variable, deren Träger den krummlinigen Träger der ersten beiden Skalen nicht schneidet.* In Fig. 39 ist das Schema dieses Nomogramms angeführt. Da die Gleichung in bezug auf alle drei Funktionen symmetrisch ist, so kann man die Gerade zur Skala jeder der Variabeln machen.

In Fig. 40 ist ein Nomogramm zur Berechnung des Winkels zwischen zwei Geraden nach der aus der analytischen Geometrie bekannten Formel

$$\operatorname{tg} \varphi = \frac{k_2 - k_1}{1 + k_1 k_2}$$

dargestellt, wobei k_1 und k_2 die Richtungskoeffizienten der Geraden und φ der Winkel zwischen den Geraden sind. Die Gleichung führt auf die dritte kanonische Form, wenn man den Nenner beseitigt und in ihr die Glieder entsprechend umgruppiert:

$$\operatorname{tg} \varphi + k_1 - k_2 = \operatorname{tg} \varphi \cdot k_1 \cdot (-k_2).$$

Um ein Nomogramm dritter Gattung zu erhalten, muß man die SOREAUsche Gleichung in der Form schreiben:

$$\begin{vmatrix} 1 & \dfrac{f_1^2(u)+1}{f_1(u)} & f_1^2(u) \\ 1 & \dfrac{f_2^2(v)+1}{f_2(v)} & f_2^2(v) \\ 1 & \dfrac{f_3^2(w)+1}{f_3(w)} & f_3^2(w) \end{vmatrix} = 0.$$

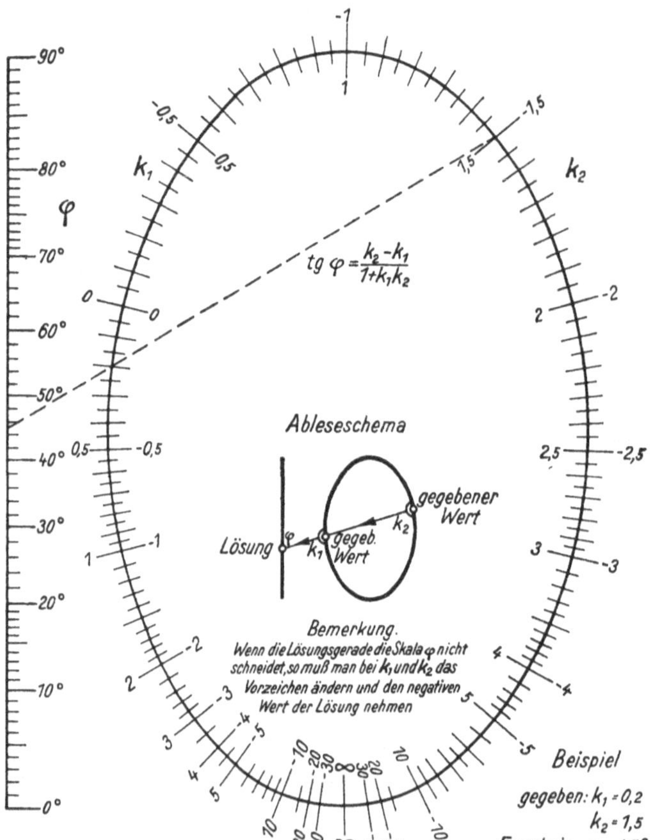

Fig. 40.

Wenn wir die Determinante auf der linken Seite der Gleichung entwickeln, so erhalten wir

$$\frac{1}{f_1 f_2 f_3}(f_1 - f_2)\,(f_2 - f_3)\,(f_1 - f_3)\,(f_1 f_2 f_3 - f_1 - f_2 - f_3) = 0.$$

Diese Gleichung unterscheidet sich von der Gleichung (2.25) nur durch den Faktor

$$\frac{1}{f_1 \cdot f_2 \cdot f_3} \cdot (f_1 - f_2) \cdot (f_2 - f_3) \cdot (f_1 - f_3)$$

auf der linken Seite, und unter ihren Lösungen wird sie alle Lösungen der Gleichung (2.25) enthalten.

Die Gleichungen der Skalen des Nomogramms sind dann

$$\left.\begin{aligned} &\text{Skala } u\colon x_1 = f_1^2(u), \qquad y_1 = \frac{f_1^2(u)+1}{f_1(u)}\,; \\ &\text{Skala } v\colon x_2 = f_2^2(v), \qquad y_2 = \frac{f_2^2(v)+1}{f_2(v)}\,; \\ &\text{Skala } w\colon x_3 = f_3^2(w), \qquad y_3 = \frac{f_3^2(w)+1}{f_3(w)}\,. \end{aligned}\right\} \tag{2.27}$$

In die Gleichungen aller drei Skalen gehen die Funktionen $f_1(u)$, $f_2(v)$ und $f_3(w)$ in gleicher Weise ein. Infolgedessen haben alle drei Skalen einen gemeinsamen Träger. Eliminieren wir aus den Gleichungen der Skala u die Variable u, so erhalten wir ihre Gleichung. Sie hat die Form

$$y^2 x = (x + 1)^2.$$

Der gemeinsame Träger wird also eine unikursale Kurve dritten Grades (Fig. 41) mit einem isolierten Punkt ($-$ 1,0).

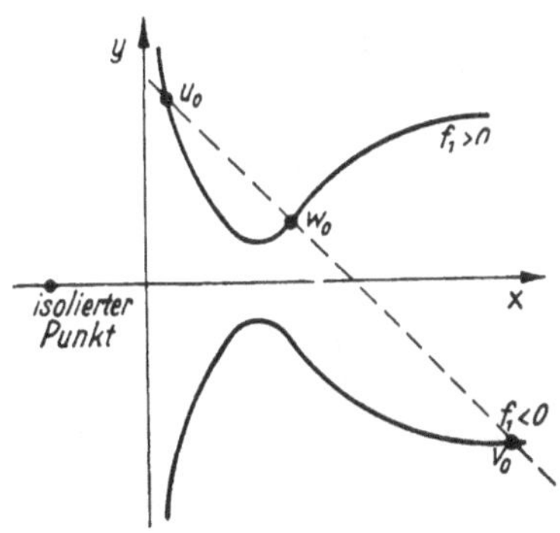

Fig. 41.

Demnach *hat ein Nomogramm dritter Gattung für eine Gleichung, die man auf die dritte kanonische Form gebracht hat, drei krummlinige Skalen, die auf einem gemeinsamen Träger liegen — einer Kurve dritten Grades mit einem besonderen isolierten Punkt.*

Das Nomogramm zweiter Gattung erhält man als Sonderfall des Nomogramms dritter Gattung, wenn die Kurve dritten Grades in eine Kurve zweiten Grades und in eine Gerade zerfällt.

§ 16. Der Zusammenhang zwischen den kanonischen Formen einer Gleichung dritter nomographischer Ordnung

In den drei vorhergehenden Paragraphen wurden die kanonischen Formen der Gleichungen dritter nomographischer Ordnung und ihre Nomogramme angeführt. Wir wollen jetzt zeigen, wie die kanonischen Formen ein und derselben Gleichung untereinander zusammenhängen.

Wir nehmen eine Gleichung, die auf die erste kanonische Form gebracht worden ist, und führen sie über in die zweite kanonische Form, und dann in die dritte. Die erste kanonische Form hat die Gestalt

$$f_3(w) = f_1(u) \cdot f_2(v). \tag{2.11}$$

Wir wollen die rechte und linke Seite der Gleichung logarithmieren. Wir erhalten

$$\lg f_3(w) = \lg f_1(u) + \lg f_2(v).$$

Führen wir jetzt folgende Bezeichnungen ein

$$\varphi_3(w) = \lg f_3(w), \quad \varphi_1(u) = \lg f_1(u) \quad \text{und} \quad \varphi_2(v) = \lg f_2(v),$$

so nimmt die Gleichung die Form an

$$\varphi_3(w) = \varphi_1(u) + \varphi_2(v), \tag{2.28}$$

d. h., dies ist eine Umformung in die zweite kanonische Form.

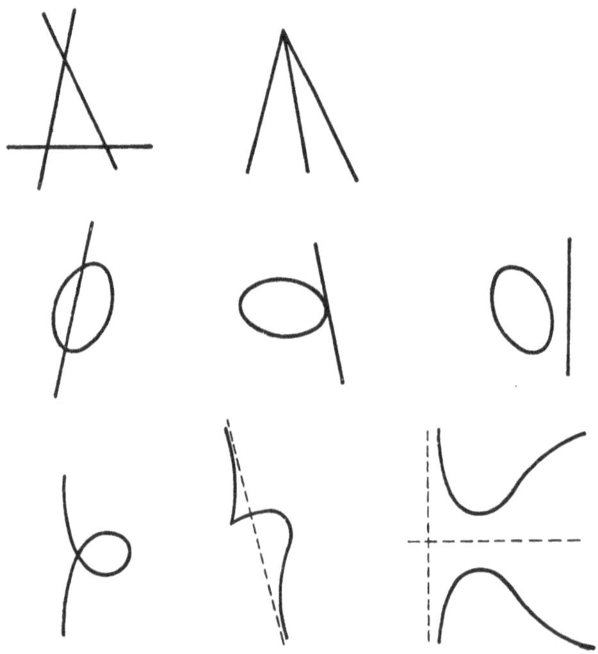

Fig. 42.

Um nun die Gleichung (2.11) in Gestalt der dritten kanonischen Form darzustellen, nehmen wir den Tangens der rechten und linken Seite der Gleichung (2.28):

$$\operatorname{tg} \varphi_3(w) = \operatorname{tg} [\varphi_1(u) + \varphi_2(v)].$$

Wenn wir den Tangens der Summe durch die Tangenten der Summanden ausdrücken, so erhalten wir

$$\operatorname{tg} \varphi_3(v) = \frac{\operatorname{tg} \varphi_1(u) + \operatorname{tg} \varphi_2(v)}{1 - \operatorname{tg} \varphi_1(u) \cdot \operatorname{tg} \varphi_2(v)}.$$

Führen wir die Bezeichnungen

$$\operatorname{tg} \varphi_1(u) = \psi_1(u), \quad \operatorname{tg} \varphi_2(v) = \psi_2(v) \quad \text{und} \quad \operatorname{tg} \varphi_3(w) = \psi_3(w)$$

ein und vereinfachen wir die so erhaltene Gleichung, so können wir sie in der Form

$$\psi_1(u) \cdot \psi_2(v) \cdot \psi_3(w) = \psi_1(u) + \psi_2(v) + \psi_3(w),$$

schreiben, die nichts anderes ist als die dritte kanonische Form. Folglich können wir eine Gleichung, die sich im Zustand der ersten kanonischen Form befindet, in die zweite kanonische Form und dann in die dritte überführen. Es ist ganz offensichtlich, daß man auf diese Art und Weise eine Gleichung aus einer kanonischen Form in eine beliebige andere umformen kann.

Man kann durch Umformung eine Gleichung dritter nomographischer Ordnung auf eine beliebige der drei kanonischen Formen bringen.

Jede dieser drei kanonischen Formen hat bei dem danach konstruierten Nomogramm eine für sie charakteristische geometrische Struktur zur Folge. Die Strukturen der Nomogramme von Gleichungen verschiedener kanonischer Formen unterscheiden sich wesentlich voneinander. Infolgedessen kann man für ein und dieselbe Gleichung dritter nomographischer Ordnung acht Nomogramme mit verschiedener geometrischer Struktur konstruieren: drei Nomogramme nullter Gattung, drei Nomogramme zweiter Gattung und zwei Nomogramme dritter Gattung. Die Schemata solcher Nomogramme sind in Fig. 42 dargestellt[1]). Diese Tatsache ist von großem praktischen Interesse. Sie erweitert bedeutend die Möglichkeiten, Nomogramme zu konstruieren, die am besten die an sie gestellten Anforderungen erfüllen. Wir wollen ein Beispiel zur Konstruktion von Nomogrammen verschiedener Form für eine Gleichung dritter nomographischer Ordnung anführen, indem wir sie nacheinander in jeder ihrer drei kanonischen Formen darstellen. In Fig. 40 ist das Nomogramm für die Gleichung

$$\operatorname{tg} \varphi = \frac{k_2 - k_1}{1 + k_2 k_1}, \tag{2.29}$$

dargestellt, die zur Ermittlung des Winkels zwischen zwei Geraden aus deren Winkelkoeffizienten dient. Bei der Konstruktion der Nomogramme lag die Gleichung in der dritten kanonischen Form vor. Indem wir die Bezeichnungen

$$k_2 = \operatorname{tg} \varphi_2 \text{ und } k_1 = - \operatorname{tg} \varphi_1$$

einführen, stellen wir die gegebene Gleichung in der Form

$$\operatorname{tg} \varphi = \frac{\operatorname{tg} \varphi_2 + \operatorname{tg} \varphi_1}{1 - \operatorname{tg} \varphi_1 \cdot \operatorname{tg} \varphi_2} = \operatorname{tg} (\varphi_2 + \varphi_1)$$

dar, woraus folgt

$$\varphi = \varphi_2 + \varphi_1 \tag{2.30}$$

oder
$$\varphi = \operatorname{arctg} k_2 - \operatorname{arctg} k_1.$$

Dies aber ist die zweite kanonische Form einer Gleichung. Das entsprechende Nomogramm ist in Fig. 43 dargestellt.

Machen wir die rechte und linke Seite der Gleichung (2.30) zur Zehnerpotenz

$$10^{\varphi} = 10^{\varphi_2} \cdot 10^{\varphi_1},$$

so überführen wir die Gleichung in die erste kanonische Form. Das Nomogramm der in die erste kanonische Form überführten Gleichung (2.29) ist in Fig. 44 dargestellt.

Es zeigt sich also, daß es möglich ist, für ein und dieselbe Gleichung drei gänzlich verschiedene Nomogramme (Fig. 40, 43 und 44) zu konstruieren. Jedes

1) Nomogramme anderer Gestalt gibt es für eine Gleichung dritter nomographischer Ordnung nicht.

von ihnen besitzt seine Vorzüge und seine Mängel. Das beste von ihnen zur Ermittlung von φ mit einem konstanten absoluten Fehler ist wahrscheinlich das dritte (Fig. 44), das für die Winkel φ eine fast gleichförmige Skala hat. Obgleich das zweite Nomogramm auch eine gleichförmige Skala φ besitzt, so ist doch die

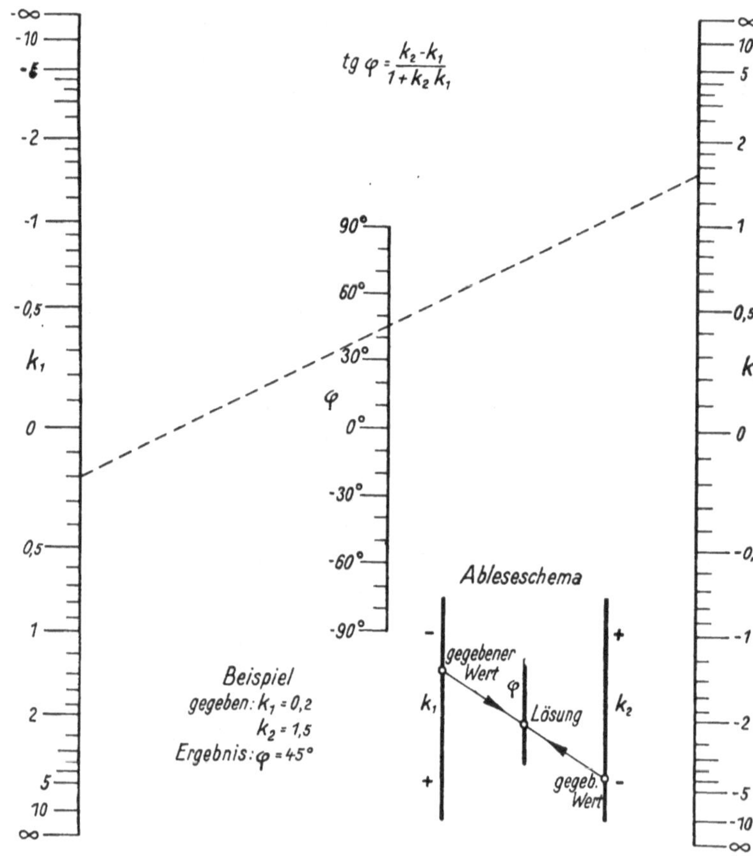

Fig. 43.

relative Länge dieser Skala kleiner als auf dem dritten Nomogramm, und der Fehler beim Aufsuchen der Lösung wird hier größer. Der Mangel des ersten Nomogramms besteht darin, daß die Lösungsskala sich außerhalb befindet.

§ 17. Nomogramme für die kanonischen Formen der Gleichungen vierter nomographischer Ordnung

Die Gleichungen vierter nomographischer Ordnung können auf eine der zwei folgenden kanonischen Formen gebracht werden: auf die kanonische Form von C a u c h y

$$f_1(u)\, f_3(w) + f_2(v)\, g_3(w) + h_3(w) = 0 \tag{2.31}$$

oder auf die kanonische Form von Clark

$$f_1(u)\, f_2(v)\, f_3(w) + [f_1(u) + f_2(v)]\, g_3(w) + h_3(w) = 0, \tag{2.32}$$

wobei $f_1(u)$ und $f_2(v)$ Funktionen der Variablen u und v, und $f_3(w)$, $g_3(w)$ und $h_3(w)$ verschiedene Funktionen der Variablen w sind. In die Gleichungen (2.31)

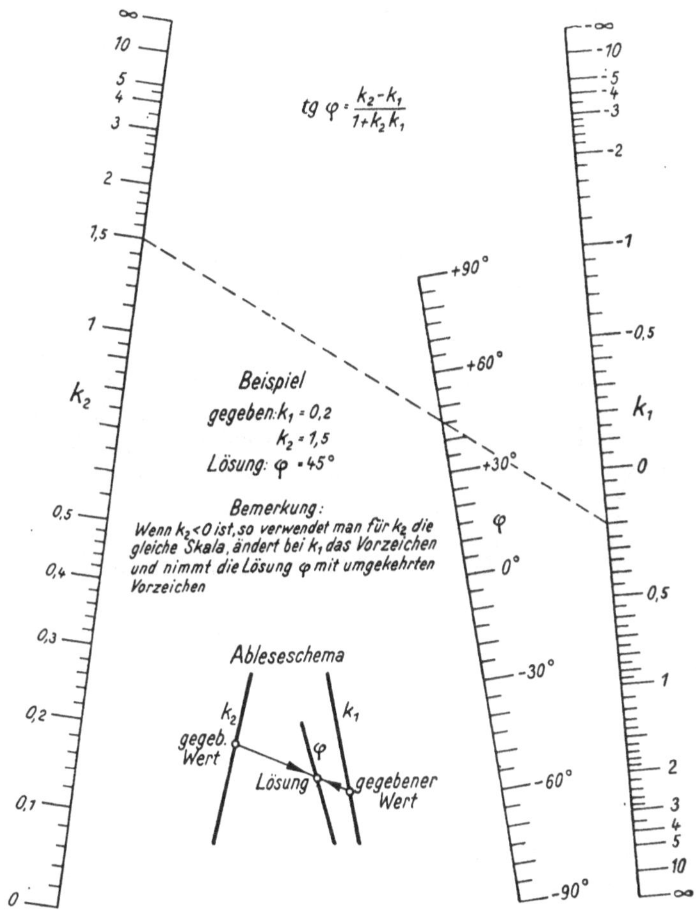

Fig. 44.

und (2.32) gehen zwar drei Funktionen der Variablen w ein, aber die Form der Gleichungen hängt im wesentlichen nur von dem Verhältnis zweier von ihnen zur dritten ab, d. h. von zwei Funktionen der Variablen w.

Die kanonische Form von Cauchy. Die kanonische Form von CAUCHY

$$f_1(u) \cdot f_3(w) + f_2(v) \cdot g_3(w) + h_3(w) = 0 \tag{2.31}$$

hat folgende einfachste SOREAUsche Gleichung

$$\begin{vmatrix} 1 & 0 & f_1(u) \\ 1 & 1 & f_2(v) \\ 1 & \dfrac{g_3(w)}{f_3(w)+g_3(w)} & \dfrac{-h_3(w)}{f_3(w)+g_3(w)} \end{vmatrix} = 0,$$

was man nachprüfen kann, indem man die Determinante entwickelt. Die Gleichungen der Skalen des Nomogramms haben für diesen Fall die Form

$$\left.\begin{array}{lll} \text{Skala } u\colon & x_1 = 0, & y_1 = f_1(u); \\ \text{Skala } v\colon & x_2 = 1, & y_2 = f_2(v); \\ \text{Skala } w\colon & x_3 = \dfrac{g_3(w)}{g_3(w)+f_3(w)}, & y_3 = \dfrac{-h_3(w)}{f_3(w)+g_3(w)}. \end{array}\right\} \tag{2.33}$$

Die Skalen der Variablen u und v sind geradlinig. Die Skala der Variablen w ist krummlinig. Die Gestalt ihres Trägers hängt von der Art der Funktionen $f_3(w)$, $g_3(w)$ und $h_3(w)$ ab.

Wenn die Skala der Variablen w geradlinig ist, so kann man zeigen, daß die zu nomographierende Gleichung nicht vierter, sondern dritter Ordnung ist und zur ersten oder zweiten kanonischen Form gehört, je nachdem, ob die Skalen des Nomogramms ein Dreieck bilden oder sich in einem Punkte schneiden. Daher kann man die Gleichungen dritter nomographischer Ordnung als Sonderfälle der Gleichungen vierter nomographischer Ordnung betrachten. Die erste und zweite kanonische Form der Gleichung dritter Ordnung kann man als Sonderfälle aus der kanonischen Form von CAUCHY erhalten.

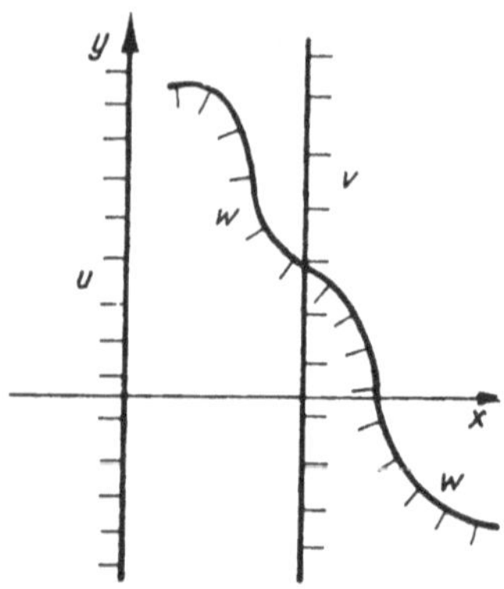

Fig. 45.

Das Schema eines Nomogramms, das den einfachsten Gleichungen der Skalen (2.33) entspricht, ist in Fig. 45 dargestellt. Die geradlinigen Skalen des Nomogramms sind hier parallel, d. h. ihr Schnittpunkt befindet sich im Unendlichen. Im Allgemeinfall schneiden sich die geradlinigen Skalen in endlichem Abstand. Das Schema eines solchen Nomogramms ist in Fig. 46 dargestellt. Der Schnittpunkt der geradlinigen Skalen des Nomogramms ist sein *kritischer Punkt.* Aus den Gleichungen für die Skalen ersehen wir, daß die Funktionen $f_1(u)$ und $f_2(v)$ in diesem Punkte unendlich werden, dies sind die Argumente dieses Punktes.

Ein Nomogramm der kanonischen Form von Cauchy besteht aus zwei geradlinigen sich schneidenden Skalen der Variablen u und v und einer krummlinigen Skala der Variablen w.

Als Beispiel für Nomogramme einer Gleichung, die zur kanonischen Form von CAUCHY führt, mögen die Nomogramme zur Ermittlung des Volumens eines Kugelsegmentes (Fig. 4 und 15) dienen. Die Gleichung

$$V = \frac{\pi}{6} h \, (3r^2 + h^2)$$

kann man leicht auf die kanonische Form von CAUCHY bringen:

$$V - r^2 \frac{1}{2} \pi h - \frac{1}{6} \pi h^3 = 0,$$

wobei man annehmen muß

$$f_1 = r^2; f_2 = V; f_3 = -\frac{\pi}{2} h; g_3 = 1; h_3 = -\frac{\pi}{6} h^3.$$

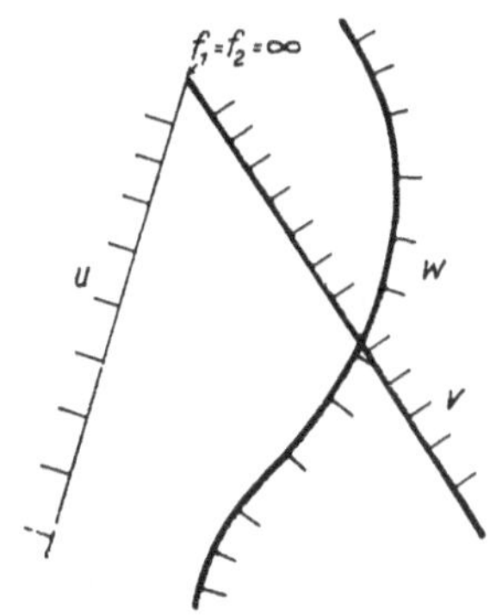

Fig. 46.

Im ersten Kapitel wurden zwei verschiedene Nomogramme zur Berechnung des Volumens eines Kugelsegmentes angeführt. Sie unterscheiden sich durch die Form der Lösungsskala. Das in Fig. 4 angeführte Nomogramm hat eine Volumenskala, die einer logarithmischen im Vergleich mit anderen durch projektive Umformung möglichen Skalenformen am nächsten kommt. Es ist zur Berechnung des Volumens mit einem konstanten relativen Fehler bestimmt. Das zweite, in Fig. 15 dargestellte Nomogramm hat eine gleichförmige Volumenskala und ist zur Berechnung des Segmentvolumens mit einem konstanten absoluten Fehler bestimmt.

Die kanonische Form von Clark. Für die kanonische Form von CLARK

$$f_1(u) \cdot f_2(v) \cdot f_3(w) + [f_1(u) + f_2(v)] \, g_3(w) + h_3(w) = 0 \tag{2.32}$$

hat die SOREAUsche Gleichung im einfachsten Fall die Form

$$\begin{vmatrix} 1 & f_1(u) & f_1^2(u) \\ 1 & f_2(v) & f_2^2(v) \\ 1 & -\dfrac{g_3(w)}{f_3(w)} & \dfrac{h_3(w)}{f_3(w)} \end{vmatrix} = 0.$$

Daraus erhalten wir folgende Gleichungen der Skalen des Nomogramms:

$$\left.\begin{array}{lll} \text{Skala } u\colon & x_1 = f_1(u), & y_1 = f_1^2(u); \\ \text{Skala } v\colon & x_2 = f_2(v), & y_2 = f_2^2(v); \\ \text{Skala } w\colon & x_3 = -\dfrac{g_3(w)}{f_3(w)}, & y_3 = \dfrac{h_3(w)}{f_3(w)}. \end{array}\right\} \tag{2.34}$$

Eliminieren wir aus den Gleichungen der Skala der Variablen u den Parameter u, so erhalten wir die Gleichung ihres Trägers. Sie hat die Form

$$y = x^2,$$

d. h. die Skala der Variablen u liegt auf einer Parabel, die durch den Koordinatenursprung geht und symmetrisch zur y-Achse liegt. Die Elimination des Parameters v aus den Gleichungen der Skala der Variablen v liefert dasselbe Resultat.

Also haben die Skalen u und v einen gemeinsamen Träger. In dem gegebenen Spezialfall ist dies eine Parabel. Bei der projektiven Umformung des Nomogramms kann sie in eine Ellipse oder in eine Hyperbel übergehen. Träger der Skala der Variablen w wird eine Kurve, deren Form durch die Art der Funktionen $f_3(w)$, $g_3(w)$ und $h_3(w)$ bestimmt wird. Das Vorhandensein eines gemeinsamen Trägers für die Skalen u und v ist eine Folge davon, daß die Gleichung in bezug auf die Funktionen f_1 und f_2 symmetrisch ist. Das Schema eines Nomogramms für den betrachteten Fall der SOREAUschen Gleichung ist in Fig. 47 dargestellt.

Im Allgemeinfall *hat ein Nomogramm einer Gleichung, die man auf die kanonische Form von Clark bringt, drei krummlinige Skalen, von denen zwei einen gemeinsamen Träger — eine Kurve zweiten Grades (Ellipse, Parabel oder Hyperbel) haben* (Fig. 48).

Wenn die Skala der Variablen w geradlinig ist, so kann man zeigen, daß die nomographierbare Gleichung eine Gleichung dritter nomographischer Ordnung

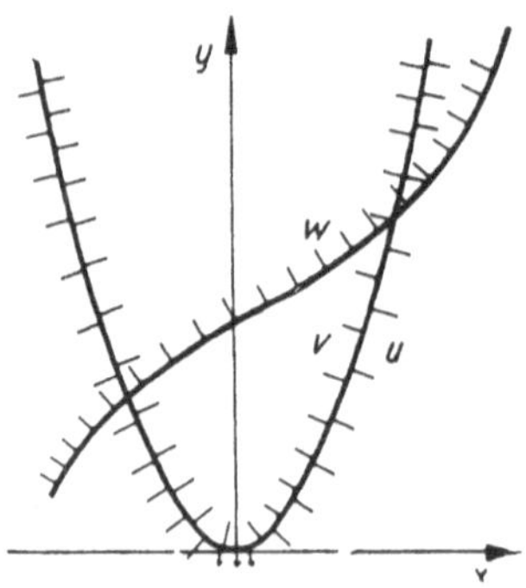

Fig. 47.

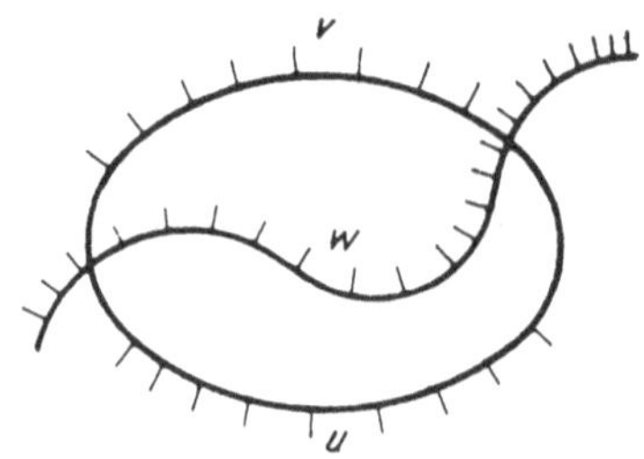

Fig. 48.

ist und zur ersten, zweiten oder dritten kanonischen Form gehört, je nachdem, ob der geradlinige Träger der Skala der Variablen w die Kurve zweiter Ordnung — den Träger der Skalen der Variablen u und v — schneidet, berührt oder nicht schneidet.

In Fig. 49 ist ein Beispiel für ein Nomogramm einer Gleichung, die zur kanonischen Form von CLARK führt, angegeben. Das Nomogramm dient zur Berechnung des Abstandes eines ebenen Schnittes eines Kugelsegmentes von seinem Schwerpunkt nach der Formel:

$$x_s = \frac{h(4r - h)}{4(3r - h)},$$

wobei x_s der gesuchte Abstand, r der Segmentradius und h die Höhe des Segmentes ist. Diese Gleichung kann man leicht auf die kanonische Form von CLARK bringen, man braucht nur den Nenner zu beseitigen und alle Glieder auf die linke Seite zu bringen:

$$12rx_s - 4h(x_s + r) + h^2 = 0.$$

Dann kann man annehmen:

$$f_1 = r;\ f_2 = x_s;\ f_3 = 12;\ g_3 = -4h;\ h_3 = h^2.$$

Der Träger der Skala der Variablen h ist auch hier eine Kurve zweiten Grades.

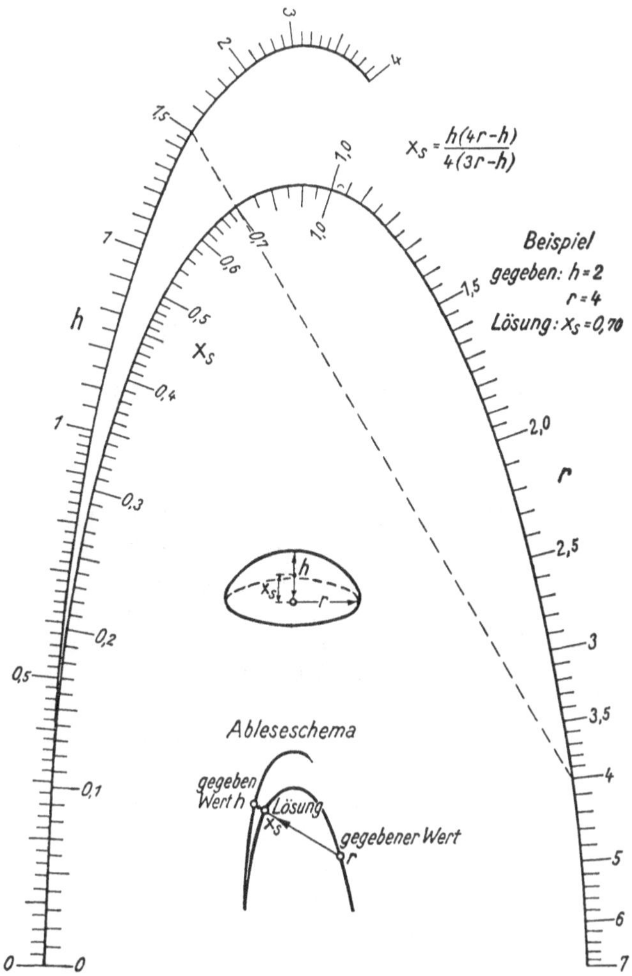

Fig. 49.

§ 18. Nomogramme für die kanonischen Formen der Gleichungen fünfter und sechster nomographischer Ordnung

Die Gleichungen fünfter und sechster kanonischer Ordnung haben je eine kanonische Form.

Die kanonische Form der Gleichung fünfter Ordnung. In die nomographierbaren Gleichungen fünfter Ordnung gehen fünf verschiedene Funktionen ein. Sie führen zu der kanonischen Form

$$f_1(u) = \frac{f_2(v) + f_3(w)}{\varphi_2(v) + \varphi_3(w)}. \tag{2.35}$$

Die ihr entsprechende SOREAUsche Gleichung hat im einfachsten Fall die Form

$$\begin{vmatrix} 1 & 0 & f_1(u) \\ 1 & \dfrac{1}{\varphi_2(v)} & \dfrac{f_2(v)}{\varphi_2(v)} \\ 1 & \dfrac{-1}{\varphi_3(w)} & \dfrac{f_3(w)}{\varphi_3(w)} \end{vmatrix} = 0,$$

nach der man die Gleichungen der Skalen folgendermaßen hinschreiben kann:

$$\left.\begin{array}{lll} \text{Skala } u\colon & x_1 = 0, & y_1 = f_1(u); \\ \text{Skala } v\colon & x_2 = \dfrac{1}{\varphi_2(v)}, & y_2 = \dfrac{f_2(v)}{\varphi_2(v)}; \\ \text{Skala } w\colon & x_3 = \dfrac{-1}{\varphi_3(w)}, & y_3 = \dfrac{f_3(w)}{\varphi_3(w)}. \end{array}\right\} \tag{2.36}$$

Aus den Gleichungen der Skalen des Nomogramms folgt, daß die Skala der Variablen u geradlinig und die Skalen der Variablen v und w krummlinig sind. Die Gestalt der Träger der Skalen v und w hängt von der Art der Funktionen $f_2(v)$ und $\varphi_2(v)$, $f_3(w)$ und $\varphi_3(w)$ ab. Im Sonderfall können die Skalen v und w einen gemeinsamen Träger haben. Wenn der gemeinsame Träger der Skalen v und w eine Kurve zweiten Grades ist, so heißt das, daß die nomographierbare Gleichung nicht fünfter, sondern vierter Ordnung ist und zu der kanonischen Form von CLARK gehört. Wenn eine der Skalen v und w geradlinig ist, so ist die nomographierbare Gleichung vierter nomographischer Ordnung und gehört zur kanonischen Form von CAUCHY.

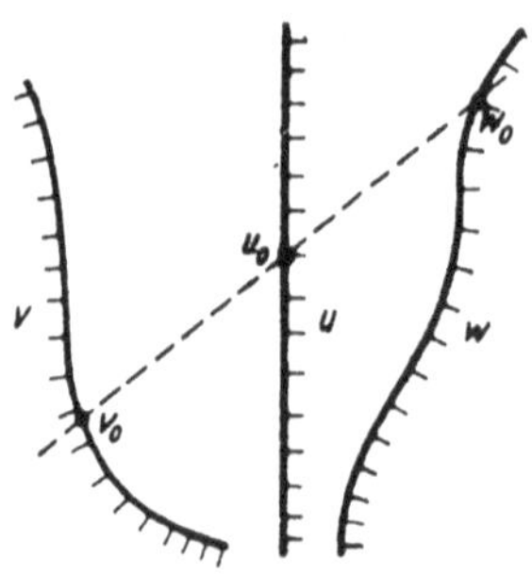

Fig. 50.

Ein Nomogramm für eine Gleichung fünfter nomographischer Ordnung hat die Gattung zwei. Ihr Schema ist in Fig. 50 dargestellt.

Die kanonische Form der Gleichung sechster Ordnung. Nomographierbare Gleichungen sechster Ordnung stellen den Allgemeinfall von Gleichungen dar, für die man Fluchtlinientafeln konstruieren kann. Sie enthalten sechs verschiedene Funktionen — je zwei für jede Veränderliche. Die kanonische Form solcher Gleichungen hat die Gestalt

$$\frac{f_1(u) + f_2(v)}{\varphi_1(u) + \varphi_2(v)} = \frac{f_1(u) + f_3(w)}{\varphi_1(u) + \varphi_3(w)}. \tag{2.37}$$

Die einfachste SOREAUsche Gleichung kann man hier in der Form schreiben

$$\begin{vmatrix} 1 & -f_1(u) & -\varphi_1(u) \\ 1 & f_2(v) & \varphi_2(v) \\ 1 & f_3(w) & \varphi_3(w) \end{vmatrix} = 0,$$

woraus die Gleichungen der Skalen des Nomogramms folgen

$$\left.\begin{aligned} &\text{Skala } u\colon\ x_1 = -f_1(u), && y_1 = -\varphi_1(u) \\ &\text{Skala } v\colon\ x_2 = f_2(v), && y_2 = \varphi_2(v); \\ &\text{Skala } w\colon\ x_3 = f_3(w), && y_3 = \varphi_3(w). \end{aligned}\right\} \tag{2.38}$$

Alle drei Skalen sind krummlinig. Die Gattung des Nomogramms ist gleich drei. Die Form der Träger der Skalen hängt von der Art der Funktionen ab, die in die Gleichung eingehen. Das Schema eines solchen Nomogramms ist in Fig. 9 dargestellt. Als Sonderfälle kann man aus der Gleichung sechster Ordnung alle vorhergehenden kanonischen Formen nomographierbarer Gleichungen erhalten.

Nomogramme für Gleichungen fünfter und sechster nomographischer Ordnung trifft man verhältnismäßig selten; für solche Nomogramme wollen wir keine Beispiele anführen.

3. KAPITEL

NETZTAFELN

Im dritten Kapitel werden die Nomogramme aus Bildlinien, die Netztafeln, betrachtet.

Netztafeln sind in der technischen Literatur weit verbreitet. Dies erklärt sich dadurch, daß im einfachsten Falle ihr Konstruktionsprinzip unmittelbar aus dem weitverbreiteten Begriff der graphischen Darstellung der Funktion einer Veränderlichen folgt. Aber die Einfachheit der Theorie hat keineswegs als Regel zur Folge, daß man Netztafeln guter Qualität erhält. Oft trifft man Nomogramme, die für Berechnungen schlecht geeignet sind und nicht die von ihnen verlangte Genauigkeit gewährleisten.

Die Netztafeln bleiben in ihrer Qualität bedeutend hinter den Fluchtlinientafeln zurück. Ihre Handhabung ist schwieriger. Die Genauigkeit der Berechnungen ist beim selben Ausmaß der Zeichnung gewöhnlich geringer. Die Einfachheit der Konstruktion von Netztafeln ist nur scheinbar. Ihre Konstruktion führt oft zu einer großen Rechen- und Zeichenarbeit. Ihre völlige Vorherrschaft erklärt sich nur dadurch, daß eine Gleichung mit drei Veränderlichen immer durch eine Netztafel dargestellt werden kann. Netztafeln eignen sich auch manchmal zur anschaulichen Darstellung einer funktionalen Abhängigkeit.

Dort, wo dies möglich ist, sollte man bei Berechnungen Netztafeln durch Fluchtlinientafeln ersetzen. Besondere Anwendungsbedingungen oder die Unmöglichkeit, eine Fluchtlinientafel zu konstruieren, können allerdings zur Konstruktion einer Netztafel berechtigen.

Eine besondere Rolle spielen Netztafeln bei der Konstruktion von zusammengesetzten Nomogrammen für Gleichungen vieler Veränderlicher. Dort heißen sie *Binarskalen.*

In diesem Kapitel werden die allgemeinen Konstruktionsprinzipien von Netztafeln betrachtet, die Fehlerquellen bei Berechnungen nach ihnen untersucht und die Bedingungen aufgezeigt, die man an die Gestalt der Nomogramme stellt und bei deren Erfüllung die Netztafeln die Lösung mit größtmöglicher Genauigkeit liefern.

§ 19. Die Netztafeln und ihre Ablesevorschrift

In Fig. 51 ist eine Netztafel zur Berechnung der Koordinatenzuwüchse Δx und Δy nach den Formeln:

$$\Delta x = l \cos \varphi,$$
$$\Delta y = l \sin \varphi$$

dargestellt. Das Nomogramm besteht aus drei Linienscharen: vertikalen Geraden, zu ihnen senkrechten horizontalen Geraden und Kurven, die einen Teil der Zeichnung einnehmen. Diese Linien bilden ein gewisses Netz, daher auch die Bezeichnung Netztafel.

Wir wollen das Nomogramm etwas genauer betrachten. Die vertikalen Geraden des Nomogramms sind durch Werte der Variablen φ bezeichnet. Dies geschieht durch die danebengeschriebenen Bezeichnungen am oberen und unteren Ende der Geraden. Die untere Reihe der Beschriftung ist gedacht zur Berechnung des Zuwachses Δx, die obere Reihe der Beschriftung zur Berechnung des Zuwachses Δy. Die Beschriftungen befinden sich nicht an allen Geraden, sondern nur jede zweite Gerade trägt eine Bezeichnung. Die Enden der Geraden sind über die unterste horizontale Gerade hinaus fortgesetzt und bilden eine Skala, die es gestattet, das Argument jeder Geraden zu bestimmen und wenn nötig, neue Geraden nach ihren Argumenten dazwischen zu legen. Die horizontalen Geraden sind mit Werten der Variablen Δx und Δy, kurz Δ bezeichnet. Die Argumente sind entlang der linken vertikalen Geraden daneben geschrieben. An jeder zweiten Geraden sind Bezeichnungen angebracht, die jeweils 100 m entsprechen. Die Enden der Geraden bilden auch hier eine Skala der Variablen Δ, nach der man die Lage einer Geraden mit einem beliebigen Argument Δ finden kann. Die Kurven sind mit Werten der Variablen l bezeichnet. Die Argumente sind an die Kurven selbst angeschrieben. Die Bezeichnungen entsprechen auch hier jeweils einer Länge von 100 m. Demnach besteht also das Nomogramm aus drei Scharen von Bildlinien, durch die die Variablen der nomographierbaren Gleichung dargestellt werden.

Um im Nomogramm bei gegebenen Werten φ und l — Δx aufzufinden, muß man wie folgt vorgehen: Zu dem gegebenen Werte von φ muß man unter den vertikalen Geraden, die durch Werte von φ bezeichnet werden, die dem gegebenen Werte von φ entsprechende Gerade herausfinden, dann muß man diese Gerade bis zu ihrem Schnittpunkte mit der Kurve verfolgen, die dem gegebenen Werte von l entspricht und dann das Argument der Geraden Δ ermitteln, die durch den gefundenen Punkt hindurchgeht. Dies wird praktisch so ausgeführt, daß man sich längs der Linie Δ bis zur Skala Δ links bewegt. Das gefundene Argument ist dann der gesuchte Wert Δx. Wir wollen das Aufsuchen von Δx an einem Beispiel zeigen und Δx für $\varphi = 48^0$ und $l = 800$ m ermitteln. Auf der Geraden $\varphi = 48^0$ gehen wir bis zu ihrem Schnittpunkt mit der Kurve $l = 800$ m. Keine der eingezeichneten horizontalen Geraden geht durch den gefundenen Punkt. Man muß also in Gedanken eine Gerade bis zu ihrem Schnitt mit der Skala Δ hindurchlegen. (Hier wird in analoger Weise wie auf den Skalen eine lineare Interpolation durchgeführt.) Auf dem Nomogramm ist diese Linie punktiert eingetragen. Wir bekommen auf der Skala Δ die Lösung $\Delta x = 530$ m.

Also *werden auf einer Netztafel die Werte der Variablen durch Bildlinien ausgedrückt. Die funktionale Abhängigkeit zwischen den Variablen geht auf dem Nomogramm in die geometrische Abhängigkeit zwischen den Bildlinien über: Drei Linien, deren Argumentwerte durch die gegebenen Abhängigkeiten verknüpft sind, gehen durch einen Punkt.*

Linien, die durch Argumentwerte ein und derselben Variablen bezeichnet sind, bilden eine einparametrige Linienschar. Eine Netztafel besteht aus drei Scharen, die im Allgemeinfall aus krummen Linien bestehen können[1]) (Fig. 52).

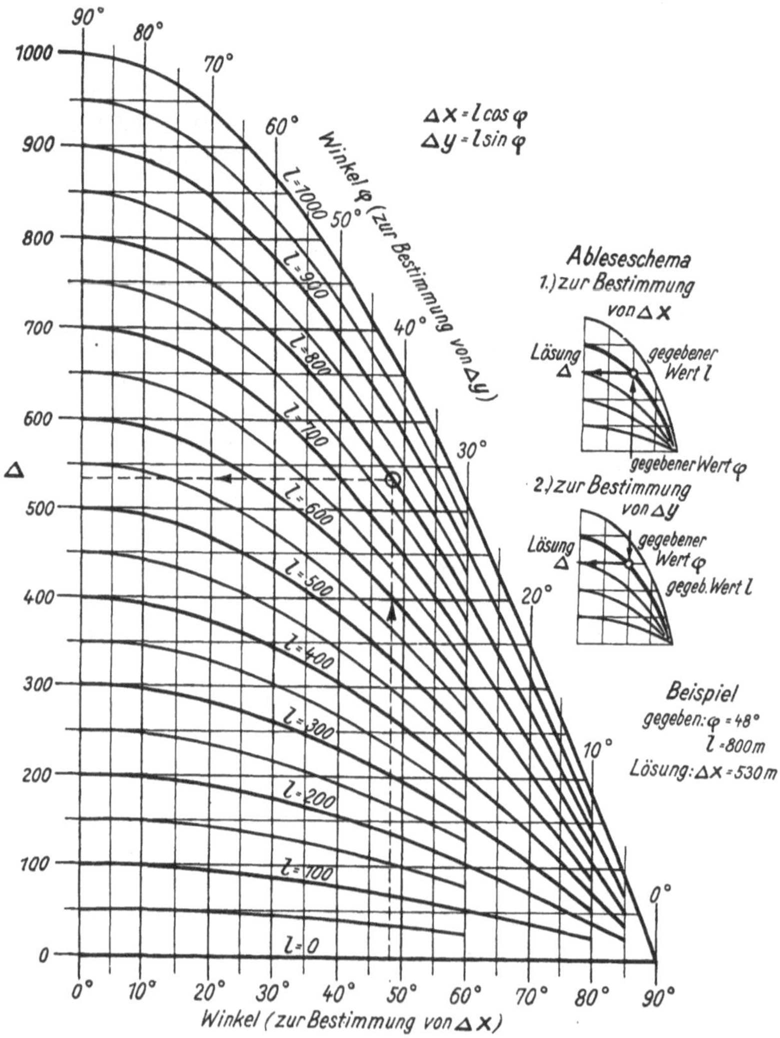

Fig. 51.

1) Ein Netznomogramm, das aus drei Kurvenscharen besteht, trägt die Bezeichnung Massau-Tafel. Ein Spezialfall der Massau-Tafel ist der, wenn zwei Scharen von Bildlinien mit den Koordinatengeraden eines cartesischen Koordinatensystems zusammenfallen. Ein solches System heißt Descartes-Tafel oder cartesische Tafel.

Die allgemeine Ablesevorschrift für Netztafeln ist folgende: *Wir ermitteln nach den gegebenen Werten der Variablen in den Linienscharen die ihnen entsprechenden Linien und bestimmen ihren Schnittpunkt — den Lösungspunkt. In der Linienschar der Lösungsvariablen suchen wir die Linie auf, die durch den Lösungspunkt hindurchgeht.* Die angeführte Regel wird in Fig. 52 durch dicke Striche veranschaulicht.

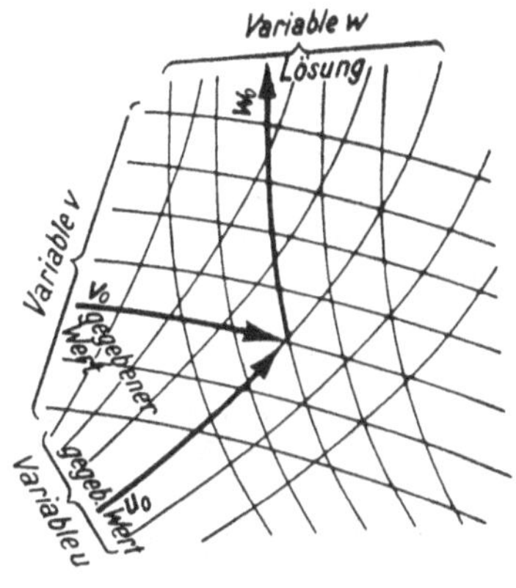

Fig. 52.

§ 20. Die Gleichungen der Linienscharen eines Nomogramms

Für jede Gleichung mit drei Veränderlichen kann man eine Netztafel konstruieren. Man kann dies auf unzählige viele Arten machen. Das einfachste Konstruktionsverfahren einer Netztafel für die Gleichung

$$F\ (u,\ v,\ w) = 0$$

ist folgendes. Wir wählen für die Linien der Variablen u Geraden, die zur Ordinatenachse parallel sind, indem wir ansetzen:

$$x = u.$$

Dies ist die Gleichung der ersten Linienschar. Für die Linien der Variablen b wählen wir ebenfalls Geraden, die jedoch zur Abszissenachse parallel sind, indem wir ansetzen

$$y = v.$$

Dies ist die Gleichung der zweiten Linienschar. Die Gleichung der dritten Linienschar des Nomogramms, der Linien der Variablen w, erhalten wir, indem wir aus der ursprünglichen Gleichung und aus den Gleichungen der Linienscharen der Variablen u und v die Variablen u und v eliminieren. Sie hat die Form

$$\mathrm{F}\ (x,\ y,\ w) = 0.$$

Bei der Konstruktion des Nomogramms, wie es im vorhergehenden Paragraphen angeführt wurde, wurde angenommen

$$x = \varphi,$$

$$y = \Delta x$$

und die Gleichung der Linienschar der Variablen l hatte die Form

$$y = l \cos x.$$

Die Linien l sind Cosinuskurven, bei denen sich die Amplitude ändert. Bei der Bezifferung des Nomogramms sind auf den Koordinatenachsen verschiedene Maßstäbe gewählt worden: auf der x-Achse ist der Maßstab 675mal größer als auf der y-Achse.

Es ist ganz offensichtlich, daß man als Linien der zwei ersten Variablen u und v auch die Linien zweier beliebiger Scharen wählen kann, deren Parameter diese Variablen sind. Ihre Gleichungen seien

$$\varphi\,(x, y, u) = 0$$

und $$\psi\,(x, y, v) = 0.$$

Dann erhalten wir die Gleichung der dritten Linienschar, indem wir aus diesen zwei Gleichungen und aus der Gleichung $F\,(u, v, w) = 0$, die nomographiert werden soll, die Parameter u und v eliminieren[1]). Die willkürliche Wahl der Funktionen φ und ψ gestattet eine genügend große Freizügigkeit im Hinblick auf Form und Aussehen einer Netztafel.

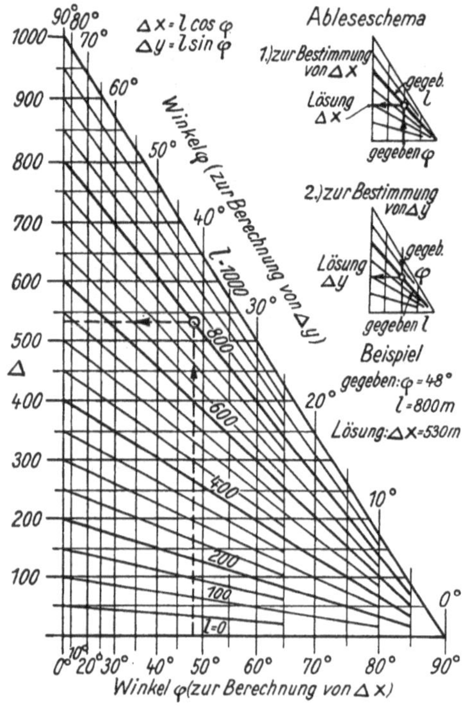

Fig. 53.

In den Fig. 53, 54 und 55 sind noch weitere drei Nomogramme für die Gleichungen zur Berechnung der Koordinatenzuwüchse dargestellt. Sie unterscheiden sich voneinander infolge der verschiedenartigen Wahl der ersten zwei Linienscharen des Nomogramms.

Das Nomogramm, das in Fig. 53 dargestellt ist, unterscheidet sich von dem ersten Nomogramm (Fig. 51) durch die Verteilung der Argumentwerte der Linien in der Geradenschar der Variablen φ. Dies führt dazu, daß die Kurven der Linienschar der Variablen l Gerade werden. Eine Operation, durch die Kurven einer Netztafel Gerade werden, heißt *Anamorphose*. Auf dem Nomogramm, das in Fig. 54 dargestellt ist, sind die Linien der Variablen Δx (oder Δy) Geraden, die zur x-Achse parallel sind und die Linien der Variablen l zur y-Achse parallele Geraden. Die Linien der Variablen φ bilden hier ein Strahlenbündel, das vom Koordinatenursprung ausgeht. Das nächste Nomogramm (Fig. 55) unterscheidet sich von den vorhergehenden dadurch, daß man hier als Linien der Variablen l eine Schar konzentrischer Kreise mit dem Koordinatenursprung als Mittelpunkt genommen hat. Für die Linien der Variablen φ hat man ein vom Mittelpunkt ausgehendes Strahlenbündel gewählt. Zur Ermittlung von Δx und Δy dienen hier verschiedene Linienscharen. Die Schar der Linien, die durch Werte von Δx bezeichnet werden, sind zur y-Achse parallele Geraden. Die Schar von Linien, die durch Werte von Δx bezeichnet werden, sind zur x-Achse parallele Geraden.

1) Die betrachteten Funktionen müssen eine solche Elimination zulassen.

Die angeführten Nomogramme veranschaulichen bis zu einem bestimmten Grade die Möglichkeiten, für ein und dieselbe Gleichung voneinander verschiedene Netztafeln zu konstruieren. Die Nomogramme unterscheiden sich voneinander in ihren Eigenschaften bezüglich der Genauigkeit der mit ihnen erhaltenen Lösungen, als auch in der Schwierigkeit ihrer Konstruktion. Am einfachsten in der Konstruktion ist offenbar das dritte Nomogramm (Fig. 55).

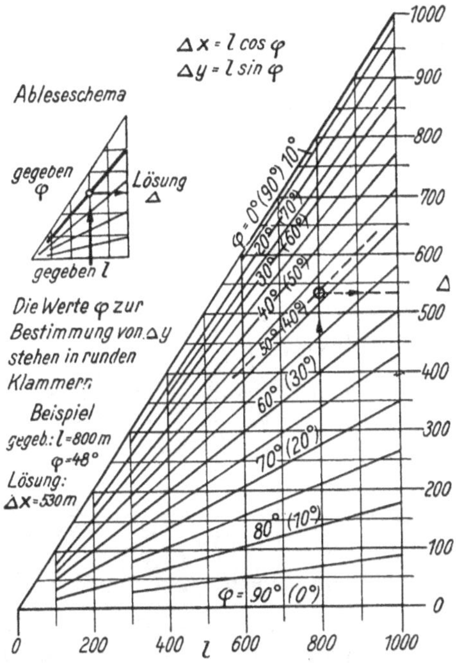

Fig. 54.

§ 21. Die Genauigkeit der Berechnungen in Netztafeln

Wir wollen die grundlegenden Fehlerquellen beim Gebrauch von Netztafeln erläutern.

Es sei mittels einer Netztafel der Wert der Variablen w zu ermitteln, wir wollen ihn mit w_0 bezeichnen, der den gegebenen Werten u_0 und v_0 der Variablen u und v entspricht.

Wir suchen in der Linienschar der Variablen u die Linie mit dem Argument u_0 auf. In der Regel findet man auf der Zeichnung keine Linie, deren Argument genau mit u_0 zusammenfällt. Diese Linie muß man durch Interpolation ermitteln. Am zuverlässigsten ist es, man zieht mit einem Bleistift in dem angenommenen Orte die Gerade, die man zum Auffinden des Lösungspunktes braucht. Bei der Interpolation, die notwendig linearen Charakter hat, begeht man einen Fehler bei der Bestimmung der Lage der gesuchten Linie. Beim Eintragen dieser Linie mit einem Bleistift wird dieser Fehler vergrößert. In Fig. 56 ist ein Stück einer Netztafel dargestellt. Die durch Interpolation gefundene Linie mit dem Argument u_0 ist dick punktiert eingetragen. Rechts und links von ihr sind durch dünne Striche die Grenzen der möglichen Abweichung der eingetragenen Linie von der wahren Lage der Linie mit dem Argument u_0 eingezeichnet.

Die Ungenauigkeit in der Lage der durch lineare Interpolation gefundenen Linie kann man in Normalenrichtung zu den Linien der Schar u mit 0,2—0,3 mm annehmen.

Auf dieselbe Weise finden wir auf dem Nomogramm die Linie mit dem Argument v_0. Auch diese ist dick punktiert und die Grenzen ihrer möglichen Lage sind als dünne Linien in die Figur eingetragen. Die Ungenauigkeit in der Lage ist bei der Linie v_0 die gleiche wie im Falle der Linie u_0.

Den Lösungspunkt findet man als Schnittpunkt der Linien u_0 und v_0. Seine Lage ermittelt man mit einem Fehler, der von den Ungenauigkeiten in der Lage der Linien u_0 und v_0 und von der Ungenauigkeit beim Aufsuchen des Schnittpunktes der gefundenen Geraden abhängt. Die letztere Ungenauigkeit wird von dem Winkel zwischen den Linien u_0 und v_0 abhängen. Sie wird um so größer, je kleiner dieser Winkel wird. Seinerzeit (Seite 30) stellten wir fest, daß die Schnittwinkel der Geraden nicht kleiner als 20—30° sein dürfen. Alle möglichen Lagen des Lösungspunktes bedecken ein gewisses rhomboederförmiges Gebiet. Es wurde in Fig. 56 schraffiert.

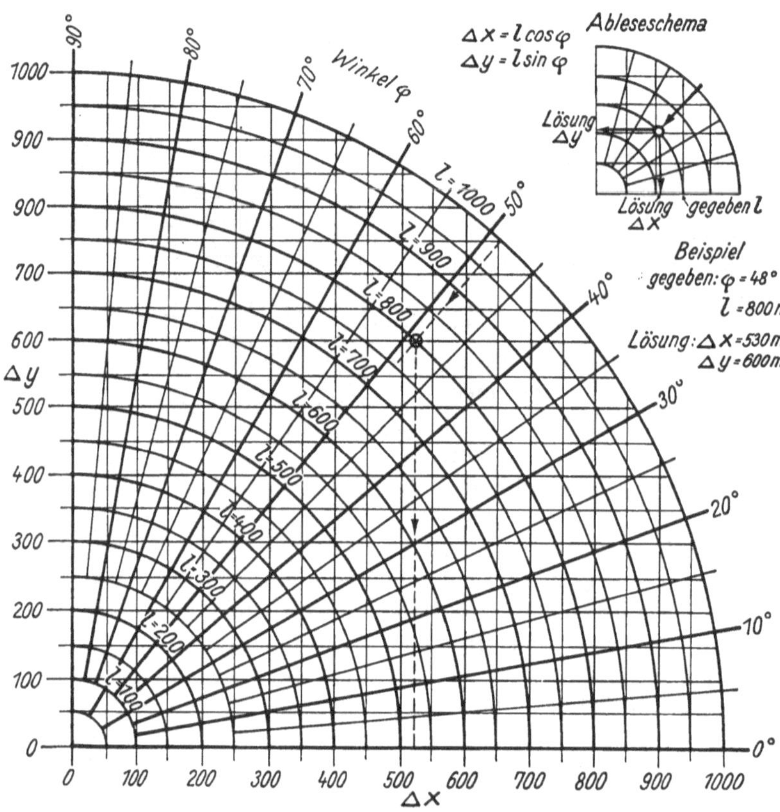

Fig. 55.

Um die Lösung zu finden, muß man das Argument der Linie der Schar w ablesen, die durch den Lösungspunkt hindurchgeht. Eine solche Linie kann man mit einem Bleistift in die Umgebung des Lösungspunktes legen, und dann kann man, wenn man zwischen den auf der Zeichnung aufgetragenen Linien interpoliert, das Argument des Lösungspunktes ablesen. Diese Linie ist in Fig. 56 punktiert eingetragen. Aber man kann auch anders verfahren. Wir legen durch den gefundenen Punkt eine Linie, die senkrecht zu den Linien der Schar w steht. Wir schreiben ihren Schnittpunkten mit den Linien der Schar w dieselben Argumente zu wie den geschnittenen Linien. Wir erhalten so eine Skala der Varianten w.

Man kann die Lösung von dieser Skala ablesen, indem man das Argument des Lösungspunktes aufsucht (Fig. 57). Die geometrische Ungenauigkeit in der Lage des Lösungspunktes — wir wollen sie mit Δl bezeichnen — hängt von der Richtung der Linien der Lösungsschar ab. Weil das rhomboederförmige Gebiet längs der Winkelhalbierenden des spitzen Winkels zwischen den Linien der Scharen der gegebenen Variablen auseinandergezogen wird, tritt der größte Fehler dann auf, wenn die Linien der Lösungsschar zu dieser Winkelhalbierenden senkrecht stehen. Die Ungenauigkeit wird um so kleiner, je mehr sich die Linien der Lösungsschar in ihrer Richtung der Richtung der Linien einer der Variablenscharen annähern. Man kann annehmen, daß, wenn die Linien der Lösungsveränderlichen senkrecht zu der Winkelhalbierenden des spitzen Winkels zwischen den Linien der gegebenen Variablen stehen, Δl bis zu 1,0—1,5 mm anwachsen kann. Wenn die Linien der Lösungsschar senkrecht zu der Winkelhalbierenden eines stumpfen Winkels zwischen den Linien der gegebenen Variablen stehen, kann Δl kleiner als 0,5 mm werden.

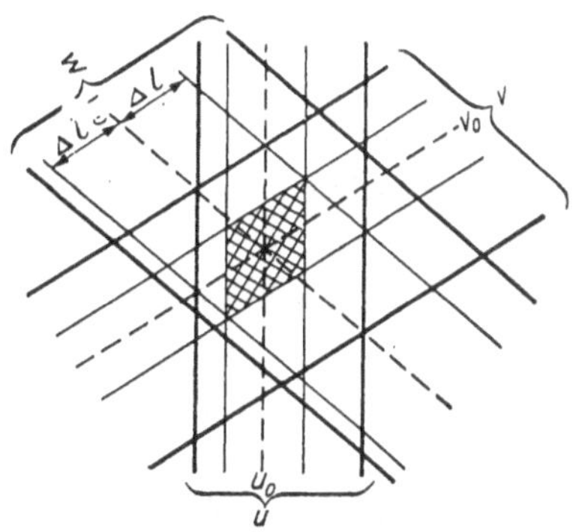

Fig. 56.

Die Ungenauigkeit der Lösung Δw ist der Wert der geometrischen Ungenauigkeit Δl. Diese hängt von der Form der Linienschar der Lösungsvariablen ab, die ihren unmittelbaren Ausdruck in der Charakteristik der Hilfsskala findet, die senkrecht zu den Linien der Lösungsskala durch den Lösungspunkt verläuft.

Damit es möglich ist, Bedingungen aufzustellen, deren Erfüllung die Ungenauigkeit der Lösung Δw möglichst klein macht, führen wir den Begriff der *Charakteristik einer Schar von Bildlinien ein.*

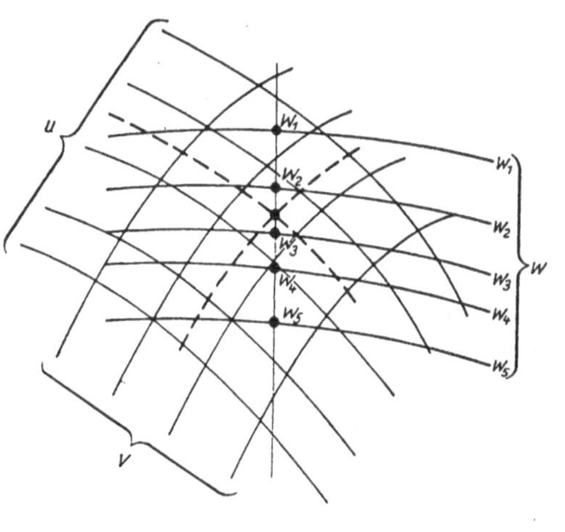

Fig. 57.

Auf der Zeichnung nimmt jedes Nomogramm ein gewisses endliches Gebiet ein, das einerseits durch die Variabilitätsgrenzen der Veränderlichen der Gleichung, die nomographiert werden soll, anderseits durch den Maßstab der Zeichnung gegeben ist. Dieses Gebiet wird durch Punkte von Linien jeder der drei

Scharen eingenommen. Wir nennen *Diameter* eines Gebietes, das auf dem Nomogramm durch die Linienschar der Variablen t eingenommen wird, den Durchmesser des kleinsten Kreises, in dem dieses Gebiet noch ganz untergebracht werden kann. In Fig. 58, wo eine Linienschar der Variablen t dargestellt ist, ist ein solcher Kreis punktiert eingetragen. Sein Durchmesser ist S. Wenn man durch die Linien der Schar t orthogonale Linien legt und ihren Schnittpunkten mit den Linien der Schar dieselben Argumente zuschreibt wie den geschnittenen Linien, so entsteht auf jeder der orthogonalen Linien eine Skala der Variablen t. In Fig. 58 sind sowohl die orthogonalen Linien wie auch die Skalen auf ihnen dargestellt. Die Teilstrichabstände der Teilungen ein und desselben Argumentschrittes sind auf den Skalen verschieden: ihre Größe hängt sowohl von dem Wert der Variablen als auch von der Lage der Skala in dem Gebiete ab, das von der Linienschar t eingenommen wird. Wir bezeichnen das Verhältnis des Teilstrichabstandes einer Teilung des Argumentschrittes Δt zu dem Diameter des Gebietes S mit Δs. Betrachten wir Δs als Funktion von t für jede der Skalen, so erhalten wir die Charakteristiken dieser Skalen. Im Allgemeinfall werden die Charakteristiken verschieden sein. Für jeden Wert t wird sich längs der Linie $t = \text{const.}$ die Größe Δs ändern. Dies ist gut auf der Zeichnung zu sehen: Der Teilstrichabstand der Teilung zwischen den Punkten t_1 und t_2 wächst beim Übergang von einer Skala zur anderen in der Richtung von links nach rechts entlang der Linie $t = t_2$. Bei der Abschätzung der Ungenauigkeit in der Bestimmung der Lösung interessiert uns gewöhnlich der größtmögliche Wert dieser Ungenauigkeit, die obere Grenze des Fehlers bei einem bestimmten Wert t_0 der Lösung. Der größte Wert der Ungenauigkeit der Lösung wird sich bei konstantem Wert der geometrischen Ungenauigkeit Δl in den Punkten der Lösungslinie t_0 befinden, wo der Wert der Charakteristiken am kleinsten ist. Deshalb betrachten wir für jeden speziellen Wert t auf den orthogonalen Skalen die kleinsten Werte der Charakteristiken. Die Gesamtheit derartiger Werte nennen wir die *Charakteristik der Linienschar t*. In Fig. 58 ist durch einen dicken Strich ungefähr der geometrische Ort der Punkte bezeichnet, für die die Werte Δs die Charakteristik der Linienschar bilden.

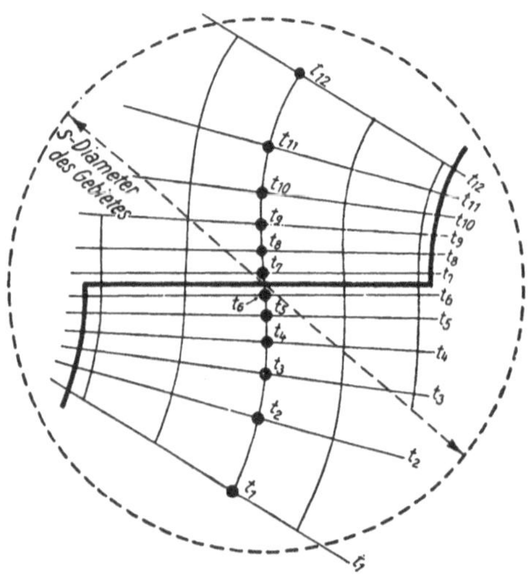

Fig. 58.

Ebenso, wie im Fall der Charakteristik einer Skala, kann die Charakteristik einer Linienschar für eine beliebige gegebene Abhängigkeit Δt von t konstruiert werden. Wenn $\Delta t = \text{const.}$ ist, so werden wir solche Charakteristiken *gleichförmige Charakteristiken* nennen. Wenn $\frac{\Delta t}{t}$ = const. ist, so nennen wir solche Charakteristiken *logarithmische Charakteristiken.*

Gleichförmige Linienschar der Variablen t nennen wir eine Schar, für die die gleichförmige Charakteristik jeder der orthogonalen Skalen konstant ist und ein und denselben Wert hat, d. h., die Linienschar hat eine konstante gleichförmige Charakteristik, und der geometrische Ort der Punkte, nach denen die Charakteristik berechnet wird, nimmt das ganze Gebiet der betrachteten Schar ein. Es ist offensichtlich, daß eine solche Schar aus äquidistanten Linien (in der ganzen Ausdehnung gleich weit voneinander entfernten) bestehen wird. Die orthogonalen Skalen einer solchen Schar werden gleichförmig.

Logarithmische Linienschar der Variablen t nennen wir die Schar, für die die logarithmische Charakteristik jeder der orthogonalen Skalen konstant ist und ein und denselben Wert hat. Auch hier ist die logarithmische Charakteristik der Linienschar konstant, und die Punkte, nach denen sie berechnet wird, erfüllen das ganze Gebiet der betrachteten Schar. Eine solche Schar wird aus äquidistanten Linien bestehen, und ihre orthogonalen Skalen werden logarithmische Skalen sein.

Bei konstanter Größe der geometrischen Ungenauigkeit Δl ist die Größe der Ungenauigkeit der Lösung Δw umgekehrt proportional der Größe der Charakteristik des Lösungsfeldes. Der größte Wert der Ungenauigkeit der Lösung auf einem Nomogramm befindet sich in den Punkten, wo die Charakteristik der Lösungsschar den kleinsten Wert hat. Bei der Wahl der Lösungsschar muß man offenbar danach streben, daß die untere Grenze ihrer Charakteristik den größtmöglichen Wert besitzt. Bewertet man die Ungenauigkeit der Lösung nach ihrem absoluten Wert, so gibt bei denselben Ausmaßen der Zeichnung ein Nomogramm mit einer gleichförmigen Lösungsschar oder mit einer Lösungsschar, deren gleichförmige Charakteristik einen möglichst großen Wert der unteren Grenze hat, d. h. eine Lösungsschar, die einer gleichförmigen am nächsten kommt, eine Lösung mit größerer Genauigkeit. Wenn die Ungenauigkeit der Lösung nach ihrem relativen Werte bewertet wird, so wird die besten Resultate ein Nomogramm mit einer logarithmischen Lösungsschar liefern, oder mit einer Lösungsschar, die einer logarithmischen am nächsten kommt. Da man zwei oder drei Linienscharen einer Netztafel frei wählen kann, hat man an dieser Stelle noch die Möglichkeit der Lösungsskala die notwendige Charakteristik zu geben.

Wir wollen jetzt die Bedingungen formulieren, bei deren Erfüllung das Nomogramm bei kleinsten Ausmaßen der Zeichnung eine Lösung mit der notwendigen Genauigkeit liefert. Die geometrische Ungenauigkeit in der Bestimmung des Lösungspunktes auf einem Nomogramm wird am kleinsten, wenn folgende Bedingungen erfüllt sind:

1. Die Graduierung jeder der drei Linienscharen des Nomogramms muß eine lineare Interpolation zulassen (deshalb darf bei einem konstanten Zuwachs der Argumentwerte der Abstand zwischen zwei benachbarten Linien in der gegebenen Schar nicht größer als 2 mm sein).

2. Die Linien der Schar einer der gegebenen Variablen müssen nach Möglichkeit auf den Linien der Schar der zweiten gegebenen Variablen senkrecht stehen.

3. Die Linien der Lösungsvariablen dürfen nach Möglichkeit nicht auf den Winkelhalbierenden der spitzen Winkel zwischen den Linien der beiden gegebenen Scharen senkrecht stehen.

Damit das Nomogramm die Lösung mit der notwendigen Genauigkeit liefert (was von der Art der Bewertung der Ungenauigkeit abhängt), müssen folgende Bedingungen erfüllt sein:

1. Die Charakteristik der Lösungsskala muß danach bestimmt werden, wie man die Ungenauigkeit bewertet. Wird die Ungenauigkeit der Lösung nach ihrem absoluten Wert beurteilt, so muß die Schar der Lösungsvariablen entweder gleichförmig sein oder sich möglichst wenig von einer gleichförmigen unterscheiden. Wenn die Ungenauigkeit der Lösung nach der Größe ihres relativen Wertes beurteilt wird, so muß die Linienschar der Lösungsvariablen entweder logarithmisch sein oder sich möglichst wenig von einer solchen unterscheiden.

2. Die geometrischen Ausmaße des Nomogramms müssen so bemessen sein, daß auch in den Punkten, wo ihre Charakteristik den kleinsten Wert hat, die Lösung mit der notwendigen Genauigkeit geliefert wird.

Je nachdem, wieweit diese Bedingungen erfüllt sind, kann man die Güte eines Nomogramms beurteilen. Ebenso wie im Falle der Fluchtlinientafeln wird die Form einer Netztafel, die die Lösung mit der größten Genauigkeit liefert, bei gegebenen geometrischen Ausmaßen durch die Forderungen der Praxis bestimmt: z. B. welche der drei Variablen der nomographierten funktionalen Abhängigkeit ist Lösungsvariable, nach der Beurteilung der zulässigen Ungenauigkeit der Lösung.

Alle angeführten Nomogramme (Fig. 51, 53, 54 und 55) wurden unter der Voraussetzung konstruiert, daß die Koordinatenzuwüchse mit einem konstanten absoluten Fehler gefunden werden sollten. Vom Gesichtspunkte der Größe der Ungenauigkeit in der Bestimmung von Δx oder Δy sind alle vier Nomogramme fast gleichwertig[1]).

Nach ihnen kann man die Zuwüchse bis auf 5 m genau bestimmen. Es kann sein, daß das in Fig. 54 dargestellte Nomogramm eine etwas geringere Genauigkeit hat, da hier bei kleinen Winkeln φ eine lineare Interpolation schwierig ist.

§ 22. Funktionsnetze

Bei der Konstruktion von Nomogrammen wendet man oft sogenannte *Funktionsnetze* an. Ein Funktionsnetz besteht gewöhnlich aus zwei Scharen paralleler Bildgeraden, wobei die Geraden der ersten Schar auf den Geraden der zweiten Schar senkrecht stehen. Die Charakteristiken der Geradenschar und die Bereiche der Variablen, mit deren Werten die Geraden versehen sind, hängen von der Form des Netzes ab.

---

1) Wenn man den Nomogrammen der Fig. 53 und 54 dieselben Dimensionen wie den übrigen zwei Nomogrammen gibt.

Nennt man die Variable der ersten Geradenschar des Netzes u und die Variable der zweiten Geradenschar des Netzes v, so kann man die Gleichungen der Geradenscharen in der Form schreiben:

$$x = \varphi (u),$$
$$y = \psi (v),$$

wobei die Funktionen φ und ψ die Form des Netzes, die Charakteristiken ihrer Geradenscharen bestimmen. Am weitesten sind die Netze verbreitet, die man „Logarithmenpapier" und „Halblogarithmisches Papier" nennt.

Logarithmenpapier besteht aus zwei logarithmischen Geradenscharen, deren Gleichungen die Form haben

$$x = l \lg u, \qquad (3.1)$$
$$y = l \lg v,$$

wobei l ein allgemeiner Faktor ist, der den Maßstab der Zeichnung des Netzes bestimmt und x und y die cartesischen Koordinaten sind. Ein solches Logarithmenpapier ist in Fig. 59 dargestellt.

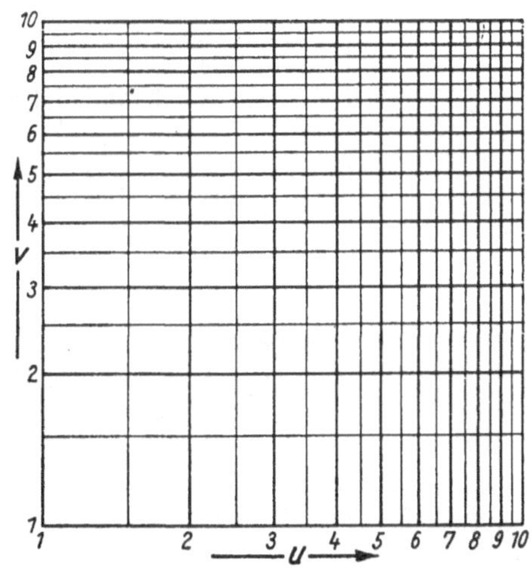

Fig. 59.

Auf dem Logarithmenpapier verwandelt sich die graphische Darstellung einer Potenzfunktion

$$v = u^{n} \qquad (3.2)$$

in eine Gerade. Logarithmieren wir nämlich den Ausdruck (3.2), so erhalten wir

$$\lg v = n \lg u.$$

Weil nach den Gleichungen des Netzes (3.1) $l \lg v = y$ und $l \lg u = x$ sind, wird die Gleichung der Linie bei der Darstellung in einem cartesischen Koordinatensystem

$$y = nx,$$

d. h. eine Linie, eine Gerade. Auf dem Logarithmenpapier ist es auch einfach, Nomogramme für Gleichungen des Typs

$$v = a \cdot u^{b} \cdot w^{c} \qquad (3.3)$$

zu konstruieren, wobei a, b und c gewisse konstante Koeffizienten sind. Nach der Logarithmierung der Gleichung (3.3) erhalten wir nämlich

$$\lg v = \lg a + b \lg u + c \lg w.$$

Wenn wir jetzt an Stelle der Linien der Variablen u und v die Geraden des Netzes nehmen, so erhalten wir nach der Elimination der Variablen u und v aus der Grundgleichung und aus den Gleichungen der Linien des Netzes eine Gleichung der Linienschar der Variablen w:

$$y = bx + l (\lg a + c \lg w).$$

Die Linien der Variablen w sind unter sich parallele Geraden, die man leicht konstruieren kann.

Halblogarithmisches Papier, auch Exponentialpapier genannt, besteht aus zwei Scharen von Geraden, einer gleichförmigen und einer logarithmischen, deren Gleichungen die Form haben

$$\left.\begin{aligned} x &= l \lg u, \\ y &= v, \end{aligned}\right\} \tag{3.4}$$

wobei l ein Maßstabsfaktor ist und x und y die cartesischen Koordinaten sind. Halblogarithmisches Papier ist in Fig. 60 dargestellt. Auf halblogarithmischem Papier wird die graphische Darstellung der Exponentialfunktion zu einer Geraden. Wenn wir den Ausdruck

$$u = a^v, \tag{3.5}$$

der die Exponentialfunktion bestimmt, logarithmieren, so erhalten wir

$$\lg u = v \lg a.$$

Nachdem wir u und v durch die Ausdrücke aus den Gleichungen des Netzes (3.4) ersetzt haben, erhalten wir die Gleichung der graphischen Darstellung der Funktion auf dem Netz

$$y = \frac{x}{l \cdot \lg a}.$$

Dies ist die Gleichung einer Geraden.

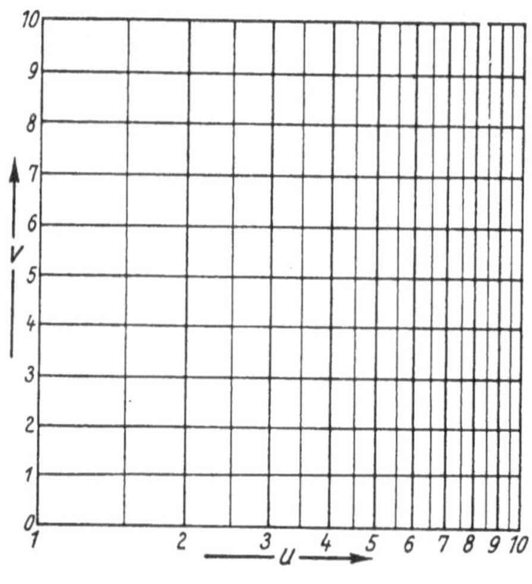

Fig. 60.

Auf halblogarithmischem Papier kann man leicht Netztafeln für Gleichungen des Typs

$$u = a w^{b+vc} \tag{3.6}$$

konstruieren, wobei a, b und c konstante Koeffizienten sind. Nach der Logarithmierung nimmt die Gleichung (3.6) folgende Form an

$$\lg u = \lg a + (b + cv) \lg w.$$

Eliminieren wir aus den Gleichungen des Netzes (3.4) und aus der Grundgleichung (3.6) die Variablen u und v, dann erhalten wir die Gleichung der Linien der Variablen w:

$$\frac{1}{l} x = \lg a + (b + cy) \lg w.$$

Dies ist die Gleichung eines Strahlenbündels, das leicht zu konstruieren ist.

Außer logarithmischem und halblogarithmischem Papier sind noch besondere Netze im Gebrauch, in denen die Sinuskurven, Tangenskurven, Kurven der

Wahrscheinlichkeitsverteilung usw. zu Geraden gestreckt werden[1]). Funktionalnetze werden zweckmäßig bei der Untersuchung analytischer Ausdrücke funktionaler Abhängigkeiten verwandt, die man auf empirische Weise gefunden hat.

§ 23. Der Zusammenhang zwischen Netztafeln und Fluchtlinientafeln

Wenn alle drei Linienscharen einer Netztafel für die Gleichung

$$F(u, v, w) = 0 \tag{3.7}$$

aus Geraden bestehen, so kann man für diese ebenfalls eine Fluchtlinientafel konstruieren. Dies ist leicht zu zeigen.

Wenn die Linienschar der Variablen u aus Geraden besteht, so hat jede Gerade dieser Schar in bezug auf die Koordinaten x und y eine lineare Gleichung, deren Koeffizienten Funktionen der Variablen u sind. Die Gleichung der Schar solcher Geraden kann man in folgender Form schreiben

$$x\varphi_1(u) + y\psi_1(u) + \chi_1(u) = 0.$$

Ebenso werden die Gleichungen der übrigen zwei Geradenscharen aussehen:

$$x\varphi_2(v) + y\psi_2(v) + \chi_2(v) = 0$$

und

$$x\varphi_3(w) + y\psi_3(w) + \chi_3(w) = 0.$$

Drei Gerade, deren Argumente die Gleichung (3.7) befriedigen, schneiden sich in einem Punkte. Das heißt, daß das System der drei obigen Gleichungen mit den zwei Unbekannten x und y (die Koordinaten des Schnittpunktes) eine Lösung für u, v und w hat, die die Gleichung (3.7) befriedigt. Die notwendige und hinreichende Bedingung dafür, daß für ein System dreier Gleichungen mit zwei Unbekannten eine Lösung existiert, ist das Verschwinden der Determinante des Systems:

$$\begin{vmatrix} \varphi_1(u) & \psi_1(u) & \chi_1(u) \\ \varphi_2(v) & \psi_2(v) & \chi_2(v) \\ \varphi_3(w) & \psi_3(w) & \chi_3(w) \end{vmatrix} = 0. \tag{3.8}$$

Die obige Determinante wird für alle Werte der Variablen, die die Gleichung (3.7) befriedigen, Null.

Die Gleichung (3.8) führt leicht auf die Form der SOREAUschen Gleichung, und infolgedessen kann man für die Gleichung (3.7) eine Fluchtlinientafel konstruieren.

Wir erwähnten, daß die Umformung von Kurven einer Netztafel in Geraden Anamorphose heißt. Da die Konstruktion einer Netztafel aus geraden Linien und einer Fluchtlinientafel äquivalente Aufgaben sind, nennt man die Frage, ob es möglich ist, eine Fluchtlinientafel zu konstruieren, „Anamorphosenproblem".

---

1) Siehe z. B. „Album von Netzen für hydrologische Berechnungen" unter der Redaktion von E. W. BLISNJAK, 1. Ausgabe. „Wahrscheinlichkeitsnetze" von HAZEN, Hydrometeorologischer Verlag, Moskau 1939 (russ.).

4. KAPITEL

FLUCHTLINIENTAFELN MIT NETZEN

Bei der Konstruktion von Nomogrammen für Gleichungen mit mehreren Veränderlichen kann man zwei verschiedene Wege gehen: Man kann Nomogramme mit Netzen und man kann *zusammengesetzte Nomogramme* konstruieren. Manchmal ist es möglich, für eine gegebene Gleichung das eine wie das andere Nomogramm zu konstruieren, manchmal aber schreibt die Form der Gleichung eine einzige Art der Nomographierung vor.

Dieses Kapitel ist den Nomogrammen mit Netzen gewidmet. Das Netz ist die natürliche Weiterentwicklung des Begriffes der Skala. Eine Skala stellt auf einem Nomogramm einen Wertebereich einer Veränderlichen dar. Das Netz stellt den Wertebereich zweier Veränderlichen dar. Es besteht aus Punkten, denen zwei Argumentwerte zugeschrieben sind. Dies sind die Werte der zwei Variablen, die auf dem Nomogramm durch das Feld dargestellt werden. Die Punkte des Netzes bedecken in der Ebene des Nomogramms ein gewisses zweidimensionales Gebiet, das durch die Bereiche der Veränderlichen bestimmt wird.

Durch Nomogramme mit Netzen können Gleichungen dargestellt werden, die bis zu sechs Variable haben. Diese Darstellungen sind die vollendetste Nomogrammform für Gleichungen mehrerer Veränderlicher. Die Konstruktion eines Nomogramms mit Netzen ist nur möglich, wenn die Nomographierbarkeitsbedingungen erfüllt sind.

In diesem Kapitel wird wieder der übliche Fragenkreis betrachtet: das Konstruktionsprinzip von Nomogrammen mit Netzen, die Benutzungsanweisungen von Nomogrammen mit Netzen, die Fehlerquellen bei Berechnungen mit Nomogrammen, die Bedingungen, die man an die äußere Form eines Nomogramms mit Netzen stellt, bei deren Erfüllung das Nomogramm die Lösung mit der größten Genauigkeit liefert.

§ 24. Das Netz

In Fig. 61 ist ein Nomogramm mit einem Netz dargestellt. Das Nomogramm ist für die Gleichung

$$a = l\,\frac{\sin\alpha}{\sin(\alpha+\beta)},$$

konstruiert worden, die die Abhängigkeit zwischen den Winkeln und Seiten eines Dreieckes angibt und zur Bestimmung der Länge der Seite a des Dreieckes dient, wenn die Länge einer anderen Seite l und die Winkel α und β, die der Seite l anliegen, gegeben sind (siehe das Schema des Dreiecks auf dem Nomogramm). Einer solchen Aufgabe begegnet man oft bei topographischen Aufgaben.

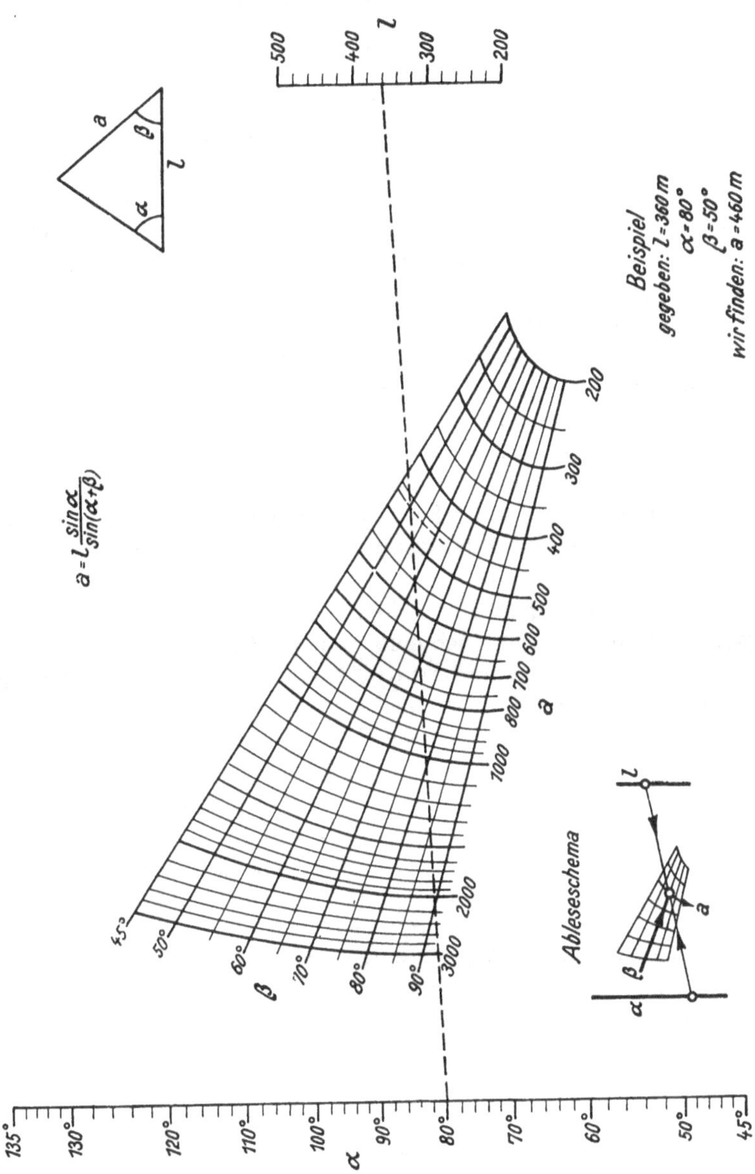
a = l sin α / sin(α+β)
Beispiel
gegeben: l = 360 m
α = 80°
β = 50°
wir finden: a = 460 m
Ableseschema

Fig. 61.

Das Nomogramm besteht aus geradlinigen Skalen für die Variablen l und α und einem Netz für die Variablen β und a.

Das Netz ist ein für uns neues Element eines Nomogramms. Im obigen Beispiel besteht das Netz aus zwei Linienscharen: aus Geraden und Kurven. Jeder Kurve des Feldes ist ein bestimmter Wert der Variablen a zugeschrieben. Jeder Geraden des Feldes ist ein bestimmter Wert der Variablen β zugeschrieben.

Die Benutzungsanweisung des Nomogramms (siehe Ableseschema auf dem Nomogramm) ist folgende: Zu den gegebenen Werten der Variablen l und α suchen wir die ihnen auf den Skalen l und α entsprechenden Punkte. Durch diese Punkte legen wir eine Gerade (die Lösungsgerade) und bestimmen ihren Schnittpunkt mit der Geraden des Feldes, deren Argumentwert gleich dem gegebenen Wert der Variablen β ist. Der gefundene Punkt ist der Lösungspunkt. Um die Lösung ablesen zu können, muß man das Argument der Kurve der Variablen a ermitteln, die durch den Lösungspunkt hindurchgeht.

Beim Aufsuchen der Lösung können folgende Schwierigkeiten auftreten. Es kann sein, daß es im Feld keine gezeichnete Gerade gibt, die ein Argument hat, das gleich dem gegebenen Wert der Variablen β ist. In diesem Falle findet man den Lösungspunkt durch Interpolation zwischen den Schnittpunkten der Lösungsgeraden mit den benachbarten Geraden der Variablen β. Die Interpolation wird in derselben Weise wie auf einer Skala ausgeführt, weil die Schnittpunkte der Geraden des Feldes mit der Lösungsgeraden auf dieser im Grunde genommen eine Skala der Variablen β bilden.

Ferner kann es sich ergeben, daß keine der Kurven des Feldes durch den Lösungspunkt hindurchgeht. Hier muß man wieder bei der Interpolation Zuflucht suchen. Die Schnittpunkte der Kurven des Feldes mit der Lösungsgeraden bilden auf dieser eine Skala der Variablen a, wenn man jedem Punkte der Lösungsgeraden das Argument der Geraden des Feldes zuschreibt, die sie in diesem Punkte schneidet. Das Argument a des Lösungspunktes findet man durch Interpolation zwischen den benachbarten Schnittpunkten der Lösungsgeraden mit den Kurven des Feldes.

In Fig. 62 ist für sich ein Schnitt einer Lösungsgeraden mit den Linien des Feldes dargestellt. Auf der Lösungsgeraden sind zwei Skalen entstanden; sie sind in der Figur dargestellt worden. Die Argumente der Skala der Variablen β stehen oberhalb, die Argumente der Skala der Variablen a unterhalb der Geraden. Also sind jedem Punkt der Lösungsgeraden in einem Netz zwei Argumentwerte zugeordnet: das Argument der ersten Variablen, in unserem Falle β, und das Argument der zweiten Variablen, in unserem Falle a. Kurz, jeder Punkt eines Netzes hat zwei Argumentwerte, die durch die Werte der Variablen, die das Feld bilden, bestimmt werden.

Wir wollen eine allgemeine Definition dessen geben, was wir ein Netz nannten: *Netz oder auch Binarfeld der Variablen w und z nennt man den geometrischen Ort aller der Punkte, von denen jeder zwei Argumente hat: ein Argument der ersten und ein Argument der zweiten Variablen* (daher auch die Bezeichnung Binarfeld, was in der Übersetzung soviel wie zweifaches Feld heißt). Das Netz ist die natürliche

Weiterentwicklung des Begriffes einer Skala. Im Allgemeinfall kann eine Fluchtlinientafel drei Netze enthalten.

Um die Argumentwerte von Punkten des Feldes ablesen und zu gegebenen Argumentwerten die Punkte finden zu können, legt man in das Feld Linien, die Punkte gleichen Argumentwertes der ersten Variablen, und Linien, die Punkte gleichen Argumentwertes der zweiten Variablen verbinden. So entstehen im Felde zwei Linienscharen. Den Linien des Feldes schreibt man die Argumentwerte zu, die längs der Linien konstant bleiben, und so wird das Netz ein Feld aus Bildlinien.

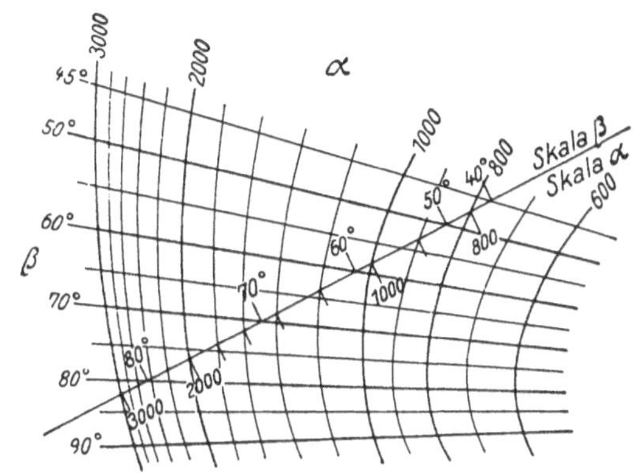

Fig. 62.

Im Spezialfall kann es vorkommen, daß eine der Variablen des Feldes nur eine gewisse kleine Zahl bestimmter Werte annimmt. Dann kann man das Feld auf dem Nomogramm als die Gesamtheit einzelner Skalen, die den bestimmten Werten entsprechen, darstellen. Ein solches Nomogramm ist in Fig. 63 dargestellt. Es ist zur Berechnung des Funktionszuwachses nach der NEWTONschen Interpolationsformel bestimmt

$$\Delta y = n\Delta^1 y + \frac{1}{2} n (n-1) \Delta^2 y,$$

wobei Δy der Funktionszuwachs, $\Delta^1 y$ und $\Delta^2 y$ die Differenzen erster und zweiter Ordnung der bekannten Funktionswerte sind[1]).

Das Nomogramm ist für den Fall konstruiert, daß n die Werte 0,1, 0,2 ... 0,9 annimmt, und es ist zur Berechnung der Funktionswerte in den Punkten bestimmt, die das Intervall zwischen den Werten mit den Argumenten x_0 und x_1, wo die Funktion bekannt ist, in zehn Teile teilen: $x_0 + 0{,}1\,\Delta x_0$, $x_0 + 0{,}2\,\Delta x_0$ usw. Es besteht aus den Skalen für die Variablen $\Delta^1 y$ und $\Delta^2 y$ und einem Binarfeld — die Bezeichnung „Netz" wäre in diesem Falle unzutreffend — für die Variablen n und Δy. Das Binarfeld ist auf dem Nomogramm durch neun Skalen Δy dargestellt. Die Träger dieser Skalen sind die Linien des Feldes, die den Werten $n = 0{,}1,\ 0{,}2\ \dots\ 0{,}9$ entsprechen. Die Linien Δy im Feld sind durch eine Darstellung der Skalen Δy auf jeder der neun Geraden n ersetzt. Um Δy nach dem Nomogramm zu ermitteln, muß man durch die gegebenen Punkte auf den Skalen der Differenzen $\Delta^1 y$ und $\Delta^2 y$ eine Gerade legen und deren Schnittpunkt mit der

1) Bezeichnet man die aufeinanderfolgenden Werte der Funktion $y = f(x)$, die den Argumentwerten $x_0, x_1, x_2 \dots$ entsprechen mit $y_0, y_1, y_2 \dots$, so sind die Differenzen erster Ordnung gleich $\Delta^1 y_0 = y_1 - y_0$, $\Delta^1 y_1 = y_2 - y_1$ usw. und die Differenzen zweiter Ordnung gleich $\Delta^2 y_0 = \Delta^1 y_1 - \Delta^1 y_0$ usw.

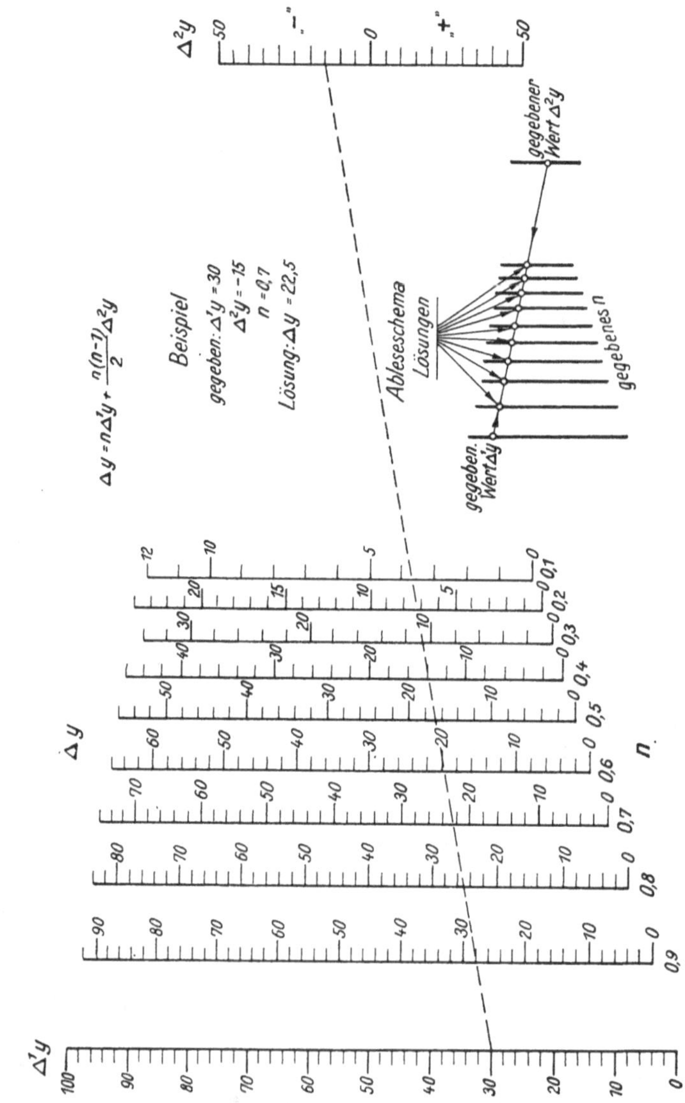
$\Delta y = n\Delta^1 y + \frac{n(n-1)}{2}\Delta^2 y$
Beispiel
gegeben: $\Delta^1 y = 30$
$\Delta^2 y = -15$
$n = 0,7$
Lösung: $\Delta y = 22,5$
Ableseschema
Lösungen
gegeben. Wert $\Delta^1 y$
gegebener Wert $\Delta^2 y$
gegebenes n
$\Delta^1 y$
Δy
$\Delta^2 y$
n
„–"
„+"

Fig. 63.

Skala der Variablen Δy bestimmen, die dem gegebenen Wert der Variablen n entspricht.

Die Skala der Differenzen $\Delta^1 y$ ist nur für die positiven Werte der Variablen konstruiert. Dies engt jedoch nicht die Anwendbarkeit des Nomogramms ein. Die Grundtabelle, mit der man die Interpolation ausführt, kann man immer so umschreiben, daß die Differenzen erster Ordnung positiv werden. Das Nomogramm dient zur Aufstellung aller möglichen Tabellen und wird bei Berechnungen von Skalen und Feldern von Nomogrammen verwandt.

§ 25. Die Genauigkeit von Berechnungen in Nomogrammen mit Netzen

Wir wollen jetzt die wichtigsten Fehlerquellen bei Berechnungen in Nomogrammen mit Netzen erläutern. Dadurch können wir die Größe der Ungenauigkeit abschätzen und die Bedingungen bezüglich der Form eines Nomogramms formulieren, bei deren Erfüllung die Lösung mit der kleinsten Ungenauigkeit behaftet ist.

Die Ungenauigkeit der Lösung hängt von der Größe der geometrischen Ungenauigkeit der Lagebestimmung des Lösungspunktes und von der Größe ihres Wertes auf einer Lösungsskala oder im Netz ab.

Wir wollen zunächst die Faktoren betrachten, die die geometrische Ungenauigkeit bestimmen. Bleiben wir zunächst bei einem Nomogramm mit einem Netz. Ein solches Nomogramm ist eine Weiterentwicklung einer Fluchtlinientafel mit drei Skalen, wenn nämlich eine der Skalen durch ein Netz ersetzt wird. Die Hauptfehlerquellen der geometrischen Ungenauigkeit bei Berechnungen mittels einer Fluchtlinientafel haben wir bereits in § 6, Kapitel 1 untersucht. Diese werden auch im Falle eines Nomogramms mit einem Netz auftreten. Hinzukommen noch einige besondere Fehlerquellen, die durch das Vorhandensein eines Netzes bedingt werden.

Wir werden bei Benutzung eines Netzes zwei Fälle unterscheiden: den ersten Fall, wenn man zu den gegebenen Werten der Variablen im Netz den ihnen entsprechenden Punkt sucht, d. h. den Punkt im Netz, den gegebenen Punkt, und den Fall, wenn sich der Lösungspunkt im Netz selbst befindet und man zu ihm den Lösungswert sucht. Wenn man zu den gegebenen Werten der Variablen im Netz den Punkt sucht, so ist die Ungenauigkeit in der Lagebestimmung des Punktes von derselben Natur wie in dem Falle, wo man auf einer Netztafel den Lösungspunkt sucht (siehe Seite 19). Die Größe der Ungenauigkeit wird durch den Winkel zwischen den Linien des Feldes, die verschiedenen Scharen angehören, bestimmt, weil man nämlich den Punkt als Schnittpunkt derartiger Linien ermittelt, und er wird ferner durch die Graduierung jeder der Linienscharen des Feldes bestimmt. Wie wir feststellten, kann die Größe der geometrischen Ungenauigkeit einen Wert von 1,5 mm erreichen, wenn nämlich die Linien des Feldes einen spitzen Winkel miteinander bilden. Auf die Ungenauigkeit in der Lage der Lösungsgeraden wird nicht nur die Größe der Ungenauigkeit des im Felde gefundenen Punktes, sondern auch die Richtung dieser Ungenauigkeit

Einfluß haben. Die Ungenauigkeit in der Lage der Lösungsgeraden wird am größten, wenn die Lösungsgerade senkrecht auf der Winkelhalbierenden des spitzen Winkels zwischen den Linien der Scharen des Feldes steht. Die kleinste Ungenauigkeit in der Lage der Lösungsgeraden tritt dann ein, wenn die Lösungsgerade eine der Linien der Linienscharen des Feldes berührt. Beide Fälle sind in Fig. 64 dargestellt. Demnach wird, wenn man einen gegebenen Punkt im Felde aufsucht, die Ungenauigkeit in der Fixierung der Lösungsgeraden bedeutend größer sein als in dem Falle, wo man den gegebenen Punkt auf einer Skala aufsucht. Setzt man diese Ungenauigkeit einer ihr im Falle der Skala entsprechenden äquivalent, so kann man annehmen, daß diese Größe zwischen 0,5 und 1,5 mm schwankt, d. h. die Ungenauigkeit bei der Lagebestimmung des Punktes auf der Skala um 2—5mal übertrifft.

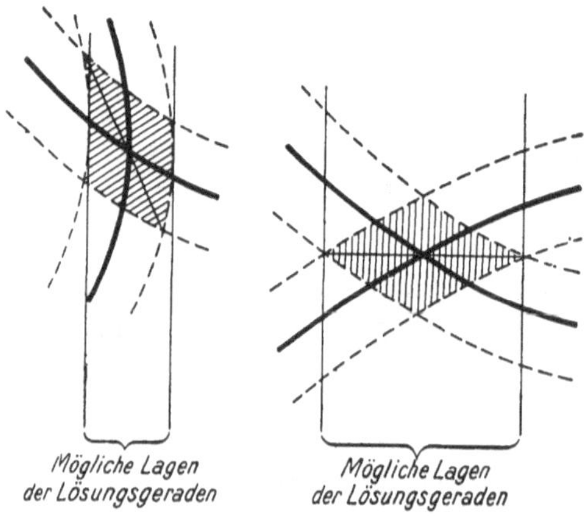

Fig. 64.

Die geometrische Ungenauigkeit beim Aufsuchen des Lösungspunktes in einem Netz wird kleiner als die Ungenauigkeit beim Aufsuchen des Punktes nach seinem Argument. Bestimmt man die Lösung in einem Felde so, wie es in § 24 gezeigt wurde, so zerfällt diese Operation in zwei Etappen: die Bestimmung des Lösungspunktes und die Bestimmung der Lösungslinie. Beide Operationen unterscheiden sich durch nichts vom Aufsuchen eines Punktes auf einer Skala nach seinem Argument und vom Ablesen des Argumentes eines auf einer Skala gegebenen Punktes, weil die Linien des Feldes auf der Lösungsgeraden zwei Skalen der Variablen des Feldes erzeugen (Fig. 62). Die Fehlerquellen sind hier: die Ungenauigkeiten in der Bestimmung der Schnittpunkte der Linien des Feldes mit der Lösungsgeraden und die Ungenauigkeiten der linearen Interpolation sowohl beim Aufsuchen des Lösungspunktes als auch beim Ablesen des Argumentes. Die Ungenauigkeiten in der Bestimmung des Schnittes der Linien des Feldes mit der Lösungsgeraden hängen wesentlich von der Größe des Winkels zwischen diesen Linien und der Lösungsgeraden ab. Je kleiner dieser Winkel ist, um so größer ist die Ungenauigkeit in der Lagebestimmung der Schnittpunkte. Wenn man das Verfahren, wie man das Argument des Lösungspunktes findet, ein wenig abändert, so kann man sich von dem Einfluß des Winkels zwischen der Lösungsgeraden und den Linien der Lösungslinienschar des Feldes befreien. Um das Argument des Lösungspunktes zu bestimmen, legen wir durch diesen Punkt eine Gerade, die möglichst mit den Linien der Lösungsvariablen einen rechten Winkel bilden soll. Die Linien der Lösungsvariablen erzeugen durch ihre Schnittpunkte auf der Geraden eine Skala der Lösungsvariablen. Nach dieser Skala kann man das Argument des Lösungspunktes finden (siehe Fig. 65, wo die Linien der Lösungsvariablen mit w_1, w_2 usw. bezeichnet sind). Nach einer gewissen Übung kann man die Hilfsgerade in Gedanken hindurchlegen. Der Winkel zwischen den Linien des Feldes, die verschiedenen Scharen angehören, hat dann keinen Einfluß auf die Größe der Ungenauigkeit. Man kann annehmen, daß das Aufsuchen des Lösungspunktes und das Ablesen seines Argumentes eine geometrische Ungenauigkeit liefern, die nicht größer ist als die doppelte Ungenauigkeit beim Aufsuchen des Lösungspunktes und beim Ablesen seines Argumentes auf der Skala.

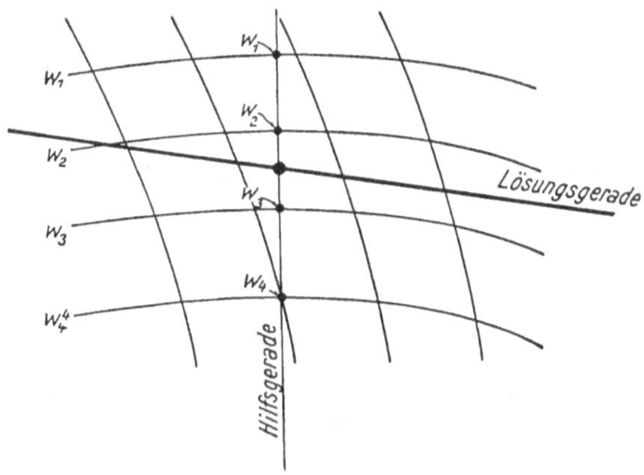

Fig. 65.

Endlich ist es hier auch bedeutend schwieriger, die geometrische Ungenauigkeit beim Aufsuchen des Lösungspunktes abzuschätzen, als im Falle eines Nomogramms, das nur aus Skalen besteht. Für jedes konkrete Nomogramm muß einzeln eine solche Abschätzung durchgeführt werden, weil die Größe der Ungenauigkeit durch die geometrischen Besonderheiten eines Nomogramms bestimmt wird; man kann hier nur so viel bemerken, daß die Ermittlung der Lösung in einem Netze zu einem geringeren Fehler führt als die Lagebestimmung des gegebenen Punktes im Felde. Vergrößert man die Anzahl der Netze im Nomogramm, so wächst die geometrische Ungenauigkeit.

Die Ungenauigkeit der Lösung, die man nach einem Nomogramm erhält, ist gleich dem Wert der geometrischen Ungenauigkeit beim Aufsuchen des Lösungspunktes. Diese wird an einer Skala abgelesen, wenn die Lösung sich auf einer Skala befindet, oder in einem Felde, wenn die Lösung sich in einem Netz befindet. Bei einer konstanten geometrischen Ungenauigkeit in der Lage des Lösungspunktes wird die Größe der Ungenauigkeit der Lösung von der Charakteristik der Skala oder von der Charakteristik der Lösungsschar des Feldes abhängen.

Wir wollen jetzt die Bedingungen formulieren, bei deren Erfüllung die geometrische Ungenauigkeit in der Lage des Lösungspunktes möglichst klein wird. Sie folgen unmittelbar aus den Bedingungen, die in § 8, Kapitel 1 angeführt wurden, und dem, was oben über die Natur der geometrischen Ungenauigkeit bei Berechnungen an einem Nomogramm mit Netzen gesagt wurde:

1. Die Graduierungen der Skalen und Felder des Nomogramms müssen eine lineare Interpolation zulassen.

2. Die Schnittwinkel der Linien des Feldes der gegebenen Größen dürfen nicht spitz sein (nicht kleiner als 20—30°).

3. Der Lösungspunkt muß sich zwischen den gegebenen Punkten befinden, wenn er sich jedoch nicht zwischen ihnen befindet, darf sein Abstand zu dem ihm am nächsten gelegenen gegebenen Punkte nicht größer als das Zwei- bis Dreifache des Abstandes zwischen den gegebenen Punkten betragen.

4. Die Schnittwinkel der Lösungsgeraden mit den Linien der gegebenen Variablen im Lösungsfeld dürfen keine spitzen Winkel sein.

5. Die Schnittwinkel der Lösungsgeraden mit dem Träger der Lösungsskala dürfen nicht spitz sein (nicht kleiner als 20—30°).

Um die Lösung nach dem Nomogramm mit dem notwendigen Genauigkeitsgrad zu erhalten, muß bei möglichst kleinen Ausmaßen der Zeichnung die Charakteristik der Lösungsskala oder der Lösungslinienschar im Felde je nachdem, wie man die zulässige Ungenauigkeit bewertet, gewählt werden und das Nomogramm dabei die entsprechenden Ausmaße bekommen. Die Bedingungen, bei deren Beachtung diese Anforderungen erfüllt sind, wurden bereits formuliert — für die Skala auf Seite 31 und für eine Linienschar auf Seite 87. Man muß nur berücksichtigen, daß bei der Aufstellung der Charakteristik der Lösungsschar des Feldes der Diameter des Bereiches, der von den Punkten der Linienschar eingenommen wird, durch den Diameter des Bereiches ersetzt werden muß, der von dem ganzen Nomogramm mit dem Netz eingenommen wird.

Die Konstruktion von Nomogrammen mit Netzen hoher Qualität stellt somit eine nicht leichte Aufgabe dar. Wenn man bei der Konstruktion eines Nomogramms freie Wahl hat, so ist es vorteilhafter, man benutzt das Netz als Lösungsfeld. Im Lösungsfeld sind das Aufsuchen des Lösungspunktes und die Ermittlung seines Argumentes zwei getrennte Operationen und in beiden Fällen wird die Interpolation längs einer Geraden (eines eindimensionalen Gebildes) ausgeführt. Im Felde der gegebenen Größen wird die Lage des Punktes nach den Werten beider Variablen gleichzeitig bestimmt, und die lineare Interpolation wird in einem zweidimensionalen Gebilde ausgeführt, was viel schwieriger ist. und zu größeren Ungenauigkeiten führt.

§ 26. Gleichungen, die durch Nomogramme mit Netzen dargestellt werden

Weil jeder Punkt eines Netzes zwei Argumentwerte hat, so kann man die Koordinaten der Netzpunkte als Funktionen dieser Argumente betrachten und die Gleichungen des Feldes folgendermaßen schreiben:

$$x = \varphi(w, z), \qquad y = \psi(w, z),$$

wobei x und y die Koordinaten der Punkte und w und z die Variablen des Feldes sind. Um die Gleichung einer der zwei Linienscharen des Feldes aus den Gleichungen des Feldes zu erhalten, muß man eine der zwei Variablen eliminieren. So muß man, um die Gleichung der Linienschar $w =$ const. zu erhalten, die

Variable z eliminieren. Wenn wir z eliminiert haben, so erhalten wir eine Gleichung zwischen den Koordinaten x und y, die noch den Parameter w enthält. Geben wir dem Parameter w verschiedene Werte, so erhalten wir verschiedene Linien des Feldes.

Die SOREAUsche Gleichung für ein Nomogramm mit einem Netz hat die Form

$$\begin{vmatrix} 1 & \varphi_1(u) & \psi_1(u) \\ 1 & \varphi_2(v) & \psi_2(v) \\ 1 & \varphi_3(w, z) & \psi_3(w, z) \end{vmatrix} = 0,$$

was die analytische Bedingung dafür ist, daß drei Punkte mit den Argumenten u, v und (w, z) auf einer Geraden liegen. Die Untersuchung, ob es möglich ist, für eine gegebene Gleichung

$$F(u, v, w, z) = 0$$

ein Nomogramm mit einem Netz zu konstruieren, läuft darauf hinaus, für die gegebene Gleichung eine SOREAUsche Gleichung der obigen Form zu finden. Hier treten dieselben Schwierigkeiten auf, wie auch im Falle der Gleichungen mit drei Variablen. In der Praxis wird die Aufgabe dadurch gelöst, daß man die Gleichung, die nomographiert werden soll, auf eine der in Kapitel 11 betrachteten kanonischen Formen bringt, wobei gewisse der in die kanonischen Formen eingehenden Funktionen jetzt von zwei Variablen abhängen können, die in das Netz eingehen.

Wir wollen an einem Beispiel erläutern, wie man für die Gleichung, deren Nomogramm in § 24 dieses Kapitels (Fig. 61) angeführt wurde, die SOREAUsche Gleichung findet. Die Gleichung hat die Form

$$a = l \frac{\sin \alpha}{\sin(\alpha + \beta)}.$$

Nach elementaren Umformungen bringt man sie auf die kanonische Form von CAUCHY (2.31):

$$a \sin \beta \operatorname{ctg} \alpha + a \cos \beta - l = 0,$$

wobei man setzen muß

$$f_1 = l, \quad f_2 = -\operatorname{ctg} \alpha, \quad f_3 = -1,$$
$$g_3 = -a \sin \beta \quad \text{und} \quad h_3 = a \cos \beta.$$

Folglich sieht im gegebenen Fall die SOREAUsche Gleichung so aus:

$$\begin{vmatrix} 1 & 0 & 1 \\ 1 & 1 & -\operatorname{ctg} \alpha \\ 1 & \dfrac{a \sin \beta}{a \sin \beta + 1} & \dfrac{a \cos \beta}{a \sin \beta + 1} \end{vmatrix} = 0.$$

An Hand der SOREAUschen Gleichung kann man die Gleichungen der Skalen und des Netzes sofort hinschreiben. Bei der Konstruktion eines Nomogramms mit einem Netz kann es vorkommen, daß man für ein und dieselbe Gleichung verschiedene Nomogramme konstruieren kann, indem man nämlich verschiedene in die gegebene Gleichung eingehende Variable mit dem Felde verknüpft. So ist in Fig. 66 ein Nomogramm der eben erst betrachteten Gleichung zur Berechnung des Dreieckes angeführt, bei dem die Variablen β und l zu einem Netz verknüpft sind. Für die Lösungsvariable a ist auf dem Nomogramm eine Skala

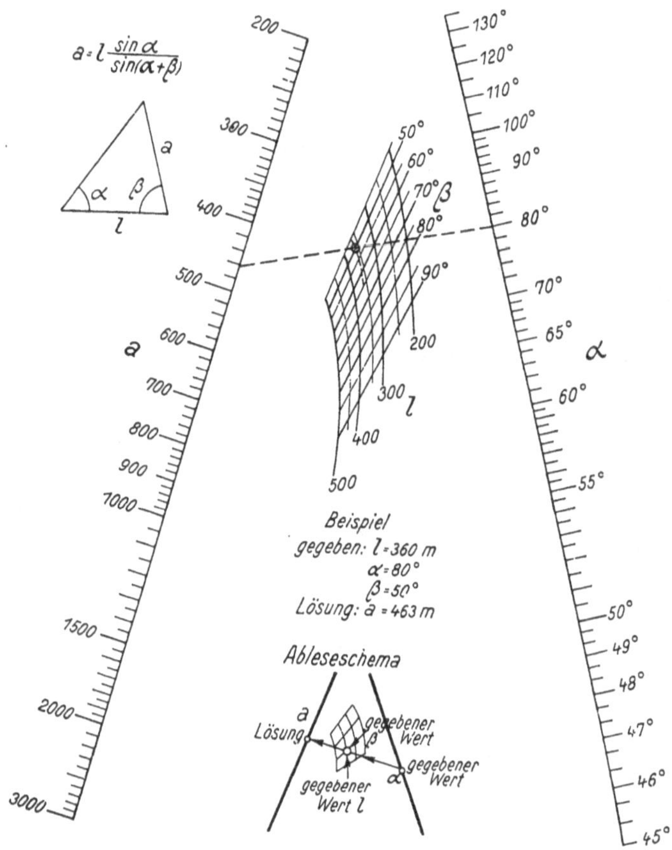

Fig. 66.

konstruiert. Das Nomogramm wird eine größere Ungenauigkeit als das früher angeführte liefern, weil die Lösungsskala sich immer außerhalb der Punkte der gegebenen Größen befindet und der Abstand des Lösungspunktes vom nächsten gegebenen Punkte in der Mehrzahl der Fälle im Vergleich zum Abstand der gegebenen Punkte groß ist.

Die größtmögliche Zahl von Netzen in einem Nomogramm ist drei. Solche Nomogramme kann man für Gleichungen mit sechs Variablen konstruieren. Dies ist die größte Zahl von Variablen in einer Gleichung, die man durch ein einfaches Nomogramm mit Netzen darstellen kann.

Das Schema eines Nomogramms mit drei Netzen ist in Fig. 67 dargestellt. Die SOREAUsche Gleichung für ein solches Nomogramm hat die Form

$$\begin{vmatrix} 1 & \varphi_1(u, v) & \psi_1(u, v) \\ 1 & \varphi_2(w, z) & \psi_2(w, z) \\ 1 & \varphi_3(q, r) & \psi_3(q, r) \end{vmatrix} = 0,$$

wobei die Variablen der Gleichung u, v, w, z, q und r zu drei Netzen (u, v), (w, z) und (q, r) verknüpft sind.

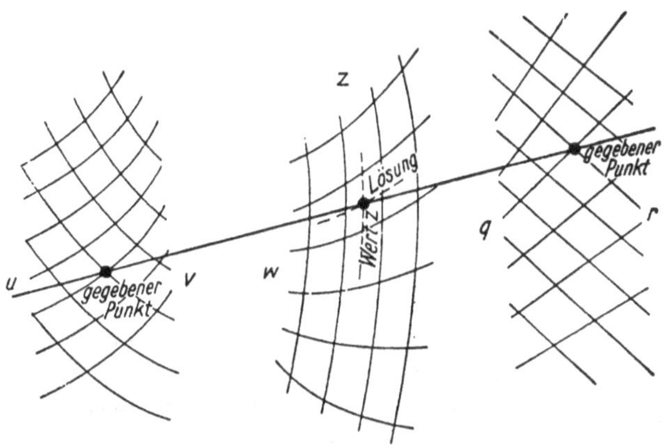

Fig. 67.

Die Benutzungsanweisung für ein Nomogramm mit drei Netzen unterscheidet sich nur wenig von der Benutzungsanweisung für ein Nomogramm mit einem Netz: Zu den gegebenen Werten der vier Variablen muß man die Punkte in den Feldern der gegebenen Größen ermitteln — die gegebenen Punkte, und durch diese Punkte eine Gerade legen —, die Lösungsgerade; der Schnittpunkt der Lösungsgeraden mit der Linie der fünften gegebenen Variablen im dritten Feld ist dann der Lösungspunkt; das Argument des Lösungspunktes findet man nach einem der oben aufgezeigten Verfahren.

5. KAPITEL

ZUSAMMENGESETZTE NOMOGRAMME

Eines der Nomographierungsverfahren für Gleichungen, die mehr als drei Variable enthalten, ist die Konstruktion von zusammengesetzten Nomogrammen. Zur Konstruktion des zusammengesetzten Nomogramms ersetzt man die Gleichung durch ein System von Gleichungen mit einer geringeren Zahl von Variablen, indem man Hilfsvariable einführt. Für jede der Gleichungen des Systems konstruiert man dann ein Nomogramm. Diese Grundnomogramme vereinigt man schließlich zu einem zusammengesetzten Nomogramm. Seine Konstruktion muß so sein, daß beim Aufsuchen der Lösung die Hilfsvariablen automatisch herausfallen. Ein und dieselbe Variable darf in einem zusammengesetzten Nomogramm nicht mehrere Male vorkommen. Das heißt, daß in den Gleichungen des Systems, durch das man die Grundgleichung ersetzt, sich nur die Hilfsvariablen wiederholen dürfen. Aber auch diese dürfen nicht mehr als zweimal vorkommen.

Die einzelnen Nomogramme können sowohl Fluchtlinien- als auch Netztafeln sein. Die Netztafeln, die zusammen mit Fluchtlinientafeln in das zusammengesetzte Nomogramm eingehen, heißen *Binarskalen.*

Folglich werden in diesem Kapitel aus Fluchtlinientafeln, Netztafeln und Nomogrammen mit Binarskalen zusammengesetzte Nomogramme betrachtet werden. Um die auf verschiedene Weise konstruierten zusammengesetzten Nomogramme zu vergleichen, werden in allen drei Paragraphen dieses Kapitels als Beispiele Nomogramme für ein und dieselbe Gleichung angeführt, und zwar für die Gleichung, die zur Berechnung des Dreieckes diente. Für diese Gleichung wurde bereits ein Nomogramm mit einem Netz konstruiert. Dies gestattet es, zusammengesetzte Nomogramme und Nomogramme mit Netzen miteinander zu vergleichen.

§ 27. Aus Fluchtlinientafeln zusammengesetzte Nomogramme

In Fig. 68 ist ein zusammengesetztes Nomogramm zur Berechnung der Seitenlänge eines Dreieckes nach der Formel

$$a = l \frac{\sin \alpha}{\sin (\alpha + \beta)},$$

dargestellt, wobei l die Länge der gegebenen Seite des Dreieckes, α und β die dieser Seite anliegenden Winkel sind und a die Länge der gesuchten Dreiecksseite ist (in Kapitel 4 waren in den Fig. 61 und 66 Nomogramme mit einem Netz für diese Gleichung angegeben).

Das Nomogramm besteht aus Skalen für die Variablen β, α, a und l und einer Skala für die Hilfsvariable λ. Dies ist eine Skala, deren Punkte nicht mit Argumentbezeichnungen versehen sind, eine sogenannte *unbenannte Skala* oder Zapfenlinie.

Das Konstruktionsprinzip des Nomogramms ist folgendes. Wir führen eine Hilfsvariable ein, indem wir

$$\lambda = \frac{\sin(\alpha+\beta)}{\sin\alpha}$$

setzen.

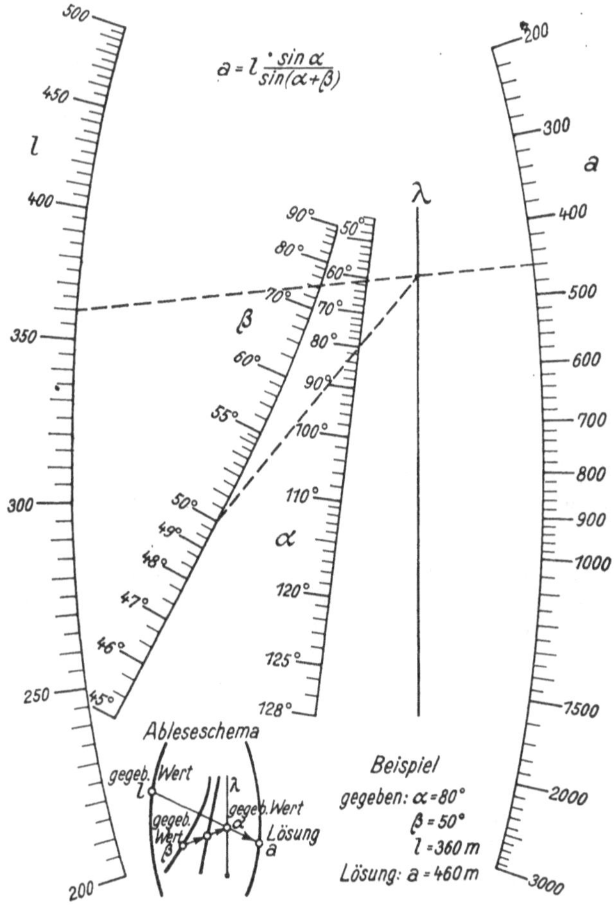

Fig. 68.

Dann ersetzt man die ursprüngliche Gleichung mit vier Variablen durch ein System von zwei Gleichungen mit je drei Variablen:

$$\lambda = \frac{\sin(\alpha+\beta)}{\sin\alpha}, \tag{5.1}$$

$$a = l\,\frac{1}{\lambda}. \tag{5.2}$$

Für jede Gleichung dieses Systems konstruieren wir eine Fluchtlinientafel. Die erste Gleichung bringt man auf die kanonische Form von CAUCHY. Das zugehörige

Nomogramm ist in Fig. 69 dargestellt. Es besteht aus einer krummlinigen Skala für die Variable β und geradlinigen Skalen für die Variablen α und λ. Die zweite Gleichung bringt man auf die erste kanonische Form einer Gleichung dritter nomographischer Ordnung. Ihr Nomogramm ist in Fig. 70 dargestellt. Das

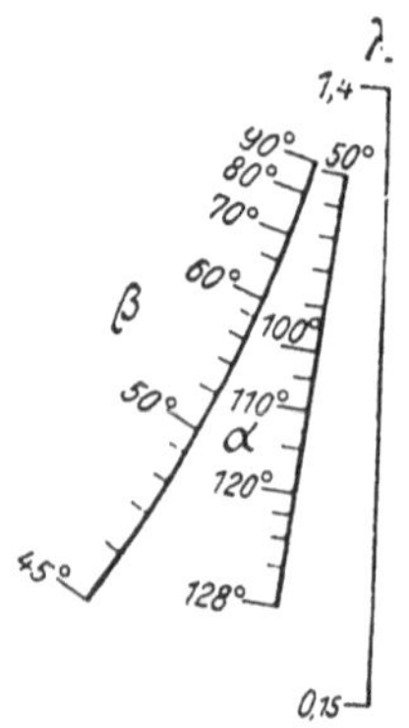

Fig. 69.

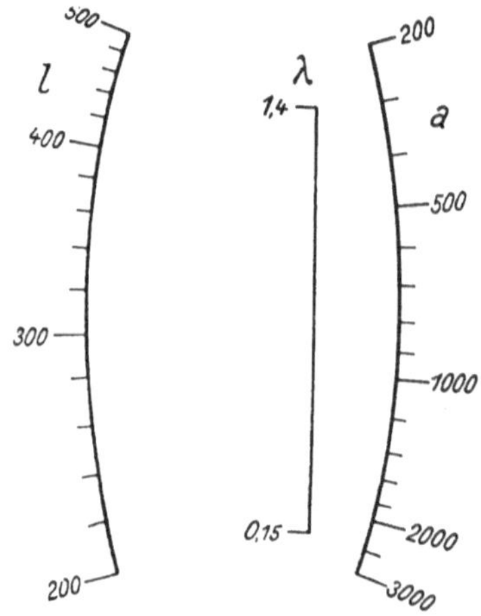

Fig. 70.

Nomogramm liegt auf einem Kegelschnitt. Es besteht aus krummlinigen Skalen für die Variablen l und a und einer geradlinigen Skala für die Variable λ. Beide Nomogramme sind so konstruiert, daß auf ihnen die Skalen für die Variable λ identisch sind. Läßt man nun die Skalen für die Variable λ zusammenfallen, dann kann man beide Nomogramme auf einer Zeichnung unterbringen. Man bekommt somit ein zusammengesetztes Nomogramm (Fig. 68), das aus zwei Nomogrammen für die Gleichungen (5.1) und (5.2) besteht. Die Berechnung einer Seite eines Dreiecks, wenn zwei seiner Winkel und die Länge der Seite l gegeben sind, geschieht im Nomogramm durch zweimaliges Anlegen eines Lineals. Auf den Skalen für die Winkel α und β auf dem ersten Nomogramm suchen wir die Punkte auf, die den gegebenen Werten dieser Variablen entsprechen und legen durch diese Punkte die Lösungsgerade. Ihren Schnittpunkt mit der Skala der Hilfsvariablen λ halten wir irgendwie fest. Die zweite Lösungsgerade legen wir auf dem zweiten Nomogramm durch den auf der Skala λ ermittelten Punkt und den Punkt der Skala l, der dem gegebenen Wert der Länge einer Seite des Dreiecks entspricht. Der Lösungspunkt ist dann der Schnittpunkt der zweiten Lösungsgeraden mit der Skala der Variablen a. Sein Argument liefert uns den gesuchten Wert a. Auf dem Nomogramm ist in einem Beispiel gezeigt, wie man den Wert a findet, wenn $\alpha = 80^0$, $\beta = 50^0$ und $l = 360$ m sind. Die Lösungsgeraden sind punktiert in die Zeichnung eingetragen. Den gesuchten Wert a bestimmt man zu 460 m. Die Regel, nach der man die Lösung findet, wird auf dem Nomogramm durch ein Ableseschema erläutert.

Während des Aufsuchens der Lösung auf dem Nomogramm ist es nicht nötig, den Wert der Hilfsvariablen zu bestimmen. Dazu genügt es, auf dem ersten Nomogramm den Punkt auf der Skala λ zu ermitteln und diesen dann zum Durchlegen der Lösungsgeraden auf dem zweiten Nomogramm zu verwenden. Es nützt einem nichts, wenn man das Argument dieses Punktes kennt. Aus diesem Grunde hat die Skala λ auch keine Gradeinteilung. Eine solche Skala heißt, wie schon gesagt wurde, unbenannte Skala oder Zapfenlinie.

Die Regel, nach der man auf einem zusammengesetzten Nomogramm die Lösung bestimmt, besteht also darin, daß man nacheinander mit den einzelnen einfachen Nomogrammen rechnet, die durch eine unbenannte Skala verbunden sind.

Wir konnten das zusammengesetzte Nomogramm nur dadurch konstruieren, daß wir durch Einführung einer Hilfsvariablen die Grundgleichung in zwei nomographierbare Gleichungen aufspalteten und daß es möglich war, für diese Gleichungen Nomogramme zu konstruieren, deren Skalen für die Hilfsvariable identisch waren. Nur wenn diese letzte Bedingung erfüllt ist, ist es möglich, die einzelnen Nomogramme zu einem zusammengesetzten Nomogramm zu vereinen.

Nomogramme mit einer großen Zahl von Variablen konstruiert man nach der gleichen Methode. Solche Nomogramme bestehen meist aus einer ganzen Reihe elementarer Nomogramme, die untereinander durch unbenannte Skalen verbunden sind. Die elementaren Nomogramme können auch Netze enthalten, wobei man auf eine ganze Reihe Schwierigkeiten stoßen kann. Die erste besteht schon in der Aufstellung eines Gleichungssystems, das die nomographierbare Gleichung ersetzen soll. Jede der ursprünglichen Variablen darf nur in eine und jede Hilfsvariable in zwei dieser Gleichungen eingehen[1]). Ferner muß jede der Gleichungen des Systems nomographierbar sein. Schließlich müssen die einzelnen Nomogramme für die Hilfsvariablen identisch sein.

Es ist offensichtlich, daß in manchen Fällen das zusammengesetzte Nomogramm auf verschiedene Weise konstruiert werden kann, je nachdem, wie man in den einzelnen Nomogrammen die Variablen kombiniert.

Damit die Berechnung nach dem Nomogramm die notwendige Genauigkeit besitzt, muß das Nomogramm eine Reihe von Bedingungen erfüllen. Beim Aufsuchen der Lösung mittels eines zusammengesetzten Nomogramms spielt beim Übergang von einem Grundnomogramm zu einem anderen die unbenannte Skala die Rolle einer Lösungsskala. Alle unbenannten Skalen des Nomogramms muß man deshalb zu Lösungsskalen machen, demgemäß müssen sie die in § 8, Kapitel 1 dargelegten Bedingungen erfüllen. Die unbenannten Skalen müssen für die möglichen Bereiche der Hilfsvariablen konstruiert sein[2]). Beachtet man diese Bedingungen nicht, dann kann es vorkommen, daß die Schnittpunkte der Lösungsgeraden mit den unbenannten Skalen nicht mehr auf die Zeichnung fallen. Alles was über die Charakteristik der Lösungsskala gesagt wurde, behält seine volle Gültigkeit auch für die zusammengesetzten Nomogramme.

---

1) Siehe O. W. Jermolow: „Die Trennung der Variablen in Gleichungen mit vielen Veränderlichen", wissenschaftliche Notizen МГУ, Ausgabe 28, 1939 (russ.).

2) Genaueres siehe § 36.

Beim Aufsuchen der Lösung nach einem zusammengesetzten Nomogramm (im „Ableseschema“) muß man streng darauf achten, daß die Reihenfolge, in der man die Lösungsgeraden hindurchlegt, eingehalten wird. Um Fehlern bei der Benutzung des Nomogramms aus dem Wege zu gehen, bedient man sich eines sogenannten „Schlüssels“, der aus den Bezeichnungen der Skalen besteht, die in der Reihenfolge hintereinander geschrieben sind, in der man die Punkte auf den Skalen beim Hindurchlegen der Lösungsgeraden bestimmt.

In Fig. 71 ist ein zusammengesetztes Nomogramm dargestellt, dessen einzelne Nomogramme Netze enthalten. Es wurde zur Bestimmung der Widerstandskraft eines Scharniers in einem Mechanismus konstruiert. Die Widerstandskraft R_w ist durch die Formel

$$R_w = \sqrt{R_n^2 + Q^2 + 2Q\,(R_a \sin\varphi - S\cos\varphi)}$$

bestimmt, wobei R_n, Q, R_a und S die gegebenen auf den Mechanismus wirkenden Kräfte in Kilogramm sind und φ der Winkel zwischen den Vektoren der Kräfte ist.

Das Nomogramm setzt sich aus zwei einzelnen Nomogrammen zusammen. Das erste Nomogramm besteht aus einem Netz der Variablen R_a und φ (linkes Feld), der Skala der Variablen S und einer unbenannten Skala I[1]). Das zweite Nomogramm besteht aus der unbenannten Skala I, einem Netz für die Variablen R_n und Q (rechtes Feld) und einer Lösungsskala für die Variable R_w. Die Benutzungsanweisung des Nomogramms wird vollkommen dadurch bestimmt, wie man das Nomogramm in einzelne Teile aufspaltet. Um auf Grund der gegebenen Werte von R_a und φ die Lösung zu bestimmen, suchen wir in dem linken Netz den entsprechenden Punkt auf und zu dem gegebenen Wert von S den entsprechenden Punkt auf der Skala S. Durch diese Punkte legen wir die erste Lösungsgerade und ermitteln ihren Schnittpunkt mit der unbenannten Skala I. Auf Grund der gegebenen Werte der Variablen R_n und Q suchen wir dann den Punkt im rechten Netz auf. Durch diesen und den vorher auf der unbenannten Skala I gefundenen Punkt legen wir eine Gerade, die zweite Lösungsgerade. Der Schnittpunkt der zweiten Lösungsgeraden mit der Lösungsskala legt den gesuchten Wert R_w fest.

Zur Konstruktion des Nomogramms wurde die Grundgleichung durch Einführung der Hilfsvariablen λ in zwei Gleichungen

$$\lambda = R_a \sin\varphi - S\cos\varphi \quad \text{und} \quad R_w = \sqrt{R_n^2 + Q^2 + 2Q\lambda}$$

aufgespalten. Jede dieser Gleichungen führt auf die kanonische Form von Cauchy für den Fall eines Nomogramms mit einem Netz.

Das Nomogramm ist mit einem Ableseschema und einem Schlüssel versehen, der folgende Form hat: $(R_a, \varphi) - S - I - (R_n, Q) - R_w$ [die Bezeichnung (R_a, φ) entspricht der Bestimmung des Punktes im Netz der Variablen R_a und φ].

Bei den angeführten Beispielen bestand jedes zusammengesetzte Nomogramm aus zwei einzelnen Nomogrammen. Im Allgemeinfall ist die Zahl der einzelnen Nomogramme beliebig. Die Zahl der unbenannten Skalen in einem zusammen-

1) Zum Unterschied von anderen Skalen bezeichnet man die unbenannten Skalen oft mit römischen Zahlen (Fig. 71).

gesetzten Nomogramm ist immer um eins kleiner als die Anzahl der einzelnen Nomogramme, die in das zusammengesetzte Nomogramm eingehen.

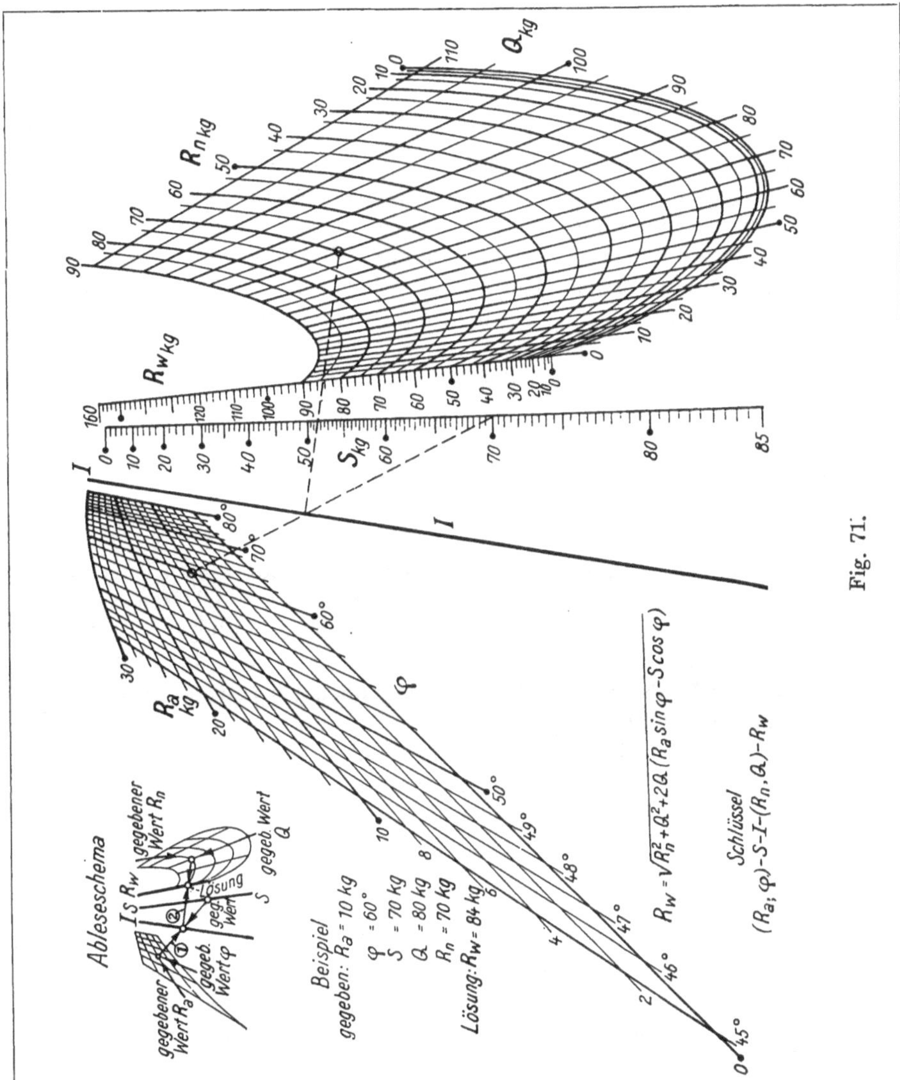

Fig. 71.

§ 28. Aus Netztafeln zusammengesetzte Nomogramme

In Figur 72 ist eine zusammengesetzte Netztafel dargestellt. Sie wurde zur Berechnung der Länge einer Dreiecksseite nach der Formel

$$a = l \frac{\sin \alpha}{\sin (\alpha + \beta)}$$

konstruiert, für die im vorhergehenden Paragraphen ein aus Fluchtlinientafeln zusammengesetztes Nomogramm konstruiert worden war. Das Konstruktionsprinzip des Nomogramms ist dasselbe wie im ersten Fall. Durch Einführung einer Hilfsvariablen λ wird die Gleichung durch das System

$$\lambda = \frac{\sin(\alpha+\beta)}{\sin\alpha}, \qquad a = l\,\frac{1}{\lambda}$$

ersetzt.

Für jede Gleichung dieses Systems wurde eine Netztafel konstruiert. Die Linienschar der Variablen λ ist in beiden Nomogrammen die gleiche. Dies gestattet es, die Nomogramme zu einem zusammengesetzten Nomogramm für die Grundgleichung zusammenzulegen.

Die Benutzungsanweisung des Nomogramms läßt sich unmittelbar aus seinem Konstruktionsprinzip ablesen. Um a nach gegebenen Werten der Variablen α, β und l zu ermitteln, muß man auf dem linken Nomogramm den Schnittpunkt der Linien der Variablen α und β bestimmen, die den gegebenen Werten von α und β entsprechen und die durch diesen Punkt gehende Gerade der Variablen λ bestimmen. Auf der Geraden λ muß man zu dem rechten Nomogramm übergehen und auf ihm den Schnittpunkt dieser Geraden mit der Geraden bestimmen, die dem gegebenen Werte der Variablen l entspricht. Dieser Punkt ist dann der Lösungspunkt. Das Nomogramm ist mit einem Ableseschema versehen, in dem ein Beispiel eingezeichnet ist.

Ein aus Netztafeln zusammengesetztes Nomogramm kann man für eine Gleichung mit einer beliebigen Anzahl von Veränderlichen konstruieren, wenn man nur durch Einführung von Hilfsvariablen die Gleichung durch ein System von Gleichungen mit nur drei Variablen ersetzen kann. Die Aufgabe der Nomographierung ist hier also in gewissem Grade einfacher als bei der Konstruktion eines aus Fluchtlinientafeln zusammengesetzten Nomogramms. Die zusätzliche Bedingung, daß die Gleichungen des Systems nomographierbar sein müssen, fällt hier weg, weil jede Gleichung mit drei Variablen durch eine Netztafel dargestellt werden kann. Es kann allerdings im Falle der Konstruktion eines aus Fluchtlinientafeln zusammengesetzten Nomogramms die Aufgabe, die Variablen zu trennen, vereinfacht werden. Die einzelnen Fluchtlinientafeln können Netze enthalten und infolgedessen müssen die einzelnen Gleichungen des Systems nicht gerade drei, sondern können auch bis zu fünf Variable enthalten. Um dies zu erreichen, müssen diese Gleichungen trotzdem nomographierbar sein.

In Fig. 73 ist ein aus Netztafeln zusammengesetztes Nomogramm dargestellt. Es dient zur Messung einer ausgeströmten Dampfmenge bei einem bestimmten Durchmesser der Ausströmungsdüse. Das Nomogramm wurde für die Gleichung

$$G = 0{,}0461\, \alpha \varepsilon k\, d^2 \sqrt{h\gamma_1}$$

konstruiert, wobei $\alpha = \alpha\left(\frac{d}{D}\right)$ der Ausströmungskoeffizient, $\varepsilon = \varepsilon\left(\frac{d}{D}, \frac{h}{p}\right)$, $k = k\,(t)$, $\gamma = \gamma\,(p, t)$ Korrektionskoeffizienten, D der Durchmesser der Rohrleitung, d der Durchmesser der Düse, h die Druckdifferenz in mm-Hg-Säule, t die Temperatur des Dampfes, G der ausgeströmte Dampf in t/h ist.

Das Nomogramm besteht aus vier einzelnen Netztafeln, die gemeinsame Verbindungslinien, die Linien der Hilfsvariablen, haben[1]). Die Benutzungsanweisung des Nomogramms ist folgende: Bei gegebener Temperatur t des Dampfes und bei seinem gegebenen Druck p suchen wir in dem ersten der dargestellten Nomogramme den diesen Werten entsprechenden Punkt und die durch diesen Punkt führende Verbindungslinie auf. Wenn die Feuchtigkeit des Dampfes gleich Null ist, so gehen wir entlang der ermittelten Verbindungslinie auf das zweite Nomogramm über. Wenn die Feuchtigkeit von Null verschieden ist, so verfolgen wir diese Verbindungslinie bis zu der Kurve, die der Feuchtigkeit Null entspricht, dann gehen wir auf der Vertikalen weiter bis zu der Linie, die der gegebenen

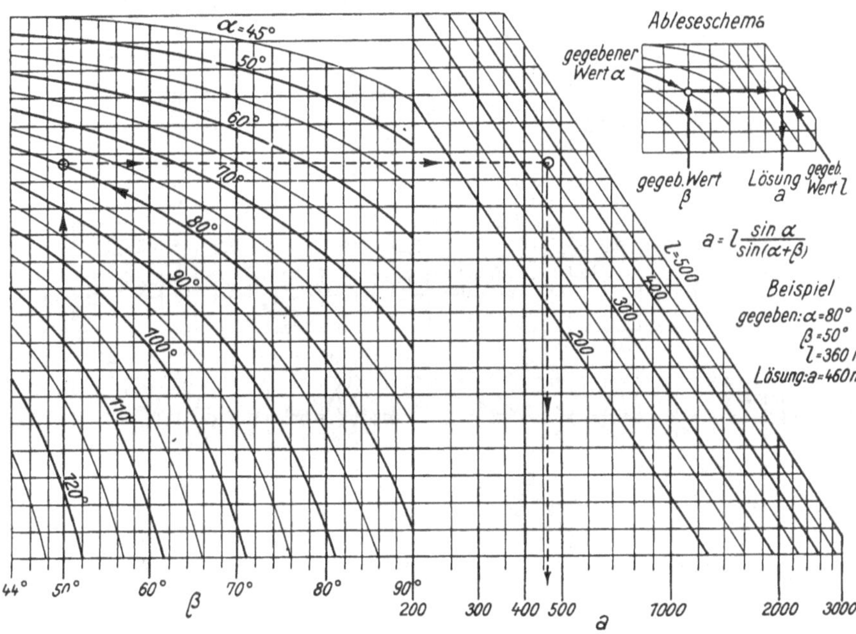

Fig. 72.

Feuchtigkeit entspricht (auf dem Nomogramm sind zwei solche Linien, für 5% und für 10% eingetragen) und dann können wir uns den horizontalen Verbindungslinien entlang auf das zweite Nomogramm begeben. Auf dem zweiten Nomogramm bestimmen wir den Schnittpunkt der Verbindungslinie mit der Linie, die dem gegebenen Wert der Druckdifferenz h entspricht und ermitteln die durch diesen Punkt führende vertikale Verbindungslinie. Entlang dieser vertikalen Verbindungslinie gehen wir nun auf das dritte Nomogramm über. Hier bestimmen wir den Schnittpunkt dieser Verbindungslinie mit der Linie, die dem gegebenen Wert des Verhältnisses der Durchmesser der Düse und der Rohrleitung sowie dem

1) Man kann die Feuchtigkeitskurven als ein fünftes Nomogramm ansehen.

Verhältnis d/D entspricht. Wir ermitteln die durch diesen Punkt gehende horizontale Verbindungslinie und begeben uns jetzt auf dieser in das vierte Nomogramm. Der Schnittpunkt dieser Verbindungslinie mit der Linie, die dem gegebenen Werte des Dampfrohrdurchmessers D entspricht, ist dann der Lösungspunkt. Die Lösung liest man dann an der horizontalen Skala ab, wo die Argumente der Lösungsschar der Variablen G des stündlich ausströmenden Dampfes eingetragen sind.

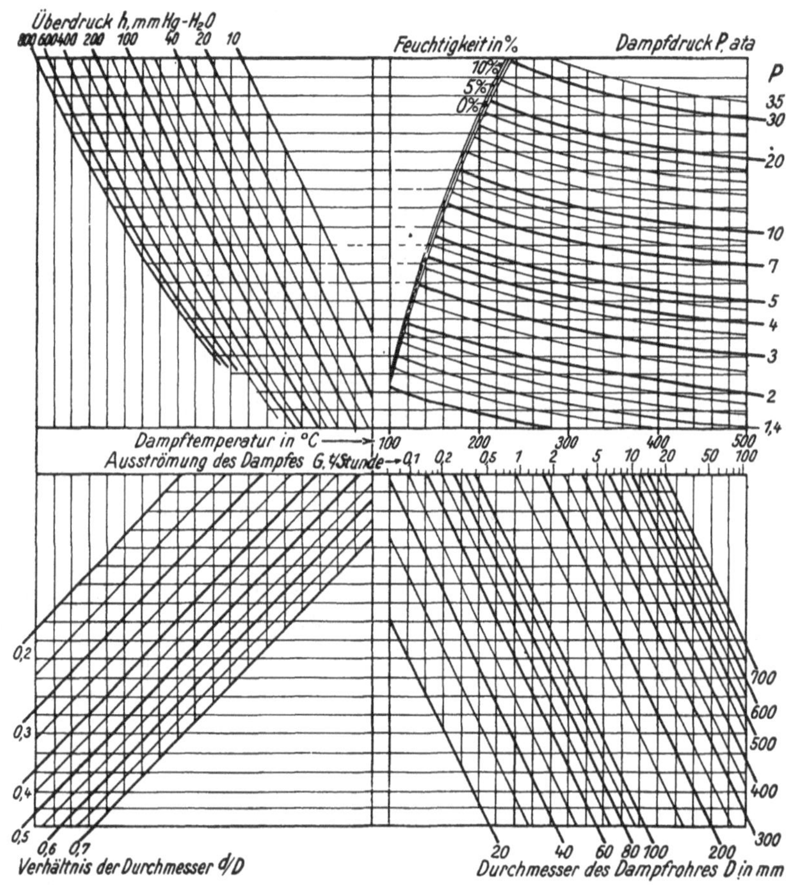

Fig. 73.

Bei der Konstruktion von aus Netztafeln zusammengesetzten Nomogrammen muß berücksichtigt werden, daß die Verbindungslinien Lösungslinien sind; sowohl bei ihnen als auch bei den Linien der übrigen Scharen müssen die Bedingungen beachtet werden, die in dem Kapitel über die Netztafeln formuliert wurden (§ 21, Kapitel 3).

§ 29. Nomogramme mit Binarskalen

In ein zusammengesetztes Nomogramm können gleichzeitig sowohl Fluchtlinientafeln als auch Netztafeln eingehen. Die Verbindung zwischen den Fluchtlinientafeln und den Netztafeln wird in zusammengesetzten Nomogrammen durch die sogenannten *Binarskalen* hergestellt.

In Fig. 74 ist ein Nomogramm mit einer Binarskala dargestellt. Es ist zur Berechnung der Seitenlänge eines Dreieckes nach der Formel

$$a = l \frac{\sin \alpha}{\sin (\alpha + \beta)}$$

bestimmt.

Das Nomogramm unterscheidet sich von den früher für diese Gleichung konstruierten Nomogrammen, denn es besteht aus einer Netztafel und aus einer Fluchtlinientafel. Zur Konstruktion wird die Gleichung, ebenso wie früher, in zwei Gleichungen aufgespalten:

$$\lambda = \frac{\sin (\alpha + \beta)}{\sin \alpha} \quad \text{und} \quad a = \frac{l}{\lambda}.$$

Für die erste Gleichung wurde eine Netztafel, für die zweite eine Fluchtlinientafel konstruiert.

Die Netztafel besteht aus einer Schar vertikaler paralleler Geraden, die mit Werten der Variablen β bezeichnet sind, einer Kurvenschar, die mit Werten der Variablen α versehen ist und horizontalen parallelen Geraden, die keine Argumentwerte besitzen; dies sind die Linien der Hilfsvariablen λ. Die Fluchtlinientafel besteht aus parallelen Skalen für die Variablen λ, l und a. Die Nomogramme sind so konstruiert, daß, wenn man sie auf einer Zeichnung unterbringt, jede Gerade der Variablen λ der Netztafel durch den Punkt der Skala λ der Fluchtlinientafel hindurchgeht, der dasselbe Argument wie die Gerade hat. Auf diese Art und Weise wird eine Verbindung zwischen der Netztafel und der Fluchtlinientafel hergestellt.

Die Lage der Punkte auf der Skala der Variablen λ wird durch die Werte der Variablen α und β bestimmt. Diese Werte kann man als Argumente der Punkte der Skala λ ansehen, indem man jedem ihrer Punkte die zwei Argumente der Variablen α und β zuschreibt. Jedem Punkte der Skala λ wird so die Menge der Argumentpaare — der Zahlenpaare α und β zugeschrieben, für die die Variable $\lambda = \frac{\sin (\alpha + \beta)}{\sin \alpha}$ ein und denselben Wert hat. Daher nennt man die Skala der Variablen λ Binarskala, was in der Übersetzung so viel wie doppelte Skala heißt. Nicht zu verwechseln mit Doppelleiter! Mit Hilfe der Netztafel kann man zu den gegebenen Werten der Variablen α und β den ihnen auf der Binarskala entsprechenden Punkt finden.

Die Linien der Hilfsvariablen λ, deren Schnitt mit der Binarskala den Punkt bestimmt, der die gegebenen Argumentwerte α und β hat, heißen Trägerlinien der Binarskala, und das ganze Netz, das zur Bestimmung von λ dient, nennt man kurz Binarskala, obwohl die eigentliche Binarskala die Skala der Variablen λ ist. Die Benutzungsanweisung des Nomogramms ist folgende. Zu den gegebenen Werten der Variablen α und β ermitteln wir auf der Netztafel die ihnen entsprechenden Linien und deren Schnittpunkt. Dann bestimmen wir die durch diesen Punkt gehende Linie der Variablen λ und deren Schnittpunkt mit der Binarskala. Letztere Operation kann man als Übertragung des gefundenen Punktes auf die Binarskala entlang der *Trägerlinien* ansehen. Durch den auf der Binarskala gefundenen Punkt und durch den Punkt auf der Skala l, der dem gegebenen Werte dieser Variablen entspricht, legen wir die Lösungsgerade. Ihr Schnittpunkt mit der Skala der Variablen a liefert uns den Punkt, dessen Argument die Lösung ist.

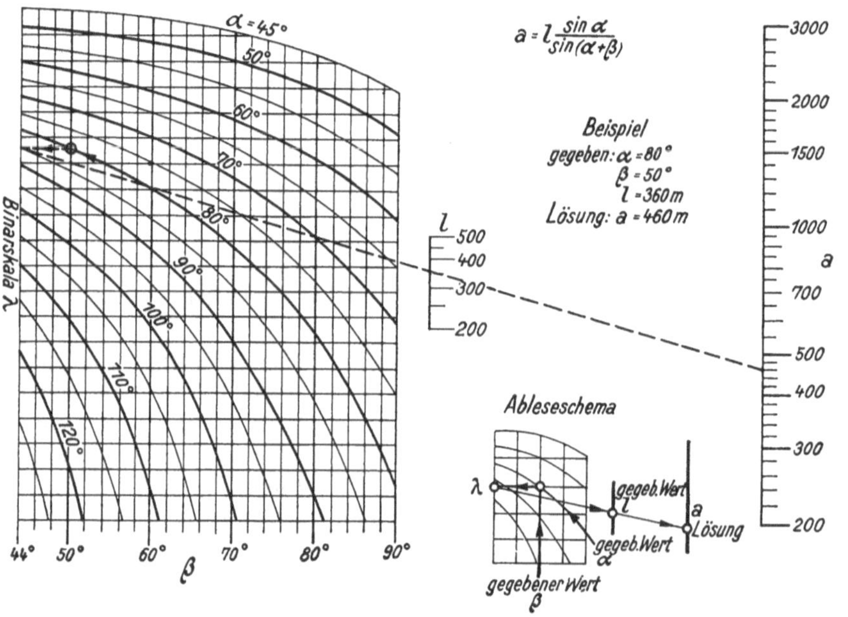

Fig. 74.

Das auf dem Nomogramm dargestellte Ableseschema veranschaulicht die Regel, nach der man die Lösung findet.

Ein Nomogramm kann auch mehrere Binarskalen enthalten. Dies hängt davon ab, wie man die Variablen aufteilt und wie man die einzelnen Gleichungen, in die man die Grundgleichung zerlegt hat, nomographiert. Die Binarskalen eines Nomogramms können auch krummlinig sein. Eine Binarskala kann man als Grenzfall eines Binarfeldes betrachten, wenn nämlich der geometrische Ort der Punkte des Binarfeldes eine Linie wird. Analytisch heißt das, wenn man aus den Gleichungen eines Binarfeldes eine der Variablen eliminiert, daß dann gleichzeitig auch die zweite Variable eliminiert wird und die Gleichung des geometrischen Ortes von keiner der Variablen des Feldes mehr abhängt. Eine Gleichung kann man durch ein Nomogramm mit einer Binarskala darstellen, wenn man sie durch Einführung von Hilfsvariablen durch ein Gleichungssystem ersetzen kann und wenn man für einige dieser Gleichungen Fluchtlinientafeln konstruieren kann.

Neben Binarskalen können in ein Nomogramm auch Netze eingehen. Dies erweitert bedeutend die Möglichkeiten, die man bei der Nomographierung hat, im Vergleich mit der Konstruktion von aus Netztafeln zusammengesetzten Nomogrammen. Binarskalen kann man zweckentsprechend auch dann anwenden, wenn es nur möglich ist, ein aus Fluchtlinientafeln zusammengesetztes Nomogramm zu konstruieren. Die Anwendung von Binarskalen vermindert die Anzahl der Lösungsgeraden beim Aufsuchen der Lösung und vereinfacht infolgedessen auch das Lösungsschema. So findet man auf dem oben angeführten Nomogramm die Lösung durch ein einmaliges Anlegen eines Lineals. Es ist günstig, Binarskalen für Variable zu konstruieren, von denen sich eine nur innerhalb kleiner Grenzen bewegt. Man kann auch solche Nomogramme herstellen, bei denen man auf einer Binarskala die Lösung findet.

Bei der Konstruktion von Nomogrammen mit Binarskalen muß man sowohl die Konstruktionsregeln für Netztafeln als auch diejenigen für Fluchtlinientafeln beachten. Man muß daran denken, daß die Trägerlinien auf der Binarskala die Rolle von Linien der Lösungsvariablen in der Netztafel spielen, wenn die Binarskala für die gegebenen Variablen gedacht ist, und daß die Binarskala die Rolle der Lösungsskala spielt, wenn man die Lösung auf der Binarskala ermittelt.

Zum Schluß wollen wir noch ein Beispiel für ein zusammengesetztes Nomogramm mit einer Binarskala anführen. In Fig. 75 ist ein Nomogramm zur Bestimmung des größten Durchhanges einer Leitung dargestellt, in deren Mitte eine konzentrierte Kraft angreifen soll[1]). Die Gleichung, für die das Nomogramm konstruiert wurde, hat die Form:

$$f = \frac{\lambda(1-\lambda)}{\sigma} \cdot \left(\frac{l^2\gamma}{2} + \frac{lP}{q}\right),$$

wobei $\lambda = \frac{l_1}{l}$, l ist die Länge der Spannweite der Leitung, l_1 ist der Abstand von einem der Aufhängepunkte der Leitung bis zu dem Punkt, an dem das konzentrierte Gewicht P ($P = 50$ kg der Isolatorenkette) angreift, q ist der Querschnitt der Leitung in mm², λ das spezifische Gewicht der Leitung in kg/m · mm², σ ist die Spannung des Materials der Leitung in kg/mm², f ist der Durchhang der Leitung an dem Orte, wo die konzentrierte Kraft angreift (wird in m gemessen).

Das Nomogramm besteht aus einer Binarskala für die Variablen l und q und Skalen für die Variablen λ, σ, f und einer unbenannten Skala, die mit der Ziffer II bezeichnet ist. Die Binarskala wird mit der Ziffer I bezeichnet.

Die Benutzungsanweisung des Nomogramms ist folgende: Zu den gegebenen Werten der Spannweite l und des Querschnittes q bestimmen wir den Schnittpunkt der ihnen entsprechenden Linien auf der Binarskala (auf der Netztafel) und tragen den gefundenen Punkt in die Skala I ein. Dann legen wir durch den Punkt auf der Skala I und den gegebenen Punkt auf der Skala λ eine Lösungsgerade. Wir bestimmen ihren Schnittpunkt mit der unbenannten Skala II. Durch den so erhaltenen Punkt und durch den auf der Skala σ gegebenen Punkt legen wir die zweite Lösungsgerade. Ihr Schnittpunkt mit der Skala f ist dann der

1) Das Nomogramm ist dem Buch von B. A. Newski: „Methodik der Konstruktion von Nomogrammen" entnommen, ОНТИ НКТП, 1937 (russ.).

Lösungspunkt. Sein Argument gibt uns die Lösung. Auf dem Nomogramm ist ein Beispiel eingetragen, wie man die Pfeilhöhe des Durchhanges f findet, wenn die Spannweite $l = 32$ m, der Leitungsquerschnitt $q = 70$ mm², $\lambda = 0{,}27$ und

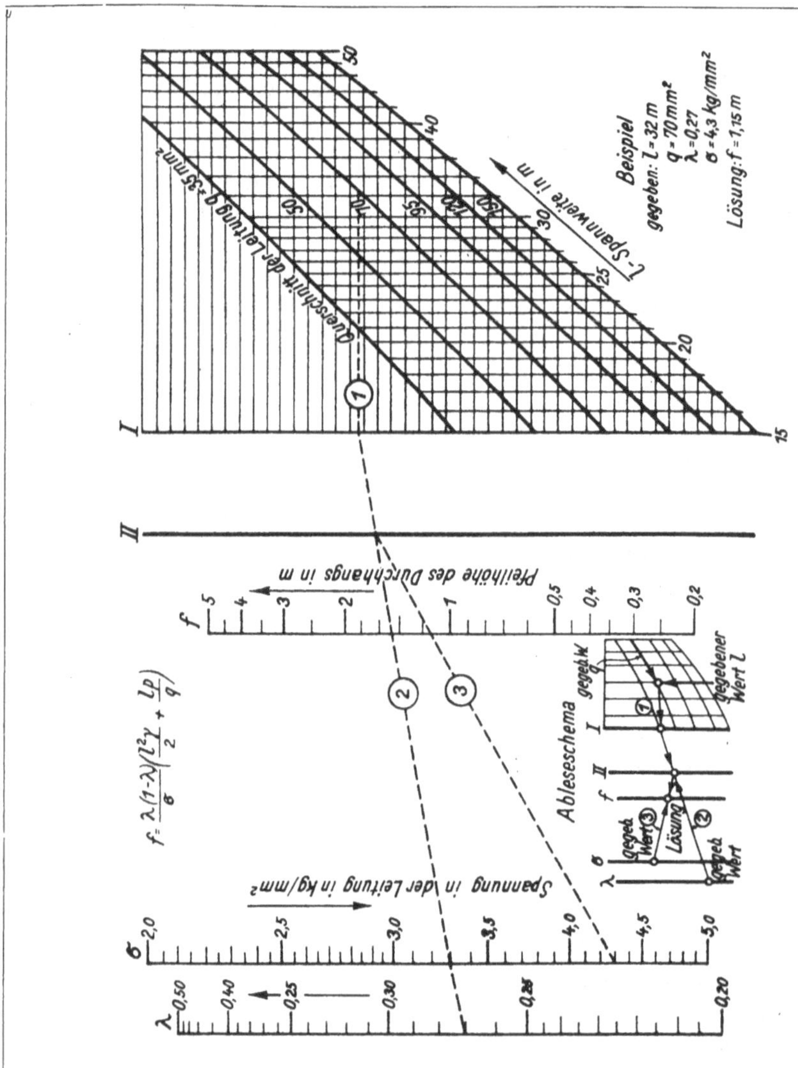

Fig. 75.

$\sigma = 4{,}3$ kg/mm² sind. Die Reihenfolge der Operationen ist auf dem Nomogramm mit den Ziffern 1, 2 und 3 auf der Trägerlinie und auf den Lösungsgeraden angegeben. Wir finden nach dem Nomogramm $f = 1{,}15$ m. Das Nomogramm ist mit einem Ableseschema versehen. In dem betrachteten Beispiel besteht das Nomogramm aus drei einzelnen Nomogrammen: einer Netztafel und zwei Fluchtlinientafeln.

6. KAPITEL

BESONDERE NOMOGRAPHIERUNGSVERFAHREN

Die Abhängigkeiten, mit denen man es in der Praxis zu tun hat, sind oft derart, daß eine Konstruktion von Nomogrammen für diese Abhängigkeiten auf elementare Weise weder zweckmäßig noch möglich ist. Außerdem hängt viel vom Nomographen ab, und es ist schwer, alle möglichen Verfahren der Nomographierung zu übersehen.

In dem folgenden Kapitel werden Beispiele für oft angewendete Nomographierungsverfahren gebracht: Wiederholung von Variablen, Einführung von Korrektionen, angenäherte Nomographierung, nomographische Auflösung von Gleichungssystemen. Beigefügt ist außerdem ein Beispiel für ein Nomogramm, das eine Lösung mit großer Genauigkeit liefert, weil hier besondere Nomographierungsbedingungen vorliegen.

§ 30. Nomogramme mit Wiederholung einer Veränderlichen

Bei der Konstruktion von Nomogrammen für Gleichungen mit vielen Variablen gelingt es nicht immer, die Variablen in Gleichungen aufzuteilen und auf herkömmliche Weise ein Nomogramm zu konstruieren. In diesen Fällen muß man zu besonderen Nomographierungsverfahren greifen. Am weitesten verbreitet ist die Konstruktion von Nomogrammen mit einer Wiederholung der Veränderlichen[1]). Betrachten wir zwei Beispiele für solche Nomogramme.

In Fig. 2 wurde ein Nomogramm zur Berechnung der Größe P nach der Formel

$$P = \frac{R\,(R+1)\,(e^{(\varrho'+\varrho'')\,(1+R)}-1)}{e^{(\varrho'+\varrho'')\,(1+R)}\,(R^2+R+1)+R\,(e^{\varrho'\,(1+R)}+e^{\varrho''\,(1+R)}-1)}$$

dargestellt, der man in thermotechnischen Berechnungen begegnet. Man ermittelt den Wert P nach gegebenen Werten der Variablen R, ϱ' und ϱ''. Das Nomogramm besteht aus einer geradlinigen Skala für die Variable P und zwei Netzen: dem Netz der Variablen (R, ϱ') und dem Netz der Variablen (R, ϱ''). Auf dem Nomogramm sind beide Netze zur Deckung gebracht: die Linien der Variablen R sind in beiden Feldern ein und dieselben, die Linien der Variablen ϱ' und ϱ'' haben gleiche Argumentwerte, fallen also auch zusammen. Deshalb sehen wir auf dem Nomogramm nur ein Netz. Seine Linien sind durch Werte der Variablen R und ϱ bezeichnet. Für die Variable ϱ setzt man in dem einen Falle ϱ', im anderen ϱ''. Die Benutzungsanweisung des Nomogramms ist

1) Für jede beliebige Gleichung $F(u, v, w) = 0$ kann man eine Fluchtlinientafel mit Wiederholung einer der Variablen konstruieren.

folgende: zu gegebenen Werten der Variablen R und ϱ' bestimmen wir den Punkt im Netz, wobei wir $\varrho = \varrho'$ setzen; dann suchen wir zu den Werten der Variablen R und ϱ'' den zweiten Punkt im Netz auf, indem wir $\varrho = \varrho''$ setzen; durch die ermittelten zwei Punkte legen wir die Lösungsgerade, das Argument ihres Schnittpunktes mit der Lösungsskala ergibt den Wert der Lösung. Praktisch muß man die Lösungsgerade zur Ermittlung des Wertes von P durch die Schnittpunkte der Kurve des Feldes, die dem gegebenen Wert der Variablen R entspricht, mit den Kurven ϱ legen, die zu den gegebenen Werten der Variablen ϱ' und ϱ'' gehören. Die Wiederholung einer der Variablen im Nomogramm erschwert nur unbedeutend seinen Gebrauch, aber gibt dafür die Möglichkeit, für eine ganz komplizierte Abhängigkeit ein einfaches Nomogramm zu konstruieren.

Es wäre hier nicht gelungen, ein Nomogramm mit einem Netz oder ein zusammengesetztes Nomogramm zu konstruieren. Die Gleichungen des Feldes und der Skala des Nomogramms erhält man aus einer Gleichung, die der SOREAUschen Gleichung analog ist und sich von dieser nur dadurch unterscheidet, daß die Variable R gleichzeitig in zwei Zeilen der Determinante vorkommt.

Bei der Wiederholung kann eine Variable in das Nomogramm in Verbindung mit anderen Variablen eingehen. In Fig. 76 ist ein Nomogramm dargestellt, in das die Variable φ_{blind} zweimal eingeht: unmittelbar und in dem Ausdruck $\frac{1}{2}(\varphi_{\text{blind}} + \varphi_{\text{wirk}})$, mit deren Werten die Linien des Netzes bezeichnet sind. Das Argument wurde konstruiert zur Berechnung des Argumentes φ der komplexen Größe

$$Z = \sqrt{Z_{\text{blind}}(Z_{\text{blind}} - Z_{\text{wirk}})},$$

der man bei Berechnungen von Ersatzschaltungen in der Wechselstromtheorie begegnet. Der Ausdruck für φ hat die Form

$$\operatorname{tg} 2\varphi = \frac{z_{\text{blind}} \sin 2\varphi_{\text{blind}} - z_{\text{wirk}} \sin(\varphi_{\text{blind}} + \varphi_{\text{wirk}})}{z_{\text{blind}} \cos 2\varphi_{\text{blind}} - z_{\text{wirk}} \cos(\varphi_{\text{blind}} + \varphi_{\text{wirk}})},$$

wobei z_{blind} und z_{wirk} Moduln und φ_{blind} und φ_{wirk} die Argumente der gegebenen komplexen Größen Z_{blind} und Z_{wirk} sind. Das Nomogramm besteht aus zwei zusammengelegten Netzen für die gegebenen Größen und einer geradlinigen Skala der Lösungsvariablen.

Jedes der beiden zusammenfallenden Netze besteht aus einer Ellipsenschar und einem Strahlenbündel. Im ersten Falle sind die Geraden des Feldes durch Werte der Variablen φ_{blind} bezeichnet und die Ellipsen durch Werte der Variablen z_{blind}. Dies ist das Feld der Variablen φ_{blind} und z_{blind}. Im zweiten Falle sind die Geraden des Feldes durch Werte des Ausdruckes $\frac{1}{2}(\varphi_{\text{blind}} + \varphi_{\text{wirk}})$ bezeichnet, der die Variablen φ_{blind} und φ_{wirk} enthält und die Ellipsen durch Werte der Variablen z_{wirk}. Um auf dem Nomogramm nach den gegebenen Werten von φ_{blind}, φ_{wirk}, z_{blind} und z_{wirk} die Lösung aufzusuchen, muß man zuvor den Wert des Ausdruckes $\frac{1}{2}(\varphi_{\text{blind}} + \varphi_{\text{wirk}})$ berechnen. Dies erschwert etwas den Gebrauch des Nomogramms.

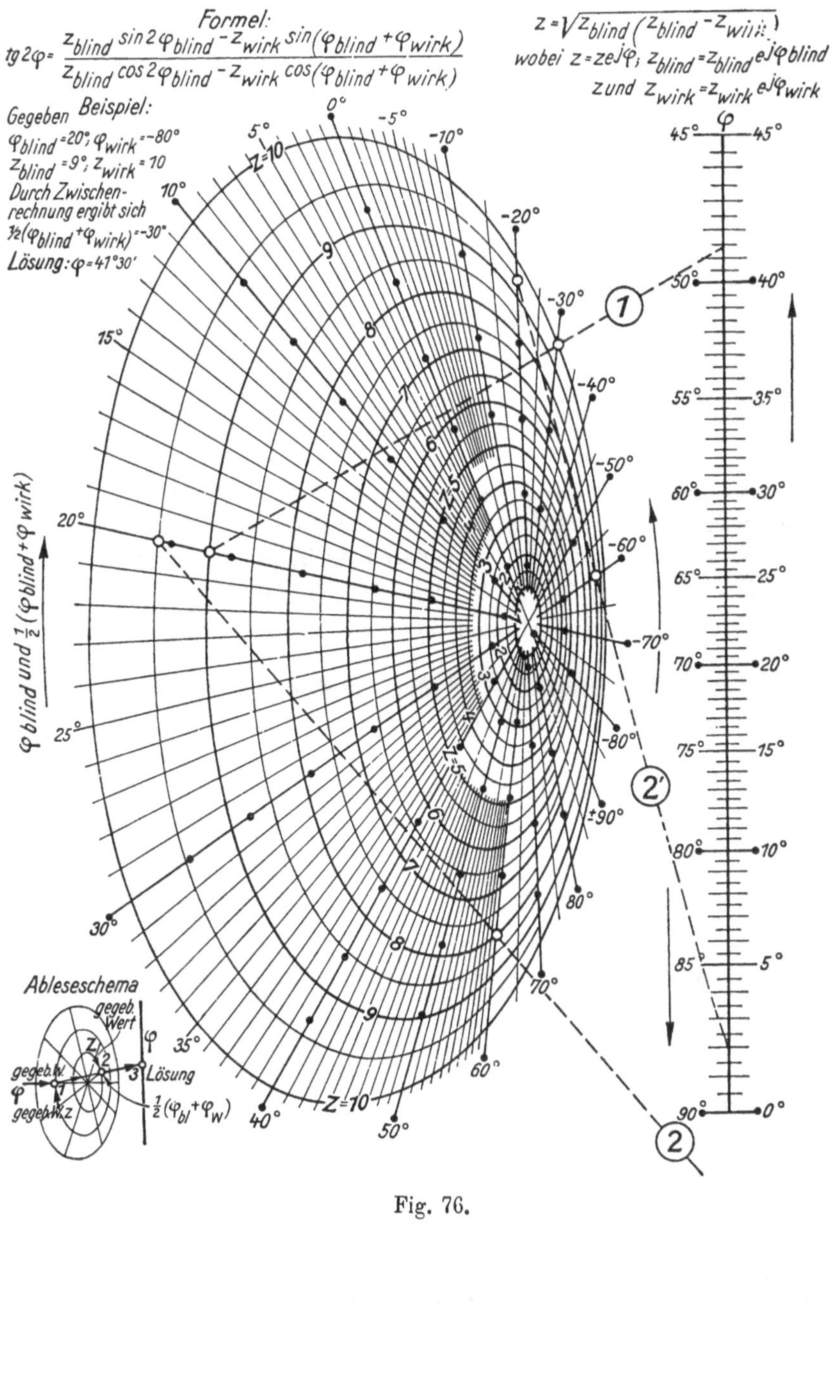

Formel:
tg 2φ = (z_blind sin 2φ_blind − z_wirk sin(φ_blind + φ_wirk)) / (z_blind cos 2φ_blind − z_wirk cos(φ_blind + φ_wirk))
z = √(z_blind (z_blind − z_wirk))
wobei z = z e^jφ; z_blind = z_blind e^jφ_blind
z und z_wirk = z_wirk e^jφ_wirk
Gegeben Beispiel:
φ_blind = 20°; φ_wirk = −80°
z_blind = 9°; z_wirk = 10
Durch Zwischenrechnung ergibt sich
½(φ_blind + φ_wirk) = −30°
Lösung: φ = 41°30′
φ blind und ½ (φ blind + φ wirk)
φ
Ableseschema
gegeb. Wert
gegeb. W. φ
gegeb. W. z
Lösung
½(φ_bl + φ_W)
Z = 10

Fig. 76.

Auf dem betrachteten Nomogramm kann man sich noch mit einem Verfahren vertraut machen, wie man die Aufgabe der Nomographierung vereinfacht. Die Lösungsgröße φ kann sich nach den Bedingungen innerhalb der Grenzen von 0^0 bis 90^0 bewegen. Bei der Konstruktion des Nomogramms führt dies dazu, daß man eine Skala φ haben muß, die die ganze Gerade, den Träger dieser Skala einnimmt. Das heißt, die Skala der Variablen φ müßte sich unbeschränkt nach beiden Seiten ausdehnen, was praktisch nicht zu verwirklichen ist. Der Ausweg ist hier der, daß man zwei Nomogramme konstruiert mit den Bereichen φ, sagen wir, von 0^0 bis 45^0 und von 45^0 bis 90^0. Aber eine vorhergehende Untersuchung der nomographierbaren Gleichung zeigt, daß eine Vorzeichenänderung bei den Variablen φ_{blind} und φ_{wirk} auch zu einem Vorzeichenwechsel bei der Größe $\operatorname{tg} 2\varphi$ führt, ohne daß sich ihr absoluter Wert ändert. Dies erlaubt es, daß man zur Berechnung von φ innerhalb der Grenzen des ganzen Variabilitätsintervalls nur mit einem Nomogramm auskommt. Die Skala der Variablen φ hat zwei Gradeinteilungen: eine rechte für φ von 0 bis 45^0 und eine linke für φ von 45 bis 90^0. Wenn die Lösungsgerade, deren Lage nach den gegebenen Werten der Variablen φ_{blind}, φ_{wirk}, z_{blind} und z_{wirk} bestimmt wird, die Lösungsskala schneidet, dann liest man die Lösung auf der rechten Seite der Skala φ ab (die Gerade 1 auf dem Nomogramm). Wenn die Lösungsgerade sich nicht mit der Lösungsskala schneidet (wenn der Schnittpunkt außerhalb der Grenzen der auf dem Nomogramm dargestellten Skala liegt), so ändert man bei den gegebenen Werten der Variablen φ_{blind} und φ_{wirk} das Vorzeichen [folglich ändert dann auch die Größe $\frac{1}{2}(\varphi_{\text{blind}} + \varphi_{\text{wirk}})$ ihr Vorzeichen, und man muß die Lösungsgerade nach diesen Werten der Variablen φ_{blind} und $\frac{1}{2}(\varphi_{\text{blind}} + \varphi_{\text{wirk}})$ konstruieren]. In diesem Falle schneidet sich die Lösungsgerade mit der Skala der Lösungsvariablen innerhalb der Grenzen der Zeichnung, und man muß die Lösung an der linken Seite der Skala φ ablesen (die Geraden 2 und 2' auf dem Nomogramm).

Der untersuchte Fall soll unterstreichen, wie notwendig es ist, die nomographierbaren Gleichungen daraufhin zu untersuchen, das Nomogramm zu vereinfachen.

§ 31. Nomogramme für einen Näherungsausdruck der nomographierbaren Abhängigkeit

Für das Beispiel eines Nomogramms zur Bestimmung der Radialkraft, die auf eine Schnecke in einem Schneckengetriebe wirkt, das in Fig. 77 dargestellt ist, zeigen wir gleichzeitig zwei Verfahren: die Ermittlung eines Näherungsausdruckes, der eine nomographierbare Form hat, an Stelle des Ausdruckes, den man nicht nomographieren konnte und die Konstruktion eines Nomogramms mit einer Korrektur[1]).

Die Gleichung zur Bestimmung der Radialkraft hat die Form

$$\frac{R}{P} = \frac{\sqrt{\sin^2\alpha + (\sin\delta\cdot\cos\alpha + \mu\cos^2\delta)^2}}{\sin\delta\cos\alpha + \mu\sin\delta} = f(\alpha, \delta, \mu),$$

1) Das Nomogramm ist dem Buch von B. A. Newski: „Methodik der Konstruktion von Nomogrammen“ entnommen. ОНТИ НКТП, 1937 (russ.).

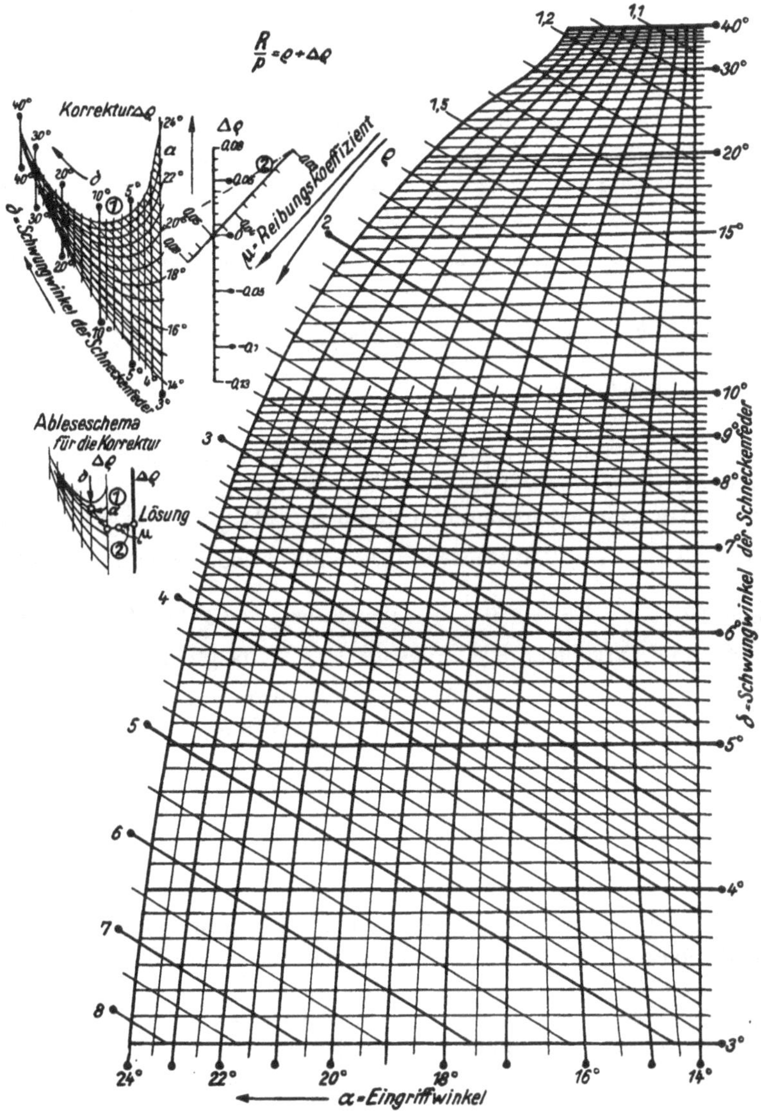
Korrektur Δϱ
Δϱ
μ-Reibungskoeffizient
ϱ
δ-Schwungwinkel der Schneckenfeder
Ableseschema für die Korrektur Δϱ
Lösung
α=Eingriffwinkel

Fig. 77.

wobei R die Radialkraft, P die Kraft, die auf die Schnecke wirkt, δ der Steigungswinkel der Schnecke, α der Eingriffwinkel und μ der Reibungskoeffizient ist. Das Nomogramm wurde zur Bestimmung des Verhältnisses $\frac{R}{P}$ konstruiert. Dieser Ausdruck läßt sich nicht in Form einer Fluchtlinientafel darstellen und läßt auch keine Aufteilung der Variablen zu. Zur Konstruktion des Nomogramms wurde der Ausdruck für $\frac{R}{P}$ durch einen Näherungsausdruck ersetzt. Dies erreicht man dadurch, daß man die linke Seite der Gleichung in einer Umgebung des Punktes $\mu = 0{,}05$ in eine Taylorreihe nach Potenzen der Differenz $(\mu - 0{,}05)$ entwickelt. Die Ungenauigkeit dabei ist nicht größer als 0,2%, wenn man die Entwicklung nach den ersten zwei Gliedern abbricht. Da eine solche Ungenauigkeit vollkommen zulässig ist, kann man zur Konstruktion eines Nomogramms für $\frac{R}{P}$ den Ausdruck

$$\frac{R}{P} = f(\alpha, \delta, 0{,}05) + (\mu - 0{,}05)\, f'_{\mu}(\alpha, \delta, 0{,}05) \tag{6.1}$$

verwenden, wobei $f(\alpha, \delta, 0{,}05)$ die linke Seite der gegebenen Gleichung ist.

Für die so erhaltene Gleichung kann man ein Nomogramm mit einem Netz für die Variablen α und δ konstruieren, weil die Gleichung die Gestalt der kanonischen Form von CAUCHY hat.

Aber man kann ein Nomogramm auch auf eine etwas andere Art konstruieren. Das zweite Glied in dem Ausdruck für $\frac{R}{P}$ hat nur geringen Einfluß auf die Größe von $\frac{R}{P}$. Deshalb kann man jedes der Glieder des Ausdruckes (6.1) für sich durch ein Nomogramm darstellen. Die Größe des ersten Gliedes wird mit ϱ bezeichnet:

$$\varrho = f(\alpha, \delta, 0{,}05).$$

Die Größe des zweiten Gliedes wird mit $\Delta\varrho$ bezeichnet:

$$\Delta\varrho = (\mu - 0{,}05)\, f'_{\mu}(\alpha, \delta, 0{,}05).$$

Der Wert von $\frac{R}{P}$ ist dann gleich

$$\frac{R}{P} = \varrho + \Delta\varrho.$$

Für ϱ und $\Delta\varrho$ sind einzelne Nomogramme konstruiert worden, sie sind in Fig. 77 dargestellt. Weil die Größe $\Delta\varrho$ (wir nennen sie Korrektur) sich nur innerhalb kleiner Grenzen bewegt, so hat das Nomogramm zur Berechnung dieser Größe im Vergleich zu dem Nomogramm zur Berechnung von ϱ nur kleine Ausmaße. Das Nomogramm zur Bestimmung von ϱ ist eine Netztafel. Die Benutzungsanweisung für das Nomogramm zur Bestimmung der Korrektur ist auf der Zeichnung angegeben. Um $\frac{R}{P}$ zu berechnen, muß man zunächst auf dem Hauptnomogramm ϱ bestimmen und dann auf dem Korrekturnomogramm $\Delta\varrho$ ermitteln und beide Größen unter Berücksichtigung des Vorzeichens der Korrektur addieren. Das Korrekturnomogramm ist ein zusammengesetztes Nomogramm. In dieses Nomogramm geht eine Fluchtlinientafel und eine Binarskala ein.

Es hat also Sinn, wenn man die nomographierbare Gleichung in zwei Teile aufspaltet und jeden Teil getrennt nomographiert. Das Nomogramm zur Bestimmung des Hauptteiles des Wertes der Größe $\frac{R}{P}$ wird einfach und liefert den Wert ϱ mit großer Genauigkeit. Das Nomogramm für die Korrektur ist komplizierter als das erste Nomogramm. Aber die Korrektur bewegt sich nur innerhalb kleiner Grenzen ($-0{,}13 < \Delta\varrho < +0{,}08$), so daß man auch $\Delta\varrho$ mit großer Genauigkeit erhält, ungeachtet der kleinen Ausmaße des Nomogramms. Als Endergebnis bekommt man eine Genauigkeit des Resultates, die größer ist als die Genauigkeit, die man nur mit einem, dafür aber komplizierteren Nomogramm erhalten hätte.

§ 32. Näherungskonstruktionen von Nomogrammen

Im vorhergehenden Beispiel war die Gleichung, die zur Ermittlung der gesuchten Größe diente, nicht nomographierbar. Man konstruierte das Nomogramm für einen Ausdruck, der nur einen Näherungswert der Größe $\frac{R}{P}$ lieferte, aber nomographierbar war. Man kann sagen, daß dieses Nomogramm ein Näherungsnomogramm ist, obgleich es richtiger wäre, es als ein genaues Nomogramm für einen Näherungsausdruck für $\frac{R}{P}$ anzusehen.

Bei der Nomographierung von Gleichungen, für die man keine SOREAUsche Gleichung finden kann, d. h., bei nichtnomographierbaren Gleichungen kann man einen anderen Weg beschreiten. In Fig. 78 ist ein Näherungsnomogramm für die Gleichungen

$$\omega = \left(\frac{1}{2}\,b + nh\right)^2 \frac{1}{2\,(n-m)}\,;\ 0 \leqslant \frac{h}{b} \leqslant \frac{1}{2n}$$

und

$$\omega = h\,(b + mh) + \left(\frac{1}{2}\,b + mh\right)^2 \frac{m}{n^2 - m^2}\,;\ \frac{1}{2n} \leqslant \frac{h}{b}$$

dargestellt. Diese Gleichungen dienen zur Bestimmung der Querschnittsfläche eines Einschnittes oder einer Erhebung mit einem Trapezoid- oder dreieckförmigen Profil[1]).

Die Werte der Variablen sind folgende: ω ist die Schnittfläche des Einschnittes oder der Erhebung, n und m sind die Neigungen des Geländes und der Böschungen, sie sind gleich dem Tangens der entsprechenden Winkel mit der Vertikalen, b ist die Breite des schmalen Teiles des Schnittes, h ist die Höhe in der Schnittachse der Erhebung oder des Einschnittes. Auf dem Nomogramm sind zur Erläuterung entsprechende Figuren angeführt. Beide Gleichungen sind nicht nomographierbar. Das Nomogramm ist auf graphischem Wege mit der Methode der kontinuierlichen Annäherung konstruiert worden und ist ein Näherungsnomogramm für die oben angeführten Gleichungen. Es enthält einzelne Skalen des Verhältnisses $\frac{h}{b}$ für vier

---

1) M. GORODSKI: „Über die angenäherte Konstruktion von Fluchtlinientafeln“. Wissenschaftliche Notizen, МГУ, Ausgabe 28, 1939 (russ.).

Standardwerte der Böschungsneigungen: $m = 2$, $m = 1{,}5$, $m = 0{,}1$. Nach dem Nomogramm bestimmt man das Verhältnis $\frac{\omega}{b^2}$.

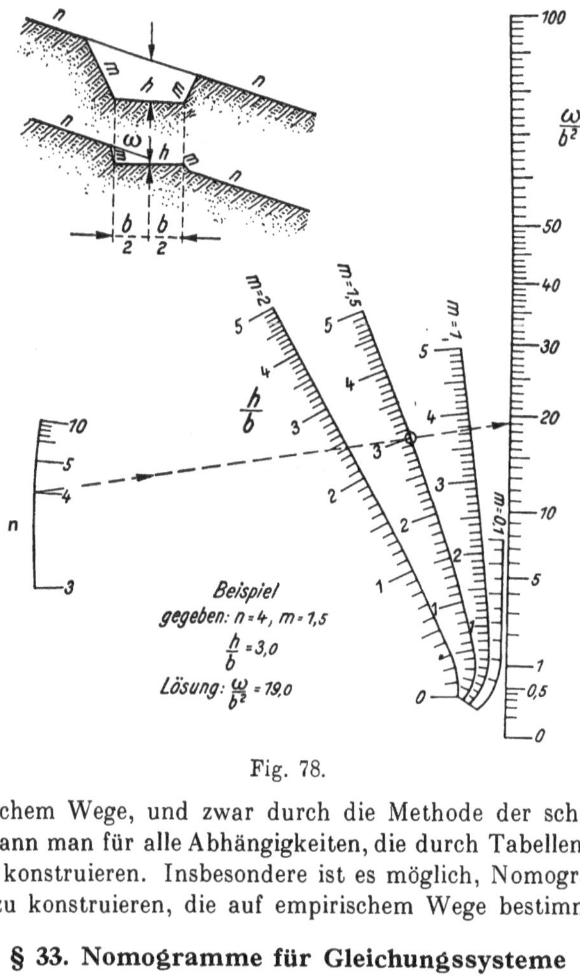

Fig. 78.

Auf graphischem Wege, und zwar durch die Methode der schrittweisen Annäherungen, kann man für alle Abhängigkeiten, die durch Tabellen gegeben sind, Nomogramme konstruieren. Insbesondere ist es möglich, Nomogramme für Abhängigkeiten zu konstruieren, die auf empirischem Wege bestimmt wurden.

§ 33. Nomogramme für Gleichungssysteme

Wenn die zur Nomographierung vorgelegten Ausdrücke Lösungen eines Gleichungssystems sind, so ist es manchmal einfacher, ein Nomogramm, nach dem man alle Lösungen gleichzeitig findet, für das ganze Gleichungssystem zu konstruieren, als für jede der Lösungen ein einzelnes Nomogramm herzustellen.

In Fig. 79 ist ein Nomogramm für ein System zweier Gleichungen mit zwei Unbekannten N_g und N_p dargestellt:

$$\frac{1}{N_1^2} = \frac{\cos^2\varphi_1}{N_g^2} + \frac{\sin^2\varphi_1}{N_p^2},$$

$$\frac{1}{N_2^2} = \frac{\cos^2\varphi_2}{N_g^2} + \frac{\sin^2\varphi_2}{N_p^2},$$

wobei φ_1, φ_2, N_1 und N_2 die gegebenen Variablen der Größe sind. Die Notwendigkeit, ein solches System aufzulösen, tritt auf bei der Bestimmung der Hauptlagen eines Ellipsoids im Raum¹).

Das Nomogramm besteht aus zwei geradlinigen Skalen: der Skalen der gesuchten Variablen N_g und N_p, und zwei Binarskalen, einer Binarskala für das

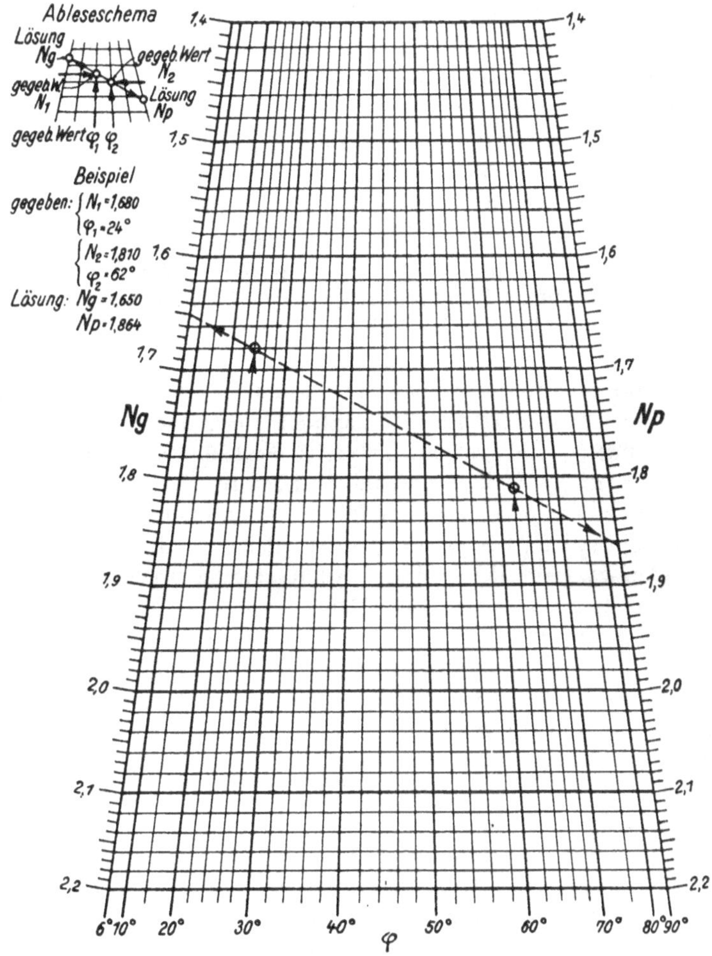

Fig. 79.

Feld der Variablen φ_1 und N_1 und eine für das Feld der Variablen φ_2 und N_2. Auf dem Nomogramm fallen beide Felder ganz und gar zusammen, und die Linien des auf der Figur dargestellten Feldes haben die bedingten Argumente φ und N,

1) A. A. Ljapunow, U. A. Ostrowski, M. B. Pentkowski: „Über die Messung der Brechungskoeffizienten zweiachsiger Kristalle", Notizen der allrussischen mineralogischen Gesellschaft, 1949 (russ.).

die man entweder für φ_1 und N_1 oder für φ_2 und N_2 verwendet. Das Feld hat eine ganz einfache Struktur. Es besteht aus zwei Scharen paralleler Linien, wobei die Linien der ersten Schar die Linien der zweiten Schar fast senkrecht durchdringen. Die fast vertikalen Linien sind mit den Werten φ und die horizontalen mit den Werten N bezeichnet, wobei die Argumente der Linien N mit den Argumenten der Skalenpunkte N_g und N_p zusammenfallen, durch die sie hindurchgehen. Die Argumente der Linien N sind auf der Figur nicht besonders angegeben.

Die Benutzungsanweisung des Nomogramms ist folgende: Zu den gegebenen Werten der Variablen φ_1 und N_1 ermitteln wir den Punkt im Feld, der diesen Werten entspricht, indem wir $\varphi = \varphi_1$ und $N = N_1$ annehmen. Dann suchen wir zu den gegebenen Werten der Variablen φ_2 und N_2 den zweiten Punkt im Felde, indem wir $\varphi = \varphi_2$ und $N = N_2$ setzen. Durch die so bestimmten Punkte legen wir eine Lösungsgerade. Ihre Schnittpunkte mit den Skalen der Variablen N_g und N_p liefern als Lösung die Werte der gesuchten Größen N_g und N_p. So findet man beide gesuchten Größen durch ein einmaliges Anlegen des Lineals. Weil nach den Bedingungen der Aufgabe die Variablen φ_1 und φ_2 stark voneinander abweichende Werte haben, so wird die Lage der Lösungsgeraden mit dem genügenden Grad von Genauigkeit bestimmt.

Das Nomogramm konstruiert man auf folgende Weise: Man kann für jede der Gleichungen eine besondere Fluchtlinientafel mit geradlinigen Skalen für die Variablen N_g und N_p und Netzen: im ersten Fall für die Variablen φ_1 und N_1, im zweiten Falle für die Variablen φ_2 und N_2 konstruieren, weil beide Gleichungen auf die kanonische Form von Cauchy führen, wenn man in der ersten Gleichung die Variablen φ_1 und N_1 und in der zweiten Gleichung die Variablen φ_2 und N_2 im Felde vereinigt. Auf jedem dieser Nomogramme liegen dann drei Punkte: die Punkte auf den Skalen der Variablen N_g und N_p und ein Punkt im Felde der Variablen φ und N auf einer Geraden, wenn die Argumente dieser Punkte die Gleichung befriedigen. Wenn man die Nomogramme so anordnet, daß die Skalen der Variablen N_g und N_p sich vollständig überdecken, was im gegebenen Falle möglich ist, so liegen jetzt vier Punkte auf einer Geraden: die Punkte mit den Argumenten N_g und N_p, (N_1, φ_1) und (N_2, φ_2), wenn die Werte ihrer Argumente gleichzeitig beide Gleichungen erfüllen. Dieser Umstand gestattet es auch, nach gegebenen Werten der Variablen N_1, φ_1, N_2 und φ_2, durch die zwei Punkte auf dem Nomogramm bestimmt werden, die übrigen zwei Punkte zu finden, nämlich die Punkte mit den Argumenten N_g und N_p auf den Skalen der Variablen N_g und N_p. Bei dem betrachteten System fallen auch, wenn man die Skalen N_g und N_p der Nomogramme für die erste und zweite Gleichung des Systems zusammenlegt, die Netze dieser Nomogramme zusammen.

Eine solche Art der Nomographierung ist bedeutend einfacher, als wenn man die Lösungen des Systems nomographiert, die einzeln die Werte N_g und N_p angeben. Im obigen Fall haben die Lösungen des Systems die Gestalt

$$N_g = \frac{N_1 \sin^2\varphi_2 - N_2 \sin^2\varphi_1}{\cos^2\varphi_1 \sin^2\varphi_2 - \cos^2\varphi_2 \sin^2\varphi_1}$$

und

$$N_p = \frac{N_2 \cos^2\varphi_1 - N_1 \cos^2\varphi_2}{\cos^2\varphi_1 \sin^2\varphi_2 - \cos^2\varphi_2 \sin^2\varphi_1}.$$

Für jede dieser Lösungen kann man ein Nomogramm mit einer geradlinigen Skala für die Lösungsvariable und zusammenfallenden Netzen für die Variablen (N_1, φ_1) und (N_2, φ_2) konstruieren, weil jeder dieser Ausdrücke auf die fünfte kanonische Form führt, wenn man in den Netzen die Variablen N_1 und φ_1, N_2 und φ_2 vereinigt. Die Lösungen kann man entweder nach jedem dieser Nomogramme einzeln finden oder indem man die Nomogramme zu einem zusammenlegt auf analoge Weise, wie dies in Fig. 76 gemacht wurde. Letzteres ist nur möglich, wenn man eines der Nomogramme etwas umformt. Die Vorteile eines Nomogramms, das unmittelbar für das Gleichungssystem konstruiert wurde, gegenüber den einzelnen Nomogrammen für die Lösungen des Systems sind offensichtlich.

Das aufgezeigte Nomographierungsverfahren liefert ganz bedeutende Resultate bei der Nomographierung von Funktionen mit einer komplexen Veränderlichen. Die Abhängigkeit zwischen dem reellen und dem imaginären Teil der unabhängigen Variablen und dem reellen und dem imaginären Teile der Funktion kann man als ein System zweier Gleichungen der Form

$$\varphi_1 (x, y, u, v) = 0;$$
$$\varphi_2 (x, y, u, v) = 0$$

betrachten, wobei x und y der reelle und imaginäre Teil der unabhängigen Variablen und u und v der reelle und der imaginäre Teil der Funktion ist. Das Nomogramm eines solchen Systems besteht, wenn man die bekannten Bedingungen für eine nomographierbare Funktion einer komplexen Veränderlichen beachtet, aus vier Skalen: den Skalen der Variablen x, y, u und v. Die Werte u und v kann man nach den gegebenen Werten von x und y durch einmaliges Anlegen eines Lineals bestimmen: vier Punkte der Skalen mit den Argumenten x, y, u und v, die das Gleichungssystem befriedigen, liegen auf dem Nomogramm auf einer Geraden[1]. Solche Nomogramme geben eine anschauliche Darstellung der Abhängigkeit zwischen den reellen und den imaginären Teilen des Argumentes und der Funktion.

Bei der Konstruktion eines Nomogramms für ein Gleichungssystem können, wenn das Nomogramm für Berechnungen bestimmt ist, Schwierigkeiten auftreten, die damit zusammenhängen, daß das Nomogramm zwei Lösungsskalen besitzt. Damit kann die Erfüllung der Bedingungen, bei denen das Nomogramm die Lösung mit dem notwendigen Genauigkeitsgrade liefert, unmöglich werden. In den Fällen, wo das Nomogramm für Berechnungen bestimmt ist, muß man also zweckmäßig an Stelle eines Nomogramms mit zwei Lösungsskalen zwei Nomogramme konstruieren, die beide nur eine Lösungsskala haben, d. h. man muß das Nomogramm des Gleichungssystems in zwei Nomogramme aufspalten.

§ 34. Nomogramme, die eine Lösung mit großer Genauigkeit liefern

Bei der Aufstellung von Nomogrammen tritt oft folgender Widerspruch auf. Die Berechnungen nach dem Nomogramme haben nur eine unzureichende Genauigkeit, obgleich alle Möglichkeiten der Verbesserung des Nomogramms schon

1) I. A. Willner: „Bündel zusammengelegter konischer Fluchtlinientafeln zur Darstellung des elliptischen Integrals erster Art“, Erfolge der mathematischen Wissenschaften, Band II, Ausgabe 6 (22), 1947 (russ.).

ausgenutzt wurden. Die Charakteristik der Lösungsskala hat die günstigste Form, und die Elemente des Nomogramms liegen so zueinander, wie es sein soll. Durch

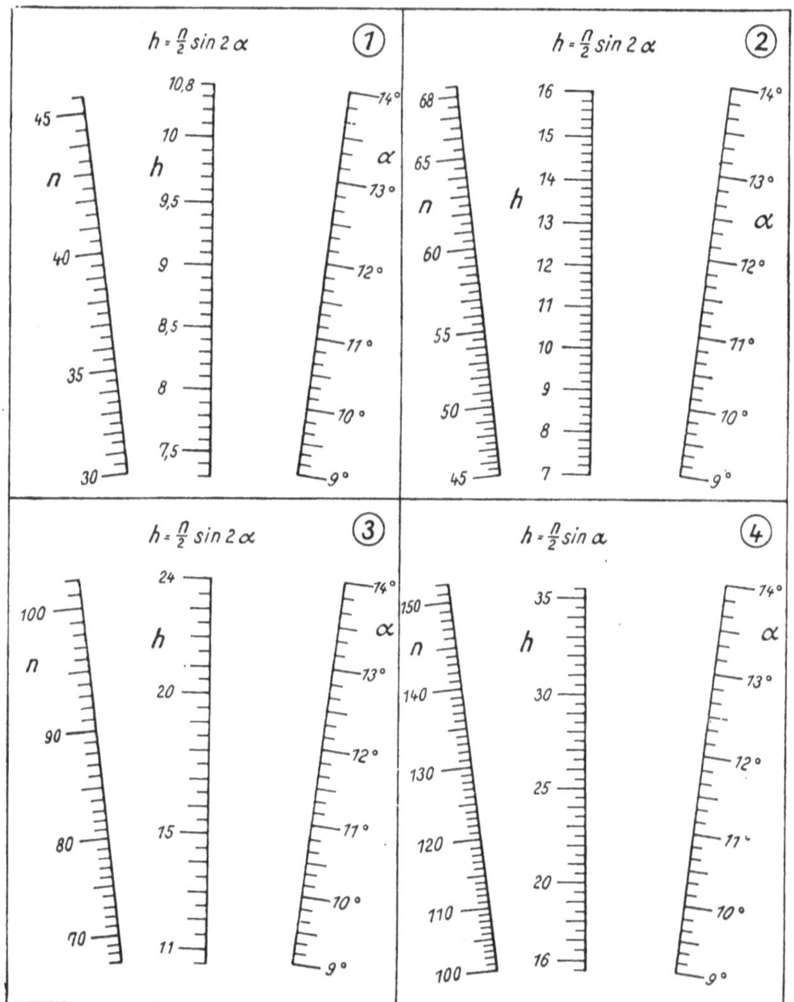

Fig. 80.

Vergrößerung der geometrischen Ausmaße der Figur wäre es möglich, die Genauigkeit der Lösung zu steigern. Aber die notwendige Genauigkeit würde erst bei praktisch nicht zu verwirklichenden Ausmaßen der Figur erreicht.

Dieser Widerspruch führte zu der falschen Meinung, daß es unmöglich sei, Nomogramme für Berechnungen mit großer Genauigkeit zu benutzen. Eine solche Meinung ist fehl am Platze. Man kann nämlich in diesem Falle besonders zweckmäßig Nomogramme benutzen, weil mit der Erhöhung der Genauigkeit die Rechentechnik immer komplizierter wird und die Tabellen, durch die man die Nomogramme ersetzen könnte, sehr umfangreich würden.

Man löst die Aufgabe dadurch, daß man mehrere Nomogramme für die gegebene Gleichung für verschiedene Bereiche der Variablen herstellt, was der Aufstellung einer Tabelle auf verschiedenen Listen analog ist. Bei der Aufstellung einer solchen Serie von Nomogrammen muß man besonders sorgfältig darauf achten, wie man zweckmäßig die gemeinsamen Grenzen unterteilt und die eineinzelnen Nomogramme umformt.

Als Beispiele führen wir einige Nomogramme aus der Nomogrammsammlung von W. N. WYSOTSKI zur Berechnung von Erhebungen an[1]). Die Sammlung hat nur ein kleines Format und ist für die Verwendung unter den Bedingungen auf freiem Felde gedacht. Um die notwendige Genauigkeit der Lösung zu erreichen, enthält die Sammlung für jede der betrachteten Gleichungen eine Reihe von Nomogrammen. Sie unterscheiden sich durch die Bereiche der Variablen. So sind für die Gleichung

$$h = \frac{n}{2} \sin 2\alpha$$

21 Nomogramme konstruiert worden. Vier von ihnen sind in Fig. 80 angeführt. Im Sinne des Verfassers soll die Sammlung eine Sammlung entsprechender Tabellen ersetzen. Ein solcher Ersatz der Tabellen durch Sammlungen von Nomogrammen ist besonders nützlich im Falle von Funktionen mit drei und mehr Veränderlichen.

1) W. N. WYSOTSKI: „Nomogramme in tachymetrischen Formeln“, ОНТИ, 1937 (russ.).

ZWEITER TEIL

DIE PRAKTISCHEN KONSTRUKTIONSVERFAHREN VON NOMOGRAMMEN

7. KAPITEL

DIE KONSTRUKTION UND AUSFÜHRUNG VON NOMOGRAMMEN

In diesem Kapitel sind die notwendigen Kenntnisse aufgezählt, um den Entwurf von Nomogrammen richtig in die Wege zu leiten. Den Weg, der die zur Nomographierung vorgelegte Gleichung vom fertigen Nomogramm trennt, kann man in zwei Teile aufspalten: In den Entwurf des Nomogramms und in seine Ausführung. Unter dem Entwurf eines Nomogramms verstehen wir den Teil der Arbeit, der bis zur Aufstellung einer Skizze des Nomogramms und der Gleichungen führt, die zur Berechnung der Skalen und Felder des Nomogramms dienen. Es ist also der Teil der Arbeit, der mit der Herstellung einer Skizze abgeschlossen ist. Die Ausführung eines Nomogramms umfaßt die Berechnung seiner Skalen und Felder und die Herstellung der Zeichnung. Eine solche Aufteilung ist um so natürlicher, weil gewöhnlich die Konstruktionsarbeit von verschiedenen Leuten, also stufenweise ausgeführt wird.

Die Form eines Nomogramms für ein und dieselbe Gleichung kann innerhalb ganz weiter Grenzen variieren. Bei der Konstruktion besteht nun die Aufgabe darin, die Form zu finden, die am besten den Erfordernissen der Praxis gerecht wird.

Der erste Teil des Kapitels ist der Untersuchung der Faktoren gewidmet, die die Konstruktion eines für Berechnungen vorgesehenen Nomogramms, also seine äußere Form, bestimmen. Die allgemeinen Überlegungen werden durch Beispiele erhärtet.

Die praktischen Ausführungsverfahren von Nomogrammen werden im zweiten Teil des Kapitels dargelegt. Die Vorzüge eines richtig projektierten Nomogramms können nur realisiert werden, wenn man das Nomogramm entsprechend ausführt. Hier spielt auch die richtig durchgeführte Berechnung der Elemente des Nomogramms, seine richtige Aufzeichnung, Formgebung und Vervielfältigung eine große Rolle. Sonst wird entweder der praktische Gebrauch des Nomogramms unmöglich oder liefert nicht die gewünschten Ergebnisse.

§ 35. Faktoren, die die Form eines Nomogramms bestimmen

Wenn das Nomogramm für Berechnungen bestimmt ist, d. h. für die Bestimmung des Wertes einer der Veränderlichen der nomographierbaren funktionalen Abhängigkeit nach den Werten der übrigen Variablen, so muß die Operation auf dem Nomogramm einfach ausführbar sein, und die Lösung muß die verlangte Genauigkeit besitzen. Der ganze Prozeß der Konstruktion des Nomogramms muß der Erfüllung dieser Forderung untergeordnet sein.

Die Form eines Nomogramms wird durch die Form der nomographierbaren Gleichung, dadurch, welche der Variablen Lösungsvariable ist, durch die Bereiche der Lösungsvariablen, durch die Art der erforderlichen Genauigkeit der Lösung und durch den Zahlenwert der zulässigen Ungenauigkeit bestimmt. Jeder der aufgezeigten Faktoren muß bei der Konstruktion eines Nomogramms beachtet werden, wobei man ihn nicht getrennt von den anderen, sondern in Verbindung mit den übrigen Faktoren betrachten muß. Es kann sein, daß die einzelnen Bedingungen, die das Nomogramm erfüllen soll, widerspruchsvoll sind. Dann muß die Aufgabe darin bestehen, einen Kompromiß zu finden. Hier spielt die praktische Fertigkeit in der Konstruktion von Nomogrammen und die klare Vorstellung über alle Möglichkeiten der Nomographierung eine große Rolle, d. h. die Kenntnis von der Theorie der nomographischen Darstellung funktionaler Abhängigkeiten und die Theorie der praktischen Konstruktionsverfahren von Nomogrammen. In den folgenden Paragraphen wollen wir uns etwas eingehender mit jedem der aufgezeigten Faktoren beschäftigen.

§ 36. Die Bereiche der Veränderlichen

Die Bereiche der Veränderlichen haben ganz wesentlichen und manchmal auch entscheidenden Einfluß darauf, welche Variante des Nomogramms man wählt. *Je enger die Bereiche der Variablen sind, um so einfacher ist die Gleichung zu nomographieren*: um so leichter sind die Anforderungen zu erfüllen, die man an die Größe und den Charakter der Ungenauigkeit der Lösung stellt, um so einfacher auch läßt sich die Variante des Nomogramms finden, die hinsichtlich der Lage ihrer Elemente am meisten befriedigt.

Die größte Bedeutung haben die Bereiche der Lösung. In der Praxis benutzt man die Werte der Lösungsgröße selten in ihrem ganzen Bereich, der durch die Bereiche der gegebenen Größen bestimmt wird. Hier muß man ernsthaft die Bereiche der Lösungsgröße untersuchen, die sie unter den konkreten Anwendungsbedingungen des Nomogramms annehmen kann. Man darf keineswegs Nomogramme konstruieren, die „für alle Fälle" einen genügenden Wertevorrat besitzen. Besondere Werte der Lösungsgröße, die man selten braucht (seltene Kombinationen der Werte der gegebenen Größen), sollte man lieber mittels der Formel berechnen, als ihretwegen das Nomogramm zu verschlechtern. Wir wollen diese Überlegungen durch ein Beispiel bekräftigen.

Auf dem Nomogramm zur Berechnung des Dreiecks (Fig. 61) war die Skala der Lösungsvariablen für Werte von a bis zu 3000 m eingerichtet, obwohl wegen der Bereiche der Winkel α und β der Wert der Länge der dritten Seite des Dreiecks beliebig große Werte hätte annehmen können. Doch in der Praxis wird bei der Lösung der entsprechenden topographischen Aufgabe die Länge a selten größer als 3000 m sein. Deshalb nahm man diesen Wert als obere Grenze der Lösungsvariablen an.

Wohin würde eine Vergrößerung der oberen Grenze von a führen? Das Nomogramm wurde unter der Bedingung konstruiert, daß man die Lösung nach Möglichkeit mit einem konstanten relativen Fehler findet. Die Lösungslinien der

Variablen a haben eine logarithmische Charakteristik, die der besten Charakteristik sehr nahekommt, denn die Charakteristiken der Skalen der Variablen a auf den Geraden der Variablen β besitzen ein Maximum, und die Werte ihrer logarithmischen Charakteristiken sind am Anfang und am Ende angenähert gleich, was ja ein Kennzeichen der besten Umformung ist (siehe Seite 168). Bei einer Vergrößerung der oberen Grenze, sagen wir bis 6000 m, müßte man das Nomogramm umgestalten. Man kann zwar auf der genannten Figur Linien des Feldes bis zu 6000 m Variabilitätsbereich unterbringen, aber die Verteilung der Linien wird dann derart, daß die relative Ungenauigkeit der Lösung zum Ende der Skala hin bedeutend wächst und die Werte der logarithmischen Charakteristik bei $a = 6000$ bedeutend kleiner sind als bei $a = 200$. Die Charakteristik des Lösungsfeldes ist dann weit von der besten Charakteristik entfernt. Nach einer entsprechenden Umformung des Lösungsfeldes kann man zwar der Charakteristik des Lösungsfeldes die beste Form geben, jedoch ist bei derartigen Ausmaßen der Zeichnung die Lösungsgenauigkeit bedeutend niedriger als bei den ursprünglichen Grenzen der Lösungsvariablen, weil sich die Länge der Lösungsskalen a nicht vergrößert (der relative Fehler im ganzen Bereich der Lösungsvariablen ist auf der neuen Zeichnung größer als auf der ursprünglichen, wenn man das Feld bis zu $a = 6000$ ausdehnt, weil durch die Umformung die Werte der logarithmischen Charakteristik bei $a = 6000$ vergrößert werden).

In den Fällen, wo es trotzdem notwendig ist sowohl die selten auftretenden Werte der Lösungsgröße als auch diejenigen, die man oft braucht, unterzubringen, kann man einen anderen Weg beschreiten. Man konstruiert dann nämlich ein Nomogramm mit einer Lösungsskala, bei der man darauf achtet, daß sie die notwendige Genauigkeit in dem Teil des Bereiches der Lösungsvariablen besitzt, auf den es am meisten ankommt, weil man diese Werte am häufigsten benötigt. Für die übrigen Bereiche der Variablen kann man eine geringere Genauigkeit der Lösung zulassen.

So wurde es auch bei der Konstruktion des Nomogramms zur Ermittlung von m, des Verhältnisses der Wandstärke einer Röhre zu ihrem Radius gemacht (Fig. 133).

Am wichtigsten war hier das Variabilitätsintervall der Lösungsvariablen m in der Umgebung des Punktes $m = 0{,}1$. Das Nomogramm wurde so umgeformt, daß die Skala in der Umgebung dieses Punktes die Lösung mit dem geringsten relativen Fehler liefert (die logarithmische Charakteristik der Skala lag ungefähr symmetrisch zum Punkte $m = 0{,}1$). Das Ergebnis war, daß das Nomogramm bei denselben Ausmaßen der Zeichnung die Lösung mit größerer Genauigkeit liefert als ein Nomogramm, bei dem man die Lösung im ganzen Intervall der Variablen m mit dem gleichen relativen Fehler findet. Ein solches Nomogramm könnte man im gegebenen Fall konstruieren, weil die nomographierbare Gleichung der Gleichung dritter nomographischer Ordnung angehört und nach der Logarithmierung zur zweiten kanonischen Form führt. Bei der Nomographierung auf parallelen Leitern kann man für die Variable m eine Skala bekommen, die sich von einer logarithmischen wenig unterscheidet.

Die Größe der Variabilitätsgrenzen der gegebenen Variablen hat weniger Einfluß auf die Form des Nomogrammentwurfs, als die Größe der Bereiche der Lösungsvariablen.

Aber manchmal kann doch eine Verkleinerung der Variabilitätsgrenzen der gegebenen Größen zur Vereinfachung des Nomogramms und zur Erhöhung der Genauigkeit der Lösung führen, die man mittels des Nomogramms findet. So führte auf dem betrachteten Nomogramm zur Berechnung des Dreiecks (Fig. 61) die Verkleinerung des Bereiches einer der Winkel zu einem besseren Nomogramm. Die Verminderung der gegebenen Variabilitätsgrenzen ($45—135^0$) einer der Winkel auf die Grenzen $45—90^0$ war deshalb möglich, weil man bei den Voraussetzungen der Aufgabe zu einer gegebenen Seite eine beliebige der zwei übrigen Seiten des Dreieckes ermitteln kann. Man kann auf dem Nomogramm die Seite des Dreieckes bestimmen, die dem Winkel α gegenüberliegt, wobei sich α innerhalb der Grenzen $45^0 \leqslant \alpha \leqslant 135^0$ bewegt. Wenn in dem Dreieck, das man nach dem Nomogramm berechnet, einer der Winkel an der gegebenen Seite stumpf ist, dann muß man ihn beim Aufsuchen der Lösung nach dem Nomogramm mit α bezeichnen (Fig. 81).

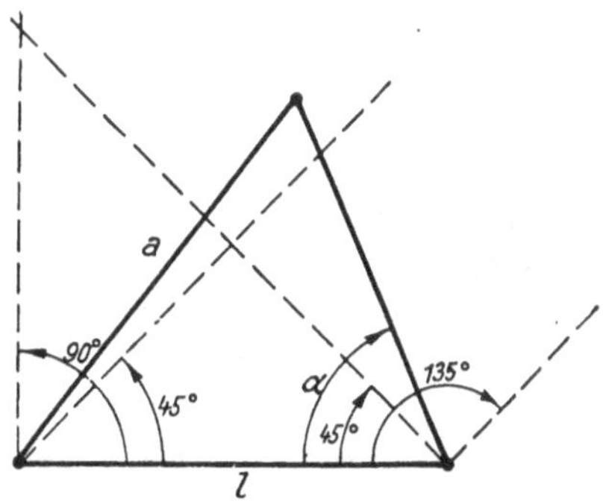

Fig. 81.

Wenn man auf dem Nomogramm für alle möglichen Werte β von 45 bis 135^0 konstruiert hätte, so wäre der Fehler der Lösung beim Gebrauch des Teiles des Feldes mit $\beta > 90^0$ größer, da dann der Schnittwinkel der Lösungsgeraden mit den Geraden der Variablen β spitz ist.

Bei der Konstruktion eines Nomogramms kann es sehr wichtig sein, die Abhängigkeiten zwischen den Werten der Variablen zu kennen, nämlich die Abhängigkeiten, die zwischen den gegebenen Variablen und den gesuchten Variablen und der Lösungsvariablen bestehen können.

So wurde bei der Konstruktion des betrachteten Nomogramms vorausgesetzt, daß man für kleine Werte l keine großen Werte der Lösungsvariablen ($a < 6\,l$) erhält, was mit den realen Verhältnissen der Praxis im Einklang steht. Dadurch kann man auf dem Nomogramm sogar spitze Schnittwinkel der Lösungsgeraden mit den Geraden β bei großen Werten von a und kleinen Werten von l zulassen, weil in der Praxis solche Lagen der Lösungsgeraden nicht vorkommen werden.

Die Kenntnis derartiger Verhältnisse kann bei der Konstruktion von zusammengesetzten Nomogrammen eine sehr große Rolle spielen. So ist es z. B. bei der Konstruktion eines zusammengesetzten Nomogramms für die Formel, die die Länge der Seite eines Dreieckes angibt (Fig. 68), wesentlich, den Umstand auszunutzen, daß der dritte Winkel des Dreieckes γ unter den praktischen Bedingungen nicht kleiner als $9—10^0$ sein kann, und daß kleine Werte von γ selten vorkommen und vermieden werden. Als kleinsten Wert des Verhältnisses $\frac{\sin\alpha}{\sin(\alpha+\beta)} = \lambda$ hat man $\lambda = 0{,}15$ angenommen. Ohne diesen Hinweis könnte man das Nomogramm nicht als befriedigend ansehen, denn man kann eine große Zahl von Beispielen anführen, wo die erste Lösungsgerade sich mit der unbenannten Skala nicht mehr auf der Zeichnung schneidet, so daß infolgedessen für diese Fälle das Nomogramm keine Lösung liefert. Wenn man das aufgezeigte Verhältnis, das die Werte der Variablen α und β verbindet, nicht gebrauchen kann, dann muß man den ersten Teil des zusammengesetzten Nomogramms für den ganzen Variabilitätsbereich des Verhältnisses λ bei den gegebenen Grenzen von α und β konstruieren und danach trachten, daß man ein befriedigendes Verhältnis zwischen dem Abstand der gegebenen Punkte und dem Abstand des Lösungspunktes zum nächsten gegebenen Punkt erreicht, was eine Erschwerung der Konstruktion des Nomogramms hervorruft. Selbst bei den gewählten Bereichen von λ wird bei gewissen Lagen der Lösungsskala dieses Verhältnis groß. Aber derartige Lagen gehören zu den in der Praxis seltenen Fällen.

Man kann also kurz sagen, daß die *Größen der Bereiche der Veränderlichen entscheidenden Einfluß darauf ausüben können, welche Variante des Nomogramms man zu wählen hat.* Die nomographierbare Gleichung muß sorgfältig studiert werden, um alle noch zusätzlich möglichen Beschränkungen im Variabilitätsbereich der Veränderlichen ausfindig zu machen: von diesem Gesichtspunkte aus muß man auch die realen Bedingungen der Lösung der Aufgabe untersuchen, die zu der nomographierbaren Gleichung führt. Das bloße Aufschreiben der nomographierbaren Gleichung und der Variabilitätsgrenzen der Veränderlichen ist zur Konstruktion eines befriedigenden Nomogramms oft unzureichend.

§ 37. Die zulässige Ungenauigkeit der Lösung

Man kann die zulässige Ungenauigkeit einer Lösung durch ihren absoluten oder durch ihren relativen Wert angeben. Die zulässige Ungenauigkeit kann für alle Variabilitätsgrenzen der Lösung konstant sein, oder sie kann sich ändern, d. h. für verschiedene Teile der Lösungsskala verschieden sein. Dies alles kommt in der Form der Lösungsskala eines Nomogramms zum Ausdruck.

Ist die zulässige Ungenauigkeit der Absolutwert der Ungenauigkeit, so muß die Lösungsskala entweder gleichförmig sein oder einer gleichförmigen Skala möglichst nahekommen.

Beurteilt man die zulässige Ungenauigkeit nach ihrem relativen Wert, so muß die Lösungsskala entweder logarithmisch sein oder einer logarithmischen Skala möglichst nahekommen.

Erfüllt ein Nomogramm bei gegebenen Ausmaßen der Zeichnung diese Bedingungen, so liefert es die Lösung mit der größtmöglichen Genauigkeit.

Die größte Ungenauigkeit der Lösung, die man nach einem Nomogramm erhält, ist der Argumentschritt der Teilung, deren Teilstrichabstand gleich der möglichen Größe der geometrischen Ungenauigkeit in der Lage des Lösungspunktes an der Stelle ist, an der die entsprechende Charakteristik der Lösungsskala den kleinsten Wert hat, oder an dem Punkte der Skala, an dem der Argumentschritt dieser Teilung den größten Wert hat. Die Größe der möglichen Ungenauigkeit in der Lage des Lösungspunktes ist von der Ordnung 0,5 mm für eine Lösungsskala, die sich zwischen den Skalen der gegebenen Größen befindet, und ist von der Ordnung 1,0 mm für eine Lösungsskala, die außerhalb der Skalen der gegebenen Größen liegt (Genaueres siehe Seite 20). Der Maßstab der Zeichnung des Nomogramms muß so sein, daß die mögliche Ungenauigkeit die zulässige Größe des Fehlers nicht überschreitet.

Die Form der Lösungsskala hat Einfluß auf die Wahl der Variante des Nomogramms und ist für die endgültige Form des Nomogramms sehr wesentlich. Verlangt man eine gleichförmige Lösungsskala, so ist unter den Nomogrammen zur Bestimmung der Koordinatenzuwüchse das beste das, was in Fig. 8 dargestellt ist.

Fordert man aber, daß auf dem Nomogramm zur Ermittlung des Volumens eines Kugelsegmentes die Lösungsskala einer logarithmischen Skala möglichst nahekommt, so ist das Nomogramm, das in Fig. 4 dargestellt ist, besser als das in Fig. 15 dargestellte.

Es ist unmöglich, den Maßstab einer Zeichnung unbegrenzt zu vergrößern, deshalb kann unter Umständen die Lösung auf einem Nomogramm eine Ungenauigkeit haben, die größer ist, als man für die Lösung zuläßt. Ein Ausweg aus der entstandenen Situation ist in diesem Falle die Aufstellung von zwei oder mehr Nomogrammen, von denen jedes einen Teil der Lösungsskala enthält. Jeder Teil besitzt einen Maßstab, der die notwendige Genauigkeit der Lösung gewährleistet. Bei der Konstruktion einer solchen Serie von Nomogrammen — ein Beispiel davon wurde auf Seite 128 angeführt — darf man nicht davon ausgehen, daß man die Lösungsskala mechanisch in die notwendige Anzahl von Teilen zerspaltet, sondern man muß jeden Teil einer entsprechenden Umformung unterwerfen, indem man danach trachtet, für jeden Teil die beste Charakteristik zu ermitteln. Nur so kann man die Anzahl der einzelnen Nomogramme vermindern.

§ 38. Das Schema eines Nomogramms

Die Möglichkeiten, funktionale Abhängigkeiten durch Nomogramme darzustellen, sind sehr groß. Gewöhnlich kann man für jede Gleichung, mit seltenen Ausnahmen, mehrere prinzipiell verschiedene Nomogramme konstruieren. Daher ist eine der wichtigsten Etappen bei der Konstruktion eines Nomogramms die Wahl seines Schemas und seines Typs. Typ und Schema eines Nomogramms sind einer ganzen Reihe Bedingungen unterworfen. Hierbei spielt auch die Bedingung eine Rolle, welche der veränderlichen Größen die Lösung liefert, sowie der Wert der Variabilitätsgrenzen der Veränderlichen, die Art der zulässigen Ungenauigkeit der Lösung und auch die Bedingungen, unter denen man das Nomogramm verwendet, und schließlich soll die Lösung nach einem Nomogramm auf möglichst einfache Weise gefunden werden.

Das erste, was man tun muß, um das passende Schema des Nomogramms herauszufinden, ist, daß man alle möglichen Schemata des Nomogramms aufstellt. Um zu zeigen, wie groß die Zahl der für ein Nomogramm einer Gleichung möglichen Schemata sein kann, möge das Beispiel der Gleichung zur Berechnung des Dreieckes herangezogen werden. Im Text sind fünf Nomogramme für diese Gleichung angeführt, deren Schemata verschieden sind: Wir finden hier zwei Nomogramme mit einem Netz, die sich durch die Variablen im Netz unterscheiden (Fig. 61 und 66), ein Nomogramm mit einer Binarskala (Fig. 74), ein aus Netztafeln zusammengesetztes Nomogramm (Fig. 72) und ein aus Fluchtlinientafeln zusammengesetztes Nomogramm (Fig. 68).

Das Schema eines Nomogramms muß so sein, daß man die Lösung im Nomogramm auf einfache Art und Weise findet.

Das beste der angeführten Nomogramme ist wohl das, bei dem man die Lösung in einem Netz ermittelt (Fig. 61). Nach diesem Nomogramm ermittelt man die Lösung durch einmaliges Anlegen des Lineals. Die Linien der Lösungsvariablen im Lösungsfeld besitzen eine logarithmische Charakteristik, die der besten sehr nahekommt, d. h. man findet nach diesem Nomogramm die Lösung einfach und mit einem relativen Fehler, der nahezu konstant ist, was ja unter den Bedingungen der Aufgabe verlangt wird.

Das Nomogramm mit einem Netz für die gegebenen Größen und einer Lösungsskala ist schlecht. In Fig. 66 befindet sich die Lösungsskala außerhalb des Zwischenraums zwischen dem Netz und der Skala α. Der Lösungspunkt wird hier immer weit entfernt von den gegebenen Punkten liegen, daher liefert das Nomogramm die Lösung nur mit geringer Genauigkeit. Auch dann, wenn man das Nomogramm so umformt, daß die Lösungsskala sich zwischen dem Netz und der Skala α befindet, werden die Ausmaße der Lösungsskala so klein, daß die Genauigkeit der Lösung wiederum nur gering ist.

Das zusammengesetzte Nomogramm mit einer Binarskala (Fig. 74), das aus Fluchtlinientafeln zusammengesetzte Nomogramm (Fig. 68) und das aus Netztafeln zusammengesetzte Nomogramm sind ungefähr gleichwertig hinsichtlich der Genauigkeit, mit der man die Lösungen nach ihnen erhält, und der Einfachheit der Operationen, die man zum Aufsuchen der Lösung durchführen muß. Die größte Ungenauigkeit wird beim Gebrauch des aus Netztafeln zusammengesetzten Nomogramms auftreten, doch der Vorzug dieses Nomogramms und des Nomogramms mit einer Binarskala ist das Vorhandensein der logarithmischen Lösungsskalen. Die größte Lösungsgenauigkeit liefert neben der einfachsten Operation beim Aufsuchen der Lösung das aus Fluchtlinientafeln zusammengesetzte Nomogramm. Seine Lösungsskala kommt einer logarithmischen am nächsten.

Der Hauptmangel dieser drei Nomogramme besteht darin, daß es hier notwendig ist, beim Aufsuchen der Lösung zwei Operationen durchzuführen. In dieser Hinsicht sind also die Nomogramme mit einem Netz günstiger. Dort findet man die Lösung durch ein einmaliges Anlegen des Lineals.

Bei dem endgültigen Urteil über das Schema des Nomogramms muß man die Bedingungen berücksichtigen, unter denen man das Nomogramm benutzt und auch die Qualifikation der Leute, die mit dem Nomogramm zu tun haben. So muß man, wenn das Nomogramm von wenig erfahrenen Leuten benutzt wird, von den fünf angeführten Nomogrammen dem aus Fluchtlinientafeln zusammengesetzten Nomogramm den Vorzug geben; denn die Skalen sind einfacher als ein Netz zu handhaben. Die Tatsache, daß man beim Aufsuchen der Lösung nach einem Nomogramm mit einem Netz weniger Operationen auszuführen hat, wird jedoch nicht die Schwierigkeiten beim Ablesen der Lösung im Netz kompensieren. Wenn das Nomogramm unter Bedingungen verwendet wird, die das Anlegen des Lineals an die Zeichnung erschweren, wie z. B. in der Fabrik an der Drehbank, wenn der Meister ölige Hände hat, dann wird sich dazu besser eine Netztafel größeren Ausmaßes eignen, sagen wir, eine Netztafel, die an der Wand in der Nähe der Drehbank befestigt wird.

Bei der ersten Auswahl des Schemas eines Nomogramms muß man auch die Möglichkeiten einer weiteren Umformung des Nomogramms in Betracht ziehen.

Wenn man komplizierte funktionale Abhängigkeiten nomographiert, so darf man nicht die Rechenoperation beim Aufsuchen der Lösung in eine Reihe einzelner Operationen aufspalten und jede von ihnen einzeln nomographieren — sozusagen „wörtlich übersetzen". Das Nomogramm für die ganze funktionale Abhängigkeit bestimmt selbsttätig die Genauigkeit der Lösung, die man nach ihm findet. Bei der Nomographierung der einzelnen Rechengänge, die die Lösung der Aufgabe liefern, kann es sein, daß man die Lösung mit einer fiktiven Genauigkeit erhält, weil die Genauigkeit, mit der man Zwischengrößen erhält, mit der Genauigkeit ihrer später verwendeten Werte nicht übereinstimmt. Von diesem Gesichtspunkt aus muß man auch unbenannte Übergangsskalen (Zapfenlinien) mit veränderten Charakteristiken vermeiden.

Nach Aufstellung der Schemata eines Nomogramms kann sich ergeben, daß das Nomogramm durch einige Umformungen der nomographierbaren Abhängigkeit vereinfacht werden kann. So war es z. B. bei der Konstruktion des in Fig. 76 dargestellten Nomogramms. Bei der Konstruktion seines ersten Entwurfs war deutlich zu erkennen, daß die Skala der Lösungsvariablen φ die ganze Gerade, die sich von $-\infty$ bis $+\infty$ erstreckt, einnehmen würde. Es trat die Frage auf, das Nomogramm in zwei Nomogramme für verschiedene Wertebereiche der Lösungsgröße aufzuteilen. Aber die Untersuchung der Gleichung führte zu dem Lösungsweg, wie er im Text angeführt wurde (Seite 120), wodurch sich die Konstruktion eines zweiten Nomogramms erübrigte.

Fassen wir das, was über die Wahl des Schemas eines Nomogramms gesagt wurde, noch einmal zusammen.

Das Schema eines Nomogramms muß so beschaffen sein, daß das Nomogramm in seinem Gebrauch einfach ist und zum Aufsuchen der Lösung ein Minimum an Operationen erfordert, daß es die Lösung mit der notwendigen Genauigkeit liefert und den Verhältnissen, unter denen man es verwendet, sowie der Qualifikation der Leute entspricht, die mit ihm arbeiten.

Daraus kann man den Schluß ziehen, daß für die Gleichungen mit vielen Variablen unter gewöhnlichen Bedingungen Nomogramme mit Netzen zu empfehlen sind. Nomogramme, die ein mehrfaches Anlegen des Lineals erfordern und in denen man sich leicht verirren kann, sind zu vermeiden. Unter gewissen besonderen Bedingungen ist allerdings die Anwendung von Netzen an Stelle von Fluchtlinientafeln möglich.

Bei der Aufstellung des Schemas eines Nomogramms taucht folgende praktische Frage auf: wie muß die Richtung der Skalen eines Nomogramms sein, damit die Lösungsskala zwischen die Skalen der gegebenen Größen zu liegen kommt? Wie muß die Richtung der Lösungsskala sein, wenn sie rechts oder links von den Skalen der gegebenen Größen liegen soll?

Wir bemerken zunächst, daß, wenn drei Skalen der Variablen u, v, und w gegeben sind und die Skala w sich zwischen den Skalen u und v befindet (hier genügt es, wenn man nicht die ganze Skala, sondern wenn man nur einen Teil von ihr, ein Element der Skala, betrachtet), dann bei einer Richtungsänderung einer der äußeren Skalen die mittlere Skala aus dem Zwischenraum zwischen den Skalen auf den äußeren Teil der Ebene rückt, also ihren Platz mit einer der äußeren Skalen vertauscht. Als Beweis braucht man sich nur der Fig. 82 zuzuwenden. Bestimmt man einen Punkt der Skala w als Schnittpunkt der Lösungsgeraden, die durch die Punkte u_0 und v_0, u_1 und v_1 auf den Skalen der gegebenen Größen hindurchgehen (Fig. 82a), so wird dieser Schnittpunkt bei Richtungsänderung einer der Skalen, sagen wir, der Skala v, notwendigerweise außerhalb des Zwischenraums zwischen den Skalen u und v liegen und infolgedessen befindet sich dort auch das entsprechende Element der Skala w (Fig. 82b).

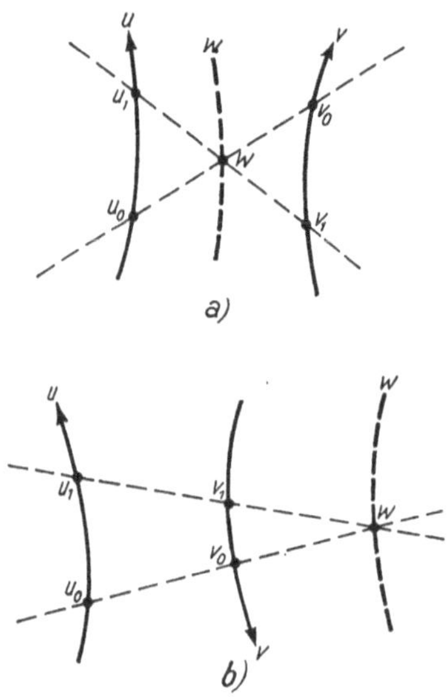

Fig. 82.

Hätte sich anfangs der Punkt außerhalb des Zwischenraumes zwischen den Skalen u und v befunden, so würde er nach Richtungsänderung einer der Skalen in diesen Zwischenraum fallen.

Wir wollen eine kurze Untersuchung der Lage der Skala w und ihrer Richtung in Abhängigkeit vom Charakter der Funktion durchführen, die durch das Nomogramm dargestellt wird. Ohne Einschränkung der Allgemeinheit der Betrachtungen kann man annehmen, daß die Richtungen der Skalen der gegebenen Größen gleich sind. Was die Richtungsänderung einer der Skalen nach sich zieht, ist ja schon bekannt. Die Funktion w möge mit wachsendem u und v auch immer größere Werte annehmen. Wir wollen die Lage der Skala w ermitteln. Wir zeichnen die Lösungsgerade ein (Fig. 83a), die nach den Werten der gegebenen Größen u_0 und v_0 den Wert w_0 bestimmt. Geben wir u_0 einen Zuwachs Δu, so erfährt w_0 den Zuwachs Δw. Wir legen die Lösungsgerade in die Zeichnung, die den Punkten $u_0 + \Delta u$ und v_0 entspricht. Dann ermitteln wir den Betrag, um den v wachsen muß, damit ohne Änderung von u_0 bei w_0 der gleiche Zuwachs Δw wie vorher auftritt (wenn u also gleich u_0 bleibt). Wir legen die zweite Lösungsgerade durch die Punkte u_0 und $v_0 + \Delta v$. Der Schnittpunkt dieser Lösungsgeraden wird dann auf der Skala w liegen und auf ihr das Argument $w_0 + \Delta w$ haben.

Aus obigen Konstruktionen, die in Fig. 83a dargestellt sind, folgt, daß der Punkt w_0 und infolgedessen das Element der Skala w zwischen den Skalen u und v liegt. Es ist ganz offensichtlich, daß die Richtung der Skala w mit den Richtungen der Skalen der gegebenen Größen übereinstimmt.

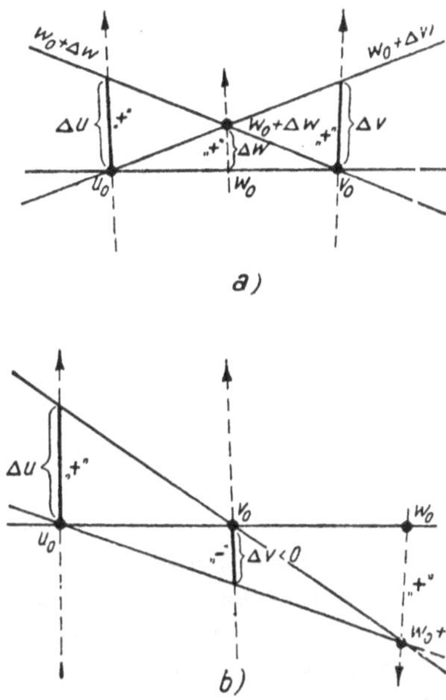

Fig. 83.

Die Funktion w möge mit wachsendem u zu- und mit wachsendem v abnehmen. Indem wir analoge Konstruktionen ausführen, finden wir die Lage des Punktes mit dem Argument $w_0 + \Delta w$. Um einen positiven Zuwachs Δw_0 zu bekommen, muß man einen positiven Zuwachs u_0 und einen negativen Zuwachs v_0 nehmen. Der Schnittpunkt der Lösungsgeraden $w_0 + \Delta w$, die auf zwei verschiedene Weisen konstruiert werden, befindet sich hier außerhalb des Zwischenraumes zwischen den Skalen u und v. Die Konstruktionen sind in Fig. 83b eingezeichnet. Die Richtung des Elementes der Skala w wird davon abhängen, auf welcher Seite der Skalen sich dieses Element befindet (die projektive Umformung der Ebene gestattet es, daß man über die unendlich ferne Gerade das Element der Skala w entweder auf die Seite der Skala u oder auf die Seite der Skala v überführt, ohne daß man dabei die Richtungen der Elemente der Skalen u und v ändert). Aus der Zeichnung geht hervor, daß die Richtung der Skala w mit der Richtung der Skala u zusammenfällt, wenn die Skala w sich auf der Seite der Skala u befindet, und daß sie entgegengerichtet ist der Richtung der Skala v (oder u), wenn sie sich auf der Seite der Skala v befindet.

Die durchgeführte Untersuchung gestattet es, später die Aufgabe zu lösen, welche Richtung die Skalen eines Nomogramms notwendigerweise annehmen müssen, damit sie die eine oder die andere Lage zueinander in Abhängigkeit von der Form der nomographierbaren funktionalen Abhängigkeit bekommen.

§ 39. Der Entwurf eines Nomogramms

Das Ergebnis der Vorarbeit zur Konstruktion eines Nomogramms ist sein Entwurf. Dieser besteht aus der endgültigen Skizze des Nomogramms und den Gleichungen seiner Skalen und Netze.

Die endgültige Skizze muß sowohl den Bedingungen der gegenseitigen Lage der Skalen und Netze als auch den Bedingungen der Lösungsgenauigkeit gerecht werden. Die Skizze muß in der natürlichen Größe angefertigt sein und eine hinreichende Menge von Bildpunkten auf den Skalen und Bildlinien in den Netzen und auf den Binarskalen enthalten. Dies ist notwendig, um sich eine genügend klare Vorstellung von dem Nomogramm zu machen und damit die Punkte festzulegen, deren Koordinaten man berechnen will.

Die Skizze muß auch eine Überprüfung der Lösungsgenauigkeit beim Nomogramm zulassen, man muß also die Werte Δl und Δw aufsuchen können.

Die Gleichungen der Netze und Skalen müssen alle gefundenen Koeffizienten der Umformung enthalten und in der für die Berechnung einfachsten Form angegeben werden.

Nachdem man die Gleichungen der Skalen und Netze auf die einfachste Form gebracht hat, muß man sie nachprüfen. Am zuverlässigsten ist es, wenn man die Koordinaten der Punkte des Nomogramms in die SORFAUsche Gleichung einsetzt und diese dann entwickelt. Die Ausrechnung muß wieder zu der Ausgangsgleichung führen. Man kann sich auf die Konstruktion einiger Punkte des Nomogramms beschränken, die die nomographierbare Gleichung befriedigen. Diese müssen auf einer Geraden liegen. Eine solche Kontrolle kann grobe Fehler verhüten.

Bei der Konstruktion von zusammengesetzten Nomogrammen ist es am besten, man berechnet die einzelnen Nomogramme für sich und konstruiert jedes in einem besonderen Koordinatensystem, indem man die gegenseitige Lage dieser Koordinatensysteme fixiert. Ein einzelnes Koordinatensystem für das ganze zusammengesetzte Nomogramm kann die Gleichungen der Skalen des Nomogramms nur kompliziert machen.

§ 40. Die Berechnung des Nomogramms

Die Berechnung der Skalen, der Netze und der Binarskalen (Netztafeln) muß mit möglichst wenig Arbeitsaufwand durchgeführt werden. Wir weisen auf einige Rechenverfahren hin, die die Ausführung der Berechnung erleichtern.

Bei der Berechnung von geradlinigen Skalen kann man die Berechnung darauf beschränken, daß man eine einzige Koordinate für jeden Punkt der Skala ausrechnet. Eine Ausnahme bilden drei Punkte, zwei von ihnen dienen zum Durchlegen des Teilungsträgers und einer zur Kontrolle. Für diese Punkte müssen beide Koordinaten berechnet werden. Von den zwei Koordinaten wird immer diejenige berechnet, die sich stärker ändert. Weil die Skalen meist nach oben gerichtet sind, rechnet man gewöhnlich die y-Koordinate aus.

Bei der Berechnung der krummlinigen Skalen berechnet man beide Koordinaten nur für die Punkte, die man zum Durchlegen des Teilungsträgers braucht. Die Menge solcher Punkte und ihre Argumente bestimmt man an Hand einer Skizze. Die Punkte müssen so ausgewählt werden, daß beim Einzeichnen des Trägers jeder Fehler ausgeschlossen ist. Hat die Kurve — der Teilungsträger — nur eine geringe Krümmung und ändert sich ihre Krümmung nur leicht und unbedeutend, so genügen für die Konstruktion des Trägers in der Regel 5—7 Punkte. Für die Punkte, die nicht zur Konstruktion des Teilungsträgers dienen, berechnet man nur die Koordinate, die sich beim Übergang von einem Punkt zum anderen stärker ändert. Um die Punkte der Skala zu konstruieren, von denen nur eine Koordinate bekannt ist, muß man zuerst den Teilungsträger einzeichnen und dann auf ihm die Punkte ermitteln, die die gegebenen Werte als eine ihrer Koordinaten besitzen. In der Praxis läßt sich dies leicht und mit der notwendigen Genauigkeit durchführen.

Bei der Auswahl der Punkte, deren Koordinaten man berechnet, muß man daran denken, daß alle weiteren Punkte der Skala auf dem Träger durch graphische Interpolation ermittelt werden. Damit die Interpolation mit dem genügenden Grad von Genauigkeit ausgeführt wird, dürfen die Differenzen dritter Ordnung der zu berechnenden Koordinaten nicht größer als 2,0 mm sein (siehe Konstruktion der Skalen Seite 143). Bei der Berechnung von Netzen und Binarskalen (Netztafeln) wählt man auf der Skizze des Nomogramms Linien aus, die das Hauptnetz des Feldes oder der Binarskala bilden, für diese wird eine Berechnung der Koordinaten der Punkte durchgeführt, indem man eine zur Konstruktion genügende Anzahl von Linien herausgreift. Die dazwischenliegenden Linien werden auf dem Wege der graphischen Interpolation konstruiert. Damit man im folgenden eine graphische Interpolation durchführen kann, ist es notwendig, daß die Hauptpunkte, die man berechnet, zu Werten der Variablen gehören, die gleichen Argumentschritten der Variablen entsprechen. Ändert sich die Größe des Intervalls der Variablen zwischen zwei abgelesenen Punkten, wie man es z. B. im Falle der ungleichförmigen Skalen machen muß, hat es wegen der Interpolation dann noch Sinn, zusätzlich einen Punkt abzulesen unter Beibehaltung des alten Argumentschrittes des Intervalls.

Ehe man mit den Formeln rechnet, muß man sie nach Möglichkeit vereinfachen und auf eine Form bringen, die sich für die Berechnungen am besten eignet. Dann wird ein Schema aufgestellt, in welcher Reihenfolge die Berechnungen durchgeführt werden sollen. Alle Ergebnisse von Zwischenoperationen und die endgültigen Ergebnisse werden in eine entsprechende Tabelle eingetragen. Ehe man mit den Berechnungen beginnt, muß man eine Untersuchung der notwendigen Genauigkeit bei der Ausführung der einzelnen Operationen durchführen. Beim Endresultat muß eine Ziffer hinter dem Komma die Zuverlässigkeit der Lösung angeben, wenn die Koordinaten in Millimeter gemessen werden[1]). Die Ergebnisse der Berechnungen werden durch Differenzenbildung nachgeprüft.

§ 41. Die Aufzeichnung des Nomogramms

Die Genauigkeit des Rechenergebnisses eines Nomogramms hängt sehr von der Genauigkeit seiner Ausführung ab. Die Aufzeichnung des Nomogramms muß so ausgeführt werden, daß seine Konstruktionsfehler bedeutend kleiner sind als die Fehler der Operationen, die man auf dem Nomogramm durchführt. Deshalb ist der Zeichenvorgang ein sehr wichtiger Schritt bei der Herstellung eines Nomogramms.

1) Manchmal kann man einen Fehler bis zu 0,1 mm zulassen, weil bei größerer Genauigkeit die praktische Benutzung des Nomogramms erschwert wird.

Die Nomogramme müssen auf kräftigem, mattweißem Zeichenpapier mit Tusche ausgeführt werden. Millimeterpapier, so verlockend sein Gebrauch auch ist, muß man jedoch für die Zeichnung eines Nomogramms als ungenügend ansehen: Das Millimeternetz ist nämlich oft verzerrt, was zu Fehlern bei der Aufzeichnung des Nomogramms führt.

Zur Konstruktion von krummlinigen Skalen und Netzen wird auf dem Papier, innerhalb des Feldes, in dem sich später die Zeichnung befindet, ein Koordinatennetz eingetragen. Die Linien dieses Netzes werden aller 50 mm gezogen, was vollständig zur Konstruktion der Punkte mit Hilfe ihrer Koordinaten ausreicht. Die notwendigen Abstände bei der Konstruktion der Punkte werden von diesen Koordinatenlinien aus abgetragen. Die Konstruktion des Koordinatennetzes muß mit größter Sorgfalt geschehen und wird in folgender Reihenfolge durchgeführt: Zunächst werden zwei zueinander senkrechte Geraden eingezeichnet. Dann zieht man zu ihnen in 50 mm Abstand parallele Geraden. Man darf die parallelen Geraden nicht einzeichnen, indem man die Reißschiene, den Rand des Zeichenbrettes oder ein Winkelmaß benutzt. Um die zur gegebenen Geraden parallelen Geraden einzuzeichnen, trägt man auf der zu ihr senkrechten Geraden mittels Stechzirkels Abschnitte gleicher Länge ab und legt durch deren Endpunkte Geraden, die damit der gegebenen parallel sind. Wenn das auf diese Weise konstruierte Netz auch nicht aus streng zueinander senkrechten Geraden besteht, so ist doch die Parallelität der Geraden gesichert: ersteres ist für die Konstruktion des Nomogramms unwesentlich, letzteres aber ist unbedingt notwendig.

Zur Messung der Abstände muß man ein genügend genaues und geeignetes maßstäbliches Lineal verwenden. Zum Beispiel die Millimeterskalen an Rechenschiebern.

Nachdem man die Träger der Skalen eingezeichnet und die Kurvenpunkte der Netze und Binarskalen berechnet hat, kann man darangehen, die Zwischenpunkte auf den Skalen der Hauptkurven der Netze einzutragen, um die Zwischenlinien zu konstruieren. Hierbei macht man Gebrauch von der quadratischen graphischen Interpolation. Sie besteht kurz in folgendem[1]).

Gegeben sei eine Skala der Variablen x (Fig. 84). Auf ihr sind die Punkte mit den Argumenten x_1, x_2, x_3 usw. eingetragen (die verschieden langen Abschnitte $x_2 - x_1$, $x_3 - x_2$ usw. sind untereinander gleich). Man soll Zwischenpunkte eintragen. Wir bezeichnen die Längen der entsprechenden Teilungen mit Δ: die Länge der Teilung zwischen den Punkten x_1 und x_2 bezeichnen wir mit Δ_1, die Länge der Teilung zwischen den Punkten x_2 und x_3 bezeichnen wir mit Δ_2 usw. Die Differenzen der Teilstrichabstände benachbarter Teilungen nennen wir $\Delta^{(2)}$; im besonderen heißt dann $\Delta_2 - \Delta_1 = \Delta_1^{(2)}$. Um Zwischenpunkte zu konstruieren, muß man zunächst die gegebene Teilung der Länge nach in gleiche Teile zerlegen, deren Anzahl der Zahl der notwendigen Punkte entspricht, dann verschieben wir die gefundenen Punkte nach der Richtung, in der die Teilstrichabstände der Teilungen abnehmen (in Richtung fallender

1) I. N. Denissjuk: „Vereinfachtes Konstruktionsverfahren von ungleichförmigen Skalen", ОНТИ, 1934 (russ.).

Charakteristik der Skala) auf gewisse, ganz bestimmte Abstände. Diese Abstände hängen ab von der Zahl der einzuzeichnenden Zwischenteilungen. Bei einer Einteilung in zwei Teile wird die Mitte der Teilung um die Größe $\frac{1}{8}\Delta_1^{(2)}$ (Fig. 84a) verschoben eingetragen. Bei einer Teilung in drei Teile werden der erste und zweite Punkt um die Größe $\frac{1}{9}\Delta_1^{(2)}$ verschoben eingetragen (Fig. 84b). Bei einer Einteilung in vier Teile werden der erste und dritte Punkt um $0{,}1\,\Delta_1^{(2)}$ und der zweite Punkt um $\frac{1}{8}\Delta_1^{(2)}$ verschoben eingetragen (Fig. 84c). Teilt man den Abschnitt in fünf Teile ein, so wird der erste und vierte Punkt um $0{,}08\,\Delta_1^{(2)}$ und der zweite und dritte Punkt um $\frac{1}{8}\Delta_1^{(2)}$ verschoben eingetragen (Fig. 84d).

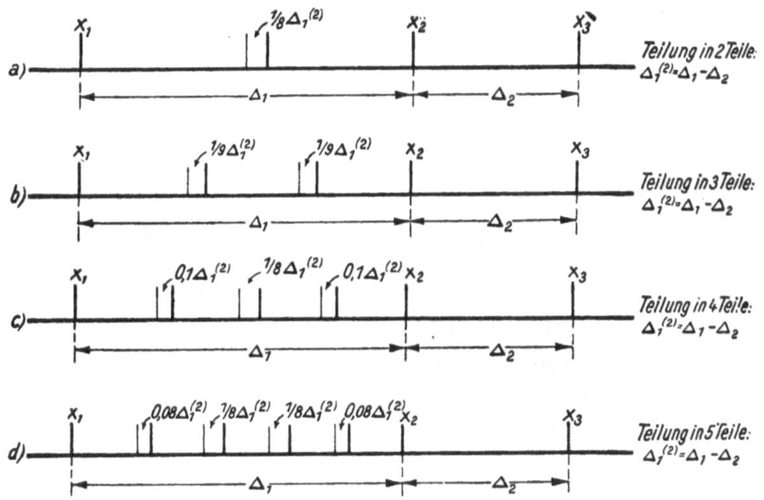

Fig. 84.

Das angegebene Verfahren eignet sich in gleicher Weise sowohl für krummlinige Skalen als auch für geradlinige, weil die (angenäherte) Messung der Längen auf einer Kurve, wenn sie klein sind, keine Schwierigkeit bereitet.

Besondere Aufmerksamkeit muß der Formgebung der Zeichnung gewidmet werden. Die Striche auf den Skalen und die Kurven in den Netzen und Binarskalen dürfen nicht zu häufig und auch nicht zu selten sein. Die Abstände zwischen zwei benachbarten Strichen dürfen nicht größer als 5 mm und nicht kleiner als 2 mm sein (wenn eine Interpolation ausgeschlossen ist, kann man Teilungen bis zu einem Teilstrichabstand von 1 mm zulassen). Die Abstände zwischen zwei benachbarten Linien dürfen nicht kleiner als 4—5 mm und nicht größer als 10 mm sein. Die kurzen Striche können 2 mm und die langen bis 5 mm lang sein. Alle Striche haben die gleiche Dicke. Die Dicke der Skalenträger kann 0,2—0,3 mm betragen, die Strichdicke etwa 0,15—0,2 mm. Die Dicke der

Linien in den Netzen und Binarskalen ist bei den gewöhnlichen 0,2 mm und bei den hervorgehobenen Linien 0,3 mm. Die passendste Größe der Ziffern beim Eintragen der Argumente der Punkte und Linien ist 2,5 mm nach ГОСТ (staatlicher Norm) 3454-46. Für die Bezeichnungen an den Skalen benutzt man besser eine Schrifthöhe von 3,5 mm nach derselben Norm.

Man muß es tunlichst vermeiden, irgendwelche Erläuterungen oder sogar Formeln[1]) auf den Zeichnungen der Nomogramme anzubringen[2]), sondern man sollte sich damit begnügen, die Benutzungsanweisung des Nomogramms, den Schlüssel und die Bezeichnungen an den Skalen anzugeben, d. h., die Benennung der Variablen der Skalen und ihre Dimensionsbezeichnungen. Es ist unbedingt notwendig, die Dimension jeder der Variablen anzugeben, weil sonst grobe Fehler dadurch entstehen können, daß man die Werte der Variablen nicht in den Einheiten einsetzt, wie sie bei der Konstruktion des Nomogramms gewählt wurden. Alle überflüssigen Bezeichnungen auf einem Nomogramm erschweren dessen Gebrauch: machen die Zeichnung eines Nomogramms „undeutlich", ermüden den, der Ablesungen am Nomogramm macht und überdecken die geometrische Struktur eines Nomogramms.

Wenn man das Nomogramm in vergrößertem Maßstab zwecks einer späteren photographischen Verkleinerung aufzeichnet, müssen alle vorgeschriebenen Ausmaße in entsprechender Weise vergrößert werden, damit sie nach der Verkleinerung die gewünschte Größe annehmen. Dies bezieht sich unmittelbar auch auf Nomogramme, die in Büchern und Zeitschriften abgedruckt werden. Die Zeichnung solcher Nomogramme muß unter Berücksichtigung ihrer endgültigen Größe im Text ausgeführt werden.

Man kann Nomogramme auf typographischem und photographischem Wege sowie durch Anfertigung von Blaupausen vervielfältigen. Der typographische und der photographische Weg haben viel gemeinsam, weil das Klischee beim Druck ebenfalls auf photographischem Wege hergestellt wird. Bei der Photographie eines Nomogramms können einige Abweichungen dadurch auftreten, daß die Zeichenebene zur Ebene der photographischen Platte nicht parallel ist. Aber Abweichungen dieser Art sind für eine Fluchtlinientafel nicht gefährlich, da sie nur zu einer bestimmten projektiven Abbildung des Nomogramms führen, was völlig zulässig ist. Viel schlimmer sind nichtlineare Abweichungen, die durch schlechte optische Eigenschaften des Objektives hervorgerufen werden. Aber diese Verzerrungen sind ziemlich selten. Eine Vervielfältigung von Nomogrammen mit Hilfe von Blaupausen ist jedoch nicht zu empfehlen. Der Nachteil eines solchen Nomogramms auf einer Blaupause ist die Undeutlichkeit der Zeichnung, ihre unordentliche Form, die nicht dazu geeignet ist, die Lösungen mit der notwendigen Genauigkeit zu liefern.

---

1) Der Herausgeber der deutschen Übersetzung kann sich diesem Gedanken nicht anschließen.

2) Auf fast allen Nomogrammen, die diesem Buche beigefügt sind, sind die Gleichungen eingetragen, die durch die Nomogramme dargestellt werden. Dies wurde deshalb gemacht, damit man die Nomogramme untereinander bequem vergleichen kann.

§ 42. Die Überprüfung des Nomogramms

Ein Nomogramm kann man erst dann als fertig ansehen, nachdem man es einer sorgfältigen Kontrolle unterzogen hat.

Die Prüfung eines Nomogramms besteht darin, daß man eine Reihe von Beispielen aufstellt, die man einmal nach der nomographierten Formel, zum anderen Mal an Hand des Nomogramms ausrechnet. Es ist zu empfehlen, dies von verschiedenen Personen ausführen zu lassen. Die Beispiele zur Kontrolle sollen aber nicht mit Rücksicht darauf zusammengestellt werden, ob diese Werte in Wirklichkeit vorkommen, sondern von dem Gesichtspunkte aus, sich vollkommene Klarheit über die Genauigkeit der Konstruktion des Nomogramms zu verschaffen. Es müssen demnach Beispiele sein, die verschiedene Teile der Skalen und Netze erfassen, Beispiele, die alle möglichen und sich stark unterscheidenden Lagen der Lösungsgeraden liefern, worunter sich auch Beispiele befinden müssen, deren Lösungsgeraden sich mit der Lösungsskala und mit den Skalen der gegebenen Größen unter einem spitzen Winkel schneiden.

Das Ergebnis der Kontrolle wird in eine Tafel eingetragen, die es gestattet, die Genauigkeit der Konstruktion des Nomogramms zu beurteilen. Liegt die Genauigkeit der Lösung innerhalb der für die gegebenen Ausmaße des Nomogramms zulässigen Grenzen, so kann das Nomogramm dem Gebrauch übergeben werden.

Die Gleichungen der Skalen und Netze eines Nomogramms, die Tafel mit den Berechnungen der Skalen und Netze, die Tafel der Untersuchungsergebnisse, die Hinweise auf die Grenzen der Genauigkeit der Lösung, die Gebrauchsanweisung des Nomogramms — alles dies gehört in den Paß eines Nomogramms. Dieser Paß ist das Dokument, das dem Nomogramm erst die Existenzberechtigung gibt.

Das Nomogramm muß von einem Aktennotizzettel begleitet werden, in dem folgende Angaben enthalten sein müssen: die nomographierbare Gleichung mit Wiederholung der Dimensionsbezeichnungen aller Variablen, eine genaue Gebrauchsanweisung des Nomogramms mit einigen Lösungsbeispielen und ein Hinweis auf die Genauigkeit des nach dem Nomogramm erhaltenen Ergebnisses.

8. KAPITEL

DIE UMWANDLUNG VON NOMOGRAMMEN

Es ist nicht möglich, Qualitätsnomogramme zu entwickeln, ohne in ihrem Konstruktionsprozeß Umformungen vorzunehmen.

In den Kapiteln 9, 10 und 11 werden die praktischen Konstruktionsverfahren von Nomogrammen dargelegt, die unmittelbar eine Umformung der Nomogramme zulassen. Die hier beschriebenen Methoden gründen sich auf die Benutzung der vom Autor vorgelegten Netze für die Umwandlung von Nomogrammen und der Skelette für Nomogramme der Gleichungen dritter nomographischer Ordnung[1]).

Im vorliegenden Kapitel wird eine kurze Darlegung der Prinzipien der Konstruktion von Netzen und Skeletten gegeben, dann werden zwei Variante eines Netzes angeführt, das in den zitierten Arbeiten mit AA bezeichnet wurde, außerdem wird eines der Skelette gebracht. Diesem wird eine kurze Darlegung der wesentlichen Eigenschaften der projektiven und der affinen Umformung der Ebene vorausgeschickt, ohne deren Kenntnis es unmöglich ist, mit Erfolgen bei der Konstruktion von Nomogrammen zu rechnen.

Am Schluß des Kapitels werden für eine Reihe von Sonderfällen die Methoden gezeigt, wie man die beste Umformung einer Skala zu einer gleichförmigen oder einer logarithmischen Form ermittelt[2]).

§ 43. Die projektive Umformung der Ebene (Projektive Verzerrung)

Im § 11 im 2. Kapitel wurde eine Definition der projektiven Umformung der Ebene gegeben und eine konstruktive Methode aufgezeigt, wie man sie ausführt, nämlich auf dem Wege aufeinanderfolgender Projektionen. Wir wollen kurz die wichtigsten Eigenschaften der projektiven Umformung und die Eigenschaften der projektiven Ebene wiederholen.

---

1) Eingehender und ausführlicher siehe: 1. M. W. Pentkowski: „Projektive Umwandlung von Nomogrammen", Wissenschaftliche Notizen der Moskauer Staatlichen Universität, Ausgabe 28, 1939. 2. Vom selben Autor: „Projektive Umwandlung von Nomogrammen", ОНТИ, 1937. 3. Vom selben Autor: „Nichtprojektive Umformungen von Nomogrammen für Gleichungen dritter nomographischer Ordnung", Vorträge der Akademie der Wissenschaften der UdSSR, Band 62, 5, 1948 (russ.).

2) Genaueres siehe: M. W. Pentkowski: „Die nomographische Methode bei der Ermittlung der besten Umformung von geradlinigen Skalen", Vorträge der Akademie der Wissenschaften der UdSSR, Band 66, 3, 1949 (russ.).

Die projektive Umformung, die zwischen den Punkten zweier Ebenen eine Zuordnung herstellt, ist eine umkehrbar eindeutige Punktabbildung, d. h., jedem Punkt der ersten Ebene entspricht ein einziger Punkt der zweiten Ebene und jeder Punkt der zweiten Ebene ist das Abbild eines einzigen Punktes der ersten Ebene. Jede Gerade der ersten Ebene geht bei der projektiven Umformung in eine Gerade der zweiten Ebene über.

Eine projektive Umformung ist nur auf der projektiven Ebene und im projektiven Raum möglich. Die Haupteigenschaften der projektiven Ebene sind folgende:

a) Eine Gerade auf der projektiven Ebene ist abgeschlossen, d. h., ein Punkt teilt eine Gerade nicht in zwei Teile.

b) Die Gerade teilt die Ebene nicht in zwei Teile, d. h., die projektive Ebene ist abgeschlossen.

c) Zwei Geraden in einer Ebene schneiden sich immer.

Man kann sich eine Vorstellung von der projektiven Ebene machen, wenn man die euklidische Ebene, von der man gewöhnlich eine Vorstellung besitzt, durch die sogenannten unendlich fernen Elemente ergänzt. Wir werden annehmen, daß dadurch zu den gewöhnlichen Punkten ein Punkt hinzugefügt wird, der allen zu dieser Geraden parallelen Geraden gemeinsam ist, aber keinen anderen Geraden angehört. Wir nennen ihn den unendlich fernen Punkt der Geraden. Wir werden annehmen, daß es auf der Geraden einen unendlich fernen Punkt gibt, der die Gerade zu einer abgeschlossenen Geraden macht. Wir wollen ferner annehmen, daß der geometrische Ort der unendlich fernen Punkte einer Ebene eine unendlich ferne Gerade ist. Wir setzen voraus, daß hinsichtlich der projektiven Umformung die unendlich fernen Elemente den übrigen Elementen der Ebene gleichwertig sind.

Aus der Bedingung der Abgeschlossenheit einer Geraden folgt, daß man einen Punkt auf dem Wege der projektiven Umformung die ganze Gerade beschreiben lassen kann, wobei er, wenn er sich aus der Anfangslage heraus nach rechts bewegte, von links her wieder erscheint.

Aus der Eigenschaft, daß sich jedes Geradenpaar schneidet, folgt, daß auf dem Wege der projektiven Umformung ein beliebiges Geradenpaar in parallele Geraden überführt werden kann und der unendlich ferne Punkt paralleler Geraden in einen endlichen Abstand gebracht werden kann.

Um die projektive Umformung praktisch verwirklichen zu können, ist es notwendig, zu wissen, wie sie sich in analytischer Form ausdrückt: Zeichnet man auf der Ebene π ein cartesisches Koordinatensystem xoy und auf der Ebene π' ein cartesisches Koordinatensystem $x'o'y'$, so hat die projektive Abbildung der Ebene π auf die Ebene π' in der Koordinatenform die Gestalt:

$$\left.\begin{aligned} x' &= \frac{\alpha_{11}x + \alpha_{12}y + \alpha_{13}}{\alpha_{31}x + \alpha_{32}y + \alpha_{33}}, \\ y' &= \frac{\alpha_{21}x + \alpha_{22}y + \alpha_{23}}{\alpha_{31}x + \alpha_{32}y + \alpha_{33}}, \end{aligned}\right\} \tag{8.1}$$

wobei x und y die Koordinaten der Punkte der Ebene π, x' und y' die Koordinaten der Punkte der Ebene π' und a_{ik} — neun konstante Koeffizienten sind[1]). Die Koeffizienten unterliegen der Bedingung

$$\begin{vmatrix} a_{11} & a_{12} & a_{13} \\ a_{21} & a_{22} & a_{23} \\ a_{31} & a_{32} & a_{33} \end{vmatrix} \neq 0.$$

Die Abbildung ist durch acht Parameter bestimmt, weil man Zähler und Nenner beider Brüche durch einen der Koeffizienten des Nenners, der verschieden von Null ist, dividieren kann. Sind die Parameter der Umformung gegeben, so kann man zu jedem Punkt der Ebene π, dessen Koordinaten bekannt sind, nach den Formeln (8.1) die Koordinaten des ihm auf der Ebene π' entsprechenden Punktes finden. Auf diese Weise kann man zu jeder Figur der Ebene π die ihr in der gegebenen projektiven Umformung auf der Ebene π' entsprechende Figur konstruieren.

Man kann die projektive Umformung angeben, wenn man für vier gegebene Punkte der Ebene π vier Punkte auf der Ebene π' aufgezeigt hat, in die bei der Umformung die vier gegebenen Punkte übergehen müssen. Dies genügt zur Bestimmung der acht Parameter der Umformung, allerdings unter der Bedingung, daß nicht drei Punkte von den gegebenen vier Punkten auf einer Geraden liegen (natürlich unterliegen auch die vier Punkte auf der zweiten Ebene dieser Bedingung). Setzen wir in (8.1) auf der rechten Seite die Koordinaten eines gegebenen Punktes und in die linken Seiten die Koordinaten des ihm entsprechenden Punktes ein, so erhalten wir acht Gleichungen, für jeden Punkt und dem ihm entsprechenden Punkt zwei, aus denen man die acht Parameter der Abbildung errechnen kann.

Man muß nicht unbedingt die projektive Umformung als eine Umformung betrachten, die mit der Übertragung einer Figur von einer Ebene auf eine andere verbunden ist. Man kann annehmen, daß die Figuren, indem sie ihre Form verändern, bei der Abbildung in derselben Ebene bleiben. Konstruktiv kann man dies so durchführen, daß man einfach die Ebenen, die einander projektiv zugeordnet sind, zusammenlegt. Bei der analytischen Umformung der Ebene nach den Formeln (8.1) kann man annehmen, daß (x, y) und (x', y') die Koordinaten von Punkten ein und derselben Ebene sind und daß die Koordinaten der Punkte vor und nach der Umformung einander durch dasselbe Koordinatensystem bestimmt sind, d. h. daß die Systeme xoy und $x'o'y'$ zusammenfallen.

Die Umformung, bei der Punkte einer Ebene wieder in Punkte derselben Ebene übergehen, heißt *Abbildung der Ebene auf sich selbst.* Im folgenden wollen wir nur die Abbildung der Ebene auf sich selbst betrachten. Bei der projektiven Abbildung der Ebene auf sich selbst werden einige Punkte und einige Geraden der Ebene in sich selbst abgebildet, d. h. sie bleiben fest, werden nicht verändert. Solche Elemente heißen *invariante Elemente der Abbildung.* Wenn man die Abbildung der Ebene auf sich selbst untersucht, kann man die invarianten Elemente der Abbildung finden. Es zeigt sich, daß im allgemeinen *drei Punkte der Ebene*

1) Glagolew, Th. Gr. No., Seite 199 (russ.).

invariant bleiben. Die Geraden, die durch jedes Paar von invarianten Punkten hindurchgehen, bleiben *invariante Geraden* der Abbildung (auf jeder solchen Geraden gibt es zwei invariante Punkte, die übrigen Punkte der invarianten Geraden werden sich bei der Abbildung an einen anderen Ort auf dieser Geraden begeben). Mit anderen Worten, im Allgemeinfall hat die projektive Abbildung ein *invariantes Dreieck.* In Sonderfällen können zwei der invarianten Punkte imaginär werden, zwei oder sogar alle drei invarianten Punkte können zusammenfallen. Es ist auch der Fall möglich, daß alle Punkte einer invarianten Geraden invariante Punkte sind, die Gerade ist dann *punktinvariant.* Entsprechend können zwei von den drei invarianten Geraden imaginär werden, zwei oder alle drei invariante Geraden können zusammenfallen. Im Falle der punktinvarianten Geraden kann man ein Bündel invarianter Geraden bekommen[1]). Einige der starren Elemente der Umformung können unendlich ferne Elemente sein.

Bei der Umwandlung von Nomogrammen kann man immer drei beliebigen Punkten eines Nomogramms eine von vornherein gegebene Lage zuweisen: so kann man z. B. den Anfang und das Ende einer der Skalen und den Anfang einer zweiten Skala angeben, und im folgenden die Umformungen des Nomogramms betrachten, bei denen diese Punkte festbleiben, d.h., bei der Umformung von Nomogrammen kann man sich auf die Umformungen der ersten Art mit drei verschiedenen reellen invarianten Punkten beschränken.

Dieser Umstand erleichtert bedeutend die Aufgabe, die projektive Umformung der Ebene zu untersuchen, weil ja sechs der acht Parameter der Abbildung bekannt sind, wenn von der Umformung drei feste Punkte gegeben sind. Die dann folgende Umformung hängt nur noch von zwei Parametern ab.

Den zwei noch bleibenden Parametern der Abbildung kann man einen ganz einfachen geometrischen Sinn geben, wenn man nämlich von den analytischen Ausdrücken der Abbildung in cartesischen Koordinaten zu einem Ausdruck der Abbildung in einem besonderen Koordinatensystem (ξ, η) übergeht. Im Koordinatensystem (ξ, η) hat die projektive Abbildung mit dem gegebenen invarianten Dreieck die Gestalt

$$\left.\begin{aligned} \xi' &= \xi + \alpha, \\ \eta' &= \eta + \beta, \end{aligned}\right\} \tag{8.2}$$

wobei (ξ, η) die Koordinaten der Punkte der Ebene vor der Umformung (ξ', η') die Koordinaten der Punkte der Ebene nach der Umformung und α und β die Parameter der Umformung sind.

Eine Umformung der Ebene, bei der sich die Koordinaten der Punkte nach solch einem Gesetz ändern, stellt sich geometrisch dar als eine Verschiebung aller Punkte der Ebene um die Größe α entlang der Koordinatenlinien $\eta = \text{const.}$ und um eine Größe β entlang der Koordinatenlinien $\xi = \text{const.}$ Wir werden diese Umformung *Bewegung* nennen in Analogie zur Umformung derselben Form in einem cartesischen Koordinatensystem, die der Bewegung auf der Ebene im gewöhnlichen Sinne des Wortes entspricht.

---

1) N. A. Glagolew, Th. Gr. No., Seite 209f. (russ.).

Das Koordinatennetz des Koordinatensystems (ξ, η) werden wir im folgenden einfach *Netz zur Umwandlung der Nomogramme* nennen. Ehe wir zu einer eingehenderen Betrachtung der Abbildung auf Netzen übergehen, wollen wir noch einen Augenblick bei einer besonderen Form der projektiven Umformung verweilen, die man affine Umformung nennt. Bei der Konstruktion eines Nomogramms auf einem Netz oder einem Skelett muß man immer die Möglichkeit der folgenden affinen Abbildung im Auge haben, was manchmal zu einer weiteren wesentlichen Vereinfachung eines Nomogramms führen kann.

§ 44. Die affine Abbildung der Ebene

Der Sonderfall der projektiven Umformung, bei der eine unendlich ferne Gerade der Ebene fest (invariant) bleibt, heißt *affine Abbildung.*

Die analytische Form der affinen Abbildung hat die Gestalt

$$\begin{aligned} x' &= a_{11}x + a_{12}y + a_{13}, \\ y' &= a_{21}x + a_{22}y + a_{23}, \end{aligned} \qquad \begin{vmatrix} a_{11} & a_{12} \\ a_{21} & a_{22} \end{vmatrix} \neq 0, \tag{8.3}$$

wobei x und y die Koordinaten der Punkte der Ebene π bedeuten, x' und y' die Koordinaten der Punkte der Ebene π', in die die Ebene π abgebildet wird, sind. Dabei sind a_{ik} die sechs Parameter der Umformung.

Wir wollen die affine Abbildung der Ebene auf sich selbst betrachten. Wenn sich die Parameter a_{ik} ändern, kann die Ebene einer der folgenden Umformungen unterworfen werden[1]):

a) Gleitung und Drehung in sich selbst, ohne daß sich die gegenseitige Lage ihrer Elemente und ihre Ausmaße ändern;

b) Drehung um irgendeine Gerade;

c) Ähnlichkeitsumformung;

d) Stauchung oder Streckung in irgendeiner Richtung.

Die ersten drei Arten der Umformung ändern nicht die Gestalt des Nomogramms. Eine Umwandlung der vierten Art kann das Nomogramm bedeutend verbessern. In Fig. 85 sind einige Beispiele der Stauchung eines Schachbrettes in verschiedenen Richtungen gezeigt, die gut die geometrischen Besonderheiten dieser Umformungen zeigen. Die ursprüngliche Zeichnung des Schachbrettes ist mit dem Buchstaben a bezeichnet.

Das Ergebnis der *Stauchung in Richtung der x-Achse* ist mit dem Buchstaben b) bezeichnet. Die Gleichungen einer solchen Umformung haben die Gestalt

$$x' = \lambda x,$$
$$y' = y,$$

wobei λ der Parameter der Abbildung ist, der die *Stauchung* angibt, wenn er kleiner als 1 ist und der eine *Streckung* angibt, wenn er größer als 1 ist.

Die Achsen des Koordinatensystems, in dem die Umformung durchgeführt wird, sind in der Figur dargestellt.

---

1) B. N. Delone und D. A. Raikow: „Analytische Geometrie, I", Kapitel II, Staatlich-technischer Verlag, 1948 (russ.).

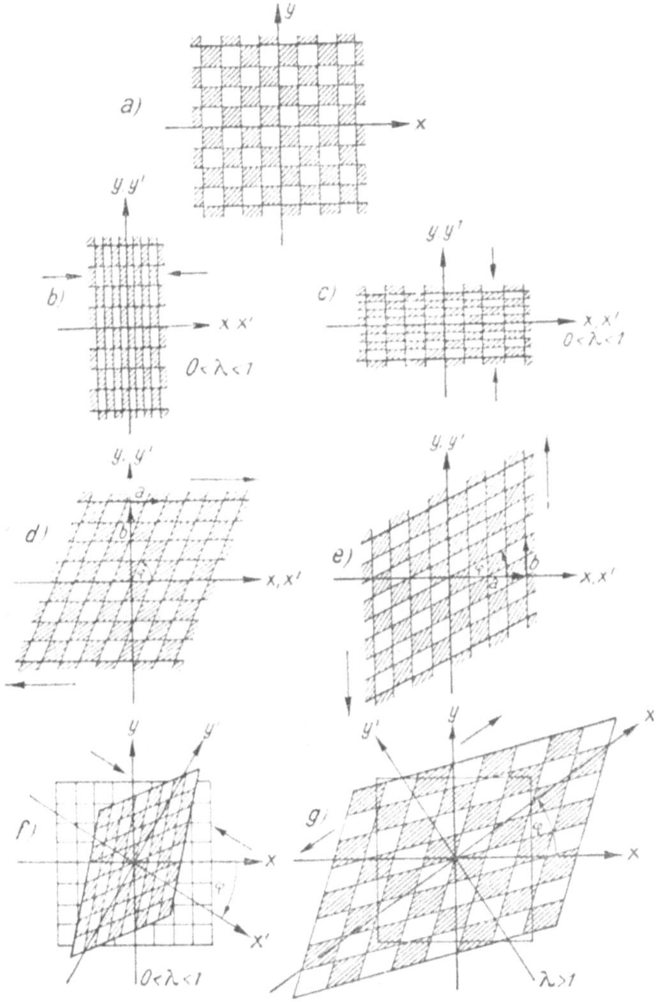

Fig. 85.

Das Ergebnis einer *Stauchung in Richtung der* y-Achse ist mit dem Buchstaben c) bezeichnet.

Die Gleichungen einer solchen Umformung haben die Gestalt

$$x' = x,$$
$$y' = \lambda y,$$

wobei λ der Parameter der Abbildung ist, der denselben Sinn hat, wie im ersten Fall.

Mit den Buchstaben d und e sind zwei besondere Fälle der Stauchung bezeichnet, die man besser *Schub* nennen würde, im ersten Falle parallel zur x-Achse und im zweiten Falle parallel zur y-Achse. Beim Schub ändert sich nur eine Koordinate, die andere bleibt unverändert.

Die Gleichungen der Umformung beim *Schub längs der x-Achse* haben die Gestalt

$$\left.\begin{aligned} x' &= x + y \operatorname{ctg} \varphi, \\ y' &= y, \end{aligned}\right\} \tag{8.4}$$

wobei φ der Neigungswinkel der vertikalen Geraden nach dem Schub ist. An Stelle von $\operatorname{ctg} \varphi$ kann man den ihm gleichen Ausdruck $\frac{a}{b}$ schreiben, wobei a die Größe des Schubes im Abstand b von der x-Achse ist. Die Abschnitte a und b haben die Richtungen der Koordinatenachsen, d. h., daß man bei der Berechnung des Verhältnisses $\frac{a}{b}$ ihre Vorzeichen berücksichtigen muß.

Die Gleichungen bei *einem Schub längs der y-Achse* haben die Gestalt

$$\left.\begin{aligned} x' &= x, \\ y' &= y + x \operatorname{tg} \varphi, \end{aligned}\right\} \tag{8.5}$$

wobei φ der Neigungswinkel der horizontalen Geraden nach dem Schub mit der x-Achse ist. An Stelle $\operatorname{tg} \varphi$ kann man auch den ihm gleichen Ausdruck $\frac{b}{a}$ einsetzen, wobei b die Größe des Schubes längs der y-Achse im Abstand a von ihr ist. Bei der letzten Umformung von Nomogrammen wird sehr oft der Schub angewandt.

Das Resultat einer *Stauchung in beliebiger Richtung*, die mit der x-Achse den Winkel φ bildet, ist in Fig. 85 f gezeigt. In Fig. 85 g ist das Resultat einer *Streckung in beliebiger Richtung*, die durch den Winkel φ bestimmt wird, dargestellt. Der Winkel wird im Gegenuhrzeigersinn positiv gerechnet. Die Gleichungen dieser Abbildung haben die Form

$$\left.\begin{aligned} x' &= \lambda\,(y \sin \varphi + x \cos \varphi), \\ y' &= y \cos \varphi - x \sin \varphi, \end{aligned}\right\} \tag{8.6}$$

wobei φ der Winkel ist, der die Richtung der Stauchung oder der Streckung bestimmt, λ der Parameter, der die Größe der Stauchung ($\lambda < 1$) oder der Streckung ($\lambda > 1$) bestimmt.

Bei der Bestimmung der Parameter der affinen Abbildung ist keine große Genauigkeit notwendig, und ihre Werte findet man gewöhnlich nach der Zeichnung; im besonderen kann man den Winkel φ mit dem Winkelmesser bestimmen und im folgenden die Werte der trigonometrischen Funktionen dieses Winkels abrunden.

§ 45. Das Netz mit einem festen Dreieck und die Umwandlung auf diesem Netz

In Fig. 86 ist ein Netz dargestellt, das die projektive Umformung der Ebene bei einem gegebenen invarianten Dreieck wiedergibt. Auf dem Netz betrachtet man eine projektive Umformung, bei der die Spitzen und die Seiten des Dreieckes MNP festbleiben. Die Seiten des Dreieckes teilen die Ebene in vier voneinander getrennte Teile, nämlich in vier Dreiecke, auf. Diese Dreiecke sind schematisch in Fig. 87 dargestellt. Das Dreieck Nr. 1 befindet sich ganz auf der Zeichnung. Das Dreieck Nr. 2 hat die Seiten $M \infty P$, $N \infty P$ und MN, enthält

Fig. 86.

also Punkte der unendlich fernen Geraden und ist auf der Figur auseinandergerissen[1]). In der Figur sind seine zwei Teile dargestellt: der Teil an der Spitze P und der Teil an der Spitze MN. Die Seiten der Dreiecke Nr. 3 und Nr. 4: $M \infty N$ und $M \infty P$, $M \infty N$ und $N \infty P$ enthalten auch unendlich ferne Punkte: die Dreiecke werden von der unendlich fernen Geraden geschnitten. In der Figur sind sie auch auseinandergerissen. Die Teile der Ebene, die ein und demselben Dreieck angehören, sind der Deutlichkeit halber in gleicher Weise schraffiert.

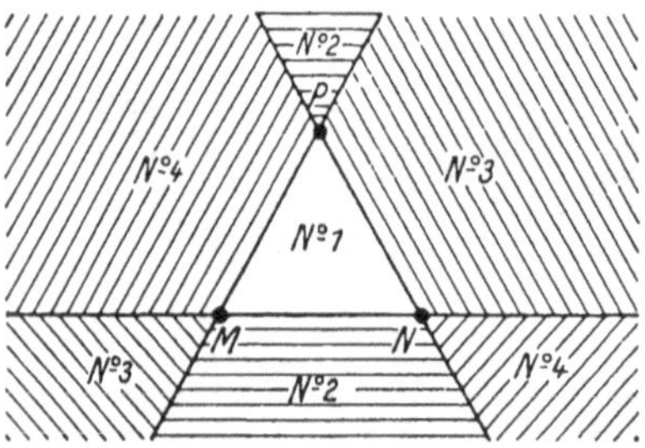

Fig. 87.

Die Koordinatenlinien des Netzes sind die Geraden der Bündel, die ihre Zentren in den Punkten M und N haben. Sie bilden in jedem der Dreiecke ihr Koordinatensystem (ξ, η). Die linke Spitze des Dreieckes (Fig. 88) ist das Zentrum des Bündels der Geraden η = const.; jede Gerade dieses Bündels ist mit einem bestimmten Wert η versehen. Die rechte Spitze des Dreieckes ist das Zentrum des Bündels der Geraden ξ = const. Jede Gerade dieses Bündels ist mit einem bestimmten Wert ξ versehen. Die Seiten des Dreiecks teilen jedes der Bündel der Koordinatengeraden in zwei Teile. In Fig. 89 ist der Teil des Bündels der Geraden η = const. eingetragen, der aus den Geraden besteht, die durch das Dreieck Nr. 1 und Nr. 3 gehen, durch ausgezogene Linien bezeichnet, der zweite Teil, der aus den Geraden besteht, die durch die Dreiecke Nr. 2 und Nr. 4 hindurchgehen, ist durch punktierte Linien gekennzeichnet. Die Argumentwerte für die Linien beider Teile wiederholen sich. Um die Möglichkeit zu haben, die Koordinatenlinien des einen Teils des Bündels von dem anderen Teil zu unterscheiden, werden wir im folgenden den Teil des Bündels, der durch das Dreieck Nr. 1 geht, *inneren* Teil nennen, und den Teil des Bündels, der durch das Dreieck Nr. 2 geht, die *äußeren* Teile des Bündels der Linien η = const. nennen (oder einfach Bündel η). Die Koordinaten, die sich auf das innere Bündel beziehen, nennen wir η, die Koordinaten, die sich auf das äußere Bündel beziehen, nennen wir $\overline{\eta}$. Dieselbe Terminologie werden wir auch hinsichtlich der Linien des Bündels ξ = const. beibehalten: den Teil des Bündels, der aus den Geraden besteht, die durch das Dreieck Nr. 1 gehen, werden wir den inneren Teil des Bündels ξ nennen; den Teil des Bündels, der aus den Geraden besteht, die durch das Dreieck Nr. 2 gehen, werden wir den äußeren Teil des Bündels der Geraden ξ nennen. Die Koordinaten, die sich auf das innere Bündel beziehen, bezeichnen wir mit ξ; die Koordinaten, die sich auf das äußere Bündel beziehen, nennen wir $\overline{\xi}$.

In der Zeichnung des Netzes (Fig. 86) sind in jedem der Bündel ξ und η aller 0,2 Schritte von — 2,0 bis 2,0 Linien aufgetragen. In der Nähe des Dreieckes MNP

1) Die Bezeichnung $M \infty P$ entspricht dem Teil der Geraden MP, der durch die Punkte M und P begrenzt wird und einen unendlich fernen Punkt enthält. Der Teil der Geraden, der durch die Punkte M und P begrenzt wird und keinen unendlich fernen Punkt enthält, wird einfach mit MP bezeichnet.

sind diese Linien nicht dargestellt. Hier liegen sie immer dichter und fließen praktisch mit den invarianten Geraden zusammen. Die Seiten des Dreieckes haben in den Koordinaten des Netzes die Gleichungen: $\eta = \infty$ — die Seite MP; $\xi = \infty$ — die Seite NP; $\eta = -\infty$; $\xi = -\infty$ die Seite MN. Die unendlich fernen Punkte auf den Seiten $M \infty P$ und $N \infty P$ haben die Koordinaten $\bar{\xi} = 0$ und $\bar{\eta} = 0$. Die Gleichung der unendlich fernen Geraden in den Koordinaten

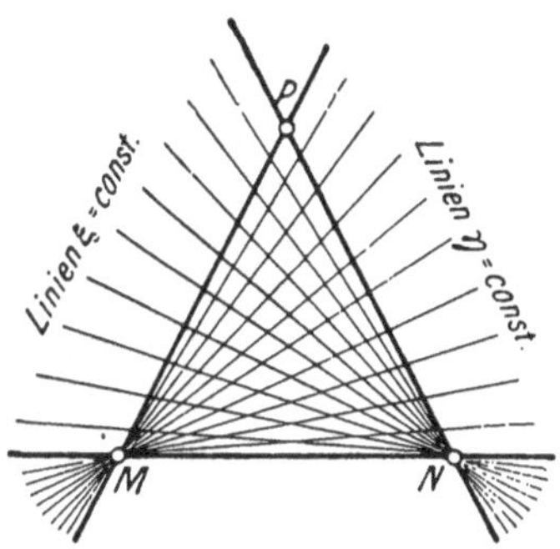

Fig. 88.

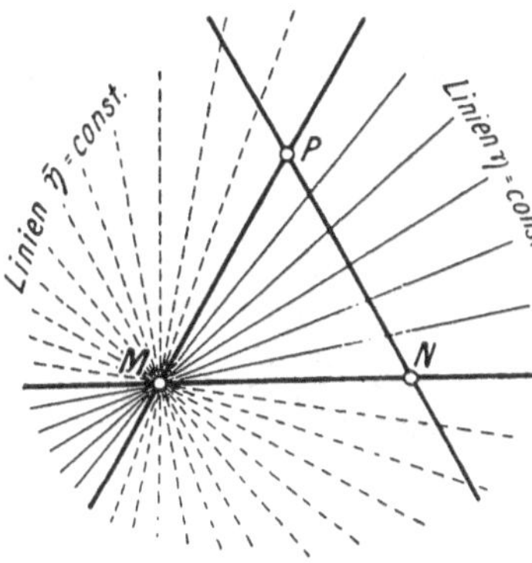

Fig. 89.

des Netzes ist $\bar{\xi} - \bar{\eta} = 0$. In dem Netz sind in schachbrettartiger Anordnung Teile ausgetuscht, deren Seiten in den Koordinaten des Netzes gleich 0,2 sind. In bezug auf das System (ξ, η) sind dies gleich große „Quadrate".

Die betrachtete Umformung kann zweierlei Art sein: Es kann eine *Bewegung* sein, wenn nämlich die Punkte jedes der Dreiecke in Punkte desselben Dreieckes übergehen, und es kann eine Abbildung sein, wenn die Punkte des einen Dreieckes in die Punkte eines anderen Dreieckes übergehen.

a) Die Umformung einer *Bewegung* hat im Koordinatensystem (ξ, η) die Gestalt

$$\xi' = \xi + \alpha,$$
$$\eta' = \eta + \beta,$$

wobei ξ und η die ursprünglichen Koordinaten eines Punktes und ξ' und η' die neuen Koordinaten des Punktes nach der Umformung mit den Parametern α und β sind. Im Koordinatensystem (ξ, η) hat die Bewegung dieselbe Gestalt wie die Bewegung im gewöhnlichen Sinne des Wortes in einem cartesischen Koordinatensystem. Der Charakter der Umformung der Ebene, wenn sich die Parameter der Umformung ändern, läßt sich leicht am Netz verfolgen.

Wenn sich nur der Parameter α ändert, so verändert sich bei den Punkten der Ebene nur die ξ-Koordinate, die η-Koordinate bleibt dabei unverändert. Die Punkte der Ebene können sich bei einer solchen Umformung nur entlang den Geraden des Bündels η bewegen, die ja selbst festbleiben. Die Geraden des Bündels ξ gehen bei einer Änderung des Parameters α ineinander über. Die Größe, um die sich jeder Punkt der Ebene aus seiner alten Lage entfernt, wird durch die Länge des Abschnittes bestimmt, dessen Argumentschritt ausgedrückt in Werten (der Veränderung) von ξ gleich der Größe des Parameters α ist. Fernerhin werden wir der Kürze halber immer von einer Verschiebung um den Abstand α sprechen. Weil die Linien auf dem Netz für gleiche Werte von ξ und η aufgetragen sind, so vermittelt die Schraffierung des Netzes eine anschauliche Vorstellung von den Größen der Verschiebungen der Punkte der Ebene in verschiedenen Teilen der Ebene bei gegebener Größe der Veränderung des Parameters der Abbildung. Die Fig. 90 gibt eine Vorstellung von der Richtung der Bewegung der Punkte der Ebene bei einer Vergrößerung und bei einer Verkleinerung von ξ (Parameter $\alpha > 0$ oder $\alpha < 0$). Hier muß man auch erwähnen, daß die Punkte der Seite des Dreieckes NP bei einer Änderung des Parameters α festbleiben.

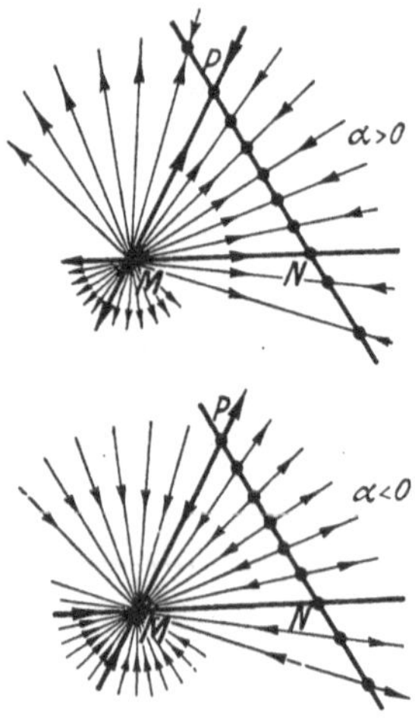

Fig. 90.

Ändert sich nur der Parameter β, so werden bei den Punkten der Ebene nur die η-Koordinaten andere (die Koordinate ξ bleibt unverändert), und die Punkte der Ebene werden sich bei einer solchen Umformung entlang den Geraden des Bündels ξ bewegen, die dabei festbleiben, bis sie sich auf diesen Geraden um den Abstand β aus ihrer Anfangslage entfernt haben. Die Geraden des Bündels η gehen bei einer Änderung des Parameters β ineinander über. Die Größe der Verschiebung jedes Punktes der Ebene kann ebenso wie bei der Veränderung des Parameters α nach dem Netz bestimmt werden. Die Fig. 91 gibt eine Vorstellung davon, in welcher Richtung sich die Punkte der Ebene verschieben, wenn sich η vergrößert oder verkleinert (Parameter $\beta > 0$ oder $\beta < 0$). Bei einer Änderung des Parameters β bleiben alle Punkte der Seite MP des Dreieckes fest.

Wenn sich beide Parameter ändern, so kann die Lage der Punkte nach der Umformung leicht an Hand des Netzes gefunden werden: dazu hat man nur jeden Punkt aus seiner ursprünglichen Lage entlang den Geraden η in eine Entfernung zu verschieben, deren Wert in ξ-Koordinaten gleich α ist und dann entlang den Geraden ξ in eine Entfernung, die in η-Koordinaten gleich β ist, d.h., man muß jeden Punkt auf die Abstände α und β verschieben.

Bringen wir auf das Netz irgendeine Figur, sagen wir ein Nomogramm, so können wir auf diese Weise ihre projektive Abbildung mit einem gegebenen invarianten Dreieck erhalten, wobei das Netz es gestattet, im voraus zu sagen, in welcher Richtung man eine Umformung durchführen muß, um die notwendige Formveränderung des Nomogramms zu erreichen. Man kann dies zweckmäßig so machen, daß man alle Punkte des Nomogramms entlang der Linien ξ und η um denselben Abstand verschiebt. Eingehender wollen wir uns mit dieser Operation bei den Beispielen für die Konstruktion von Nomogrammen auf Netzen in den Kapiteln 9 und 10 vertraut machen.

b) Die Umformung durch Spiegelung kann man folgendermaßen darstellen: Man denkt sie sich als eine Aufeinanderfolge des Sonderfalles der Abbildung, wenn die Punkte eines Dreieckes unter Beibehaltung ihrer Werte der Koordinaten ξ und η in die Punkte eines anderen Dreieckes übergehen sowie einer darauffolgenden Bewegung innerhalb des zweiten Dreieckes. Das Wesen der „Spiegelung" besteht darin, daß eine solche projektive Umformung möglich ist, bei der

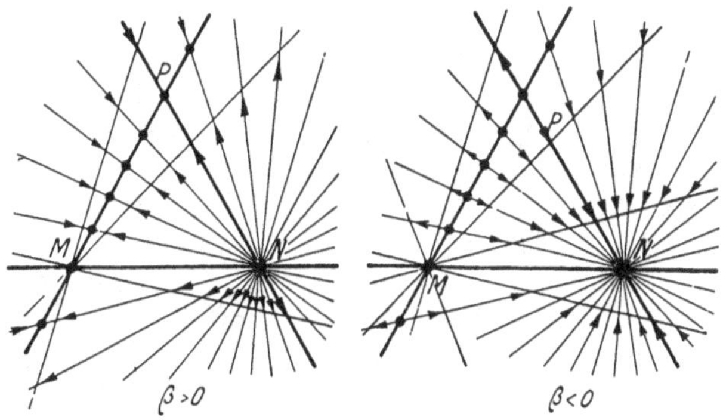

Fig. 91.

der innere Teil eines Bündels von Koordinatenlinien in den äußeren Teil und der äußere Teil in den inneren Teil übergeht, wobei dies entweder nur bezüglich eines der Bündel oder gleichzeitig bei beiden Bündeln stattfinden kann. In Fig. 92 ist ein Schema der Ebene mit dem festen Dreieck angegeben, in das die Koordinaten eingeschrieben sind, die jedem der einzelnen Teile der Ebene entsprechen. Bei einer Spiegelung im Bündel ξ wechseln diejenigen Teile der Ebene ihre Plätze, deren Koordinaten einerseits ξ, andererseits $\bar{\xi}$ waren. Die Zugehörigkeit der Punkte zu dem einen oder dem anderen Teil des Bündels η bleibt dabei erhalten. Auf diese Weise wird das Dreieck 1 in das Dreieck 4 und das Dreieck 3 in das Dreieck 2 abgebildet. Bei einer Spiegelung innerhalb des Bündels η jedoch wechseln diejenigen Teile der Ebene ihre Plätze, deren Koordinaten η und $\bar{\eta}$ waren. Diese Abbildungen und das in Fig. 92 angegebene Schema geben die Möglichkeit, die Abbildung eines gegebenen Dreieckes auf ein beliebiges, im voraus bestimmtes zu ermitteln. So muß man z. B., um das Dreieck 1 in das Dreieck 2 abzubilden, eine Spiegelung in beiden Bündeln durchführen. Dabei wird das Dreieck 3 in das Dreieck 4 abgebildet, weil die Koordinaten ξ und η des Dreieckes 3 in die entsprechenden Koordinaten ξ und $\bar{\eta}$ übergehen, die ja dem Dreieck 4 angehören.

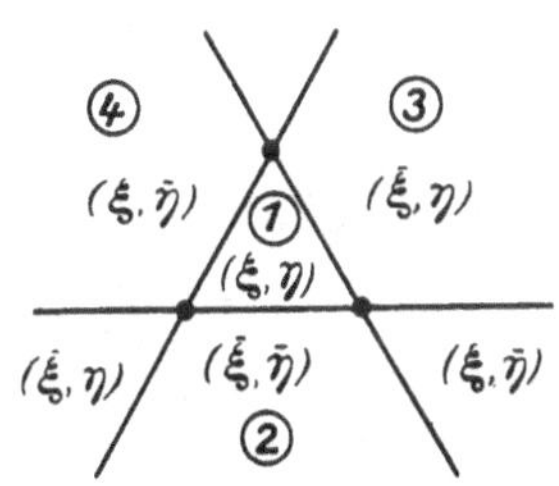

Fig. 92.

Legt man die Spitzen des festen Dreieckes in die Punkte $M\ (-H, 0)$, $N\ (H, 0)$ und $P\ (0, L)$, dann lauten die Gleichungen der Linien des Netzes in cartesischen Koordinaten wie folgt:

$$\frac{x}{H} + \frac{y}{L}(1 \pm 2 \cdot 10^{-\xi}) - 1 = 0, \quad \frac{x}{H} - \frac{y}{L}(1 \pm 2 \cdot 10^{-\eta}) + 1 = 0. \tag{8.7}$$

Fig. 93.

Die erste Gleichung liefert das Bündel der Linien $\xi = \text{const.}$, die zweite $-\eta = \text{const.}$ Das Pluszeichen entspricht den inneren und das Minuszeichen den äußeren Teilen der Bündel.

In der Beilage 2 wird ein Netz zur praktischen Umwandlung von Nomogrammen angegeben. Es unterscheidet sich von dem in Fig. 86 dargestellten dadurch, daß es in einem größeren Maßstab gezeichnet ist und daß auf ihm nur der Teil der Ebene dargestellt wurde, der innerhalb des Dreieckes und rechts von ihm liegt. Dies genügt gewöhnlich für die Konstruktion von Nomogrammen. Außer den Linien ξ und η sind noch Linien ζ in das Netz eingetragen, deren Gleichungen in den (ξ, η)-Koordinaten folgende Form haben:

$$\eta - \xi = \zeta.$$

Die Linien ζ können auch als Koordinatenlinien bei der Konstruktion von Nomogrammen auf einem Netz dienen. (Sie eignen sich besonders für die Gebiete, die längs der Geraden MN und innerhalb des Dreieckes MNP liegen.)

§ 46. Das Netz mit festen parallelen Geraden und die Abbildung auf diesem Netz

In Fig. 93 ist ein Netz für den Fall dargestellt, daß das invariante Dreieck eine Spitze im Unendlichen hat. Zwei Seiten des Dreieckes gehen dabei in parallele Geraden über.

Die invarianten Geraden werden auf dem Netz mit MP', NP' und MN bezeichnet. Die ersten beiden Geraden sind unter sich parallel, die dritte Gerade steht auf ihnen senkrecht. Die invarianten Geraden teilen die Ebene in vier Teile auf, was schematisch in Fig. 94 dargestellt wird. Die Numerierung der Teile der Ebene, die durch die invarianten Geraden begrenzt werden, fällt mit ihrer Numerierung im vorhergehenden Falle zusammen (Fig. 92). Die Teile der Ebene, die nicht durch invariante Geraden getrennt werden, sind mit einer Schraffierung in einer bestimmten Richtung versehen. Die Teile Nr. 1 und Nr. 2 sind zwischen die parallelen invarianten Geraden eingeschlossen und erstrecken sich bis ins Unendliche: der eine Teil nach oben, der andere nach unten. Die Teile Nr. 3 und Nr. 4 enthalten die unendliche ferne Gerade und sind auf der Figur zerrissen. Hier muß man vor allem darauf achten, daß der Teil der Ebene, der mit Nr. 4 bezeichnet wurde, links über der invarianten Geraden und rechts unter der invarianten Geraden liegt. Genauso liegt auch der Teil der Ebene, der mit Nr. 3 bezeichnet wurde: rechts befindet er sich über der invarianten Geraden und links unter der invarianten Geraden.

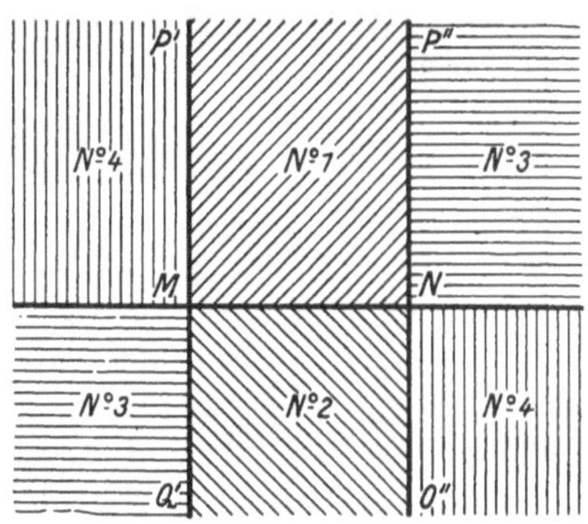

Fig. 94.

Das Netz besteht aus den Koordinatenlinien des Koordinatensystems (ξ, η). Die Koordinatenlinien sind Geraden. Sie bilden zwei Bündel, die ihre Zentren in den Punkten M und N (Fig. 95) haben. Der linke Punkt ist das Zentrum des Bündels für die Linien $\eta = \text{const.}$

Jedes der Bündel zerfällt in zwei Teile: einen inneren und einen äußeren. Die inneren Teile der Bündel bilden die Geraden, die durch das Gebiet Nr. 1 gehen. Die Argumentwerte für die Linien beider Teile wiederholen sich. Die Koordinaten, die den äußeren Teilen der Bündel entsprechen, werden wir durch einen Strich über ihren Werten kennzeichnen.

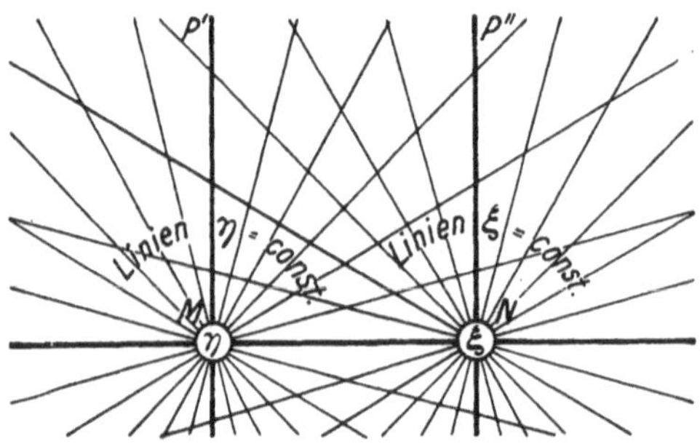

Fig. 95.

Auf dem Netz sind in schachbrettartiger Anordnung Teile schraffiert (Fig. 93), deren Seiten mit den Koordinatenlinien zusammenfallen und die ein und dieselbe „Länge" haben, die gleich 0,2 ist.

In der Beilage 3 ist ein Netz mit parallelen festen Geraden in vergrößertem Maßstabe angegeben. Auf diesem Netz ist der Teil der Ebene dargestellt, der rechts von der linken invarianten Geraden liegt, was praktisch zur Umformung von Nomogrammen ausreicht. Außer den Linien $\xi = \text{const.}$ und den Linien $\eta = \text{const.}$ ist hier noch ein drittes System von Linien $\zeta = \text{const.}$ eingetragen. Die Gleichung der Linien ζ im Koordinatensystem (ξ, η) ist

$$\zeta = \eta - \xi.$$

In den Teilen der Ebene, in denen sich die Koordinatenlinien $\xi = \text{const.}$ und $\eta = \text{const.}$ unter spitzem Winkel schneiden, ist es besser, an Stelle einer der Koordinaten ξ oder η die Koordinate ζ zu benutzen, Aus diesen Erwägungen hat das Netz in den Teilen der Ebene, die in Fig. 94 mit Nr. 3 und Nr. 4 bezeichnet werden, keine Linien $\xi = \text{const.}$ Diese werden durch die Linien $\zeta = \text{const.}$ ersetzt. Hier sind die Werte η und ζ die Koordinaten der Punkte. Zwischen den invarianten Geraden sind die Linien $\xi = \text{const.}$ nicht vollständig eingetragen. Die Linien $\zeta = \text{const.}$, die die ganze Zeichenebene erfüllen, sind immer aller Schritte von 0,1 für $-1{,}0 \leqslant \zeta \leqslant +1{,}0$ und aller Schritte von 0,2 für $-2{,}0 \leqslant \zeta \leqslant -1{,}0$ und für $+1{,}0 \leqslant \zeta \leqslant 2{,}0$ eingezeichnet. Die Linien $\zeta = \pm 2{,}0$ fallen fast mit den parallelen invarianten Geraden zusammen. Die Linien $\eta = \text{const.}$ sind aller Schritte der Länge 0,1 für $-1{,}0 \leqslant \eta \leqslant +0{,}7$ und der Länge 0,5 für $-2{,}0 \leqslant \eta \leqslant -1{,}0$ eingetragen. Genauso sind die Linien $\xi = \text{const.}$ eingetragen.

Die invarianten Geraden haben in den Koordinaten des Netzes die Gleichungen: $\eta = \infty$ oder $\zeta = \infty$ die Gerade MP'; $\xi = \infty$ oder $\zeta = -\infty$ die Gerade NP''; $\xi = -\infty$ oder $\eta = -\infty$ die Gerade MN.

Die Umformung auf einem solchen Netz kann zweierlei Art sein: eine *Bewegung* oder eine *Spiegelung*. Bewegung nennen wir eine Umformung, bei der die Punkte jedes der einzelnen Teile der Ebene wieder in Punkte desselben Teiles übergehen; Spiegelung eine Umformung, bei der die Punkte eines der einzelnen Teile der Ebene in Punkte eines anderen Teiles der Ebene übergehen.

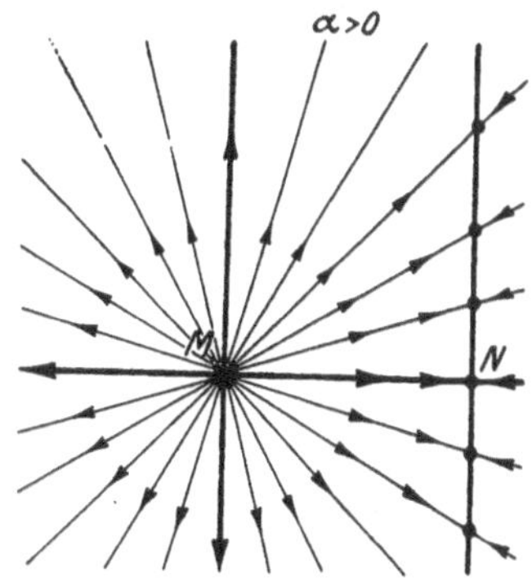

Fig. 96.

Im einfachsten Falle besteht eine *Spiegelung* im Koordinatensystem (ξ, η) in einer Übertragung der Punkte einer der isolierten Teile der Ebene in einen anderen, wobei die Werte der Koordinaten ξ und η beibehalten werden. Dabei vertauschen sich die äußeren und inneren Teile der Bündel, und es sind zwei Fälle möglich: wenn die Teile nur eines Bündels und wenn die Teile aller zwei Bündel ihre Plätze wechseln.

Die Umformung der Bewegung hat in den Koordinaten (ξ, η) folgende Form:

$$\left.\begin{aligned} \xi' &= \xi + \alpha, \\ \eta' &= \eta + \beta, \end{aligned}\right\} \tag{8.2}$$

wobei ξ und η die Koordinaten des Punktes vor der Umwandlung und ξ' und η' die Koordinaten des Punktes nach der Umwandlung, α und β die Parameter der Umwandlung sind. Zu den zwei obigen Umwandlungsgleichungen kann man noch eine Gleichung hinzufügen, die die Umformung der Koordinate ζ bestimmt:

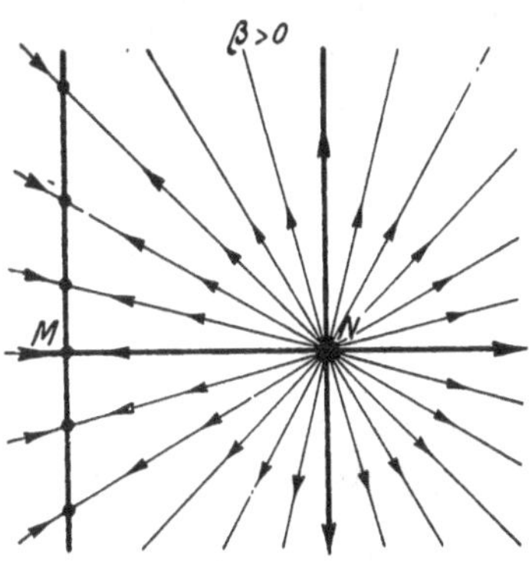

Fig. 97.

$$\zeta' = \zeta + \gamma,$$

wobei ζ der Wert ist, der dem Punkte vor der Transformation zukommt und ζ' der Wert ζ' ist, der dem Punkte nach der Transformation entspricht, γ ist der Parameter der Transformation, der mit den Parametern α und β über die Beziehung

$$\gamma = \beta - \alpha$$

zusammenhängt.

Wenn sich der Parameter α ändert, bewegen sich die Punkte der Ebene entlang den Geraden des Bündels $\eta = \text{const}$. Die Punkte auf der rechten invarianten Geraden bleiben dabei unverändert. Wenn sich der Wert des Parameters α vergrößert, nähern sich die Punkte der Ebene, sich von der Linken invarianten Geraden entfernend, der rechten invarianten Geraden. Die Punkte auf der linken invarianten Geraden entfernen sich nach beiden Seiten von dem festen Punkte M in Richtung des unendlich fernen Punktes (Fig. 96).

Wenn sich der Parameter β ändert, bewegen sich die Punkte der Ebene entlang den Geraden des Bündels $\xi = \text{const.}$ Die Punkte der rechten invarianten Geraden bleiben dabei fest. Bei einer Vergrößerung des Wertes des Parameters β nähern sich die Punkte der Ebene, indem sie sich von der rechten invarianten Geraden entfernen, von beiden Seiten her der linken invarianten Geraden. Auf der rechten invarianten Geraden entfernen sich die Punkte von dem festen Punkte N nach beiden Seiten in Richtung auf den unendlich fernen Punkt (Fig. 97).

Die Größe der Verschiebungen der Punkte entlang den Geraden des einen oder des anderen Bündels, je nachdem, ob sich der Parameter α oder der Parameter β ändert, kann man sehr leicht an den Linien $\zeta = \text{const.}$ verfolgen. Jede der Linien ζ bewegt sich in positiver Richtung bei einer Änderung des Parameters α und in negativer Richtung bei einer Änderung des Parameters β, um die Größe, um die sich die Parameter ändern. Also gibt die Verteilung der Linien ζ in der Schar der parallelen Geraden $\zeta = \text{const.}$ eine anschauliche Vorstellung von der Umwandlung der Ebene.

Die Umformung auf einem Netz hat zwei Parameter α und β. Aber die eigentliche projektive Umformung, bei der sich die Lage der unendlich fernen Geraden einer Ebene ändert, hängt nur von einem Parameter ab. Als einen solchen Parameter wollen wir einfach γ betrachten. In den Koordinaten ζ hat die unendlich ferne Gerade die Gleichung $\bar{\zeta} = 0$ (es wird das System des isolierten Teiles Nr. 3 oder Nr. 4 betrachtet). Die Abbildungen, bei denen $\gamma = 0$ ist $(\alpha - \beta = 0)$, werden also die unendlich ferne Gerade festlassen und sind infolgedessen *affine Abbildungen.* Man kann leicht zeigen, daß diese affine Abbildung eine Streckung der Ebene längs der parallelen invarianten Geraden bewirkt.

Man kann die Gleichung der Linien $\xi = \text{const.}$ und $\eta = \text{const.}$ des Netzes aus den Gleichungen der Linien des Netzes mit dem invarianten Dreieck mit Hilfe der Umformung erhalten, die die Seiten des Dreiecks MNP in die parallelen Geraden MP' und NP'' überführt, wobei die Punkte M und N ihre Lage nicht ändern, aber der Punkt P in den unendlich fernen Punkt übergeht. Eine solche Umwandlung hat die Form:

$$x = \frac{LX}{L+Y}; \qquad y = \frac{LY}{L+Y}, \tag{8.8}$$

wobei x und y cartesische Koordinaten des Netzes mit einem festen Dreieck, X und Y die cartesischen Koordinaten des Netzes mit festen parallelen Geraden sind[1]).

Wenn wir mit den Gleichungen der Bündel ξ und η des Netzes mit einem festen Dreieck (8.7) die Umformung (8.8) durchführen, so erhalten wir die Gleichungen der Bündel ξ und η des Netzes mit festen parallelen Geraden. Sie haben die Form:

$$\left.\begin{aligned} y &= \pm \frac{L}{2} 10^{\xi}\left(1 - \frac{X}{H}\right), \\ y &= \pm \frac{L}{2} 10^{\eta}\left(1 + \frac{X}{H}\right). \end{aligned}\right| \tag{8.9}$$

1) Die Richtigkeit der Ausdrücke (8.8) ist leicht nachzuprüfen. Sie sind Sonderfälle der Ausdrücke (8.1), die, wenn man an die Stelle von (X, Y) $(-H, 0)$, $(H, -0)$ und $(0, \infty)$ setzt, $(-H, 0)$, $(H, 0)$ und $(0, L)$ liefern.

Die Pluszeichen geben die inneren Teile der Bündel, die Minuszeichen ihre äußeren Teile an.

§ 47. Die Skelette von Nomogrammen der Gleichungen dritter nomographischer Ordnung

Zur Konstruktion von Nomogrammen für Gleichungen dritter nomographischer Ordnung legt der Autor sogenannte *Skelette* von Nomogrammen dieser Gleichungen vor. Bei der Konstruktion eines Nomogramms auf einem Skelett[1]) kann man leicht an ihm sowohl eine projektive Umwandlung als auch die für Nomogramme von Gleichungen dritter nomographischer Ordnung zulässigen nichtprojektiven Umformungen ausführen.

Die Gleichung dritter nomographischer Ordnung kann auf eine beliebige der drei kanonischen Formen gebracht werden:

$$f_3(w) = f_1(u) \cdot f_2(v),$$
$$f_3(w) = f_1(u) + f_2(v),$$
$$f_1(u) \cdot f_2(v) \cdot f_3(w) = f_1(u) + f_2(v) + f_3(w).$$

Wie schon früher erläutert wurde (§§ 13, 14, 15 und 16 des 2. Kapitels), kann man für die erste und zweite kanonische Form Nomogramme nullter Gattung, für alle drei kanonischen Formen Nomogramme zweiter und dritter Gattung konstruieren. Im ganzen ist es möglich, für eine Gleichung dritter nomographischer Ordnung acht sich voneinander durch ihre geometrische Struktur unterscheidende Nomogramme zu konstruieren.

Das Konstruktionsprinzip der Skelette von Nomogrammen besteht in folgendem. Betrachten wir eine Gleichung, die auf die zweite kanonische Form gebracht wurde:

$$f_3(w) = f_1(u) + f_2(v). \tag{8.10}$$

Wir wollen folgende Bezeichnungen einführen:

$$\xi_0 = f_1(u), \quad \eta_0 = f_2(v) \quad \text{und} \quad \zeta_0 = f_3(w).$$

Dann nimmt die Gleichung die Gestalt an

$$\zeta_0 = \xi_0 + \eta_0. \tag{8.11}$$

Wir fügen auf der rechten und auf der linken Seite der Gleichung (8.11) $\gamma = \alpha + \beta$ hinzu und multiplizieren beide Seiten der Gleichung mit λ. Dann erhalten wir

$$(\zeta_0 + \gamma)\lambda = (\xi_0 + \alpha)\lambda + (\eta_0 + \beta)\lambda.$$

Setzen wir

$$\left.\begin{aligned} \zeta &= (\zeta_0 + \gamma)\lambda, \\ \xi &= (\xi_0 + \alpha)\lambda, \\ \eta &= (\eta_0 + \beta)\lambda, \end{aligned}\right\} \tag{8.12}$$

so erhalten wir

$$\zeta = \xi + \eta. \tag{8.13}$$

1) Wegen der spezifischen Besonderheit dieser Methode ist es hier zweckmäßig, die Bezeichnung „Konstruktion des Nomogramms auf einem Skelett“ (oder einfach „Auf dem Skelett“) zu verwenden.

Die Beziehungen (8.12) kann man als die Umformung der Variablen ξ_0, η_0 und ζ_0 betrachten, die die Gleichung (8.11) in die Gleichung (8.13) überführt; d. h., die Gleichung (8.13) ist gleichwertig mit der Gleichung (8.11).

Wir konstruieren ein Nomogramm für die Gleichung

$$\zeta_0 = \xi_0 + \eta_0.$$

Man kann dieses auch als ein Nomogramm für die Gleichung

$$\zeta = \xi + \eta$$

ansehen, weil das Nomogramm die Operation der Addition darstellt. Die Bezeichnungen der Summanden und der Summe haben keine wesentliche Bedeutung.

Benutzt man die Abhängigkeiten zwischen f_1, f_2 und f_3 und ξ_0, η_0 und ζ_0, so kann man auf dem Additionsnomogramm das Nomogramm für die gegebene Gleichung $f_3 = f_1 + f_2$ konstruieren. Für jeden Wert u finden wir den ihm entsprechenden Wert ξ_0 und dem Punkt, der auf dem Additionsnomogramm den Wert ξ_0 hat, schreiben wir das Argument u zu. So wird die Skala der Variablen u konstruiert. Auf dieselbe Weise konstruieren wir die Skala v auf der Skala η_0 und die Skala w auf der Skala ζ_0. Das Wesentliche dabei ist, daß man ξ_0, η_0 und ζ_0 als Koordinaten der Punkte der Skalen u, v und w betrachten kann und die Ausdrücke

$$\xi_0 = f_1(u),$$
$$\eta_0 = f_2(v),$$
$$\zeta_0 = f_3(w)$$

als Gleichungen der Skalen des Nomogramms für die Gleichung $f_3 = f_1 + f_2$ in den Koordinaten ξ_0, η_0 und ζ_0 ansehen kann. Die ursprünglichen Skalen ξ_0, η_0 und ζ_0 werden wir *Koordinatenskalen* nennen.

In analoger Weise kann man das Nomogramm für die Gleichung $f_3 = f_1 + f_2$ konstruieren, wenn man die Gleichungen der Skalen u, v und w in den Koordinaten ξ, η und ζ verwendet, die man erhält, wenn man in die Beziehungen (8.12) die Werte ξ_0, η_0 und ζ_0 eingesetzt hat, wobei man als Koordinatenskalen die Skalen ξ, η und ζ nimmt. Es ist ganz offensichtlich, daß die auf diese zwei verschiedenen Arten konstruierten Nomogramme für ein und dieselbe Gleichung (8.10) sich voneinander unterscheiden werden. Die Koordinaten der Punkte des ersten Nomogramms sind mit den Koordinaten der Punkte des zweiten Nomogramms durch die Beziehungen (8.12) verknüpft.

Geometrisch kann man die Beziehungen (8.12) als eine Umformung auf den Koordinatenskalen ξ_0, η_0 und ζ_0 ansehen. Ist $\lambda = 1$, so ist diese Umformung analog einer Umformung der Bewegung in einem cartesischen Koordinatensystem: die Koordinaten aller Punkte werden um ein und dieselbe Größe (α, β und γ) vergrößert. Wir werden diese Umformung eine *Bewegung* im System der Koordinatenskalen nennen. Sind $\alpha = \beta = \gamma = 0$, so ist diese Umformung einer Ähnlichkeitsverwandlung in einem cartesischen Koordinatensystem analog: die Koordinaten aller Punkte werden um dieselbe Zahl vervielfacht. Wir werden diese Umformung eine *Ähnlichkeitsverformung* im System der Koordinatenskalen nennen. Die allgemeine Umformung (8.12) entspricht einer affinen Abbildung in einem cartesischen Koordinatensystem.

Das zweite Nomogramm für die Gleichung $f_3 = f_1 + f_2$ kann man als Ergebnis der Umformung des ersten Nomogramms nach den Formeln (8.12) betrachten. Geometrisch bedeutet diese Umformung eine Verschiebung der Punkte der Skalen des ersten Nomogramms entsprechend α, β und γ in den Koordinatenskalen und dann eine Vergrößerung der Koordinaten aller Punkte des Nomogramms um dieselbe Zahl (multiplikativ), d. h., das zweite Nomogramm erhält man aus dem ersten durch eine affine Abbildung in dem Koordinatensystem ξ, η, ζ. Die Umformung besitzt drei Parameter (der Parameter γ bestimmt sich durch die Gleichung $\gamma = \alpha + \beta$).

Das Nomogramm mit den Koordinatenskalen ξ, η und ζ wurde vom Autor *Skelett des Nomogramms für die Gleichung dritter nomographischer Ordnung* genannt. Weil jede beliebige Gleichung dritter nomographischer Ordnung auf die zweite kanonische Form gebracht werden kann, so kann man auf diesem Skelett die Konstruktion von Nomogrammen aller beliebigen Gleichungen dritter nomographischer Ordnung vornehmen. Im ganzen sind acht sich durch ihre geometrische Struktur voneinander unterscheidender Skelette möglich. Eines von ihnen ist in Fig. 98 dargestellt. Es entspricht dem Fall, daß das Nomogramm zweiter Gattung ist und auf einem Kegelschnitt mit einer Sekante konstruiert wurde. Der Kegelschnitt hat hier die Gestalt einer Ellipse. Durch vorher angefertigte Skelette wird die Konstruktion von Nomogrammen bedeutend vereinfacht. Nach den Koordinatenwerten der Punkte der Skalen der Variablen u, v und w, die man nach den Gleichungen (8.12) berechnet, kann man das Nomogramm auf einem beliebigen Skelett konstruieren.

Die Umformung des Nomogramms besteht dann in der Verschiebung aller Punkte der Skalen des Nomogramms auf ein und dieselben Entfernungen (in den Werten der Koordinaten ξ, η und ζ) (wir werden kurz sagen auf die „Abstände α“, die „Abstände β“ und die „Abstände γ“) und in einer Ähnlichkeitsverformung in den Koordinaten ξ, η und ζ. Damit man diese Operationen bequem graphisch ausführen kann, gibt man den Skeletten eine Form, die dem in Fig. 98 angeführten Skelett analog ist: Hier sind auf den Koordinatenskalen Teilungen ein und desselben Argumentschrittes eingezeichnet; auf der inneren Seite des Trägers der Skalen ξ und η sind diejenigen Abschnitte der Kurve verstärkt aufgetragen, deren Argumentschritt in den Koordinaten ξ und η gleich 0,1 ist. Die abgesetzte Linie, die man so erhält, erleichtert es, sich eine Vorstellung darüber zu machen, wie sich die Skala bei ihrer Verschiebung auf dem Träger ändert. Eine ebensolche unterbrochene Linie ist auf der linken Seite des Trägers der geradlinigen Skala ζ aufgetragen. Der Teilstrichabstand der verstärkten Striche ist auch hier derselbe (0,1).

Bei der Umformung der „Bewegung“ auf dem angeführten Skelett bleiben die Schnittpunkte des geradlinigen Trägers mit der Kurve fest. Bei der Ähnlichkeitsumformung bleibt außerdem auf jeder Skala noch ein Punkt fest, nämlich der Punkt mit der Koordinate Null.

Das geometrische Bild einer Umformung auf dem Skelett ist folgendes: Wenn sich die Parameter α, β und γ vergrößern, so verschieben sich die Punkte jeder der Skalen auf dem entsprechenden Träger nach oben (natürlich außer den festen Punkten) und jeder der Teile der Skala streckt sich, so lange er noch nicht den Punkt mit der Koordinate Null erreicht hat, hat er aber den Punkt mit der Koordinate Null überschritten, so zieht er sich wieder zusammen. Bei einer Vergrößerung des Parameters λ beginnen die Teilstrichabstände sich in der Umgebung

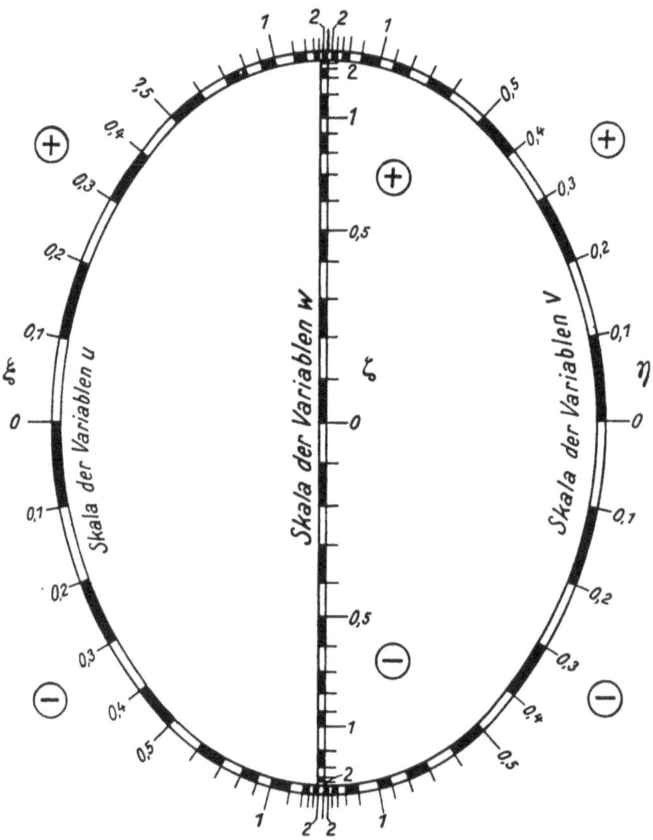

Fig. 98.

des Punktes Null auf jeder der Skalen auszudehnen. Je weiter ein Teil der Skala vom Punkte mit der Koordinate Null entfernt ist, um so weniger wird er sich bei einer Vergrößerung von λ strecken, und von einem gewissen Abstande ab wird an Stelle einer Streckung eine Stauchung eintreten, weil bei einer Vergrößerung der Koordinaten ein Teil der Skala in das Gebiet stärkerer Verdichtungen gerät (das Gebiet, wo die Teilungen mit dem Argumentschritt 0,1 sehr klein sind). Dieses Gebiet befindet sich in der Umgebung fester Punkte.

Die Gleichungen der Skalen des Skeletts, das in Fig. 98 dargestellt ist und in vergrößertem Maßstabe als Beilage 4 beigefügt wurde, haben die Form

$$\begin{aligned} &\text{Skala } \xi: \quad x = \frac{-H\,10^{-\xi}}{1+10^{-2\xi}}, \qquad y = \frac{L}{1+10^{-2\xi}}; \\ &\text{Skala } \eta: \quad x = \frac{H\,10^{-\eta}}{1+10^{-2\eta}}, \qquad y = \frac{L}{1+10^{-2\eta}}; \\ &\text{Skala } \zeta: \quad x = 0, \qquad\qquad\quad y = \frac{L}{1+10^{-\zeta}}, \end{aligned} \tag{8.14}$$

wobei L die Länge der Hauptachse der Ellipse und H die halbe Länge ihrer Nebenachse ist.

Der klare geometrische Sinn der Parameter der Umformung und die einfache geometrische Ausführung der Umformung gestatten es, daß man die Skelette recht wirkungsvoll zur Konstruktion von Nomogrammen verwenden kann.

§ 48. Die Umformung von geradlinigen Skalen (die Wahl der Charakteristik einer Skala)

Bei der Konstruktion von Nomogrammen muß man sehr häufig eine der folgenden zwei Aufgaben lösen: ein Nomogramm mit einer Lösungsskala zu konstruieren, die einer gleichförmigen Skala möglichst nahekommt, oder ein Nomogramm mit einer Lösungsskala zu konstruieren, die einer logarithmischen Skala möglichst nahekommt. Der erste Fall tritt ein, wenn die Lösung nach dem Nomogramm mit einem konstanten absoluten Fehler, der zweite, wenn sie mit einem konstanten relativen Fehler gefunden werden soll.

Doch es ist nicht immer möglich, ein Nomogramm mit einer gleichförmigen oder mit einer logarithmischen Lösungsskala zu konstruieren. Dann aber kann man, indem man die Skala einer projektiven Umformung unterwirft, ihr eine Form geben, die der vorgeschriebenen möglichst nahekommt. Als die beste Umformung einer Skala in eine gleichförmige Gestalt werden wir diejenige ansehen, bei der die untere Grenze der gleichförmigen Charakteristik der Skala den größten Wert annimmt, verglichen mit den unteren Grenzwerten der Charakteristiken der Skalen der anderen möglichen Umformungen der Skala. Die beste Umformung einer Skala auf die logarithmische Gestalt wird dementsprechend durch die logarithmische Charakteristik einer Skala mit dem größten Wert der unteren Grenze bestimmt.

Alle möglichen projektiven Umformungen einer Skala bilden eine Schar von Skalen, die der gegebenen Skala projektiv sind. Die Aufgabe, die beste Umformung herauszufinden, besteht darin, unter den Charakteristiken dieser Skalen die Charakteristiken mit dem größten Wert der unteren Grenze und den ihr entsprechenden Parameter der Umformung zu ermitteln. Vom Autor wurde ein nomographisches Verfahren entwickelt, wie man für geradlinige Skalen diese Aufgabe löst, und ein analytisches Verfahren für eine beschränkte Klasse geradliniger Skalen.

Weiter unten werden die Regeln angegeben, wie man den Parameter des Wertes der besten Umformung findet. Diese Regeln erhielt man auf dem zweiten Wege.

Das Aufsuchen des Parameters der besten Umformung gründet sich auf folgende Eigenschaften der Charakteristiken einer Schar zur gegebenen Skala projektiver Skalen.

Sind die Charakteristiken einer Skala entweder monoton oder haben sie nur ein Maximum, so ist die beste Umformung diejenige, bei der die Werte der ihr entsprechenden Charakteristik am Anfang und am Ende der Skala gleich sind.

Sind die Charakteristiken einer Skala entweder monoton oder besitzen sie nur ein Minimum, so ist die beste Umformung diejenige, bei der das Minimum der entsprechenden Charakteristik sich in der Mitte der Skala befindet.

Zunächst wollen wir die Kennzeichen angeben, an denen man die Skalen erkennen kann, die obige Eigenschaften besitzen, und dann werden wir eine Regel anführen, wie man den Wert des Parameters der besten Umformung bestimmt. Die Gleichung einer Skala sei

$$y = F(x),$$

wobei $F(x)$ eine monoton wachsende Funktion ist $[F'(x) > 0]$ und wobei die Variable x, für die die Skala konstruiert ist, sich in den Grenzen x_1 und x_2 bewegt.

Die Gleichung der Schar von Skalen, die der gegebenen projektiv sind, schreiben wir in der Form

$$y = \frac{(\mu + 1) f(x)}{\mu f(x) + 1}, \tag{8.15}$$

wobei μ der Parameter der Umformung und

$$f(x) = \frac{F(x) - F(x_1)}{F(x_2) - F(x_1)}$$

ist. Wenn man die Gleichungen der Skalen, die der gegebenen projektiv sind, in dieser Form schreibt, dann haben alle Skalen einen gemeinsamen Anfang und ein gemeinsames Ende, nämlich die Punkte mit den Argumenten x_1 und x_2. Die Länge jeder der Skalen ist gleich der Einheit. Die Variabilitätsgrenzen des Parameters μ, für die die Punkte der Skalen innerhalb des Abschnittes $y = 0$, $y = 1$ liegen, werden dann $-1 < \mu < +\infty$ (für andere Werte des Parameters wird die Skala auf den äußeren Teil der Geraden hinsichtlich des Abschnittes $y = 0$, $y = 1$ abgebildet).

Die gleichförmigen Charakteristiken einer Schar projektiver Skalen sind *monoton oder sie haben ein Maximum*, wenn für die Werte x in den Grenzen $x_1 \leqslant x \leqslant x_2$, die die Ungleichung

$$-1 < \frac{F''(x)}{2F'^2(x) - [F(x) - F(x_1)] F''(x)} \tag{8.16}$$

befriedigen, die Ungleichung

$$2F'''(x) F'(x) - 3F''^2(x) \leqslant 0 \tag{8.17}$$

erfüllt ist, wobei das Gleichheitszeichen nur an einzelnen Punkten auftreten kann. Der Parameter der besten Umformung wird in diesem Falle gleich

$$\mu = \sqrt{\frac{F'(x_2)}{F'(x_1)}} - 1. \tag{8.18}$$

Der kleinste Wert der Charakteristik, die der besten Umformung entspricht, wird gleich

$$\Delta y = \frac{\sqrt{F'(x_1)\,F'(x_2)}}{F(x_2) - F(x_1)}\,\Delta x, \tag{8.19}$$

wobei Δx der Argumentschritt der Teilung ist, deren Teilstrichabstand berechnet wird.

Die gleichförmigen Charakteristiken einer Schar projektiver Skalen sind *monoton oder sie haben ein Minimum*, wenn für dieselben Werte der Variablen, wie auch im ersten Falle, sich die Ungleichung

$$2\,F'''(x)\,F'(x) - 3\,F''^2(x) \geqslant 0 \tag{8.20}$$

erfüllen läßt, wobei das Gleichheitszeichen nur an einzelnen Punkten auftreten darf.

Den Wert des Parameters der besten Umformung findet man in diesem Falle als Lösung eines Gleichungssystems:

$$\left.\begin{aligned} F(x_2) - F(x_1) - (\mu + 2)\,[F(x) - F(x_1)] = 0 \\ F''(x)\,\{\mu[F(x) - F(x_1)] + F(x_2) - F(x_1)\} - 2\,\mu\,F'^2(x) = 0, \end{aligned}\right\} \tag{8.21}$$

wobei die zweite Unbekannte der Wert der Variablen x ist, bei dem die Charakteristik ein Minimum hat. Den kleinsten Wert der Charakteristik, die der besten Umformung entspricht, kann man aus dem Ausdruck für die gleichförmige Charakteristik einer Skala erhalten. Er hat die Gestalt

$$\Delta y = \frac{(\mu + 1)\,f'(x)}{[\mu f(x) + 1]^2}\,\Delta x.$$

Setzen wir hier den gefundenen Wert des Parameter μ und den Wert x ein, bei dem die Charakteristik ein Minimum hat, so erhalten wir den kleinsten Wert der Charakteristik. Nach einer Vereinfachung hat dann der kleinste Wert der Charakteristik die Form

$$\Delta y = \frac{(\mu + 2)^2}{4(\mu + 1)}\,F'(x)\,\frac{1}{F(x_2) - F(x_1)}\,. \tag{8.22}$$

Die logarithmischen Charakteristiken einer Schar projektiver Skalen sind *monoton oder sie haben ein Maximum*, wenn für alle Werte von x in den Grenzen $x_1 \leqslant x \leqslant x_2$, die die Ungleichung

$$-1 < \frac{xF''(x) + F'(x)}{\{2F'^2(x) - F''(x)\,[F(x) - F(x_1)]\}\,x - F'(x)\,[F(x) - F(x_1)]} \tag{8.23}$$

befriedigen, sich die Ungleichung

$$x^2\,[2\,F'''(x)\,F'(x) - 3\,F''^2(x)] - F'^2(x) \leqslant 0 \tag{8.24}$$

erfüllen läßt, wobei in (8.24) das Gleichheitszeichen nur an einzelnen Punkten auftreten darf.

Der Parameter der besten Umformung ist in diesem Falle gleich

$$\mu = \sqrt{\frac{F'(x_2)\,x_2}{F'(x_1)\,x_1}} - 1. \tag{8.25}$$

Der kleinste Wert der Charakteristik, die der besten Umformung entspricht, wird dann gleich

$$\Delta y = \frac{\sqrt{F'(x_1)\,F'(x_2)}}{F(x_2) - F(x_1)} \sqrt{x_1 x_2}\,\Delta x, \tag{8.26}$$

wobei Δx der Argumentschritt der Teilung ist, für die der Teilstrichabstand berechnet wird.

Die logarithmischen Charakteristiken einer Schar projektiver Skalen sind *monoton oder sie haben ein Minimum*, wenn für dieselben Werte der Variablen, wie im ersten Falle, die Ungleichung

$$x^2 [2\,F'''(x)\,F'(x) - 3\,F''^2(x)] - F'^2(x) \gg 0 \tag{8.27}$$

erfüllt werden kann, wobei das Gleichheitszeichen nur an einzelnen Punkten auftritt. Den Wert des Parameters der besten Umformung findet man in diesem Falle als Lösung des Gleichungssystems der folgenden Gleichungen:

$$\left.\begin{aligned} &F(x_2) - F(x_1) - \mu\,[F(x) - F(x_1)] - 2\,[F(x) - F(x_1)] = 0,\\ &x\,F(x)\,\{\mu\,[F(x) - F(x_1)] + F(x_2) - F(x_1)\} -\\ &\qquad - 2x\,F'^2(x)\,\mu + F'(x)\,\{\mu\,[F(x) - F(x_1)] +\\ &\qquad\qquad + F(x_2) - F(x_1)\} = 0, \end{aligned}\right\} \tag{8.28}$$

wobei die zweite Unbekannte der Wert der Variablen x ist, bei dem die Charakteristik ein Minimum hat.

Den kleinsten Wert der Charakteristik, die der besten Umformung entspricht, erhält man aus dem Ausdruck für die logarithmische Charakteristik einer Skala. Er hat die Form

$$\Delta y = \frac{(\mu + 1)\,f'(x) \cdot x}{[\mu f(x) + 1]^2} \Delta x.$$

Setzen wir hier den bestimmten Wert des Parameters der Umformung und den Wert x im Punkte des Minimums ein, so bekommen wir den kleinsten Wert der Charakteristik. Nach einer Vereinfachung sieht er folgendermaßen aus:

$$\Delta y = \frac{(\mu + 2)^2}{4\,(\mu + 1)} \frac{F'(x)}{F(x_2) - F(x_1)} \Delta x. \tag{8.29}$$

Die Gleichungen der geradlinigen Skalen in den unten angeführten Konstruktionsverfahren von Nomogrammen haben die Gestalt:

$$Y = \frac{m\,(F(x) - a)}{1 + m\,(F(x) - a)}, \tag{8.30}$$

wobei m der Parameter der projektiven Umformung der Skala, $F(x)$ die Funktion aus der ursprünglichen Gleichung der Skala und a ein Parameter ist, der die Lage des Skalenanfangs bestimmt.

Die erzielten Ergebnisse kann man dazu verwenden, um den Parameter der besten Umformung eines beliebigen Intervalls einer Skala herauszufinden, wenn seine projektive Gestalt durch die Gleichung (8.30) gegeben ist.

Das Intervall der Skala, dessen Umformung in die gleichförmige oder logarithmische Form gesucht wird, werde durch die Punkte mit den Argumenten x_1 und x_2 begrenzt. Den Parameter der besten Umformung finden wir durch das oben aufgezeigte Verfahren. Wir wollen ihn mit μ bezeichnen. Wir bringen die Gleichung der Skala (8.30) auf die Form (8.15). Dazu verlegen wir den Koordinatenursprung in einen Punkt, wo $F(x) = a$ wird und geben der Skala zwischen den Punkten mit $F(x) = 0$ und $F(x) = \infty$ eine Länge, die gleich der Einheit ist. Eine solche Umformung hat die Gestalt

$$Y = \frac{1}{\frac{\mu+1}{\mu} - y(a)} [y(x) - y(a)].$$

Nach einer Vertauschung von $y(x)$ und entsprechenden Vereinfachungen erhalten wir

$$Y = \frac{\frac{\mu}{F(x_2) - F(x_1) + \mu[a - F(x_1)]}(F - a)}{1 + \frac{\mu}{F(x_2) - F(x_1) + \mu[a - F(x_1)]}(F - a)},$$

d. h., die Gleichung der Skala innerhalb der Variabilitätsgrenzen der Variablen wurde in die Form (8.15) umgeschrieben. Der daraus abgeleitete Zusammenhang zwischen den Parametern m und μ hat die Form

$$m = \frac{\mu}{F(x_2) - F(x_1) + \mu[a - F(x_1)]}. \tag{8.31}$$

Das zuletzt erhaltene Ergebnis kann man wie folgt formulieren: *Wenn in der Gleichung* (8.30) *der Parameter nach der Formel* (8.31) *bestimmt wurde, wobei* μ *nach den Regeln zur Bestimmung des Parameters der besten Umformung ermittelt wurde, so liefert die Gleichung* (8.30) *eine Skala der Variablen* x *auf dem Abschnitt* $[x_1; x_2]$, *die die beste Näherung an die vorgeschriebene Form darstellt* (an eine gleichförmige oder an eine logarithmische).

Wir wollen noch Beispiele für Funktionen $F(x)$ anführen, für die die Bedingungen (8.16) und (8.17) erfüllt sind und die Werte der Parameter der besten Umformungen bestimmen.

1. Wir nehmen die Funktion $F(x) = \lg x$ und die Variabilitätsgrenzen der Veränderlichen x: $x_1 \leqslant x \leqslant x_2$. Wir suchen die beste Umformung der Skala

$$y = \lg x$$

in die gleichförmige Gestalt.

Die Funktion $f(x)$ hat in diesem Falle die Form

$$f(x) = \frac{\lg x - \lg x_1}{\lg x_2 - \lg x_1} = \frac{1}{\lambda} \ln \frac{x}{x_1}, \quad \text{wobei} \quad \lambda = \ln \frac{x_2}{x_1} = M \lg \frac{x_2}{x_1}$$

ist. Indem wir die Ableitungen des Logarithmus berechnen, stellen wir den Ausdruck (8.17) her.

Wir erhalten

$$2 F'''(x) F'(x) - 3 F''^2(x) = \frac{1}{x^4} > 0$$

für alle x, d. h. die Charakteristiken haben ein Minimum. Den Parameter der besten Umformung findet man als Lösung des Systems:

$$1 - \mu \frac{1}{\lambda} \ln \frac{x}{x_1} - 2 \frac{1}{\lambda} \ln \frac{x}{x_1} = 0, \quad \mu \frac{1}{\lambda} \ln \frac{x}{x_1} + 1 + 2\mu \frac{1}{\lambda} = 0,$$

woraus man den Wert des Parameters bestimmt zu

$$\mu = -1 - \frac{\lambda}{2} + \sqrt{1 + \frac{\lambda^2}{4}}.$$

2. Wir wollen die beste Umformung einer Skala der Variablen x ermitteln:

$$y = x^n,$$

wobei x innerhalb der Grenzen $0 < x_1 \leqslant x \leqslant x_2$ sich bewegt, und zwar die beste Umformung in die gleichförmige Form. Die Funktion $f(x)$ hat hier die Gestalt

$$f(x) = \frac{x^n - x_1^n}{x_2^n - x_1^n} = a\,(x^n - x_1^n),$$

wobei $a = \dfrac{1}{x_2^n - x_1^n}$ ist. Wir ermitteln die Ableitungen und berechnen den Ausdruck (8.17):

$$2\,F'''(x)\,F'(x) - 3\,F''^2(x) = -n^2\,(n-1)\,(n+1)\,x^{2n-4}.$$

Hieraus folgt, daß bei $n < -1$ und $n > 1$ die Charakteristiken ein Maximum haben, weil $-n^2\,(n-1)\,(n+1)$ in diesem Falle kleiner als Null ist und die Bedingung (8.17) für alle x erfüllt ist. Der Wert des Parameters der besten Umformung hat die Gestalt

$$\mu = \sqrt{\frac{x_2^{n-1}}{x_1^{n-1}}} - 1.$$

Wenn $-1 < n < 1$ ist, so ist $-n^2\,(n-1)\,(n+1)$ größer als Null und für alle x ist dann die Bedingung (8.20) erfüllt. Folglich haben die Charakteristiken ein Minimum. Den Wert des Parameters der besten Umformung ermittelt man in diesem Falle als Lösung des Gleichungssystems (8.21):

$$1 - \mu a\,(x^n - x_1^n) - 2a\,(a^n - x_1^n) = 0,$$

$$(n-1)\,(1 - \mu a x_1^n) - x^n \mu a\,(n+1) = 0.$$

3. Gesucht ist die beste Umformung auf die gleichförmige Form der Skala der Variablen x:

$$y = \sin x,$$

wobei sich x in den Grenzen $0 \leqslant x \leqslant \frac{\pi}{2} - \varepsilon$ bewegt. Der Grenzwert $x = \frac{\pi}{2}$ ist auszuschließen, weil bei $x = \frac{\pi}{2}$ die Hauptbedingung $F'(x) > 0$ nicht erfüllt ist. Wenn wir die Ableitungen berechnen und den Ausdruck (8.17) herstellen, erhalten wir

$$2\,F'''(x)\,F'(x) - 3\,F''^2(x) = -2a^2\cos^2 x - 3a^2\sin^2 x < 0$$

für alle x. Daraus folgt, daß die Charakteristiken ein Maximum haben. Der Parameter der besten Umformung wird die Form haben

$$\mu = \sqrt{\frac{\cos\left(\frac{\pi}{2} - \varepsilon\right)}{\cos(0)}} - 1 = \sqrt{\sin\varepsilon} - 1,$$

was für sehr kleine ε ungefähr ergibt

$$\mu \approx \sqrt{\varepsilon} - 1.$$

4. Wir wollen die Skalen der Variablen x

$$y = x^n$$

auf die logarithmische Gestalt umformen für alle x, die sich in den Grenzen $x_1 \leqslant x \leqslant x_2$ bewegen. Die Funktion $f(x)$ hat die Gestalt

$$f(x) = \frac{x^n - x_1^n}{x_2^n - x_1^n} = a\,(x^n - x_1{}^n).$$

Wenn wir die Ableitungen der Funktion $F(x)$ ausgerechnet und in die Bedingung (8.25) eingesetzt haben, erhalten wir

$$x^2\,[2\,F'''(x)\,F'(x) - 3\,F''^2(x)] - F'^2(x) = -\,x^{2(n-1)}\,n^4 < 0$$

für alle x, d. h., für beliebiges n haben die Charakteristiken ein Maximum. Daraus folgt der Wert des Parameters der Umformung (8.12)

$$\mu = \sqrt{\frac{x_2^n}{x_1^n}} - 1.$$

Wenn man das Argument des Punktes berechnet, der in der Mitte der Skala liegt, die nach dem gefundenen Werte des Parameters μ konstruiert wurde, so zeigt es sich, daß sein Wert gleich dem geometrischen Mittel aus den Werten x_1 und x_2 ist, d. h. gleich $\sqrt{x_1 x_2}$. Diese Eigenschaft von Skalen der Form $y = x^n$ kann als besonderes Kennzeichen dafür dienen, daß die projektive Skala einer logarithmischen Skala am nächsten kommt.

5. Wir wollen die Skala

$$y = \sin x$$

auf die logarithmische Form bringen, wobei die Variable sich innerhalb der Grenzen $\delta \leqslant x \leqslant \frac{\pi}{2} - \varepsilon$ bewegt. Hier hat es keinen Sinn, x von Null aus variieren zu lassen, weil der Logarithmus von Null im Reellen nicht existiert.

Die Funktion $f(x)$ hat in diesem Falle die Form

$$f(x) = \frac{\sin x - \sin\delta}{\sin\left(\frac{\pi}{2} - \varepsilon\right) - \sin\delta} = a\,(\sin x - \sin\delta).$$

Wir berechnen die Ableitungen und setzen sie in den Ausdruck (8.24) ein

$$x^2\,[2\,F'''(x)\,F'(x) - 3\,F''^2(x)] - F'^2(x) =$$
$$= -\,x^2\,(2\sin^2 x + 3\cos^2 x) - \cos^2 x < 0.$$

Er ist kleiner als Null für alle x. Folglich haben die Charakteristiken ein Maximum, und der Parameter der Umwandlung wird gleich

$$\mu = \sqrt{\frac{\left(\frac{\pi}{2} - \varepsilon\right)\cos\left(\frac{\pi}{2} - \varepsilon\right)}{\delta\cos\delta}} - 1$$

oder für kleine Werte von δ und ε

$$\mu \approx \sqrt{\left(\frac{\pi}{2} - \varepsilon\right)\frac{\varepsilon}{\delta}} - 1.$$

Eine Methode, um die besten Umformungen für krummlinige Skalen ausfindig zu machen, ist noch nicht ausgearbeitet worden. Hier muß man die Charakteristiken einer Reihe aufeinanderfolgend konstruierter Skalen vergleichen und beobachten, welche Änderungstendenz sie zeigen. Man kann die Charakteristiken an einer Reihe von Punkten konstruieren, oder man kann sich auch darauf beschränken, sich im Geiste die Charakteristik vorzustellen, während man die Graduierung der Skala durchführt. Als Näherungskriterien der besten Umwandlung mögen die oben formulierten Eigenschaften der Charakteristiken von geradlinigen Skalen dienen, die die beste Näherung an logarithmische oder an gleichförmige Skalen darstellen; man muß nur bei der Umformung eines Nomogramms die Änderung der Länge der Skala im Rahmen der Zeichnung berücksichtigen.

9. KAPITEL

DIE KONSTRUKTION VON NOMOGRAMMEN AUF EINEM NETZ FESTER PARALLELER GERADEN

Im vorliegenden Kapitel werden die Methoden der Konstruktion von Nomogrammen mit parallelen Skalen auf einem Netz betrachtet, bei dem bei der projektiven Umformung parallele Geraden festbleiben. Am vorteilhaftesten erweist sich ein Netz bei der Konstruktion von Nomogrammen für Gleichungen vierter Ordnung, die man auf die kanonische Form von CAUCHY bringt. Nomogramme für Gleichungen dritter Ordnung, die auf die erste oder zweite kanonische Form gebracht wurden, kann man auch ohne Netz konstruieren. Das Netz kann einem nur helfen, sich mit der geometrischen Bedeutung der die Form des Nomogramms bestimmenden Parameter vertraut zu machen. In dem Kapitel wird ein Konstruktionsverfahren für Nomogramme auf parallelen logarithmischen Skalen angegeben. Solche Nomogramme, deren Konstruktion höchst einfach ist, können oft sehr nützlich sein.

Man muß daran denken, daß bei der Konstruktion eines Nomogramms mit parallelen Skalen die Charakteristiken der parallelen Skalen keinen Umformungen unterworfen werden. Nomogramme mit parallelen Skalen kann man also nur in dem Falle konstruieren, in dem die Charakteristiken der parallelen Skalen keiner Veränderung bedürfen. Dies ist aber ein ganz spezieller Fall.

Und doch ist es ganz nützlich, sich mit dem Netz der festen parallelen Geraden bekanntzumachen, sei es auch nur aus methodischen Erwägungen heraus: Die Konstruktion auf einem solchen Netz ist einfacher als auf einem Netz mit einem festen Dreieck, trotzdem sollte man die Konstruktionsmethode von Nomogrammen mit Hilfe dieses Netzes studieren.

In allen Fällen, bei denen man, um ein Nomogramm guter Qualität zu erhalten, eine Umformung der Charakteristiken der parallelen Skalen durchführen muß, muß man das Nomogramm unbedingt auf einem Netz mit einem festen Dreieck konstruieren. Dabei hat man die größte Aussicht, auch wirklich ein Nomogramm der vorgeschriebenen Form zu erhalten.

§ 49. Nomogramme für die Gleichungen von Cauchy

Die kanonische Form von CAUCHY für eine Gleichung vierter nomographischer Ordnung sieht folgendermaßen aus:

$$f_1 f_3 + f_2 g_3 + h_3 = 0. \tag{9.1}$$

Um die SOREAUsche Gleichung aufzustellen, muß man hier einige Parameter einführen, deren Veränderung die Umformung des Nomogramms angibt. Wir wollen dies tun.

Wir benennen

$$\lambda = f_1, \quad \mu = f_2$$

und stellen das Gleichungssystem auf

$$\begin{aligned} \lambda - f_1 &= 0, \\ \mu - f_2 &= 0, \\ \lambda f_3 + \mu g_3 + h_3 &= 0. \end{aligned}$$

Die Bedingung der Lösbarkeit dieses Systems hat die Form

$$\begin{vmatrix} 1 & 0 & f_1 \\ 0 & 1 & f_2 \\ f_3 & g_3 & -h_3 \end{vmatrix} = 0,$$

was unserer Gleichung äquivalent ist. Die Parameter der Umformung führen wir folgendermaßen in die Determinante ein. Wir multiplizieren die Elemente der ersten Spalte mit a, die Elemente der zweiten Spalte mit b und ziehen diese Elemente von den entsprechenden Elementen der dritten Spalte ab. So erhalten wir

$$\begin{vmatrix} 1 & 0 & f_1 - a \\ 0 & 1 & f_2 - b \\ f_3 & g_3 & -h_3 - af_3 - bg_3 \end{vmatrix} = 0.$$

Jetzt multiplizieren wir die Elemente der ersten Zeile der Determinante mit m_1 und teilen die Elemente der ersten Spalte durch dieselbe Größe; wir multiplizieren die Elemente der zweiten Zeile mit m_2 und teilen die Elemente der zweiten Spalte durch dieselbe Größe. Damit bekommen wir

$$\begin{vmatrix} 1 & 0 & m_1 (f_1 - a) \\ 0 & 1 & m_2 (f_2 - b) \\ \frac{1}{m_1} f_3 & \frac{1}{m_2} g_3 & -(h_3 + af_3 + bg_3) \end{vmatrix} = 0.$$

Dann verfahren wir folgendermaßen. Wir subtrahieren von den Elementen der zweiten Spalte die entsprechenden Elemente der ersten Spalte. Nach Multiplikation der Elemente der ersten Spalte mit 2 fügen wir ihnen die entsprechenden Elemente der zweiten Spalte hinzu. Dann erhalten wir

$$\begin{vmatrix} 1 & -1 & m_1 (f_1 - a) \\ 1 & 1 & m_2 (f_2 - b) \\ \frac{1}{m_2} g_3 + \frac{1}{m_1} f_3 & \frac{1}{m_2} g_3 - \frac{1}{m_1} f_3 & -(h_3 + af_3 + bg_3) \end{vmatrix} = 0.$$

Jetzt teilen wir die Elemente jeder Zeile durch die in der ersten Spalte erhaltenen Elemente. Wir multiplizieren die Elemente der zweiten Spalte mit H und der dritten mit L. Schließlich sieht die SOREAUsche Gleichung für eine Gleichung vom Typ CAUCHY folgendermaßen aus:

$$\begin{vmatrix} 1 & -H & Lm_1 (f_1 - a) \\ 1 & H & Lm_2 (f_2 - b) \\ 1 & \frac{(g_3 m_1 - f_3 m_2) H}{g_3 m_1 + f_3 m_2} & \frac{-Lm_1 \cdot m_2 (h_3 + af_3 + bg_3)}{g_3 m_1 + f_3 m_2} \end{vmatrix} = 0.$$

Sie enthält sechs Parameter: a, b, m_1, m_2, H und L, deren Größen die Form des Nomogramms bestimmen werden.

Die Gleichungen der Skalen des Nomogramms haben die Form

$$\left.\begin{array}{lll} \text{Skala } u: & x = -H, & y = Lm_1 (f_1 - a); \\ \text{Skala } v: & x = H, & y = Lm_2 (f_2 - b); \\ & & x = \dfrac{(g_3 m_1 - f_3 m_2) H}{g_3 m_1 + f_3 m_2}; \\ \text{Skala } w: & & \\ & & y = \dfrac{-Lm_1 \cdot m_2 (h_3 + af_3 + bg_3)}{g_3 m_1 + f_3 m_2}. \end{array}\right\} \quad (9.2)$$

Wie schon in § 17 des zweiten Kapitels erläutert wurde, besteht das Nomogramm aus zwei geradlinigen Skalen für die Variablen u und v und einer krummlinigen Skala für die Variablen w. Die geradlinigen Skalen sind in diesem Falle zur y-Achse parallel: die Skala der Variablen u liegt im Abstand H links von der y-Achse, die Skala der Variablen v liegt im Abstand H rechts von der y-Achse. Die geometrische Bedeutung der Parameter a, b, m_1 und m_2 ist folgende: Die Parameter a und b bestimmen die Argumente der Punkte der Skalen, die sich auf der x-Achse befinden. Auf der x-Achse befinden sich die Punkte mit den Argumenten u_1 und v_1, für die $f_1(u_1) = a$ und $f_2(v_1) = b$ ist, weil y für diese Werte in den Gleichungen beider Skalen Null wird (Fig. 99). Die Faktoren Lm_1 und Lm_2 bestimmen die Länge der Skalen u und v, sozusagen ihre Maßstäbe. Eine Veränderung von Lm_1 und Lm_2 bewirkt eine Verlängerung oder eine Verkürzung der Skalen u und v unter Beibehaltung ihrer Charakteristik.

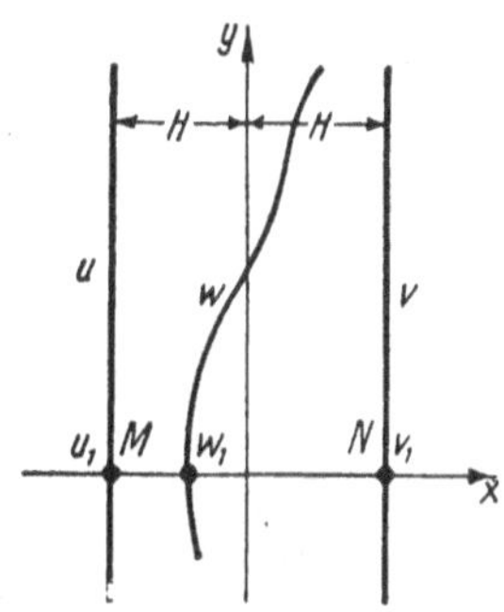

Fig. 99.

Der Parameter H bestimmt die Entfernung zwischen den parallelen Skalen. Diese beträgt $2H$.

Den geometrischen Sinn der Parameter a, b, m_1 und m_2 in den Gleichungen der dritten Skala zu erklären, ist schwieriger. Die Form der Skala hängt von der Form der Funktionen $f_3(w)$, $g_3(w)$ und $h_3(w)$ und den Parameterwerten ab. Die Parameter a und b bestimmen das Argument des Punktes, der auf der x-Achse liegt. Sein Argument w_1 ist die Zahl, die zusammen mit den Zahlen u_1 und v_1 die nomographierbare Gleichung erfüllt. Der Einfluß der Parameter m_1 und m_2 auf die Gestalt der Lösungsskala und auf ihre Lage in der Ebene läßt sich nur auf dem Netz klarmachen, weil eine Änderung des Verhältnisses zwischen diesen beiden Parametern eine projektive Umformung der Ebene bewirkt.

Wir schreiben die Gleichungen der Skalen des Nomogramms in die Koordinaten des Netzes um, nachdem wir das Nomogramm so auf dem Netz untergebracht haben, daß seine parallelen Skalen auf die parallelen invarianten Geraden fallen. Eine solche Lage des Nomogramms ist deshalb nützlich, weil die Umwandlung der Skala u dann nur von der Veränderung des Parameters a und die Umformung der Skala v dann nur von der Änderung des Parameters β abhängt, weil nämlich eine Umformung auf der linken invarianten Geraden allein durch den Parameter α und eine Umformung auf der rechten invarianten Geraden allein durch den Parameter β bestimmt wird. In die invarianten Punkte des Netzes legen wir die Punkte der Skalen u und v mit den Argumenten u_1 und v_1, für die gilt $f_1(u_1) = a$ und $f_2(v_1) = b$.

Um die Gleichungen der Skalen des Nomogramms in den Koordinaten (ξ, η) zu bekommen, setzen wir in die Ausdrücke (8.9) für ξ und η (§ 46, 8. Kapitel) die cartesischen Koordinaten der Skalenpunkte des Nomogramms ein.

Setzen wir die Koordinaten der Punkte der Skala u ein, dann erhalten wir ihre Gleichungen in dem System (ξ, η):

$$\xi = \lg(f_1 - a) + \lg m_1, \quad \eta = \infty. \tag{9.3'}$$

Auf dieselbe Art erhalten wir die Gleichungen der Skala v in dem System (ξ, η):

$$\xi = \infty, \quad \eta = \lg(f_2 - b) + \lg m_2. \tag{9.3''}$$

Setzen wir die Koordinaten der Punkte der Skala w ein, so bekommen wir

$$\left.\begin{aligned} \xi &= \lg\frac{h_3 + af_3 + bg_3}{-f_3} + \lg m_1, \\ \eta &= \lg\frac{h_3 + af_3 + bg_3}{-g_3} + \lg m_2. \end{aligned}\right\} \tag{9.3'''}$$

Wir wollen auch den Wert der Koordinate ζ für die Punkte der Skala w berechnen. Bei der praktischen Konstruktion von Nomogrammen auf einem Netz konstruiert man die Skala w entweder nach den Koordinaten ξ und ζ oder nach den Koordinaten η und ζ, was bequemer ist als die Konstruktion nach den Koordinaten ξ und η. Die Koordinate ζ hat für die Punkte der Skala w die Gestalt

$$\zeta = \lg\frac{f_3}{g_3} + \lg m_2 - \lg m_1. \tag{9.3 VI}$$

Führen wir die Bezeichnungen

$$\left.\begin{aligned} &\xi_{01} = \lg|f_1 - a|, \qquad \eta_{02} = \lg|f_2 - b|, \\ &\xi_{03} = \lg\left|\frac{h_3 + af_3 + bg_3}{-f_3}\right|, \quad \eta_{03} = \lg\left|\frac{h_3 + af_3 + bg_3}{-g_3}\right|, \\ &\zeta_{03} = \lg\left|\frac{f_3}{g_3}\right|, \end{aligned}\right\} \tag{9.4}$$

$$\alpha = \lg m_1, \quad \beta = \lg m_2, \quad \gamma = \lg\frac{m_2}{m_1}, \tag{9.5}$$

ein, so erhalten wir die Gleichungen der Skalen des Nomogramms in der Form

$$\begin{aligned} &\text{Skala } u\colon \quad \xi = \xi_{01} + \alpha, \quad \eta = \infty; \\ &\text{Skala } v\colon \quad \xi = \infty, \quad \eta = \eta_{02} + \beta; \\ &\text{Skala } w\colon \quad \xi = \xi_{03} + \alpha, \quad \eta = \eta_{03} + \beta; \\ &\qquad\qquad \zeta = \zeta_{03} + \gamma \quad (\gamma = \beta - \alpha). \end{aligned}$$

Der geometrische Sinn der Parameter m_1 und m_2 wird jetzt klar: werden sie nämlich in der Form der Parameter α und β dargestellt, so bestimmen sie die Bewegung im Koordinatensystem (ξ, η) des Netzes.

Die Zugehörigkeit eines Punktes zu einem der vier einzelnen Teile eines Netzes bestimmt man nach dem Vorzeichen des Ausdruckes, der bei den Ausdrücken für ξ_0 und η_0 unter dem absoluten Betrag steht. Welche Vorzeichen den Nummern der einzelnen Teile der Ebene entsprechen, entnimmt man der Tabelle 1, wo oben die Nummer des Teiles der Ebene und unter ihr die dieser Nummer entsprechenden Vorzeichen der Ausdrücke für ξ und η stehen, für die Koordinaten ξ in der ersten Zeile und für die Koordinate η in der zweiten Zeile.

Tabelle 1

Nummer des Teiles der Ebene	1	2	3	4
ξ	+	−	−	+
η	+	−	+	−

Für die Punkte zwischen den parallelen Geraden wird der Ausdruck unter dem Absolutzeichen bei der Berechnung der Koordinate ζ positiv und für die Punkte außerhalb der parallelen Geraden negativ.

Die Reihenfolge der Operationen bei der Konstruktion eines Nomogramms auf einem Netz ist folgende: Wir bringen die nomographierbare Gleichung auf die kanonische Form. Dann entscheiden wir darüber, welche Richtungen die Skalen u und v in dem zukünftigen Nomogramm haben sollen. Hier kann man folgende Überlegungen anstellen: wenn bei einer Vergrößerung von u und bei einer Vergrößerung von v die Variable w sich in ein und derselben Richtung bewegt (also entweder nur wächst oder nur fällt), befindet sich die Skala der Variablen w zwischen den Skalen der Variablen u und v, vorausgesetzt, daß u und v die gleiche Richtung haben; wenn bei einer Vergrößerung der Variablen u die Variable w sich in anderer Richtung ändert, als bei einer Vergrößerung der Variablen v, so befindet sich die Skala der Variablen w außerhalb beider Skalen, wenn die Skalen u und v gleichgerichtet sind; wenn man die Richtung einer der Skalen ändert, so vertauschen die Teile der Ebene, die sich zwischen den parallelen Skalen befinden, ihre Plätze mit den Teilen der Ebene, die sich außerhalb der beiden parallelen Skalen befinden (siehe § 38, 7. Kapitel). Dies alles ist nur dann richtig, wenn die Skalen der Variablen u und v innerhalb des Variabilitätsbereiches der Variablen u und v ihre Richtung nicht ändern.

Die Richtungen der Skalen der Variablen u und v kann man nach eigenem Ermessen wählen. Wenn die Funktion $f_1(u)$ wächst, so ist die Skala von unten nach oben gerichtet, wenn die Funktion $f_1(u)$ fällt, so hat die Skala eine Richtung von oben nach unten. Man kann also durch Wahl der Funktion $f_1(u)$ die gewünschte Richtung der Skala vorher bestimmen. Man kann den Ausdruck, den man für $f_1(u)$ wählt, wenn es notwendig ist, auch mit dem Minuszeichen versehen, indem man dasselbe Vorzeichen dem Ausdruck zuschreibt, der bei $f_1(u)$ als Faktor steht und den man als $f_3(w)$ wählt, da dadurch die Gleichung nicht verändert wird. So kann man entweder eine wachsende oder eine fallende Funktion $f_1(u)$ bekommen. Dieselben Überlegungen gelten auch für $f_2(v)$.

Nachdem die Richtung der Skalen des zukünftigen Nomogramms festgelegt ist, bestimmen wir entsprechend die Gestalt der Funktionen f_1, f_2, f_3, g_3 und h_3. Die untersten Punkte der Skalen legen wir auf die x-Achse und wählen die Parameter a und b gleich den Funktionswerten $f_1(u)$ und $f_2(v)$ in diesen Punkten.

Dann stellen wir die Gleichungen der Skalen des Nomogramms auf, indem wir die gefundenen Funktionen $f_1(u)$, $f_2(v)$, $f_3(w)$, $g_3(w)$ und $h_3(w)$ und die Werte der Parameter a und b in die Ausdrücke (9.4) für ξ_0, η_0 und ζ_0 einsetzen.

Danach stellen wir eine Wertetafel für die Koordinaten ξ_0, η_0 und ζ_0 für jede der Skalen auf, indem wir die Koordinaten von einer genügend großen Anzahl von Punkten berechnen, damit wir uns eine Vorstellung von der Form der Skalen machen können. Gleichzeitig mit der Berechnung der Koordinaten der Punkte untersuchen wir, zu welchem der vier einzelnen Teile der Ebene sie gehören. Nach den berechneten Koordinaten konstruieren wir die erste Variante des Nomogramms. Dabei können zwei Umstände eintreten:

a) Das Netz in der Beilage 3 stellt den Teil der Ebene dar, der sich zwischen den parallelen Geraden befindet und den Teil, der rechts von den parallelen Geraden liegt. Es kann vorkommen, daß die krummlinige Skala des Nomogramms links von den parallelen Geraden liegt. Dann muß man für alle drei Skalen des Nomogramms die Koordinatenbezeichnungen ξ und η ändern. Geometrisch bedeutet dies eine Drehung der Ebene des Nomogramms um die Gerade, die in der Mitte zwischen den parallelen Skalen liegt. Nach einer solchen Operation liegt dann die krummlinige Skala rechts von den parallelen Skalen und kann auf dem Netz dargestellt werden.

b) Es kann sein, daß die berechneten Koordinatenwerte für die krummlinigen Skalen entweder sehr groß oder sehr klein werden und die Konstruktion der Skalen dadurch erschwert wird. In diesem Falle kann man noch vor der Konstruktion der ersten Variante des Nomogramms den Skalen eine für die Konstruktion geeignetere Form geben, indem man für die Parameter α und β entsprechende Werte wählt und um diese Größen die Koordinaten der Skalenpunkte des Nomogramms vergrößert oder verkleinert.

Nach der Konstruktion der ersten Variante ist die Lage der krummlinigen Skala in bezug auf die parallelen Skalen des Nomogramms klar. Eine weitere Umformung des Nomogramms besteht in der Wahl der günstigsten gegenseitigen Lage der Skalen des Nomogramms. Dies findet seine Begründung in den in § 8, 1. Kapitel dargelegten Anforderungen, die man an die Form eines Nomogramms stellt. *Man muß beachten, daß eine Umformung auf einem Netz mit parallelen invarianten Geraden die Charakteristiken der geradlinigen Skalen nicht ändern kann.*

Die Technik der Umformung besteht hier in der Verschiebung aller Punkte des Nomogramms um die Größen α und β entlang den Linien des Netzes. Die Ausführung der Umformung ist sehr einfach, und man kann an Hand der Verteilung der Linien im Netz das Ergebnis der Umformung vorhersehen.

Bei der Umformung eines Nomogramms kann sich eine Übertragung der krummlinigen Skala aus dem Zwischenraum zwischen den parallelen Skalen in den äußeren Teil der Ebene oder eine Übertragung aus dem äußeren Teil der Ebene in den

Zwischenraum zwischen den parallelen Skalen als notwendig erweisen. Auf einem Netz besteht eine solche Umformung darin, daß man die krummlinige Skala in dem Teil der Ebene nach denselben Koordinatenwerten ihrer Punkte konstruiert, wohin man sie zu legen wünscht. Dabei erleidet auch eine der geradlinigen Skalen des Nomogramms eine Spiegelung.

Nachdem man die beste Variante des Nomogramms ermittelt hat, bestimmt man die Gleichungen ihrer Skalen in cartesischen Koordinaten. Dazu setzt man in die Gleichungen (9.2) die Werte der Funktionen f_1, f_2, f_3, g_3, h_3 ein und auch die gefundenen Parameter a, b, m_1 und m_2 (letztere findet man aus den Ausdrücken (9,5) aus ihren Logarithmen: $\lg m_1 = \alpha$, $\lg m_2 = \beta$). Hat im Prozeß der Umformung im Bündel der Linien ξ eine Spiegelung stattgefunden, so versieht man den Parameter m_1 mit dem negativen Vorzeichen; fand eine Spiegelung in dem Bündel der Linien η statt, so muß man den Parameter m_2 mit dem Minuszeichen versehen.

Die Parameter L und H wählt man so, daß die endgültige Zeichnung des Nomogramms die notwendigen Ausmaße hat. Ihre Größe drücken wir in Millimeter aus, ohne daß wir dies jedes Mal besonders erwähnen. Die Koordinaten der Punkte des Nomogramms bekommt man dann in denselben Einheiten.

§ 50. Ein Konstruktionsbeispiel für ein Nomogramm der Gleichungen von Cauchy

Wir wollen ein Nomogramm zur Berechnung des Volumens eines Kugelsegmentes konstruieren. Die Formel zur Berechnung des Volumens eines Kugelsegmentes lautet

$$V = \frac{\pi}{6} h\,(3r^2 + h^2),$$

wobei h die Höhe des Segmentes, r der Grundkreisradius des Segmentes und V das gesuchte Volumen ist.

Die Bereiche der Veränderlichen wählen wir zu

$$5{,}5 \leqslant h \leqslant 10{,}0; \quad 10{,}0 \leqslant r \leqslant 15{,}5; \quad 900 \leqslant V \leqslant 4000$$

(V variiert in den vollen Grenzen, die durch die Bereiche von h und r bestimmt werden).

Die nomographierbare Gleichung nimmt die kanonische Form von CAUCHY an, wenn man alle ihre Glieder auf die rechte Seite bringt:

$$3r^2h - \frac{6}{\pi} V + h^3 = 0.$$

Nun legen wir die Richtungen der Skalen des Nomogramms fest. Die geradlinigen Skalen sind in diesem Falle die Skala der Radien r und die Volumenskala V. Die Skala der Höhen h wird eine krummlinige Skala. Wenn entweder r oder h wächst, so wächst in beiden Fällen ebenfalls V. Das heißt, wenn die Skalen r

und V ein und dieselbe Richtung haben, so liegt die Skala h außerhalb des Zwischenraums zwischen beiden. Wir bleiben bei dieser gegenseitigen Lage der Skalen, weil man ja dadurch eine Lage der Skalen erhalten kann, bei der die Lösungsskala V zwischen den Skalen der gegebenen Größen r und h liegt.

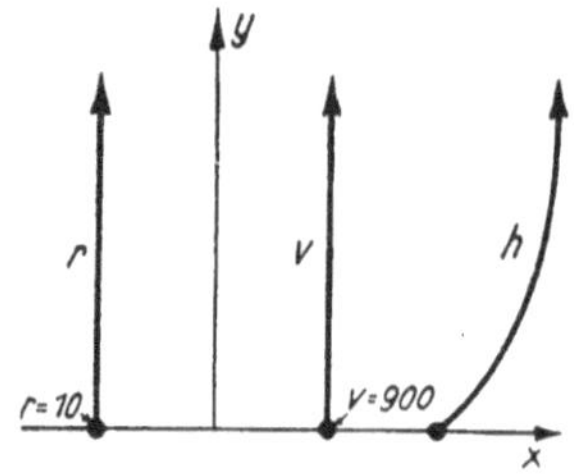

Fig. 100.

Wir setzen

$$f_1 = 3r^2; \quad f_2 = \frac{6}{\pi} V; \quad f_3 = h;$$

$$g_3 = -1; \quad h_3 = h^3,$$

wobei die Funktionen $f_1 = 3r^2$ und $f_2 = \frac{6}{\pi} V$ unserer Festsetzung hinsichtlich der Richtung der Skalen r und V entsprechen (wollte man, daß die Skala r von oben nach unten gerichtet sei, so müßte man $f_1 = -3r^2$ und $f_3 = -h$ setzen).

Weil die Skalen r und V nach oben gerichtet sind, so haben ihre untersten Punkte die Argumente $r = 10$ und $V = 900$. Daraus folgt $a = 3 \cdot 10^2$ und $b = \frac{6}{\pi} \cdot 900$ (Fig. 100).

Die Gleichungen der Skalen des Nomogramms haben in den Koordinaten des Netzes die Form:

$$(9.4) \quad \begin{cases} \text{Skala } r\colon \xi_{01} = \lg(3r^2 - 3 \cdot 10^2) = \lg(r^2 - 100) + \lg 3; \\ \qquad \eta_{01} = \infty; \\ \text{Skala } V\colon \xi_{02} = \infty; \; \eta_{02} = \lg\left(\frac{6}{\pi} V - \frac{6}{\pi} \cdot 900\right) = \\ \qquad = \lg(V - 900) + \lg \frac{6}{\pi}; \\ \text{Skala } h\colon \xi_{03} = \lg \left| \dfrac{\frac{1}{\pi} 5400 - 300h - h^3}{h} \right|; \\ \qquad \eta_{03} = \lg \left| h^3 + 300\,h - \frac{1}{\pi} 5400 \right|; \\ \qquad \xi_{03} = \lg |-h|. \end{cases}$$

Die Skala V wird gleichförmig, was man leicht an ihrer Gleichung in cartesischen Koordinaten sieht.

Nun berechnen wir die Koordinaten einiger Skalenpunkte des Nomogramms; die Ergebnisse dieser Berechnung sind in Tabelle 2 angeführt.

Während der Berechnung zeigt es sich, daß sich die Punkte der Skala h im Teil 3 der Ebene befinden werden (Fig. 94), weil bei der Berechnung von ξ_{03} der Ausdruck innerhalb des Absolutzeichens negativ wird.

Es ist unmöglich, unmittelbar nach den berechneten Koordinaten die erste Variante des Nomogramms zu konstruieren, weil die Werte der Koordinaten der Punkte der Skalen r und V zu groß sind. Wir verkleinern sie, indem wir den

Skalen r und V die gleiche Länge geben. Zu diesem Zweck wählen wir α und β wie folgt: $\alpha = -2{,}35$ und $\beta = -3{,}5$. Die neuen Werte der Koordinaten der Skalenpunkte sind in Tabelle 3 angegeben.

Wir legen Pauspapier auf das Netz und konstruieren auf ihm die erste Variante des Nomogramms. Sie ist in Fig. 101 dargestellt. Der Punkt der Skala h mit

Tabelle 2

V	ξ	η	r	ξ	η	h	ξ	η	ζ
900	∞	$-\infty$	10,0	$-\infty$	∞	5,5	1,31	2,05	+0,74
1000	∞	2,28	12,0	2,12	∞	6,0	1,71	2,49	+0,78
2000	∞	3,32	14,0	2,46	∞	7,7	2,02	2,87	+0,85
3000	∞	3,60	15,5	2,62	∞	8,0	2,18	3,08	+0,90
4000	∞	3.77	—	—	—	9,0	2,28	3,23	+0,95
—	—	—	—	—	—	10,0	2,36	3,36	+1,00

Tabelle 3

I. Variante: $\alpha = -2{,}35$; $\beta = -3{,}50$; $\gamma = -1{,}15$						
V	η	r	ξ	h	η	ζ
900	$-\infty$	10,0	$-\infty$	5,5	−1,45	−0,41
1000	−1,22	12,0	−0,23	6,0	−1,01	−0,37
2000	−0,18	14,0	+0,11	7,0	−0,63	−0,30
3000	0,10	15,5	+0,27	8,0	−0,42	−0,25
4000	0,27	—	—	9,0	−0,27	−0,20
—	—	—	—	10,0	−0,14	−0,15
II. Variante: $\alpha = -2{,}30$; $\beta = -3{,}50$; $\gamma = -1{,}20$						
V	η	r	ξ	h	η	ζ
900	$-\infty$	10,0	$-\infty$	5,5	−1,45	−0,46
1000	−1,22	12,0	−0,18	6,0	−1,01	−0,42
2000	−0,18	14,0	−0,16	7,0	−0,63	−0,35
3000	0,10	15,5	0,32	8,0	−0,42	−0,30
4000	0,27	—	—	9,0	−0,27	−0,25
—	—	—	—	10,0	−0,14	−0,20

dem Argument $h = 10$ befindet sich außerhalb der Grenzen des Netzes und ist auf der Zeichnung nicht mit dargestellt. Man könnte ihn konstruieren, wenn man auf irgendeine Weise eine Linie des Netzes fände mit dem Argument $\zeta = -0{,}15$ (graphisch oder durch Berechnung), aber dies ist auch nicht möglich, weil ja offensichtlich die Skala h zu weit nach rechts geht. Bei der endgültigen Konstruktion des Nomogramms im vorgeschriebenen Rahmen der Zeichnung wird

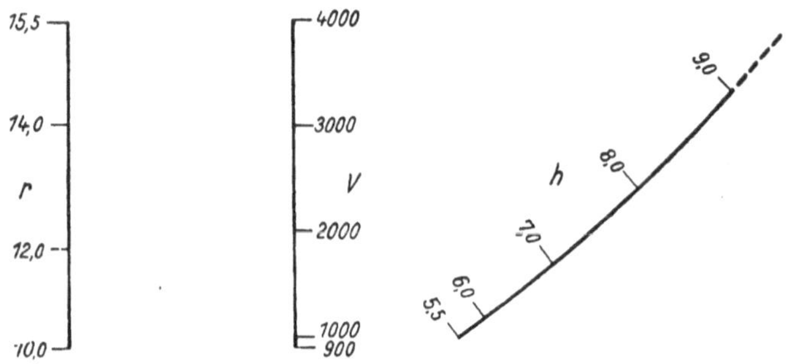

Fig. 101.

der Abstand zwischen den parallelen Skalen im Verhältnis zu dem Abstand von ihnen bis zum Punkte $h = 10{,}0$ klein, und bei kleinen Werten von h hat man dann kleine Schnittwinkel mit der Lösungsskala zu erwarten. Wir wollen deshalb das Nomogramm einer weiteren Umformung unterwerfen, indem wir die Länge der Skala h verkürzen. Dazu verschieben wir die Skala h nach links. Bei einer solchen Umformung verkleinert sich die Länge, weil ja immer bei einer Annäherung an eine invariante Gerade eine Stauchung eintritt.

Die Verschiebung in Richtung auf die invariante Gerade kann man durch eine Verkleinerung des Wertes des Parameters γ erreichen. Dabei verkleinern sich die Werte der Koordinaten ζ der Skalenpunkte. Die Koordinate des Punktes $h = 10$ war gleich $\zeta = -0{,}15$. Wir verschieben den Punkt $h = 10$ auf die Linie $\zeta = -0{,}2$. Dazu verkleinern wir den vorher erhaltenen Wert des Parameters $\gamma = -1{,}15$ auf 0,05. Dabei verschieben sich alle Punkte der Skala h entlang den Geraden η in Richtung auf den invarianten Punkt um ein und dieselbe Größe 0,05 in den Koordinaten ζ. Die Skala h wird dabei einer Umformung unterworfen, sie wird in der Umgebung des Punktes $h = 10$ stärker zusammengedrückt, weil hier eine Verschiebung um den gleichen Wert in den Koordinaten von ζ sich bedeutend stärker auswirkt als in der Umgebung des Punktes $h = 5{,}5$.

Bei einer Änderung des Parameters γ müssen sich auch die Werte der Parameter α und β ändern, denn es ist ja $\gamma = \beta - \alpha$: α muß sich vergrößern und β verkleinern. Die Vergrößerung des Parameters α führt zu einer Vergrößerung der Länge der Skala r. Die Verkleinerung des Parameters β führt zu einer Verkleinerung der Länge der Skala V. Dies ist prinzipiell gleichgültig, da eine Änderung von γ die Änderung des Verhältnisses der Längen der Skalen r und V bestimmt. Wir entscheiden uns für eine Vergrößerung des Parameters α um 0,05 und lassen β unverändert. Dies ist nämlich praktisch einfacher, weil man nur die Koordinaten der Punkte der Skala r und eine Koordinate der Punkte der Skala h umzurechnen braucht (bei einer Veränderung von β müßte man alle Koordinaten der Skala V und beide Koordinaten der Punkte der Skala h umrechnen). Eine Vergrößerung des Parameters α um 0,05 vergrößert nur unbedeutend die Länge der Skala r im Vergleich zur Länge der Skala V.

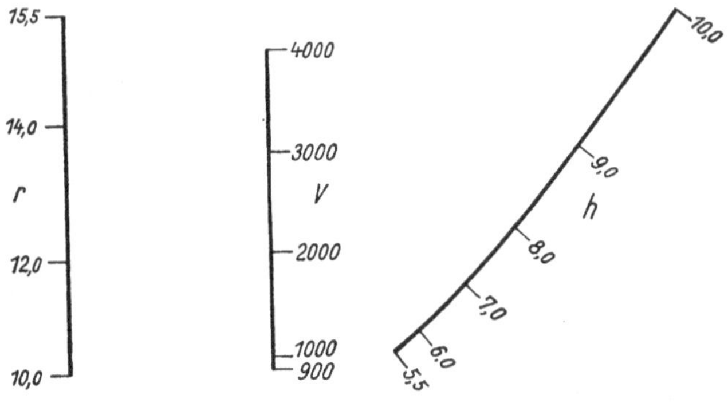

Fig. 102.

Die neuen Werte der Koordinaten der Skalenpunkte des Nomogramms sind in der Tabelle 3 unter der Rubrik „II. Variante" verzeichnet. Die nach ihnen konstruierte Variante des Nomogramms ist in Fig. 102 dargestellt. Das Nomogramm hat eine ganz befriedigende Gestalt, deshalb wollen wir bei dieser Variante bleiben. Die Parameter der Umformung haben also die Werte $\alpha = -2{,}3$ und $\beta = -3{,}5$. Daraus ermitteln wir die Werte von m_1 und m_2 zu: $m_1 = 0{,}005$; $m_2 = 0{,}000316$[1]).

Wir wollen die Gleichungen der Skalen des Nomogramms in cartesische Koordinaten umschreiben, indem wir die gefundenen Werte der Parameter in die Formeln (9.2) einsetzen.

Die Gleichungen der Skalen des Nomogramms in cartesischen Koordinanten lauten:

$$\left.\begin{aligned} &\text{Skala } r\colon\ x = -H, \quad y = L \cdot 0{,}005\,(3r^2 - 3 \cdot 100);\\ &\text{Skala } V\colon\ x = \mathrm{H}, \quad y = L \cdot 0{,}000316\left(\frac{6}{\pi}V - 900\,\frac{6}{\pi}\right);\\ &\text{Skala } h\colon\ x = \frac{H\,(0{,}005 + 0{,}000316\,h)}{0{,}005 - 0{,}000316\,h},\\ &\qquad y = \frac{158 \cdot 10^{-8}\left(h^3 + 300\,h - \frac{6}{\pi}\,900\right)L}{0{,}005 - 0{,}000316\,h}. \end{aligned}\right\} \quad (9.2)$$

Die Werte der Parameter L und H ermitteln wir aus der Bedingung, daß die Zeichnung des Nomogramms ein Ausmaß von 250×180 mm haben soll. Die parallelen Skalen wollen wir auf der breiten Seite der Zeichnung unterbringen.

1) $\lg m_1 = -2{,}3 = \bar{3}{,}7$; $\lg m_2 = -3{,}5 = \bar{4}{,}5$.

Die Größe L bestimmt sich nach dem größten Ordinatenwert eines Punktes der Skalen des Nomogramms, die der Punkt mit dem Argument $r = 15{,}5$ hat. Wir berechnen die Koordinate des Punktes $r = 15{,}5$ zu 230 mm und lassen zwischen den äußersten Punkten der Skala bis zum Rand der Zeichnung je 10 mm frei. Aus der Gleichung $230 = L \cdot 0{,}005\ (3 \cdot 15{,}5^2 - 3 \cdot 100)$ finden wir $L = 109$ oder aufgerundet $L = 110$.

Die Größe H bestimmt sich nach der größten Abszissendifferenz der Skalenpunkte des Nomogramms. Die größte Abszisse auf der Skala h hat der Punkt mit dem Argument $h = 10$. Alle Punkte der Skala r haben ein und dieselbe Abszisse, gleich H. Der Abstand des Punktes $h = 10$ von der Skala r, die Breite des Nomogramms, sei gleich 160 mm, daneben lassen wir noch 20 mm Raum, um die Argumentbezeichnungen für die Skalen r und h danebenschreiben zu können. Aus der Gleichung $160 = x_h - x_r = \frac{(0{,}005 + 0{,}000316 \cdot 10)\,H}{0{,}005 - 0{,}000316 \cdot 10} + H$ finden wir $2H = 59$ oder aufgerundet $H = 30$.

Das Nomogramm ist in Fig. 15 dargestellt; bei der Herstellung des Klischees wurde es verkleinert.

§ 51. Nomogramme für die Gleichungen der kanonischen Form III/2

Die zweite kanonische Form für eine Gleichung der dritten nomographischen Ordnung ist ein Sonderfall der kanonischen Form von CAUCHY[1]). Um aus der kanonischen Form von CAUCHY die zweite kanonische Form zu erhalten, muß man in der Gleichung (9.1) $f_3 = 1$, $g_3 = 1$ und $h_3 = -f_3$ setzen. Dann nimmt die Gleichung die Form an

$$f_3 = f_1 + f_2.$$

Die Gleichungen der Skalen des Nomogramms erhält man auf entsprechende Weise aus den Gleichungen (9.2) der Skalen des Nomogramms für die Gleichung von CAUCHY; sie haben die Form

$$(9.6)\quad \begin{cases} \text{Skala } u\colon\ x = -H, & y = L \cdot m_1\,(f_1 - a);\\ \text{Skala } v\colon\ x = H, & y = L \cdot m_2\,(f_2 - b);\\ \text{Skala } w\colon\ x = \dfrac{H\,(m_1 - m_2)}{m_1 + m_2}, & y = \dfrac{m_1 m_2}{m_1 + m_2}\,L\,(f_3 - a - b). \end{cases}$$

Das Nomogramm hat drei parallele Skalen (Fig. 103). Der geometrische Sinn der Parameter a, b, m_1, m_2, L und H ist derselbe wie beim Nomogramm für die CAUCHYsche Gleichung.

Die Gleichungen der Skalen in den Koordinaten des Netzes lauten dann:

$$(9.7)\quad \begin{cases} \text{Skala } u\colon\ \xi_0 = \lg\,(f_1 - a), & \eta = \infty;\\ \text{Skala } v\colon\ \xi = \infty, & \eta_0 = \lg\,(f_2 - b);\\ \text{Skala } w\colon\ \zeta = 0, & \xi_0 = \lg\,(f_3 - a - b). \end{cases}$$

1) Der Kürze halber werden wir im folgenden an Stelle „erste (zweite, dritte) kanonische Form einer Gleichung dritter nomographischer Ordnung“ immer nur schreiben: „kanonische Form III/1 (III/2 und III/3)“.

Bei der Konstruktion des Nomogramms ist es nicht sehr zweckmäßig, das Netz zu benutzen, weil die Parameter m_1 und m_2 in diesem Fall nur das Verhältnis der Abstände der Skala w von den Skalen u und v bestimmen (Fig. 103) und man das Resultat, wenn man den einen oder anderen von ihnen frei wählt, ohnehin leicht ohne Netz vorhersehen kann. Die Charakteristiken der Skalen werden durch die Art der Funktionen f_1, f_2 und f_3 bestimmt, und können nicht durch eine Änderung der in den Formeln (9.6) enthaltenen Parameter beeinflußt werden.

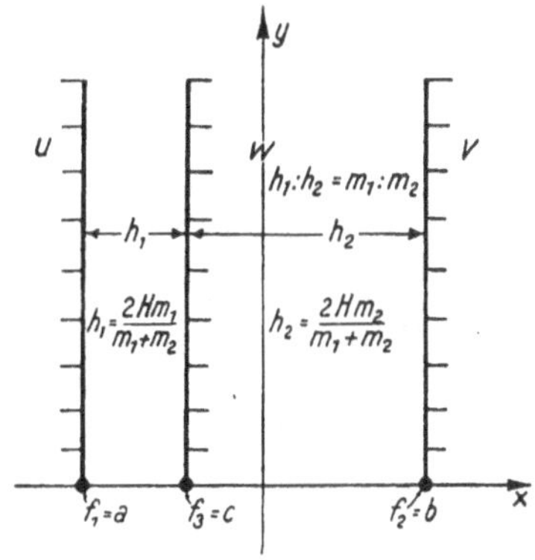

Fig. 103.

Die Reihenfolge, in der man bei der Konstruktion des Nomogramms in den einfachsten Fällen die einzelnen Operationen ausführt, ist folgende:

1. Wir stellen ein Richtungsschema der Skalen auf. Weil sich die Vorzeichen der Funktionen f_1, f_2 und f_3 ändern können, wenn wir sie aus dem einen Teil der Gleichung in den anderen bringen, so kann die gegenseitige Lage der Skalen beliebig sein.

2. Nun ermitteln wir die Werte a und b. Bezeichnen wir die Argumente der Skalenpunkte, die auf der x-Achse liegen müssen, mit u_1 und v_1, so ist $a = f_1(u_1)$ und $b = f_2(v_1)$.

3. Aus der Bedingung der Gleichheit der Skalen u und v, wobei man sehr gut die Fläche der Zeichnung ausnützen kann, finden wir das Verhältnis der Parameter m_1 und m_2. Sind die Argumente der höchsten Punkte der Skalen u und v gleich u_2 und v_2, so hat die Gleichheitsbedingung der Skalenlängen die Form $Lm_1[f_1(u_2) - f_1(u_1)] = Lm_2[f_2(v_2) - f_2(v_1)]$, woraus folgt

$$\frac{m_1}{m_2} = \frac{f_2(v_2) - f_2(v_1)}{f_1(u_2) - f_1(u_1)}.$$

4. Das Verhältnis $m_1 : m_2$ bestimmt die Lage der Skala w zwischen den Skalen u und v der Variablen und die relative Länge der Skala.

Wenn man die Lösungsskala zu klein erhält, was passieren kann, wenn man nämlich die Lösungsvariable nicht in den ganzen Grenzen braucht, die durch die Variabilitätsgrenzen der gegebenen Größen bestimmt werden, so kann man diese Skala nach außen verlegen, d. h. außerhalb der Skalen der gegebenen Größen, man muß dabei nur darauf achten, daß sie nicht zu weit von ihnen wegrückt (die Bedingung § 8, Kapitel 1 muß beachtet werden). Damit die Lösungsskala außerhalb der beiden Skalen der gegebenen Größen zu liegen kommt, muß man die Richtung einer der Skalen der gegebenen Größen umkehren. Die Konstruktion läßt sich aber einfacher ausführen, wenn man die Bezeichnungen der Funktionen f_1, f_2 und f_3 ändert und als Funktion der Lösungsvariablen entweder f_1 oder f_2 wählt. Das Aufsuchen von a und b, m_1 und m_2 muß man dann in der üblichen Reihenfolge ausführen.

Die Tatsache, daß eine der Funktionen die Funktion der Lösungsvariablen ist, hat keinen Einfluß auf die Ermittlung der Parameter. In den Fällen, bei denen die Auswahl der Parameter m_1 und m_2 auf diese Weise Schwierigkeiten macht und unklar wird, welche Möglichkeiten man hat, um ein befriedigendes Nomogramm zu konstruieren, kann man noch zu der Konstruktion des Nomogramms auf einem Netz Zuflucht nehmen.

§ 52. Nomogramme mit parallelen logarithmischen Skalen

Unter den Formeln, die man in der Technik für Berechnungen verwendet, befindet sich eine große Anzahl von Formeln, die nur die Operationen der Multiplikation, Division, Potenzierung und Radizierung enthalten. Solche Ausdrücke kann man bequem in Gestalt von Nomogrammen mit parallelen logarithmischen Skalen darstellen, die es gestatten, die Lösung mit einem konstanten relativen Fehler zu ermitteln.

Die nomographierbare Gleichung möge die Gestalt haben:

$$w = A u^{\alpha} v^{\beta},$$

wobei w, u und v Variable, A ein konstanter Koeffizient und α und β konstante Kennziffern der Potenz (ganze oder gebrochene) sind, die sowohl positiv als auch negativ sein können.

Wir wollen die rechte und die linke Seite der Gleichung logarithmieren und erhalten

$$\lg w = \alpha \lg u + \beta \lg v + \lg A.$$

Diese Gleichung gehört zu der zweiten kanonischen Form der Gleichungen dritter nomographischer Ordnung, deshalb können wir für sie ein Nomogramm mit parallelen Skalen konstruieren, so wie es im vorhergehenden Paragraphen gezeigt wurde. In diesem Falle jedoch kann man ein noch einfacheres praktisches Konstruktionsverfahren des Nomogramms angeben. Wir schreiben die Gleichungen der Skalen des Nomogramms wie folgt:

$$\begin{aligned}
&\text{Skala } u\colon\; x = -H, && y = L m_1 (\alpha \lg u - a);\\
&\text{Skala } v\colon\; x = H, && y = L m_2 (\beta \lg v - b);\\
&\text{Skala } w\colon\; x = \frac{(m_1 - m_2)\, H}{m_1 + m_2}, && y = L \frac{m_1 m_2}{m_1 + m_2} (\lg w - \lg A - a - b).
\end{aligned}$$

Wir wollen folgende Bezeichnungen einführen:

$$\begin{aligned}
M_1 &= L m_1 \alpha, & a' &= L m_1 a,\\
M_2 &= L m_2 \beta, & b' &= L m_2 b,\\
M_3 &= L \frac{m_1 m_2}{m_1 + m_2}, & c' &= L \frac{m_1 m_2}{m_1 + m_2} (\lg A + a + b).
\end{aligned}$$

Dann lauten die Gleichungen der Skalen des Nomogramms:

$$\begin{aligned}
&\text{Skala } u\colon\; x = -H, && y = M_1 \lg u - a';\\
&\text{Skala } v\colon\; x = H, && y = M_2 \lg v - b';\\
&\text{Skala } w\colon\; x = \frac{H (M_1 \beta - M_2 \alpha)}{M_1 \beta + M_2 \alpha}, && y = M_3 \lg w - c'.
\end{aligned}$$

Das Nomogramm (Fig. 103) besteht aus drei parallelen logarithmischen Skalen für die Variablen u, v und w mit den Maßstäben M_1, M_2 und M_3 (der Maßstab einer logarithmischen Skala ist ihre Länge zwischen den Punkten 1 und 10). Die Summanden a', b' und c' bestimmen die Lage des Anfangs jeder der Skalen auf ihrem Träger. Das Verhältnis der Abstände h_1 und h_2 zwischen den Skalen ist gleich $\frac{M_1}{\alpha} : \frac{M_2}{\beta}$.

Zur Konstruktion des Nomogramms muß man einen Satz logarithmischer Skalen verschiedener Maßstäbe haben, die auf Streifen von kräftigem, mattweißem Papier oder Zelluloid gezeichnet sind, sogenannte *Schablonen*. Solche Schablonen kann man sich selbst herstellen, indem man die Skalen von Rechenschiebern verschiedener Länge kopiert. So kann man Schablonen mit den Maßstäben 1000; 1000 : 3; 500; 500 : 3; 250; 250 : 3; 125; 125 : 2; 125 : 3 (die Ausmaße sind in Millimetern angegeben) erhalten. Schablonen anderer Maßstäbe kann man nach Berechnungen konstruieren.

Das Nomogramm konstruieren wir folgendermaßen. Wir bestimmen die Maßstäbe der Skalen u und v aus den Beziehungen

$$M_1 \approx \frac{L_1}{\lg u_2 - \lg u_1}, \quad M_2 \approx \frac{L_2}{\lg v_2 - \lg v_1}, \quad M_3 = \frac{M_1 \cdot M_2}{\beta M_1 + \alpha M_2},$$

wobei u_1 und u_2 die Bereiche der Variablen u, v_1 und v_2 die Bereiche der Variablen v und L_1 und L_2 die Skalenlängen sind. Wir runden die erhaltenen Werte von M_1 und M_2 auf bis zu den nächsten Größen, für die Schablonen vorhanden sind. Dabei muß man darauf achten, daß man auch für die Größe M_3, den Maßstab der dritten Skala, eine entsprechende Schablone zur Verfügung hat. Gelingt dies nicht, so muß man die dritte Skala nach vorausgegangener Berechnung konstruieren.

Auf einem Blatt Papier ziehen wir zunächst drei parallele Geraden, die Träger der Skalen des Nomogramms, das Verhältnis der Abstände zwischen ihnen wählen wir zu $\frac{M_1}{\alpha} : \frac{M_2}{\beta}$. Wir vermerken auf den gewählten Schablonen die Grenzen der entsprechenden Skalen und legen die Schablonen an die Träger der Skalen. Dann verschieben wir die Schablonen entlang der Träger solange, bis immer drei Punkte, die die nomographierbare Gleichung befriedigen, auf einer Geraden liegen und die Skalen innerhalb der gegebenen Grenzen ein in sich geschlossenes Nomogramm ergeben. Wir befestigen die Schablonen und prüfen an zwei bis drei Beispielen nach, ob sie tatsächlich die richtige Stellung haben (Methode des Beispiels). Liefern die Beispiele richtige Ergebnisse, so brauchen wir nur noch die Skalen zu kopieren, und das Nomogramm ist fertig.

Wird eine der Skalen nach der Berechnung konstruiert, so muß man die Konstruktion des Nomogramms damit beginnen, daß man diese Skala einzeichnet, dann muß man die Schablonen anlegen, um die übrigen Skalen des Nomogramms zu kopieren.

Bei dieser Methode wird die Berechnung der Parameter a', b' und c', die die Lage der Skalen auf den Trägern bestimmen, durch die graphische Fixierung der Anfangspunkte der Skalen ersetzt.

Bei der Konstruktion der Skalen muß man den Richtungen der Skalen besondere Aufmerksamkeit zuwenden, die Richtungen werden durch das Richtungsschema der Skalen des Nomogramms bestimmt, wobei Fehler möglich sind.

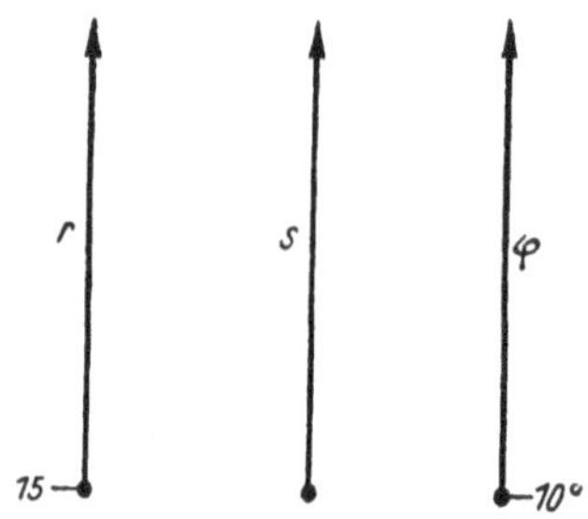

Fig. 104.

In gleicher Weise, wie oben erläutert, kann man auch zusammengesetzte Nomogramme konstruieren. Es ist auch der Fall möglich, daß an Stelle einer der Variablen eine Funktion dieser Variablen eingeht. Die Skala einer solchen Variablen kann man konstruieren, indem man auf der entsprechenden Schablone die Funktionswerte ermittelt.

Wir wollen ein Beispiel für die Konstruktion eines Nomogramms mit Hilfe des oben dargelegten Verfahrens anführen. Es sei ein Nomogramm zur Bestimmung der Fläche eines Kreissektors zu konstruieren. Die Fläche des Kreissektors läßt sich nach der Formel

$$S = \frac{\pi r^2 \varphi}{360}$$

bestimmen, wobei r der Kreisradius, φ der Zentriwinkel des Kreissektors in Graden und S die gesuchte Fläche des Sektors ist. Die Bereiche der Variablen sind folgende:

$$15 \leqslant r \leqslant 300; \qquad 10^0 \leqslant \varphi \leqslant 90^0,$$

die Grenzen der Lösungsgröße aufgerundet:

$$20 \leqslant S \leqslant 72000.$$

Wir stellen das Richtungsschema der Skalen des Nomogramms auf, wobei wir von der Bedingung ausgehen, daß die Skala S zwischen den Skalen r und φ liegen soll. Das Schema ist in Fig. 104 dargestellt.

Nach der Logarithmierung der linken und rechten Seite der gegebenen Gleichung bekommen wir:

$$\lg S = 2 \lg r + \lg \varphi + \lg \frac{\pi}{360}.$$

Hier ist $\alpha = 2$, $\beta = 1$. Die Gleichungen der Skalen des Nomogramms werden dann:

$$\begin{aligned} &\text{Skala } r: x = 0, && y = M_1 \lg r + a', \\ &\text{Skala } \varphi: x = H, && y = M_2 \lg \varphi + b', \\ &\text{Skala } S: x = \frac{HM_1}{M_1 + 2M_2}, && y = M_3 \lg S + c'. \end{aligned}$$

Die Maßstäbe der Skalen bestimmen wir aus den folgenden Beziehungen:

$$M_1 = \frac{200}{\lg 300 - \lg 15} = 154, \qquad M_2 = \frac{200}{\lg 90 - \lg 10} = 210,$$

wobei L gleich 200 mm gewählt wurde.

Wir runden auf bis zu Maßstäben vorhandener Schablonen und nehmen:

$$M_1 = 500 : 3; \qquad M_2 = 250.$$

Der Maßstab der dritten Skala wird nach den Maßstäben der ersten zwei Skalen bestimmt:

$$M_3 = \frac{\frac{500}{3} \cdot 250}{\frac{500}{3} + 2 \cdot 250} = 125 : 2.$$

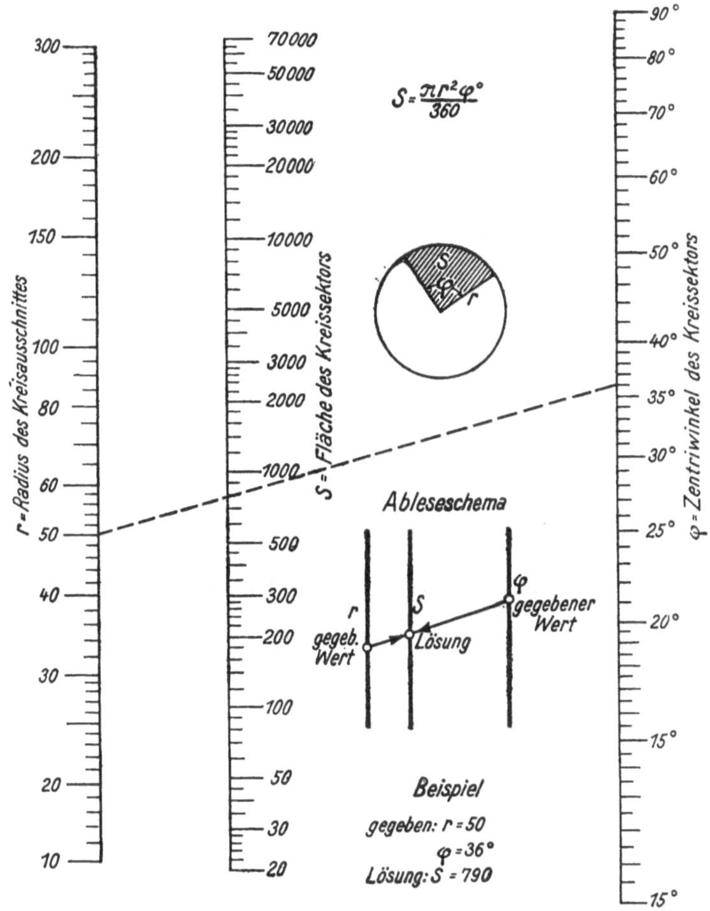

Fig. 105.

(Ein Aufrunden beim Aufsuchen des dritten Maßstabes ist auf gar keinen Fall zulässig; erhält man als Ergebnis der Berechnungen einen Maßstab, für den man keine Schablone hat, so muß man entweder die ersten zwei Maßstäbe ändern, indem man sie so wählt, daß M_3 einen passenden Wert annimmt, oder man muß die dritte Skala nach der Berechnung konstruieren.)

Das Verhältnis des Abstandes von der Skala r zur Skala S zum Abstand von der Skala S zur Skala φ berechnen wir aus

$$\frac{M_1}{\alpha} : \frac{M_2}{\beta} = \frac{500:3}{2} : \frac{250}{1} = 1 : 3.$$

Wenn der Abstand zwischen den Skalen r und φ gleich 140 mm ist, so ist der Abstand zwischen den Skalen r und S — 35 mm und zwischen den Skalen S und φ — 105 mm.

Zur Festlegung der Skalen bestimmen wir den genauen Wert S für $r = 15$ und $\varphi = 10^0$; S hat dann den Wert 19,95.

Die Richtigkeit der Konstruktion überprüfen wir an Beispielen:

$$r = 300; \quad \varphi = 90^0; \quad S = 70700$$

und

$$r = 300; \quad \varphi = 10^0; \quad S = 7850.$$

Das Nomogramm, das auf diese Weise konstruiert wurde, ist in Fig. 105 dargestellt.

§ 53. Nomogramme für die Gleichungen der kanonischen Form III/1

Die erste kanonische Form einer Gleichung dritter nomographischer Ordnung kann man als einen Sonderfall der Gleichung von CAUCHY bekommen. Setzen wir in der Gleichung

$$f_1 \cdot f_3 + f_2 \cdot g_3 + h_3 = 0 \tag{9.1}$$

$g_3 = -1$ und $h_3 = 0$, so nimmt die Gleichung die Gestalt der ersten kanonischen Form einer Gleichung dritter nomographischer Ordnung an:

$$f_1 \cdot f_3 = f_2. \tag{9.8}$$

Die Gleichungen der Skalen des Nomogramms kann man ebenso wie den Sonderfall aus den Gleichungen (9.2) der Skalen des Nomogramms für die Gleichung von CAUCHY bekommen, wenn man in ihnen die Werte $g_3 = -1$ und $h_3 = 0$ setzt. Die Gleichungen sehen wie folgt aus:

$$\left\{\begin{array}{lll} \text{Skala } u\colon & x = -H, & y = Lm_1 (f_1 - a); \\ \text{Skala } v\colon & x = H, & y = Lm_2 (f_2 - b); \\ \text{Skala } w\colon & x = \dfrac{-(m_1 + f_3 m_2)}{m_2 f_3 - m_1} H, & y = L \dfrac{m_1 m_2 (b - a f_3)}{m_2 f_3 - m_1}. \end{array}\right. \tag{9.9}$$

Das Nomogramm besteht aus parallelen Skalen für die Variablen u und v und einer geradlinigen Skala der Variablen w, die beide schneidet. Es sind zwei Lagen der Skalen des Nomogramms möglich: erstens, wenn der wirksame Teil der Skala der Variablen w zwischen den parallelen Skalen liegt, und zweitens, wenn der wirksame Teil der Skala der Variablen w außerhalb der parallelen Skalen liegt. Diese beiden Fälle sind in Fig. 106 dargestellt.

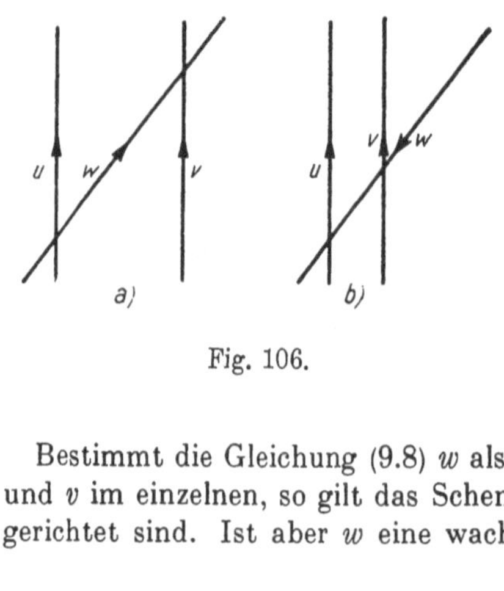

Fig. 106.

Bestimmt die Gleichung (9.8) w als wachsende Funktion jeder der Variablen u und v im einzelnen, so gilt das Schema a), wenn die Skalen von u und v gleichgerichtet sind. Ist aber w eine wachsende Funktion der Variablen u und eine fallende Funktion der Variablen v, so gilt das Schema b), falls die Skalen u und v gleichgerichtet sind. Ebenso wie im allgemeinen Falle eines Nomogramms der Gleichung von CAUCHY führt ein Richtungswechsel einer der parallelen Skalen dazu, daß sich die Skala w aus dem äußeren Teil der Ebene in den Zwischenraum zwischen den parallelen Skalen und aus dem Zwischenraum zwischen den parallelen Skalen in den äußeren Teil der Ebene verschiebt.

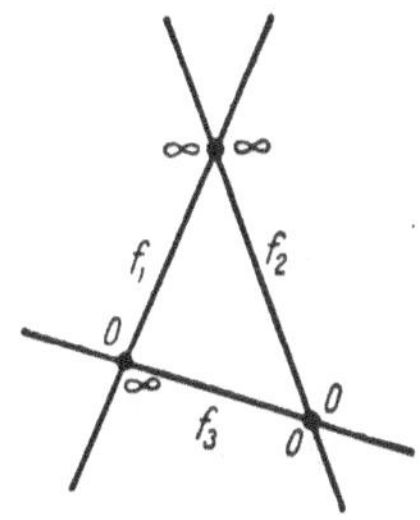

Fig. 107.

Bei der Konstruktion von Nomogrammen pflegt ein Schema der Argumente der kritischen Punkte des Nomogramms, im gegebenen Falle der Schnittpunkte der Skalen, sehr nützlich zu sein. Ein solches Schema ist in Fig. 107 angegeben. Der Schnittpunkt der Skalen u und v[1]) hat Argumentwerte, für die beide Funktionen f_1 und f_2 unendlich werden: Der Schnittpunkt der Skalen u und w hat Argumentwerte, für die $f_1 = 0$ und $f_3 = \infty$ sind. Die Argumente des Schnittpunktes der Skalen v und w sind $f_2 = 0$ und $f_3 = 0$.

Wie aus den Gleichungen der Skala der Variablen w hervorgeht, hängt die Charakteristik dieser Skala von dem Verhältnis der Parameter m_2 und m_1 ab, weil

$$x = \frac{-H\left(1 + \frac{m_2}{m_1} f_3\right)}{1 - \frac{m_2}{m_1} f_3}$$

ist. Durch Wahl des Verhältnisses $\frac{m_2}{m_1}$ kann man der Skala w die erforderliche Form geben.

Die Konstruktion des Nomogramms wird der Reihe nach wie folgt ausgeführt. Zunächst bestimmen wir die Richtung der Skalen des Nomogramms unter Berücksichtigung dessen, daß sich die Lösungsskala zwischen den Skalen der gegebenen Größen befinden soll. Dann berechnen wir den Wert der Parameter a und b, der von den gewählten Skalenrichtungen und dem Schema des Nomogramms abhängt. Die Werte dieser Parameter kann man aus der Bedingung bestimmen, daß die unteren Endpunkte der Skalen u und v sich auf der x-Achse befinden sollen; somit ist

$$a = f_1(u_1) \quad \text{und} \quad b = f_2(v_1),$$

wobei u_1 und v_1 die Argumente der Punkte auf der x-Achse sind. Man kann ferner verlangen, daß das untere Ende der Skala w sich auf der x-Achse befindet; ist das Argument dieses Punktes w_1, so sind die Parameter durch die Bedingung miteinander verknüpft:

$$b - a f_3(w_1) = 0.$$

Angenommen, einer der Parameter wurde aus den Bedingungen $a = f_1(u_1)$ oder $b = f_2(v_1)$ ermittelt, so kann man den zweiten Parameter aus obiger Gleichung bestimmen.

1) Im Falle paralleler Skalen befindet er sich im Unendlichen.

Im einfachsten Falle kann man das Verhältnis der Parameter m_1 und m_2 aus der Bedingung bestimmen, daß die Skalen u und v gleich lang sein sollen oder daß eine der Skalen (u oder v) eine Länge haben soll, die gleich ist der Ordinate des höchsten Punktes der Skala w. Im ersten Falle hat die Gleichung zur Bestimmung des Verhältnisses $m_2 : m_1$ die Gestalt:

$$m_1 [f_1 (u_2) - f_1 (u_1)] = m_2 [f_2 (v_2) - f_1 (v_1)]$$

und das Verhältnis wird gleich

$$\frac{m_2}{m_1} = \frac{f_1 (u_2) - f_1 (u_1)}{f_2 (v_2) - f_1 (v_1)};$$

im zweiten Falle sieht die Gleichung zur Ermittlung des Verhältnisses $\frac{m_2}{m_1}$ folgendermaßen aus:

$$m_1 [f_1 (u_2) - a] = \frac{m_1 m_2 (b - a f_3 (w_2))}{m_2 f_3 (w_2) - m_1}$$

oder

$$m_2 [f_2 (v_2) - b] = \frac{m_1 m_2 (b - a f_3 (w_2))}{m_2 f_3 (w_2) - m_1}$$

und das Verhältnis $\frac{m_2}{m_1}$ wird gleich

$$\frac{m_2}{m_1} = \frac{f_1 (u_2) - a}{f_1 (u_2) \cdot f_3 (w_2) - b}$$

oder

$$\frac{m_2}{m_1} = \frac{f_2 (v_2) - a f_3 (w_2)}{f_3 (w_2) (f_2 (v_2) - b)} .$$

Wenn die Form der Charakteristik der Skala w vorgeschrieben ist, so kann man das Verhältnis $\frac{m_2}{m_1}$ auch aus der Bedingung der besten Annäherung der Charakteristik an die vorgeschriebene Form ermitteln.

Es ist wenig zweckmäßig, das Nomogramm einer Umformung auf einem Netz zu unterwerfen. Wenn jedoch die Wahl der besten Werte der Parameter m_1 und m_2 schwierig ist, muß man zur Konstruktion des Nomogramms auf einem Netz Zuflucht nehmen. Man erhält die Gleichungen der Skalen des Nomogramms in den Koordinaten des Netzes aus den entsprechenden Gleichungen (9.4) mit $g_3 = -1$ und $h_3 = 0$. Diese sind

$$\begin{aligned} &\text{Skala } u\colon \xi_{01} = \lg | f_1 - a | , && \eta_{01} = \infty, \\ (9.10) \quad &\text{Skala } v\colon \xi_{02} = \infty, && \eta_{02} = \lg | f_2 - b | , \\ &\text{Skala } w\colon \xi_{03} = \lg \left| \frac{-b + a f_3}{-f_3} \right| , && \eta_{03} = \lg | -b + a f_3 | , \\ &\zeta_{03} = \lg | -f_3 | . \end{aligned}$$

Die Lage der Skala w läßt sich außerordentlich einfach nach dem Wert der Koordinaten ζ und ξ (oder η) ihrer Endpunkte bestimmen.

Die Parameter L und H bestimmt man zuletzt. Ihre Größen sind durch die Ausmaße der Zeichnung des Nomogramms gegeben.

§ 54. Ein Konstruktionsbeispiel eines Nomogramms einer Gleichung der kanonischen Form III/1

Betrachten wir ein Konstruktionsbeispiel für ein Nomogramm einer Gleichung der kanonischen Form III/1. Wir wollen ein Nomogramm zur Bestimmung der Koordinatenzuwüchse Δx und Δy konstruieren. Die nomographierbare Gleichung hat die Gestalt

$$\Delta x = l \cdot \cos \varphi,$$
$$\Delta y = l \sin \varphi,$$

wobei l der Abstand zwischen den Punkten, φ der Winkel ist, den die Richtung des ersten Punktes zum zweiten mit der x-Achse bildet, wobei Δx und Δy die gesuchten Zuwüchse sind.

Wir wollen ein Nomogramm für die erste Gleichung konstruieren, das Nomogramm für die zweite Gleichung kann man aus dem Nomogramm für die erste Gleichung durch Änderung der Graduierung der Skala φ erhalten. Die Bereiche der Veränderlichen seien

$$0 \leqslant \Delta x,\ \Delta y \leqslant 1000,$$
$$0 \leqslant l \leqslant 1000,$$
$$0 \leqslant \varphi \leqslant 90^0.$$

Die Zuwüchse sollen nach dem Nomogramm mit einem konstanten absoluten Fehler ermittelt werden, deshalb muß die Lösungsskala des Nomogramms nach Möglichkeit gleichförmig sein. Aus den Gleichungen der Skalen des Nomogramms (9.9) schließen wir, daß, wenn wir für Δx entweder f_2 oder f_1 wählen, die Skala Δx gleichförmig sein wird.

Indem wir für Δx f_2 wählen, stellen wir die Schemata des Nomogramms auf. Hier sind zwei Fälle möglich: entweder $f_1 = l$ und $f_3 = \cos \varphi$ oder $f_3 = l$ und $f_1 = \cos \varphi$. Für den ersten Fall sind die Schemata der Nomogramme in Fig. 108a und b dargestellt, wobei einmal die Skalen Δx und l gleiche Richtung, einmal entgegengesetzte Richtungen haben. Die Schemata des Nomogramms für den zweiten Fall sind unter denselben Bedingungen in Fig. 108c und d dargestellt.

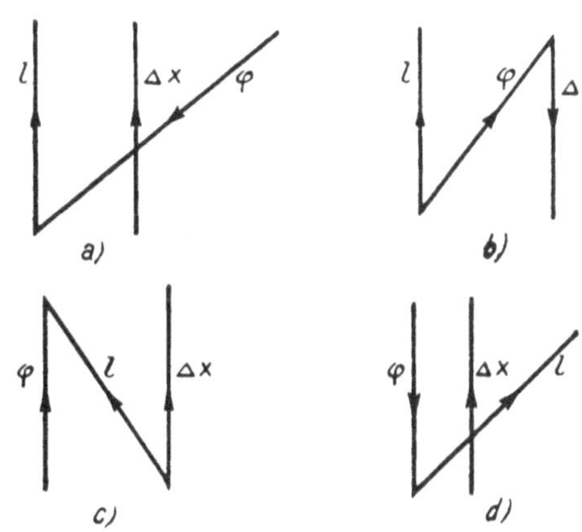

Fig. 108.

Wenn sich der Bereich beider Funktionen l und $\cos \varphi$ nicht bis Null erstrecken würde, so wären wahrscheinlich die Schemata a und d am besten. Aber bei den gegebenen Grenzen der Variablen beginnen die Skalen schon an ihren Schnittpunkten, deshalb werden diese Nomogramme bei ihrer endgültigen

Formgebung ungeeignet sein: man bekommt entweder eine kleine Lösungsskala Δx im Vergleich mit den Ausmaßen der ganzen Zeichnung des Nomogramms, oder man erhält, wenn man die parallelen Skalen einander nähert, bei kleinen Werten der Lösungsvariablen spitze Schnittwinkel mit der Lösungsskala.

Wir wählen für die Konstruktion das Schema c. Es ist vollkommen dem Schema b gleichwertig. Sein Vorteil besteht jedoch darin, daß es sich besser zur Konstruktion der im folgenden zweiseitigen Skala φ auf ihm eignet, die zweiseitige Skala deshalb, damit man nach dem Nomogramm sowohl Δx als auch Δy ausrechnen kann. Auf dem Schema b würde der Träger der Skala Δx beim Einzeichnen der zweiten Seite der Skala hinderlich sein. In beiden Schemata (b und c) befindet sich die Lösungsskala außerhalb der Skalen der gegebenen Größen, aber in diesem Falle ist es zulässig, weil selbst im ungünstigsten Falle das Verhältnis von einem gegebenen Punkte zum Lösungspunkt zu dem Abstand zwischen den gegebenen Punkten nicht größer als Eins wird.

In Übereinstimmung mit dem gewählten Schema des Nomogramms setzen wir $f_1 = -\cos\varphi$ (das Minuszeichen muß man deshalb nehmen, damit die Skala die erforderliche Richtung bekommt), $f_2 = \Delta x$ (hier muß Δx das Pluszeichen bekommen, was ebenfalls von der gewählten Richtung der Skala herrührt) und $f_3 = -l$ (das Minuszeichen muß man hier deshalb nehmen, weil $\cos\varphi$ mit dem Minuszeichen versehen wurde).

Die Werte a und b finden wir aus der Bedingung, daß die untersten Punkte der Skalen φ und Δx auf der x-Achse liegen müssen. Hier haben diese Punkte die Argumente $\varphi = 0$ und $\Delta x = 0$. Folglich ist $a = -\cos 0 = -1$ und $b = 0$. Das Verhältnis der Parameter m_1 und m_2 bestimmen wir aus der Forderung, daß die Skalen φ und Δx gleich lang sind, was am günstigsten ist, weil dadurch die Zeichenfläche vollkommen ausgenutzt wird. Weil die Argumente der obersten Punkte der Skalen φ und Δx: $\varphi = 90^0$ und $\Delta x = 1000$ sind, so bekommen wir $\frac{m_2}{m_1} = \frac{0+1}{1000-0}$ oder $\frac{m_2}{m_1} = 1:1000$. Der Wert der Parameter L und H bestimmt sich daraus, daß die Zeichnung die Ausmaße 250×180 mm haben soll.

Wenn wir die Länge der Skala der Variablen φ mit 230 mm annehmen, so erhalten wir eine Gleichung, aus der wir den Faktor Lm_1 bestimmen können:

$$230 = Lm_1(-\cos 90^0 + 1),$$

woraus sich ergibt $Lm_1 = 230$. Den Faktor Lm_2 bestimmt man aus dem schon gefundenen Verhältnis $\frac{m_2}{m_1}$ und Lm_1:

$$Lm_2 = Lm_1 \cdot \frac{m_2}{m_1} = 230 \cdot 10^{-3}.$$

Ein Aufrunden ist hier keinesfalls zulässig.

Wenn der Abstand der äußersten Punkte des Nomogramms in der Breite gleich 150 mm ist, so bekommen wir $H = 75$, weil die Breite des Nomogramms in diesem Falle durch den Abstand zwischen den parallelen Skalen bestimmt wird.

Nachdem alle Parameter der Umformung gefunden sind, kann man die Gleichungen der Skalen des Nomogramms wie folgt hinschreiben:

Skala φ: $x = -75, \qquad y = 230\,(1 - \cos\varphi)$;

Skala Δx: $x = 75, \qquad y = 230 \cdot 10^{-3} \Delta x$;

Skala l: $x = \frac{75\,(1 - l \cdot 10^{-3})}{1 + l \cdot 10^{-3}}, \qquad y = \frac{230 \cdot 10^{-3} l}{1 + l \cdot 10^{-3}}$.

Das nach diesen Gleichungen konstruierte Nomogramm ist in Fig. 26 dargestellt. Auf dem Nomogramm ist die Skala der Variablen φ zweiseitig. Dies entspricht einer Änderung in den Skalen des Nomogramms von $y = 230\,(1 - \cos\varphi)$ auf $y = 230\,(1 - \sin\varphi)$ und führt von dem Nomogramm der Gleichung $\Delta x = l \cos\varphi$ zu einem Nomogramm der Gleichung $\Delta y = l \sin\varphi$. Das Nomogramm mit der zweiseitigen Skala kann also gleichzeitig zum Aufsuchen von Δx und von Δy dienen. Die äußere Skala φ dient zur Bestimmung von Δx, die innere zur Bestimmung von Δy; Δx und Δy haben auf dem Nomogramm eine gemeinsame Skala.

10. KAPITEL

DIE KONSTRUKTION VON NOMOGRAMMEN AUF EINEM NETZ MIT EINEM FESTBLEIBENDEN DREIECK

In diesem Kapitel werden die Konstruktionsmethoden von Nomogrammen auf einem Netz mit einem festen Dreieck betrachtet. Es werden Nomogramme mit zwei und drei geradlinigen Skalen betrachtet, d. h. Nomogramme für Gleichungen vierter Ordnung, die auf die kanonische Form von CAUCHY führen sowie Nomogramme für Gleichungen dritter nomographischer Ordnung. Hier werden also Methoden der Konstruktion von Nomogrammen für die Gleichungen von CAUCHY und für die Nomogramme der ersten und zweiten kanonischen Form der Gleichungen dritter nomographischer Ordnung angegeben. In jedem Falle wird zur Erläuterung ein Beispiel beigefügt.

Der erste Paragraph des Kapitels ist dem Zusammenhang zwischen einem Netz mit festen parallelen Geraden und einem Netz mit einem festen Dreieck gewidmet. Hier werden die Ergebnisse verglichen, die man bei der Konstruktion eines Nomogramms auf beiden Netzen erhält. Auf dem zweiten Netz kann man die projektive Umformung der Ebene mit zwei Parametern realisieren, wodurch man bedeutend mehr Möglichkeiten hat, ein Nomogramm von gewünschter Gestalt zu erhalten.

§ 55. Der Zusammenhang zwischen einem Netz mit festen parallelen Geraden und einem Netz mit einem festen Dreieck

Im 8. Kapitel § 46 wurde gezeigt, daß ein Netz mit festen parallelen Geraden ein Sonderfall des Netzes mit einem festen Dreieck ist, wenn nämlich eine der Spitzen des Dreieckes sich im Unendlichen befindet. Durch projektive Umformung der Ebene kann man das eine Netz in das andere überführen. Eine solche Umformung hat die Gestalt (8.8). Die Koordinatenwerte ξ und η der Punkte der Ebene bleiben dabei erhalten. Ein Punkt, der in dem Koordinatensystem des einen Netzes die Koordinaten (ξ_0, η_0) hat, wird nach der Umformung der Ebene die gleichen Koordinatenwerte im Koordinatensystem des zweiten Netzes besitzen.

Dadurch ist es möglich, bei der Konstruktion von Nomogrammen auf einem Netz mit einem festen Dreieck in bekannter Weise die Konstruktionsmethoden von Nomogrammen zu verwenden, die im vorigen Kapitel angegeben wurden. Die Gleichungen der Skalen im Koordinatennetz sind für beide Netze die gleichen: Ein Nomogramm, das in den Koordinaten (ξ, η) berechnet wurde, kann man bei gleichbleibenden Koordinatenwerten sowohl auf einem Netz mit einem festen Dreieck als auch auf einem Netz mit festen parallelen Geraden konstruieren (dabei erhält man natürlich Nomogramme verschiedener Gestalt).

In cartesischen Koordinaten kann man die Gleichungen der Skalen eines Nomogramms, das auf einem Netz mit einem festen Dreieck konstruiert wurde, aus den entsprechenden Gleichungen der Skalen des Nomogramms erhalten, das auf einem Netz mit festen parallelen Geraden konstruiert wurde. Man hat dabei nämlich nur die Koordinaten der gleichen Umformung zu unterziehen, welche ein Netz mit festen parallelen Geraden in ein Netz mit einem festen Dreieck überführt.

Auf einem Netz mit einem festen Dreieck wird bei der projektiven Umformung ein Nomogramm viel stärker verändert als bei der Umformung auf einem Netz mit festen parallelen Geraden. Die projektive Umformung der Ebene auf einem Netz mit festen parallelen Geraden wurde durch die Beziehung zwischen den Parametern $m_1 = m_2$ bestimmt (oder durch die Differenz $\alpha - \beta$). Die Skalen des Nomogramms, die auf den festbleibenden Geraden lagen, wurden bei einer Änderung der Parameter α und β zwar einer affinen Umformung unterworfen, deren Charakteristik konnte man jedoch dadurch nicht ändern. Bei der Umformung auf einem Netz mit einem festen Dreieck ergibt die Veränderung jedes der Parameter eine projektive Umformung der Ebene. Die Skalen des Nomogramms, die auf den Seiten des festen Dreieckes liegen, werden einer projektiven Umformung unterworfen, wodurch man ihre Charakteristik in gewünschter Richtung verändern kann. Dadurch erreicht man bei einer Umformung auf dem zweiten Netz bessere Ergebnisse als auf dem ersten Netz. Die Möglichkeit, die Skalen auf den Seiten des Dreieckes umzuformen, führt zu einer bestimmten Veränderung in der Methodik der Konstruktion von Nomogrammen. Eine der Bedingungen, die bei der Konstruktion eines Nomogramms erfüllt werden muß, ist die, daß man der Lösungsskala die vorgeschriebene Charakteristik geben muß.

§ 56. Nomogramme für die Gleichungen von Cauchy

Die kanonische Form von Cauchy hat die Gestalt

$$f_1 f_3 + f_2 g_3 + h_3 = 0. \tag{10.1}$$

Bekanntlich besteht ein Nomogramm für diese Gleichung aus zwei geradlinigen Skalen für die Variablen u und v und einer krummlinigen Skala für die Variablen w. Die Form des Trägers der krummlinigen Skala hängt von der Form der Funktionen f_3, g_3 und h_3 ab. Wir legen das Nomogramm so in das Netz, daß die Träger der geradlinigen Skalen mit Seiten des festen Dreiecks zusammenfallen und die Anfangspunkte dieser Skalen in den festen Spitzen M und N des Dreieckes liegen. Die Skala der Variablen u legen wir in die linke Seite des Dreieckes und die Skala der Variablen v in seine rechte. Die Argumente der Skalenpunkte, die mit den Spitzen M und N des Dreieckes zusammenfallen, bezeichnen wir mit u_1 und v_1.

Dann stimmt die Lage der Skalen des Nomogramms auf dem Netz mit der Lage des Nomogramms für dieselbe Gleichung auf einem Netz mit festen parallelen Geraden überein, wie sie im ersten Paragraph des vorhergehenden Kapitels angenommen wurde. Führt man ein Netz mit parallelen festen Geraden durch projektive Umformung in ein Netz mit einem festen Dreieck über, so nimmt ein auf ihm dargestelltes Nomogramm einer Gleichung vom Typ der CAUCHYschen Gleichung die Lage ein, die oben beschrieben wurde.

Ein Schema des Nomogramms ist in Fig. 109 dargestellt. Auf der Zeichnung sind die Funktionswerte in den festbleibenden Spitzen des Dreieckes angegeben: $f_1(u_1) = a$ in der Spitze M, $f_2(v_1) = b$ in der Spitze N und $f_1 = f_2 = \infty$ in der Spitze P.

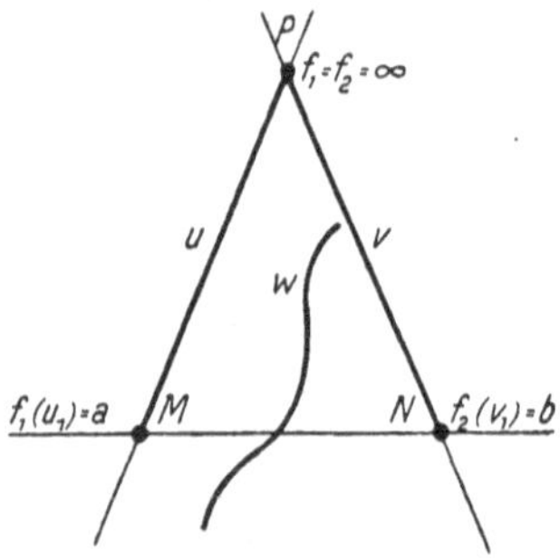

Fig. 1C9.

Bei einer Umformung auf dem Netz ändern die Träger der Skalen u und v ihre Lage nicht; auch die Lage der Punkte mit den Argumenten u_1 und v_1 ändert sich nicht.

Ändert sich der Parameter α, so wird die Skala der Variablen u einer Umformung unterworfen, dabei ändert sich ihre Charakteristik und ihre Länge. Auch die Ebene des Nomogramms mit der Skala der Variablen w wird einer Umformung unterworfen. Aber die Skala der Variablen v bleibt unverändert. Ihre Punkte bleiben fest.

Ändert sich der Parameter β, so wird die Skala der Variablen v einer Umformung unterworfen: sie ändert ihre Charakteristik und ihre Länge. Auch die Ebene des Nomogramms mit der Skala der Variablen w wird einer Umformung unterworfen. Aber jetzt ändert die Skala der Variablen u ihre Form nicht. Ihre Punkte bleiben an Ort und Stelle. Ein solcher differenzierter Einfluß der Parameter der Umformung auf die Gestalt des Nomogramms ist bei der Konstruktion des Nomogramms sehr vorteilhaft.

Weil die gewählte Anordnung des Nomogramms auf dem Netz das Ergebnis der projektiven Umformung eines Nomogramms der Gleichung von CAUCHY mit parallelen Skalen ist, bei der ein Netz mit festen parallelen Geraden in ein Netz mit einem festen Dreieck übergeht, so fallen die Gleichungen der Skalen des Nomogramms in den Koordinaten des gegebenen Netzes mit den Gleichungen der Skalen eines Nomogramms einer Gleichung vom Typ CAUCHY in den Koordinaten des Netzes mit festen parallelen Geraden zusammen. Diese Gleichungen haben folgende Gestalt:

$$\left.\begin{array}{lll} \text{Skala } u\colon & \xi_{01} = \lg|f_1 - a|, & \eta_{01} = \infty; \\ \text{Skala } v\colon & \xi_{02} = \infty, & \eta_{02} = \lg|f_2 - b|; \\ \text{Skala } w\colon & \xi_{03} = \lg\left|\dfrac{h_3 + af_3 + bg_3}{-f_3}\right|, & \eta_{03} = \lg\left|\dfrac{h_3 + af_3 + bg_3}{-g_3}\right|, \\ & \zeta_{03} = \lg\left|\dfrac{f_3}{g_3}\right|, & \end{array}\right\} \tag{10.2}$$

wobei

$$a = f_1(u_1) \quad \text{und} \quad b = f_2(v_1)$$

ist. Bei der Berechnung der Koordinaten der Punkte des Nomogramms muß man berücksichtigen, daß hier, ebenso wie im Falle des ersten Netzes, das Bündel der Geraden $\xi = \text{const.}$ und das Bündel der Geraden $\eta = \text{const.}$ in zwei Teile zerfällt. Ein Teil des Bündels hat die Werte ξ und η und der andere Teil die

Werte $\bar{\xi}$ und $\bar{\eta}$. Die ungestrichenen Koordinatenwerte (ξ und η) entsprechen dem Fall, daß bei der Berechnung der Koordinate der Ausdruck, der unter dem absoluten Betrag steht, positiv ist; die gestrichenen Koordinaten ($\bar{\xi}$ und $\bar{\eta}$) gehören zu dem Fall, bei dem bei der Berechnung der Koordinate der Ausdruck, der unter dem absoluten Betrag steht, negativ wird. Je nachdem, ob die Werte der Koordinaten oben gestrichen oder nicht gestrichen sind, bestimmen wir die Zugehörigkeit eines Punktes zu einem der vier Teile der Ebene. Die Abhängigkeit zwischen der Koordinatenbezeichnung eines Punktes und dessen Zugehörigkeit zu einem bestimmten von den anderen getrennten Dreieck der Ebene ist in Fig. 92 dargestellt. Die Punkte der Skala u befinden sich auf MP, wenn $f_1 - a > 0$ ist, und auf $M \infty P$ (auf dem inneren Teile der Seite des Dreieckes), wenn $f_1 - a < 0$ ist. Die Punkte der Skala v befinden sich auf NP, wenn $f_2 - b > 0$ ist, und sie befinden sich auf $N \infty P$ (auf dem inneren Teile der Seite des Dreieckes), wenn $f_2 - b < 0$ ist.

Auf Seite 162 wurde ein analytischer Ausdruck für die projektive Umformung angegeben, die ein Netz mit festen parallelen Geraden in ein Netz mit einem festen Dreieck überführt. Dieser hat die Gestalt

$$x = \frac{XL}{L+Y}, \qquad y = \frac{YL}{L+Y}. \tag{10.3}$$

Wir wollen ihn dazu verwenden, die Gleichung der Skalen des Nomogramms in cartesischen Koordinaten zu ermitteln.

Die Gleichungen der Skalen eines Nomogramms, das auf einem Dreieck liegt, erhalten wir, wenn wir in die Transformationsgleichungen (10.3) an Stelle der Koordinaten X und Y ihre Werte aus den Gleichungen (9.2) für die Skalen des Nomogramms, die im 9. Kapitel, § 49 gegeben wurden, einsetzen. Nach der Substitution und einigen Vereinfachungen erhalten wir die Gleichungen

$$\left.\begin{aligned}
&\text{Skala } u\colon\ x = \frac{-H}{1+m(f_1-a)}, \quad y = \frac{L(f_1-a)\,m}{1+m(f_1-a)};\\
&\text{Skala } v\colon\ x = \frac{H}{1+n(f_2-b)}, \quad y = \frac{L(f_2-b)\,n}{1+n(f_2-b)};\\
&\text{Skala } w\colon\ x = \frac{H(g_3m - f_3n)}{g_3m + f_3n - (h_3 + af_3 + bg_3)\,mn},\\
&\qquad\qquad y = \frac{-L(h_3 + af_3 + bg_3)\,mn}{g_3m + f_3n - (h_3 + af_3 + bg_3)\,mn},
\end{aligned}\right\} \tag{10.4}$$

wobei $\lg m = \alpha$ und $\lg n = \beta$ ist; α und β sind die nach dem Netz gefundenen Parameter der Umformung.

Wenn es während der Umformung des Nomogramms zu einer Spiegelung kommt, so muß man beim Übergang von dem einen Teil des Bündels der Linien $\xi = \text{const.}$ zum anderen beim Parameter m das Vorzeichen ändern sowie beim Übergang von dem einen Teil des Bündels der Linien $\eta = \text{const.}$ zum anderen das Vorzeichen des Parameters n. Die Regeln für den Übergang von einem Dreieck der Ebene zu einem anderen sind im 8. Kapitel, § 45 dargelegt.

Die Reihenfolge, in der man bei der Konstruktion die einzelnen Schritte ausführt, ist folgende.

An Hand der gegebenen Gleichung bestimmen wir die Richtung, in der sich beim Anwachsen der Lösungsvariablen die Lösungsgröße bewegt. Wir stellen ein Richtungsschema der Skalen des Nomogramms auf.

Indem wir uns von dem Richtungsschema der Skalen des Nomogramms leiten lassen, wählen wir die Funktionen f_1 und f_2 aus. Wir bestimmen die Argumente der Punkte, die in die festen Punkte M und N des Dreieckes fallen. Nach den gefundenen Werten der Argumente dieser Punkte berechnen wir die Werte der Parameter a und b.

Dann stellen wir die Gleichungen der Skalen des Nomogramms in den Koordinaten des Netzes auf und berechnen die zur Konstruktion einer Skizze notwendige Anzahl von Skalenpunkten.

Wir berechnen den Parameter derjenigen projektiven Umformung, die der Charakteristik der Lösungsskala die notwendige Form gibt. Dabei machen wir von den Regeln Gebrauch, die im 8. Kapitel, § 48 dargelegt wurden (wenn die Bedingungen der Aufgabe und die Funktion, nach der man die Skala konstruiert, es zulassen).

Jetzt konstruieren wir auf dem Netz die erste Variante des Nomogramms.

Indem wir alle Punkte des Nomogramms längs der Linien $\xi =$ const. und längs der Linien $\eta =$ const. verschieben, bestimmen wir die Variante des Nomogramms, die die Konstruktionsbedingungen erfüllt.

§ 57. Ein Konstruktionsbeispiel für ein Nomogramm einer Gleichung von Cauchy

Als Beispiel konstruieren wir ein Nomogramm zur Berechnung des Volumens eines Kugelsegmentes. Ein solches Nomogramm wurde von uns bereits auf einem Netz mit festen parallelen Geraden konstruiert (9. Kapitel, § 50). Es bestand aus parallelen Skalen und hatte eine gleichförmige Lösungsskala (Fig. 15). Bei der Konstruktion eines Nomogramms auf einem Netz mit einem festen Dreieck stellen wir die Aufgabe, ein Nomogramm mit einer Lösungsskala herzustellen, die einer logarithmischen möglichst nahekommt. Dies kann man hier durchführen, weil man auf einem Netz mit einem festen Dreieck die geradlinigen Skalen einer projektiven Umformung unterwerfen kann. Im ersten Falle hätte man die Aufgabe nicht lösen können, denn es ist nicht möglich, auf einem Netz mit festen parallelen Skalen durch Umformung des Nomogramms die Charakteristik einer geradlinigen Skala zu verändern. Die nomographierbare Gleichung hat die Form:

$$V = \frac{\pi}{6}\,(3r^2 + h^2)\,h,$$

die man zunächst in die kanonische Form von Cauchy überführt.

Die Bereiche der Veränderlichen wählen wir so wie im ersten Falle:

$$5{,}5 \leqslant h \leqslant 10{,}0;\quad 10{,}0 \leqslant r \leqslant 15{,}5;\quad 900 \leqslant V \leqslant 4000.$$

Wie schon erläutert wurde, wächst die Lösungsgröße V, wenn jede der beiden gegebenen Variablen zunimmt. Damit die Lösungsskala zwischen die Skalen der gegebenen Größen fällt, müssen alle drei Skalen die gleiche Richtung haben.

Ein solches Richtungsschema der Skalen wurde auch bei der Konstruktion des ersten Nomogramms gewählt (Fig. 100).

Um das gewählte Richtungsschema zu realisieren, setzen wir

$$f_1 = 3r^2; \quad f_2 = \frac{6}{\pi} V; \quad f_3 = h; \quad g_3 = -1; \quad h_3 = h^3,$$

die Funktionen f_1 und f_2 wachsen, und die Skalen der Variablen r und V haben ein und dieselbe Richtung. Durch die Art der Abhängigkeit zwischen den Variablen r, V und h bekommt die Skala h dieselbe Richtung wie die Skalen r und V.

Bei der Wahl der Skalenrichtungen auf den Seiten des festen Dreieckes bieten sich zwei Möglichkeiten an: Man kann die Richtung der Skalen von den Punkten M und N zum Punkte P gehen lassen oder auch die Richtung vom Punkte P zu den Punkten M und N (Fig. 109). Ehe man die Konstruktion des Nomogramms weiterführt, muß man sich eine klare Vorstellung von der Umformung machen, bei der die Lösungsskala die gewünschte Gestalt annimmt. Die Lösungsskala soll logarithmisch sein, folglich muß ihre gleichförmige Charakteristik fallen. Im Punkte P ist $f_2 = \pm \infty$ oder $V = \pm \infty$. Das heißt, daß bei einer Annäherung an diesen Punkt die Teilstrichabstände der Teilungen konstanten Argumentschrittes abnehmen. Wählt man die Richtung auf der Dreieckseite NP zum Punkte P hin, so hat die Skala eine fallende Charakteristik, weil die Werte V zum Punkte P hin wachsen, also positiv sind, während die Teilstrichabstände der Teilungen konstanten Argumentschrittes abnehmen. Verläuft die Richtung auf der Seite NP vom Punkte P zum Punkte N, so wird die Charakteristik der Skala wachsen, weil in Richtung auf den Punkt N zu die Werte des Volumens V wachsen und bei Entfernung vom Punkte mit dem Argument $V = \pm \infty$ auch die Teilstrichabstände der Teilungen konstanten Argumentschrittes größer werden. Daraus schließen wir, daß sich für unseren Fall am besten die erste Variante eignet.

Sollte sich die durchgeführte Untersuchung als sehr schwierig oder als unmöglich erweisen, so kann man auch ohne sie auskommen. In diesem Falle hätte man bei der Konstruktion der ersten Variante des Nomogramms auf dem Netz gemerkt, ob man die richtige Skalenrichtung gewählt hat oder ob man ohne Spiegelung die notwendige Umformung durchführen kann. Die Richtung der Skalen weist auch auf das Vorzeichen des Parameters der Umformung einer Skala des Nomogramms hin, das man ja nach den Formeln im 8. Kapitel, § 48 findet. Sollte das Rechenergebnis der Parameter der besten Umformung negativ sein, so muß man die Richtung der Skala ändern und den Wert des Parameters umrechnen.

Wir wollen also die Richtung der Skalen r und V von den Punkten M und N zum Punkte P hin wählen. Dann werden die Argumente der untersten Punkte der Skalen r und V: $r = 10{,}0$ und $v = 900$; hieraus folgt $a = 3 \cdot 10^2$ und $b = \frac{6}{\pi} 900$.

Wir wollen die Gleichungen der Skalen des Nomogramms in den Koordinaten des Netzes darstellen. Sie haben die Gestalt:

$$\text{Skala } r\colon \quad \xi_{01} = \lg |3r^2 - 3 \cdot 10^2|, \qquad \eta_{01} = \infty;$$

$$\text{Skala } V\colon \quad \xi_{02} = \infty, \qquad \eta_{02} = \lg \left| \frac{6}{\pi} V - \frac{6}{\pi} 900 \right|;$$

$$\text{Skala } h\colon\quad \xi_{03} = \lg\left|\frac{\frac{1}{\pi}\,5400 - 300h - h^3}{h}\right|,\quad \eta_{03} =$$

$$= \lg\left|h^3 + 300\,h - \frac{1}{\pi}\,5400\right|.$$

Die Gleichungen der Skalen des Nomogramms fallen mit den Gleichungen der Skalen desjenigen Nomogramms zusammen, das auf einem Netz mit festen parallelen Geraden konstruiert wurde. Dies folgt daraus, daß sowohl die Richtungen der Skalen des Nomogramms als auch die Parameterwerte a und b in beiden Fällen vollkommen gleich sind. Von diesem Umstand machen wir Gebrauch, indem wir nämlich an Stelle einer neuen Berechnung der Skalenpunkte einfach die Koordinatenwerte der Skalenpunkte des Nomogramms im System (ξ, η) (Tabelle 4) aus der Tabelle 2 abschreiben. Die Koordinaten ξ der Punkte der Skala h gehören zu den Werten des inneren Teiles des Bündels ξ.

Tabelle 4

V	ξ	η	r	ξ	η	h	$\overline{\xi}$	η
900	∞	$-\infty$	10,0	$-\infty$	∞	5,5	1,31	2,05
1000	∞	2,28	12,0	2,12	∞	6,0	1,71	2,49
2000	∞	3,32	14,0	2,46	∞	7,0	2,02	2,87
3000	∞	3,60	15,5	2,62	∞	8,0	2,18	3,08
4000	∞	3,77	—	—	—	9,0	2,28	3,23
—	—	—	—	—	—	10,0	2,36	3,36

Nun wollen wir den Wert des Parameters β ermitteln, bei dem nämlich die Skala V einer logarithmischen Skala möglichst nahekommt. Die Funktion, für die die Skala konstruiert wurde, ist linear: $\frac{6}{\pi}(V - 900)$, den Parameter der besten Umformung kann man nach der Formel (8.25) finden. Dann muß man den gefundenen Wert nach der Formel (8.31) umrechnen, was mit der besonderen Form der Gleichung einer projektiv verformten Skala zusammenhängt. Schließlich erhalten wir

$$n = \frac{1}{\frac{6}{\pi}(4000 - 900)}\left(\sqrt{\frac{4000}{900}} - 1\right) \approx 1{,}82 \cdot 10^{-4},$$

woraus der Parameter der Versetzung auf dem Netz β: $\beta = \lg 1{,}82 \cdot 10^{-4} = -3{,}73$ wird. Zur Vereinfachung der Berechnungen runden wir ab: $\beta = -3{,}7$ und $n = 2 \cdot 10^{-4}$ (eine solche unbedeutende Änderung des Parameters der Umformung hat fast keinen Einfluß auf die Form der Skala, was an Hand des Netzes leicht bestätigt werden kann). Wir berechnen die Koordinaten der Punkte der ersten Variante des Nomogramms, wobei wir alle Werte der Koordinaten η der Skalenpunkte des Nomogramms um 3,7 vermindern, was zu einer Verschiebung der Punkte der Skala V und h längs der Linien ξ = const. um $\beta = -3{,}7$ führt. Bei einer solchen Verschiebung bekommt die Skala V eine Gestalt, die einer logarithmischen Skala sehr nahekommt.

Tabelle 5

I. Variante $\alpha = -2{,}0$, $\beta = -3{,}7$						
V	η	r	ξ	h	$\bar{\xi}$	η
900	$-\infty$	10,0	$-\infty$	5,5	−0,69	−1,65
1000	− 1,42	12,0	0,2	6,0	−0,29	−1,21
2000	− 0,38	14,0	0,46	7,0	0,02	−0,83
3000	− 0,10	15,5	0,62	8,0	0,18	−0,62
4000	+ 0,07	—	—	9,0	0,28	−0,47
—	—	—	—	10,0	0,36	−0,34
II. Variante $\alpha = -2{,}50$, $\beta = -3{,}7$						
V	η	r	ξ	h	$\bar{\xi}$	η
900	$-\infty$	10,0	$-\infty$	5,6	−1,19	−1,65
1000	− 1,42	12,0	− 0,30	6,0	0,79	−1,21
2000	− 0,38	14,0	− 0,04	7,0	−0,48	−0,83
3000	− 0,10	15,5	+ 0,12	8,0	−0,32	−0,62
4000	+ 0,07	—	—	9,0	−0,22	−0,47
—	—	—	—	10,0	−0,14	−0,34

Wie aus der Tabelle 4 ersichtlich, sind für die Mehrzahl der Punkte der Skalen r und h die Koordinatenwerte groß. Damit die Konstruktion dieser Skalen leichter und die Skizze des Nomogramms anschaulicher wird, was eine weitere Umformung der Skala erleichtert, vermindern wir die Koordinatenwerte ξ aller Punkte der Skalen des Nomogramms um 2,0 (bei großen Werten von ξ liegen die Punkte auf der Skala r in der Nähe des Punktes P und die Punkte der Skala h in der Nähe der Seite NP des invarianten Dreieckes). Die neuen Koordinatenwerte der Skalenpunkte des Nomogramms stehen in der Tabelle 5 unter der Rubrik „I. Variante".

Die erste Variante des Nomogramms ist in Fig. 110 dargestellt. Es ist ganz offensichtlich, daß sich das Nomogramm in dieser Form nicht für den Gebrauch eignet und daß es weiterer Verbesserungen bedarf. Sein Hauptnachteil ist der, daß die Skala h so nahe an der Lösungsskala V liegt. Dies führt bei großen Werten von r zu ganz spitzen Schnittwinkeln der Lösungsgeraden mit dem Träger der Lösungsskala. Ein wesentlicher Mangel ist auch die geringe Länge der

Lösungsskala V im Vergleich mit der Skala r. Die Zeichenfläche wird bei einem solchen Verhältnis der Längen der Skalen unzweckmäßig ausgenützt.

Eine Verbesserung der Form des Nomogramms kann man entweder dadurch erreichen, daß man den Abstand zwischen den Skalen V und h vergrößert, oder dadurch, daß man die Skala entlang der Seite MP des festen Dreieckes nach unten verschiebt. Die Umformung soll nach Möglichkeit ohne Veränderung des Wertes des Parameters β nur auf Kosten der Wahl des Parameters α ausgeführt werden. Geometrisch heißt das, daß sich die Punkte der Ebene bei der Umformung nur längs der Geraden des Bündels $\eta = \text{const.}$ bewegen können. Eine Veränderung des Parameters β würde zu einer Abweichung der Skala V von der Form führen, die der logarithmischen am nächsten kommt.

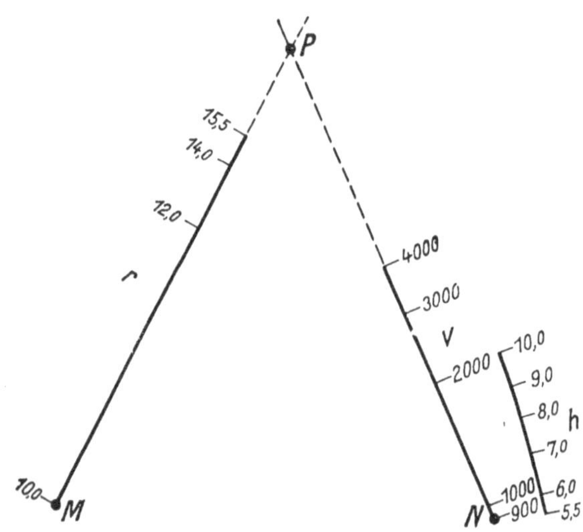

Fig. 110.

Dem Schema der Bewegungen auf einem Netz (Fig. 90) entnehmen wir, daß wir die notwendige Umformung des Nomogramms erreichen, wenn wir den Parameter α verkleinern. Dabei entfernen sich die Punkte der Ebene von der Geraden NP, auf der die Lösungsskala V liegt, und infolgedessen rückt die Skala h weiter von der Skala V fort. Gleichzeitig bewegen sich die Punkte auf der Seite MP, auf der die Skala r liegt, nach unten, wobei sich die Länge der Skala r verkleinert. Beides führt zu einer Verbesserung des Nomogramms.

Durch allmähliche Verschiebung sämtlicher Punkte des Nomogramms längs der Linien des Bündels $\eta = \text{const.}$ um denselben Betrag α in Richtung abnehmender Koordinatenwerte ξ vermindern wir die Länge der Skala r und vergrößern die Entfernung der Skala h von der Skala V. Die Länge der Skala h wächst dabei. Dabei ist es leicht, das richtige Verhältnis der Längen der Skalen r und h einzuhalten, weil nämlich die Punkte $r = 15{,}5$, $V = 4000$ und $h = 10$

nahezu auf einer Geraden liegen. Bei einer Verschiebung um $\alpha = -0{,}5$ wird die Höhe der Skala r gleich der Höhe der Skala h. Die gegenseitige Lage der Skalen des Nomogramms ist dabei ganz zufriedenstellend: die Schnittwinkel der Lösungsgeraden mit der Lösungsskala haben nur zulässige Werte, und die Lösungsskala hat die größte relative Länge.

Das Nomogramm, das den Verschiebungen aus der Anfangslage um $\alpha = -2{,}5$ und $\beta = -3{,}7$ entspricht, ist in Fig. 111 dargestellt. Die Koordinatenwerte seiner Skalenpunkte sind in Tabelle 5 unter der Rubrik „II. Variante" angegeben.

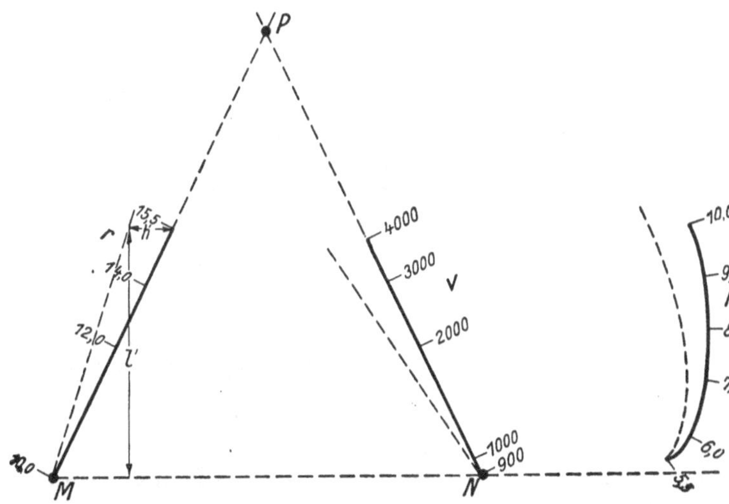

Fig. 111.

Bei dieser Variante des Nomogramms wollen wir bleiben. Würde man die Punkte des Nomogramms auf dem Netz in derselben Richtung noch weiter verschieben (in Richtung abnehmender Koordinatenwerte ξ), so würde dies zu einer übermäßigen Verlängerung der Skala h führen. Die Folge davon wäre auf der Zeichnung eine Verminderung der relativen Länge der Lösungsskala, d. h. eine Verschlechterung des Nomogramms. Man kann diesen Vorgang leicht verfolgen, wenn man alle Punkte des Nomogramms, sagen wir um $\alpha = -0{,}2$, noch weiterverschiebt.

Bei $\alpha = -2{,}5$ finden wir $m = 3{,}2 \cdot 10^{-3}$. Die Gleichungen der Skalen des Nomogramms in cartesischen Koordinaten erhalten wir, wenn wir die Werte der Funktionen f_1, f_2, f_3, g_3 und h_3 und die Parameter a, b, m und n in die Gleichungen der Skalen (10.4) einsetzen. So erhalten wir die Gleichungen:

$$\text{Skala } r\colon\quad x = \frac{-H}{1 + 9{,}6\,(r^2 - 100)\cdot 10^{-3}}, \qquad y = \frac{L\,(r^2 - 100)\,9{,}6\cdot 10^{-3}}{1 + 9{,}6\,(r^2 - 100)\cdot 10^{-3}};$$

$$\text{Skala } V\colon\quad x = \frac{H}{1 + 3{,}820\,(V - 900)\cdot 10^{-4}}, \qquad y = \frac{L\,(V - 900)\,3{,}820\cdot 10^{-4}}{1 + 3{,}820\,(V - 900)\cdot 10^{-4}};$$

$$\text{Skala } h\colon\quad x = \frac{H\,(16 + h)}{10{,}5 - 0{,}04h + 3{,}2h^3\cdot 10^{-3}}, \qquad y = \frac{L\,(h^3\cdot 3{,}2\cdot 10^{-3} + 0{,}96h - 5{,}5)}{10{,}5 - 0{,}04h + 3{,}2h^3\cdot 10^{-3}}.$$

Man könnte das Nomogramm so lassen, wie es in Fig. 111 dargestellt wurde, wobei man nur die Faktoren L und H so wählt, daß das Nomogramm sich dem Rahmen der Zeichnung einfügt. Aber wegen der rationalen Ausnutzung der Zeichenfläche ist es sinnvoll, noch einen „affinen" Schub nach links — entlang der x-Achse — auszuführen. In Fig. 111 ist die Lage der Skalen nach der Verschiebung punktiert angedeutet. Das Verhältnis der Verschiebung h' im Abstand l' von der x-Achse zu diesem Abstand wurde gleich $\frac{h'}{l'} = 0{,}18$ gewählt. Die Transformationsformeln der Koordinaten bei der Verschiebung haben die Form:

$$x' = x - 0{,}18 \cdot y, \qquad y' = y.$$

Setzen wir hier die Koordinatenwerte der Skalenpunkte ein und berücksichtigen, daß für unser Netz $L = 2H$ ist, so erhalten wir die endgültigen Gleichungen der Skalen des Nomogramms. Sie haben die Form:

$$\text{Skala } r\colon \quad x = \frac{-H\,[1+3{,}456\,(r^2-100)\,10^{-3}]}{1+9{,}6\,(r^2-100)\,10^{-3}}, \quad y = \frac{L\,(r^2-100)\,9{,}6\cdot 10^{-3}}{1+9{,}6\,(r^2-100)\,10^{-3}};$$

$$\text{Skala } V\colon \quad x = \frac{H\,[1-1{,}375\,(V-900)\,10^{-4}]}{1+3{,}820\,(V-900)\cdot 10^{-4}}, \quad y = \frac{L\cdot 3{,}820\,(V-900)\,10^{-4}}{1+3{,}820\,(V-900)\,10^{-4}};$$

$$\text{Skala } h\colon \quad x = \frac{H\,(17{,}98+0{,}6544h-1{,}152h^3\,10^{-3}}{10{,}5-0{,}04h+3{,}2h^3\cdot 10^{-3}},$$

$$y = \frac{L\,(h^3\cdot 3{,}2\cdot 10^{-3}+0{,}96h-5{,}5)}{10{,}5-0{,}04h+3{,}2h^3\cdot 10^{-3}}.$$

Nun brauchen wir nur noch die Parameter L und H zu ermitteln, die die Dimensionen der Zeichnung des Nomogramms bestimmen. Sind die Dimensionen der Zeichnung mit 250×180 mm gegeben, so kann man die Höhe der Skalen gleich 230 mm und den Abstand zwischen den äußersten rechten und linken Punkten des Nomogramms gleich 150 mm wählen.

Um L zu ermitteln, bestimmen wir die Ordinate des obersten Endes der Skala r des Punktes mit dem Argument $r = 15{,}5$):

$$y_{r=15{,}5} = L \cdot 0{,}572.$$

Wenn wir diese Ordinate gleich dem gewählten Wert der Höhe der Skalen des Nomogramms setzen, so finden wir $230 = \mathrm{L} \cdot 0{,}572$, woraus $L = 400$ mm folgt.

Um den Abstand zwischen dem äußersten linken und dem äußersten rechten Punkte des Nomogramms zu bestimmen, berechnen wir die Abszisse des Punktes $h = 7{,}0$ der Skala h und die Abszisse des Punktes $r = 10{,}0$ der Skala r. Wir erhalten

$$x_{h=7} = H \cdot 1{,}95, \qquad x_{r=10} = -\mathrm{H}.$$

Daraus folgt für die Breite des Nomogramms

$$x_{h=7} - x_{r=10} = H \cdot 1{,}95 + H = 2{,}95 \cdot H.$$

Setzen wir diesen Wert gleich der gewählten Breite des Nomogramms, so finden wir

$$2{,}95 \cdot H = 150 \quad \text{oder} \quad h = 50.$$

Das nach den erhaltenen Formeln konstruierte Nomogramm wurde bereits im 1. Kapitel (Fig. 4) angeführt.

§ 58. Nomogramme für die Gleichungen der kanonischen Form III/2

Die zweite kanonische Form einer Gleichung dritter nomographischer Ordnung hat die Gestalt

$$f_3 = f_1 + f_2 \tag{10.5}$$

Ein Nomogramm für diese Gleichung besteht aus drei geradlinigen Skalen, die sich in einem Punkte schneiden. Wir legen die Skala der Variablen w, die hier die Lösungsskala sein wird, auf eine der Dreiecksseiten des Netzes. Dies erleichtert bedeutend die Konstruktion der Nomogramme, weil nämlich hier der Parameter der projektiven Umformung der Lösungsskala aus analytischen Bedingungen hergeleitet (der Parameter der besten Umformung) und bei der Konstruktion des Nomogramms auf dem Netz vorgeschrieben wird. Auf der zweiten Seite des Dreieckes des Netzes bringen wir die Skala der Variablen u unter.

Weil die Gleichung (10.5) ein Sonderfall der kanonischen Form von CAUCHY (10.1) ist, kann man die Gleichungen der Nomogrammskalen aus den Gleichungen der Nomogrammskalen für die Gleichung von CAUCHY erhalten. Damit die Skala der Variablen w auf die Dreiecksseite NP des Netzes fällt, wollen wir annehmen, daß man die Gleichung (10.5) aus der CAUCHYschen Gleichung erhält, wenn man in dieser $f_3 = 1$ und $g_3 = -1$ setzt und die Bezeichnungen der Funktionen h_3 und f_2 ändert, indem man für sie die Bezeichnungen f_2 und f_3 nimmt. Die Gleichungen der Skalen des Nomogramms für die Gleichung (10.5) erhält man auf dieselbe Art aus den Gleichungen der Skalen des Nomogramms einer Gleichung vom Typ der CAUCHYschen Gleichung (10.2) und (10.4).

In den Koordinaten (ξ, η) des Netzes haben sie die Gestalt

$$\left.\begin{array}{lll} \text{Skala } u\colon\ \xi_{01} = \lg|f_1 - a|, & \eta_{01} = \infty; & \\ \text{Skala } w\colon\ \xi_{03} = \infty, & \eta_{03} = \lg|f_3 - c|; & \\ \text{Skala } v\colon\ \xi_{02} = \lg|-(f_2 - b)|, & \eta_{02} = \lg|f_2 - b|, & \bar{\zeta}_{02} = 0. \end{array}\right\} \tag{10.6}$$

Die Werte der Parameter a und c in den Gleichungen der Skalen des Nomogramms sind die gleichen wie früher: es sind die Funktionswerte der Funktionen f_1 und f_3 in den Skalenpunkten, die mit den invarianten Punkten des Dreiecks zusammenfallen. Der Parameter b ist gleich $c - a$; es ist der Wert der Funktion f_2 in dem Punkte der Skala der Variablen v, der auf der Seite MN des festen Dreieckes liegt.

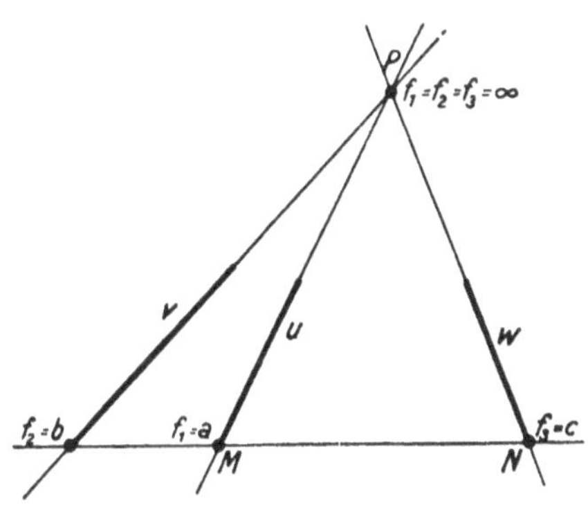

Fig. 112.

Ein Schema der Skalen des Nomogramms ist in Fig. 112 dargestellt. Der gemeinsame Schnittpunkt der Skalen hat Argumente, für die jede der drei Funktionen f_1, f_2 und f_3 unendlich wird. Die Skala der Variablen v kann sich zwischen den Skalen der Variablen u und w oder (rechts oder links) außerhalb von ihnen befinden. Die Lage der Skalen auf den Seiten des Dreieckes hängt davon ab, zu welchem Teile der Bündel $\xi = \text{const.}$ und $\eta = \text{const.}$ die entsprechenden Koordinatenwerte ξ und η gehören. Dies hängt von dem Vorzeichen der Ausdrücke ab, deren Logarithmen der Absolutbeträge bei der Berechnung von ξ und η verwendet werden.

Die Umformung des Nomogramms sieht auf dem Netz folgendermaßen aus. Bei einer Veränderung des Parameters α verschieben sich alle Punkte der Skala u um ein und dieselbe Größe in Werten des Parameters ξ auf der Dreiecksseite. Die Punkte der Skala w werden dabei nicht verschoben. Die Punkte der Skala v verschieben sich um denselben Wert α wie die Punkte der Skala u längs der Geraden $\eta = \text{const.}$ Wenn sich dabei α vergrößert, so verschieben sich die Punkte der Skala u nach oben, und die Skala wird länger, während die Punkte der Skala v näher auf die Skala w heranrücken; wird dagegen der Parameter α kleiner, so rutschen die Punkte der Skala u nach unten, und die Skala selbst verkürzt sich während die Punkte der Skala v sich von der Skala w entfernen.

In entsprechender Weise wird das Nomogramm bei einer Veränderung des Parameters β umgeformt. Bei einer Vergrößerung des Parameters β verschieben sich alle Punkte der Skala w auf dem Träger der Skala nach oben, und die Länge der Skala nimmt zu. Wird β kleiner, so bewegen sich alle Punkte der Skala w nach unten, und die Länge der Skala nimmt ab. Die Punkte der Skala u bleiben dabei an ihrer Stelle. Die Punkte der Skala v verschieben sich jetzt längs den Geraden $\xi = \text{const.}$ und rücken auf die Skala u zu, wenn sich die Länge der Skala w vergrößert, d. h. bei einer Vergrößerung des Parameters β. Sie entfernen sich von der Skala u, wenn die Skala w sich verkürzt, d. h. bei einer Verkleinerung des Parameters β. Die Lage des Trägers der Skala v kann man leicht an seiner Gleichung in den Koordinaten ζ verfolgen. Die ursprüngliche Lage des Trägers der Skala v hat die Gleichung $\overline{\zeta} = 0$.

Die Gleichungen der Skalen des Nomogramms in cartesischen Koordinaten haben die Gestalt

$$\text{Skala } u\colon \quad x = \frac{-H}{1 + m(f_1 - a)}, \quad y = \frac{L(f_1 - a)\,m}{1 + m(f_1 - a)};$$

$$\text{Skala } v\colon \quad x = \frac{H}{1 + n(f_3 - c)}, \quad y = \frac{L(f_3 - c)\,n}{1 + n(f_3 - c)};$$

$$\text{Skala } w\colon \quad x = \frac{H\dfrac{m+n}{m-n}}{1 + p(f_2 - b)}, \quad y = \frac{Lp(f_2 - b)}{1 + p(f_2 - b)},$$

wobei m und n nach den Verschiebungsgrößen des Nomogramms auf dem Netz, nach den Werten α und β bestimmt werden:

$$\lg m = \alpha, \qquad \lg n = \beta;$$

der Parameter p ist gleich

$$p = \frac{m \cdot n}{m - n}.$$

Bei der Konstruktion des Nomogramms führen wir der Reihe nach folgende Schritte aus.

Nachdem wir das Verhalten der Funktion w bei wachsenden Werten der Variablen u und v untersucht haben, stellen wir ein Richtungsschema der Skalen des Nomogramms auf. Mit Rücksicht darauf, daß wir unter Umständen die Lösungsskala noch weiter umformen müssen, stellen wir ein Schema des Nomogramms auf und tragen die Argumente der untersten und der obersten Skalenpunkte des Nomogramms ein. Dann bestimmen wir nach den Argumenten der Skalenpunkte des Nomogramms die Werte der Parameter a, c und b, d. h., wir bestimmen die Gleichungen der Skalen des Nomogramms im ξ-η-Netz.

Ist die Charakteristik der Lösungsskala vorgeschrieben, so bestimmen wir den Parameter der Umformung der Lösungsskala. Wir berechnen die Skalen u, w und v in den Koordinaten ξ und η, indem wir die Koordinaten einer genügenden Anzahl von Punkten der Skalen ausrechnen, um uns eine klare Vorstellung darüber machen zu können, welche Form das Nomogramm erhält. Dann zeichnen wir auf dem Netz die erste Skizze des Nomogramms.

Wir verschieben auf dem Netz das Nomogramm in der nötigen Richtung, d. h., wir unterwerfen es der notwendigen Umformung. Hierbei kann es sich zeigen, daß die Skala v sehr weit von der Skala w entfernt ist im Vergleich zu dem Abstand zwischen den Skalen u und w (es wird der Fall betrachtet, daß die Lösungsskala w sich in der Mitte befindet). Ein solches Nomogramm umzuformen ist ungünstig. In diesem Falle ist es besser, die Skalen u und v miteinander zu vertauschen. Praktisch besteht diese Operation darin, daß man nach den Koordinatenwerten ξ_{02} die Skala v auf der Dreiecksseite MP konstruiert, auf der sich vorher die Skala u befand, während man die Skala u nach den vorher berechneten Koordinaten ξ_{01} auf der Geraden konstruiert, deren ursprüngliche Gleichung $\zeta = 0$ war. Wenn man jetzt den Parameter a so wählt, daß die Skala u dieselbe Form wie bei ihrer ersten Lage bekommt, dann liegt die Skala u des Nomogramms in der Nähe der Skala w.

Daß diese Behauptung richtig ist, springt geradezu in die Augen. In Fig. 113a ist das Nomogramm in seiner ersten Lage gezeigt. Der Abstand NL zwischen

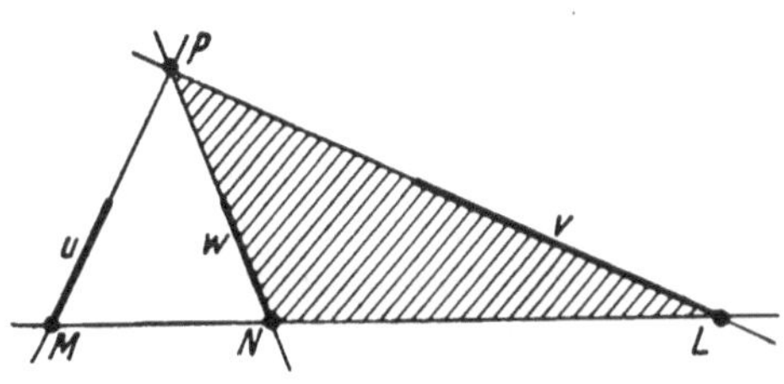

Fig. 113 a.

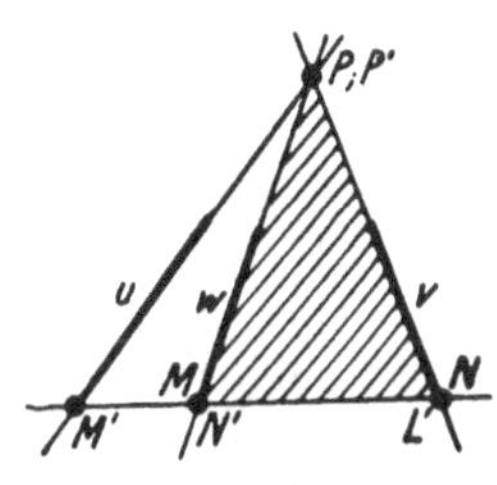

Fig. 113 b.

den Skalen w und v ist groß im Vergleich zu dem Abstand MN zwischen den Skalen u und w. Durch einen affinen Schub nach rechts machen wir das Dreieck NPL gleichschenklig. Dann führen wir eine affine Stauchung in Richtung der Seite NM so durch, daß die Seite NL gleich der Seite MN des Netzes wird (wir bezeichnen das auf diese Weise aus dem Dreieck NPL erhaltene Dreieck mit $N'P'L'$). Dann kann man das Nomogramm mit dem Dreieck $N'P'L'$ auf das

Dreieck des Netzes legen. Der projektive Charakter der Skala v ändert sich dabei nicht. Das Nomogramm nimmt eine Form an, wie sie in Fig. 113b dargestellt ist.

Der Abstand der Skala u, die ja außerhalb des Dreieckes $N'P'L'$ liegt, von der Skala w ist bedeutend kleiner als der Abstand zwischen den Skalen w und v so daß man eine weitere Umformung des Nomogramms leicht durchführen kann. Die ursprüngliche Lage des Dreiecks NPL und seine Lage auf dem Netz nach Durchführung der Ortsveränderung der Skalen u und v ist durch die Schraffierung gekennzeichnet $\left(\frac{MN}{NL} = \frac{M'N'}{N'L'}\right)$.

Daß die ursprünglichen Werte der Koordinaten ξ und η erhalten bleiben, folgt daraus, daß die Gleichungen aller drei Skalen des Nomogramms dieselbe Form haben.

Das Endziel der Umformung eines Nomogramms bei vorgeschriebener Charakteristik der Lösungsskala ist, ein Nomogramm zu erhalten, das den Bedingungen, die man an die gegenseitige Lage der Skalen stellt, genügt, und das nach Möglichkeit für die gegebenen Variablen gleich lange Skalen besitzt, da dies die rationellste Ausnutzung der Zeichenfläche ist. Wenn die Charakteristik der Lösungsskala nicht vorgeschrieben ist, so gewinnt man ihre Form, indem man das Nomogramm auf dem Netz immer um gleiche Abstände α und β verschiebt, und zwar so lange, bis man die passendste Form gefunden hat. Gleichzeitig legt man dabei die gegenseitige Lage der Skalen fest. Wenn es nötig ist, während der Konstruktion des Nomogramms das Richtungsschema der Skalen des Nomogramms zu verändern, so kann man dies auf dem Netz durch eine Spiegelung ausführen, doch ist es besser, bei den entsprechenden Funktionen f das Vorzeichen zu verändern und die Parameter a und b sowie die Koordinaten der Punkte der Skala umzurechnen.

Die gefundenen Parameterwerte der Verschiebung des Nomogramms auf dem Netz und die Werte der Parameter a und c setzen wir in die Gleichungen des Nomogramms in den cartesischen Koordinaten ein. Die Parameter L und H bestimmt man nach den gegebenen Ausmaßen der Zeichnung.

Bei der Konstruktion der endgültigen Variante des Nomogramms kann es sich als notwendig erweisen, einen affinen Schub durchzuführen. Diese Verschiebung kann man hier ganz einfach ohne zusätzliche Berechnungen ausführen: Man trägt einfach den Schnittpunkt der Skalenträger oder irgendwelche anderen Skalenpunkte, die gleiche Ordinaten haben, im gleichen Abstand nach einer Seite verschoben an. Die neuen Lagen der Träger der Skalen bestimmen sich nach diesen Punkten und den festen Schnittpunkten der Skalen mit der x-Achse.

Die Skalen des Nomogramms konstruiert man auf den Trägern nach den Koordinaten ihrer Punkte. Das Verhältnis, in dem der Schnittpunkt der Skala v mit der x-Achse den Abstand zwischen den untersten Punkten der Skalen u und w teilt, ist gleich $\frac{LN}{ML} = -\frac{n}{m}$ (das Minuszeichen weist darauf hin, daß dies die äußere Teilung ist). Es genügt, dieses Verhältnis zu kennen, um alle drei Träger der Skalen konstruieren zu können.

§ 59. Ein Konstruktionsbeispiel für ein Nomogramm einer Gleichung der kanonischen Form III/2

Wir wollen ein Nomogramm für die Gleichung zur Berechnung der Fläche eines Kreisringes konstruieren. Die Gleichung hat die Form

$$S = \pi\,(R^2 - r^2),$$

wobei r und R der innere und der äußere Radius des Ringes und S seine gesuchte Fläche ist. Die Bereiche der Variablen wählen wir folgendermaßen:

$$40 \leqslant R \leqslant 60, \quad 10 \leqslant r \leqslant 19{,}8, \quad 3800 \leqslant S \leqslant 11\,000,$$

wobei die Bereiche von S die für die gegebenen Bereiche von r und R größtmöglichen sind. Wir verlangen, daß das Nomogramm nach Möglichkeit die Lösung mit einem konstanten relativen Fehler liefert, d. h., das Nomogramm soll eine Lösungsskala haben, die einer logarithmischen möglichst nahekommt.

Die gegebene Gleichung bringt man leicht auf die kanonische Form III/2.

Wir wollen das Richtungsschema der Skalen des Nomogramms aufstellen. Die Größe der Fläche S wächst mit wachsendem R und mit fallendem r. Das heißt, daß das Nomogramm eine Lösungsskala S hat, die nur dann zwischen den Skalen der gegebenen Größen liegt (r und R), wenn diese verschiedene Richtung haben. Die Skala der Variablen R ist dabei nach derselben Seite gerichtet, wie die Skala der Lösungsvariablen, weil S mit wachsendem R wächst.

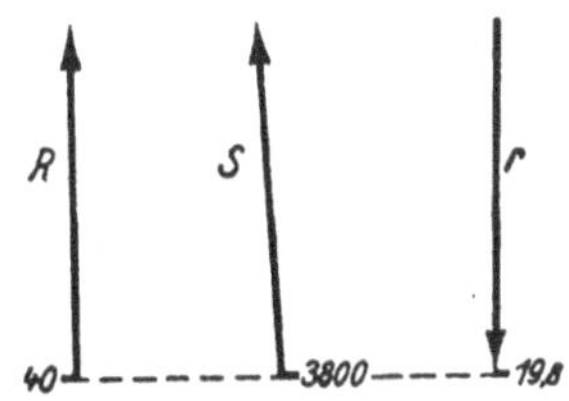

Fig. 114.

Das Richtungsschema des Nomogramms ist in Fig. 114 dargestellt, dabei sind die Skalen S und R nach oben gerichtet. Nachdem wir das Richtungsschema der Skalen haben, können wir die Argumente der untersten Enden der Skalen des Nomogramms festlegen, die übrigens auch in Fig. 114 eingetragen sind.

Die Skalen R und S legen wir auf die Seiten des Dreiecks. Zu diesem Zwecke setzen wir $f_1 = R$, $f_3 = S \cdot \frac{1}{\pi}$ und $f_2 = -r^2$. Die Form der Funktionen entspricht der Richtung der Skalen des Nomogramms: Die Funktionen f_1 und f_3 wachsen und die Funktion f_2 fällt.

Weil die Argumente der untersten Skalenpunkte des Nomogramms bekannt sind, können wir a, b und c bestimmen. Sie sind gleich $a = 40^2$, $c = 3800 \cdot \frac{1}{\pi}$, $b = 40^2 - \frac{3800}{\pi} = -390$.

Nun wollen wir die Gleichungen der Skalen des Nomogramms in den Koordinaten (ξ, η) aufstellen. Sie haben die Gestalt

$$\text{Skala: } R\colon \quad \xi_{01} = \lg|R_2 - 40^2|, \qquad \eta_{01} = \infty;$$

$$\text{Skala } S\colon \quad \xi_{03} = \lg|S - 3800|\frac{1}{\pi}, \qquad \eta_{03} = \infty;$$

$$\text{Skala } r\colon \quad \xi_{02} = \eta_{02} = \lg|r^2 - 390|, \quad \zeta_{02} = 0.$$

Dann berechnen wir eine bestimmte Anzahl von Skalenpunkten des Nomogramms. Die Resultate der Berechnung sind in die Tabelle 6 eingetragen.

Der Punkt $r = 20$ befindet sich unterhalb der Geraden MN, weil unter dem Logarithmus und dem Absolutzeichen der Ausdruck $390 - r^2$ negativ ist. In der Tabelle ist dies dadurch vermerkt, daß die Werte ξ und η für $r = 20$ überstrichen sind.

Die Ermittlung des Wertes des Parameters der Umformung, bei dem die Charakteristik sich am wenigsten von einer logarithmischen unterscheidet, geschieht nach den Formeln (8.25) und (8.31) aus dem 8. Kapitel im § 48 aus:

$$n = \frac{\pi}{(11 - 3{,}8) \cdot 10^3}\left(\sqrt{\frac{11000}{3800}} - 1\right) \approx 3{,}00 \cdot 10^{-4},$$

oder

$$\beta = -3{,}52.$$

Wir nehmen auf dem Netz eine Verschiebung um $\beta = -3{,}52$ vor, dazu berechnen wir die neuen Koordinatenwerte η der Punkte der Skala S. Weil die Koordinaten der Punkte der Skala R groß sind, was darauf hinweist, daß die Punkte der Skala sehr nahe am Punkte P liegen, daß die Skala sich also fast über die ganze Dreiecksseite hinzieht, verschieben wir die Punkte der Skala in

Tabelle 6

Skala R			40	45	50	55	60	
Ursprüngliche Werte		ξ	$-\infty$	2,63	2,96	3,15	3,30	
$\alpha = -3{,}30$ $\beta = -3{,}52$	I. Variante	ξ	$-\infty$	−0,67	−0,34	−0,15	0,00	
$\alpha = -2{,}64$ $\beta = -3{,}52$	IV. Variante	η	$-\infty$	−0,89	−0,56	−0,37	−0,22	
Skala r			10	12	14	16	18	20
Ursprüngliche Werte		$\xi = \eta$	2,48	2,41	2,31	2,16	1,87	+1
$\alpha = -3{,}30$ $\beta = -3{,}52$	I. Variante	η ξ	−1,04 −0,82	−1,10 −0,89	−1,26 −0,99	−1,36 −1,14	−1,65 −1,43	$-\overline{2{,}3}$ $-\overline{2{,}52}$
$\alpha = -2{,}64$ $\beta = -3{,}52$	IV. Variante	ξ	−0,16	−0,23	−0,33	−0,48	−0,77	$-\overline{1{,}54}$
Skala S			3800	6000	8000	10 000	11 000	
Ursprüngliche Werte		η	$-\infty$	2,84	3,12	3,29	3,36	
$\alpha = -3{,}30$ $\beta = -3{,}52$	I. Variante	η	$-\infty$	−0,68	−0,40	−0,23	−0,16	
$\alpha = -2{,}64$ $\beta = -3{,}52$	IV. Variante	η	$-\infty$	−0,68	−0,40	−0,23	−0,16	

Richtung auf den Punkt M. Dabei verkürzt sich die Skala. Ohne daß wir die endgültige Umformung im voraus bestimmen, bei der das Nomogramm die beste Form annimmt, führen wir noch eine Verschiebung auf dem Netz um $\alpha = -3{,}30$ aus. Daraufhin rechnen wir die Koordinaten der Punkte der Skalen R und r und die Gleichung des Trägers der Skala r um. Die Ergebnisse der Berechnung der Koordinaten stehen in der Tafel 6 unter der Rubrik „I. Variante“. Die Gleichung des Trägers der Skala r ist: $\bar{\zeta} = -0{,}22$. Nach den so erhaltenen Koordinaten der Skalenpunkte des Nomogramms konstruieren wir auf dem Netz seine erste Variante. Sie ist in Fig. 115 dargestellt.

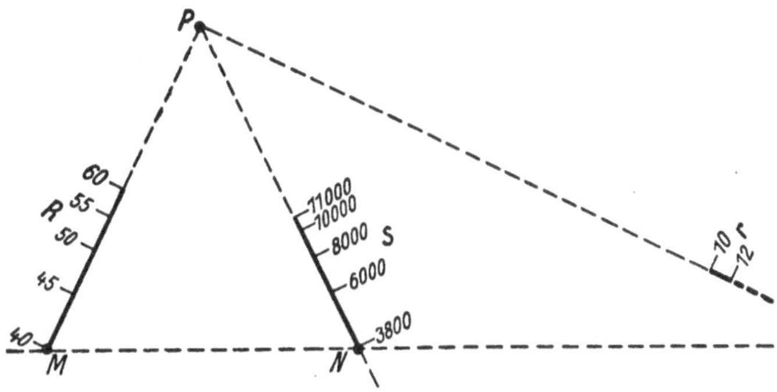

Fig. 115.

Wir erhalten dabei den Fall, bei dem man die Skala der Variablen r auf dem Netz nicht darstellen kann, sie ist sehr weit von der Skala S entfernt. Und doch genügt diese Tatsache nicht, das Nomogramm unbrauchbar zu machen. Das Nomogramm kann trotzdem befriedigen. Denn es kann ja sein, daß das Verhältnis des Abstandes der Skala S von der Skala r zum Abstand der Skala S von der Skala R groß ist. Hier haben wir es mit dem Fall zu tun, von dem im vorhergehenden Paragraphen die Rede war (siehe Seite 211). Weil die Skala S Lösungsskala ist, ist eine solche gegenseitige Lage der Skalen zulässig. Damit man jedoch auf die Form des Nomogramms schließen kann, ist es trotzdem nötig, auf der Zeichnung alle drei Skalen des Nomogramms zu skizzieren.

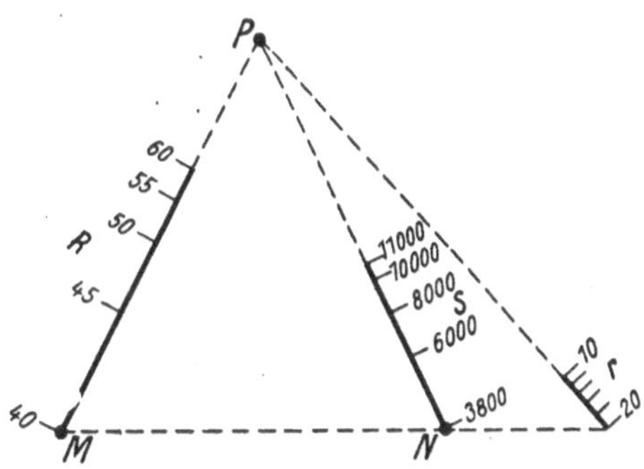

Fig. 116.

Man kann die Skala der Variablen r näher an die Skala S heranrücken, wenn man die Punkte des Nomogramms längs der Linien $\eta = \text{const.}$ in Richtung der Dreiecksseite NP verschiebt, d. h. wenn man den Wert des Parameters α vergrößert. Aber dabei wird die Skala R länger und die Skala r kleiner. In Fig. 116 ist das Nomogramm nach einer Verschiebung seiner Punkte um $\alpha = -3{,}00$ dargestellt. Man kann es nicht als befriedigend ansehen, weil die Skala R erheblich länger als die Lösungsskala S ist und die Zeichenfläche unzweckmäßig ausgenutzt ist: Infolge der Verlängerung der Skala R hat sich die relative Länge der Skala S verkleinert. Eine Verschiebung in Richtung der Skala S ist nicht möglich.

Wir werden das Nomogramm auf dem Netz etwas anders konstruieren: Wir legen auf die Seite MP des Dreiecks im Netz die Skala der Variablen r. Dann liegt aber die Skala R außerhalb des Dreiecks in der Nähe der Skala S.

Die neue dritte Variante des Nomogramms konstruieren wir nach denselben Koordinatenwerten, wie auch im Falle der ersten Variante, nur, daß wir die Skala r auf der Seite MP des Dreiecks nach den Koordinaten ξ ihrer Punkte und die Skala R auf der Geraden $\zeta = -0{,}22$ konstruieren. Diese Variante des Nomogramms ist in Fig. 117 dargestellt.

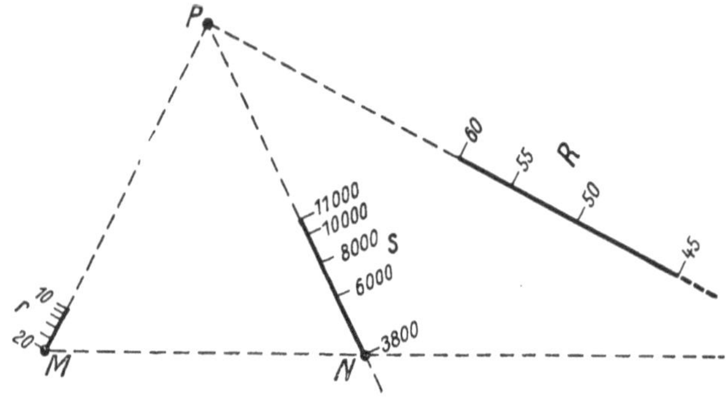

Fig. 117.

Hier tritt dasselbe ein wie früher, es gelingt nicht, eine der Skalen des Nomogramms, die Skala R, vollkommen darzustellen. Trotzdem unterscheidet sich das Nomogramm wesentlich von dem der ersten Variante: die Skala r ist sehr klein im Vergleich zu den anderen Skalen, deshalb ist hier zur Verbesserung des Nomogramms die Operation möglich, die vorher das Nomogramm verschlechtert hatte, nämlich die Skala R näher an die Skala S heranzuschieben, das bedeutet also eine Verschiebung der Punkte des Nomogramms auf dem Netz. Wenn man die Verschiebung längs der Linien $\eta = \text{const.}$ vornimmt, so rückt die Skala R näher an die Skala S heran, gleichzeitig wird dabei die Skala r länger: ihre Punkte bewegen sich auf der Dreiecksseite MP in Richtung des Punktes P. Indem wir diesen Weg beschreiten, konstruieren wir eine Variante des Nomogramms, bei der die Skalen r und S die gleiche Höhe haben. Weil S in den vollen Grenzen variiert, müssen die Punkte der Skalen mit den Argumenten

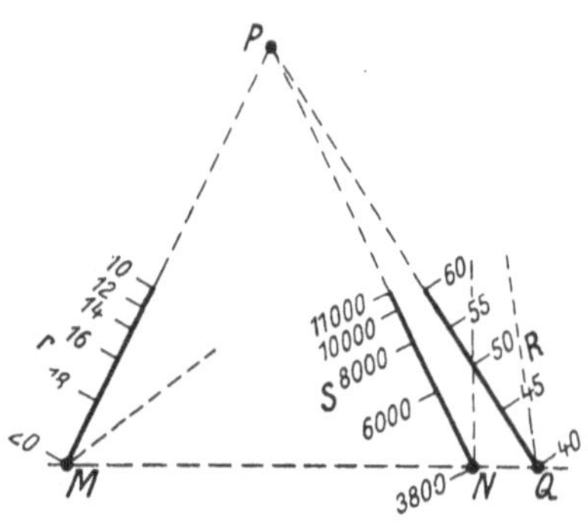

Fig. 118.

$r = 10$, $S = 11000$ und $R = 60$ auf einer Geraden liegen, unter dieser Bedingung muß die Skala R dieselbe Höhe haben, wie die Skalen r und S. Es fragt sich dabei nur, ob nicht die Skala R zu nahe an der Skala S liegt, was bei einigen Lagen der Lösungsgerade zu spitzen Schnittwinkeln mit der Lösungsskala führen kann.

Die Skalen r und S haben die gleiche Höhe, wenn die Koordinaten ihrer obersten Punkte die gleichen Werte haben. Um dies zu erreichen, muß man α den Wert $\alpha = -2{,}64$ geben. Die Gleichung des Trägers der Skala wird dabei $\zeta = -0{,}88$. Wir wollen die Koordinatenwerte der Punkte des Nomogramms berechnen. Sie befinden sich in der Tafel 6 unter der Rubrik „IV. Variante". Das nach ihnen konstruierte Nomogramm ist in Fig. 118 dargestellt. Es hat eine Form, die den Anforderungen genügt. Die Skalen des Nomogramms haben die gleiche Höhe, und die Schnittwinkel der Lösungsgeraden mit dem Träger der Lösungsskala haben selbst in den schlimmsten Fällen noch eine zulässige Größe. Bei dieser Variante wollen wir bleiben. Der Parameter m für die gewählte Variante ist gleich $2{,}3 \cdot 10^{-8}$ ($\lg m = -2{,}64$). Die Gleichungen der Skalen des Nomogramms haben in cartesischen Koordinaten die Gestalt

$$\text{Skala } r\colon\quad x = \frac{-H}{1 + (-r^2 + 390)\cdot 2{,}3\cdot 10^{-3}},\quad y = \frac{L(-r^2 + 390)\cdot 2{,}3\cdot 10^{-3}}{1 + (-r^2 + 390)\cdot 2{,}3\cdot 10^{-3}};$$

$$\text{Skala } S\colon\quad x = \frac{H}{1 + (S - 3800)\frac{1}{\pi}3\cdot 10^{-4}},\quad y = \frac{L\frac{3}{\pi}(S - 3800)\cdot 10^{-4}}{1 + (S - 3800)\frac{3}{\pi}\cdot 10^{-4}};$$

$$\text{Skala } R\colon\quad x = \frac{H\,1{,}3}{1 + (R^2 - 40^2)\cdot 3{,}45\cdot 10^{-4}},\quad y = \frac{L\,3{,}45\cdot 10^{-4}(R^2 - 40^2)}{1 + (R^2 - 40^2)\,3{,}45\cdot 10^{-4}}.$$

Das Verhältnis, in dem der Schnittpunkt der Skala R mit der x-Achse den Abstand zwischen den Anfangspunkten der Skalen r und S teilt, ist gleich $\frac{QN}{MQ} = -\frac{n}{m} = -\frac{3}{23}$. Das Verhältnis ist negativ, weil die Skala R sich außerhalb des Dreiecks befindet.

Zur Konstruktion des Nomogramms ist es notwendig, die Parameter L und H zu bestimmen. Sind die Ausmaße der Zeichnung des Nomogramms gleich 250×180 mm, so kann man die Höhe der Skalen zu 230 mm und den Abstand zwischen den Schnittpunkten der Skalen r und R mit der x-Achse zu 150 mm wählen. Weil die Höhe der Skalen durch die Ordinaten der obersten Punkte der Skalen des Nomogramms bestimmt wird, wählen wir nur den Punkt mit dem Argument $r = 10$ und berechnen seine Ordinate. Sie ist gleich $y_{r=10} = L \cdot 0{,}4$. Setzen wir diesen Ausdruck gleich 230, so ergibt sich L gleich 575. Weil man das Nomogramm allein nach den Ordianten der Punkte seiner Skalen konstruieren kann, werden wir H nicht berechnen. Die Lage der Träger der Skalen des Nomogramms bestimmen wir nach den Schnittpunkten der Skalen mit der x-Achse und der Differenz der Abszissen der Punkte mit der Ordinate 250 mm. Weil $\frac{QN}{MQ} = -\frac{3}{23}$ und $MQ = MN + NQ$ ist, so ist das Verhältnis der Abstände der Schnittpunkte der Skalen r und R mit der x-Achse (gemessen vom Schnittpunkt der Skala S mit der x-Achse) gleich $\frac{MN}{NQ} = \frac{20}{3}$. Für MN nehmen wir 130 mm;

dann wird $NQ = 19{,}5$ mm. Aus der Ähnlichkeit der Dreiecke, die durch die Träger der Skalen gebildet werden, finden wir, daß die Differenzen der Abszissen der Punkte der Skalen r und S und der Skalen R und S bei $y = 230$ mm gleich sind 78 mm und 11,7 mm.

Bei der Konstruktion des Nomogramms führen wir eine affine Verschiebung nach rechts durch, bis der Träger der Skala S senkrecht zur x-Achse steht. Dabei werden die Schnittwinkel des Trägers der Lösungsskala mit der Lösungsgeraden bei kleinen Werten von r etwas vergrößert, was das Nomogramm verbessert. Eine solche gegenseitige Lage der Träger der Skalen des Nomogramms ist in Fig. 118 punktiert angedeutet.

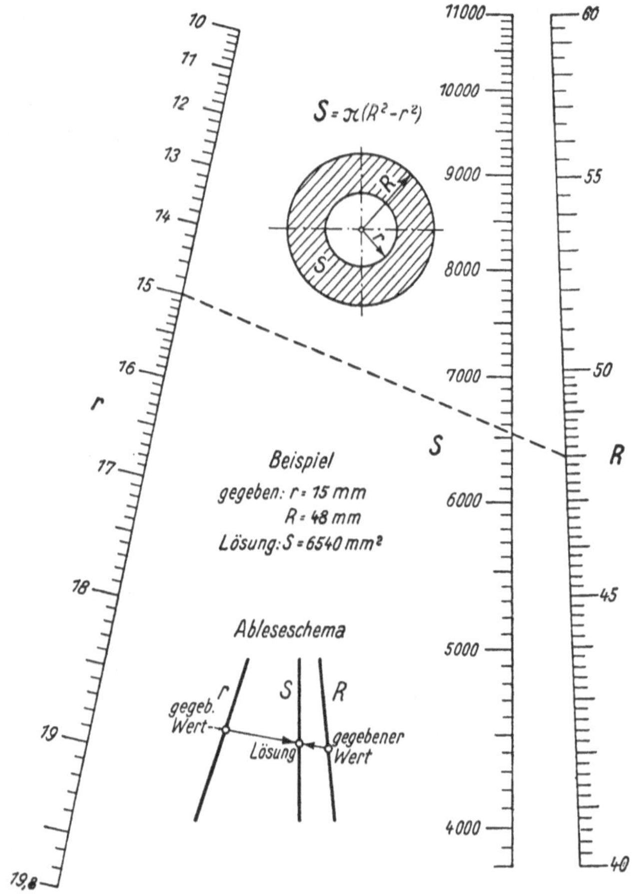

Fig. 119.

Um die Träger der Skalen des Nomogramms zu konstruieren, legen wir senkrecht zur x-Achse den Träger der Skala S und im Abstand 19,5 mm rechts von ihm und 130 mm links von dem Punkte der Skala S tragen wir einmal den Schnittpunkt des Trägers der Skala R mit der x-Achse, und dann den Schnittpunkt des

Trägers der Skala r mit der x-Achse auf. Die zweiten Punkte, die die Träger der Skalen r und R in ihrer Lage bestimmen, tragen wir in den Abständen 78 mm und 11,7 mm vom Träger der Skala S auf der Geraden $y = 230$ mm auf. Die endgültige Form des Nomogramms ist in Fig. 119 dargestellt.

§ 60. Nomogramme für die Gleichungen der kanonischen Form III/1

Auf einem Netz mit einem festen Dreieck kann man auch Nomogramme für Gleichungen konstruieren, die auf die erste kanonische Form einer Gleichung dritter nomographischer Ordnung führen.

Wie schon gezeigt wurde, kann man die erste kanonische Form, die man in der Gestalt $f_1 \cdot f_3 = f_2$ schreiben kann, aus der kanonischen Form von CAUCHY erhalten, wenn man in dieser $g_3 = -1$ und $h_3 = 0$ setzt. Die Gleichungen der Skalen des Nomogramms kann man aus den Gleichungen der Skalen des Nomogramms für die Gleichung von CAUCHY durch denselben Ansatz bekommen. In den Koordinaten des Netzes haben sie die Gestalt:

$$\begin{aligned}
&\text{Skala } u\colon\quad \xi_{01} = \lg|f_1 - a|, && \eta_{01} = \infty;\\
&\text{Skala } v\colon\quad \xi_{02} = \infty, && \eta_{02} = \lg|f_2 - b|;\\
&\text{Skala } w\colon\quad \xi_{03} = \lg\left|\frac{-b + af_3}{-f_3}\right|, && \eta_{03} = \lg|-b + af_3|,\\
&\qquad\qquad\quad\ \zeta_{03} = \lg|-f_3|
\end{aligned}$$

und in cartesischen Koordinaten:

$$\left.\begin{aligned}
&\text{Skala } u\colon\quad x_1 = \frac{-H}{1 + (f_1 - a)\,m}, && y_1 = \frac{L\,(f_1 - a)\,m}{1 + (f_1 - a)\,m};\\
&\text{Skala } v\colon\quad x_2 = \frac{H}{1 + (f_2 - b)\,n}, && y_2 = \frac{L\,(f_2 - b)\,n}{1 + (f_2 - b)\,n};\\
&\text{Skala } w\colon\quad x_3 = \frac{m + f_3 n}{m - f_3 n + (af_3 - b)\,mn}, && y_3 = \frac{(af_3 - b)\,m \cdot n}{m - f_3 n + (af_3 - b)\,m \cdot n},
\end{aligned}\right\}\qquad (10.7)$$

wobei

$$\lg m = \alpha,$$
$$\lg n = \beta$$

ist. Die Gleichungen der Skalen des Nomogramms in den Koordinaten eines Netzes mit einem festen Dreieck fallen mit den Gleichungen der Skalen des Nomogramms für den Fall des Netzes mit zwei festen parallelen Geraden zusammen.

Das Nomogramm besteht aus drei geradlinigen Skalen. Die Skala der Variablen u fällt auf die linke Seite des festen Dreieckes. Die Skala der Variablen v liegt auf der rechten Seite des Dreieckes. Die Skala der Variablen w liegt auf einer Geraden, die die Träger der zwei ersten Skalen in den Punkten schneidet, wo $f_1 = 0$ und $f_2 = 0$ sind.

In der Mehrzahl der Fälle ist es unzweckmäßig, das Nomogramm einer Gleichung, die zur ersten kanonischen Form gehört, auf einem Netz mit einem festen Dreieck zu konstruieren. Nomogramme besitzen fast dieselben Möglichkeiten hinsichtlich der Erfüllung der Bedingungen, denen das Nomogramm gehorchen muß, wie ein Nomogramm, das auf einem Dreieck konstruiert wurde, dabei ist die Konstruktion solcher Nomogramme einfacher. Bei der Konstruktion eines Nomogramms mit parallelen Skalen kann man die Lösungsskala immer zwischen die Skalen der gegebenen Größen legen und ihre Parameter so wählen, daß die Skala eine Form bekommt, die der vorgeschriebenen möglichst nahekommt. Die Umformung der Skala der Variablen w, die man im Falle eines Nomogramms mit parallelen Skalen sehr zweckmäßig zur Lösungsskala macht, wird allein durch das Verhältnis der Parameter m und n bestimmt. Eine Unbequemlichkeit bei der Konstruktion eines Nomogramms auf parallelen Skalen kann nur in dem Falle auftreten, wenn man sich wegen der besten Form der Lösungsskala für ein bestimmtes Verhältnis m/n entschieden hat und dabei die Skala einer der gegebenen Variablen klein wird und nahe an dem Schnittpunkt mit dem Träger der Lösungsskala liegt. Dabei werden nämlich die Schnittwinkel der Lösungsgeraden mit dem Träger der Lösungsskala ganz spitz. Hier muß man alle Skalen des Nomogramms einer projektiven Umformung unterwerfen.

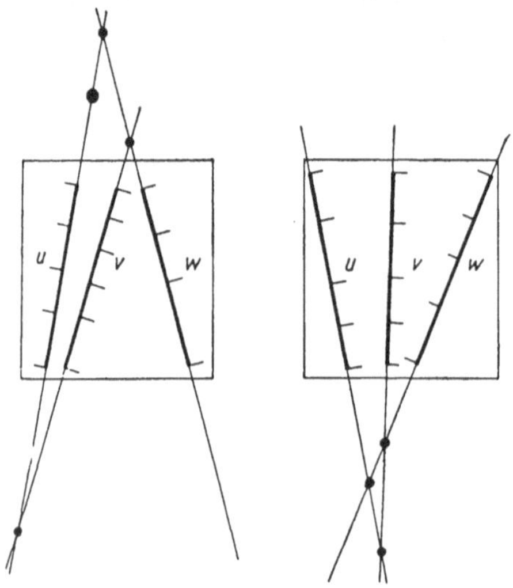

Fig. 120.

Eine Umformung des Nomogramms auf einem Netz mit einem festen Dreieck kann in diesem Falle bessere Ergebnisse liefern. Die günstigsten Nomogramme für Gleichungen der ersten kanonischen Form sind meist Nomogramme auf einem Kegelschnitt und einer Sekante, die man unter Verwendung des in Beilage 4 beigefügten Skelettes für ein Nomogramm konstruieren kann.

Bei der Konstruktion eines Nomogramms auf einem Netz mit einem Dreieck ist es am zweckmäßigsten, man nimmt v als Lösungsvariable. Prinzipiell sind zwei Schemata des Nomogramms möglich, bei denen sich die Lösungsskala in der Mitte zwischen den Skalen der gegebenen Größen befindet. Beide sind in Fig. 120 dargestellt. Hier begrenzt der Rahmen der Zeichnung den Teil des Nomogramms, der den gegebenen Bereichen der Variablen entspricht; welche der zwei gegebenen Variablen man auf die noch bleibenden zwei Skalen des Nomogramms bringt, ist prinzipiell gleich. Hierbei kann es eine Rolle spielen, ob die Werte 0 und ∞ für die Funktionen f_1 und f_3 in den gegebenen Bereichen der Variablen enthalten sind. In dem unten angeführten Beispiel werden wir es mit einer solchen Situation zu tun haben (§ 61).

Die Konstruktionsanordnung dieses Nomogramms unterscheidet sich nicht wesentlich von der Konstruktionsanordnung des Nomogramms im Falle paralleler Skalen. An Hand der nomographierbaren Gleichung bestimmen wir die Änderungsrichtung der Lösungsvariablen bei wachsenden Werten der gegebenen Variablen. Dann stellen wir in Abhängigkeit von dem oben erhaltenen Resultat ein

Richtungsschema der Skalen des Nomogramms auf: wenn die Lösungsvariable gleichzeitig mit wachsenden Werten von beiden Lösungsvariablen wächst, müssen die Skalen die gleiche Richtung haben (unter der Bedingung, daß die Lösungsskala sich zwischen den Skalen der gegebenen Größen befindet); wenn die Lösungsvariable wächst mit wachsendem Wert der einen gegebenen Variablen, aber bei wachsenden Werten der anderen Variablen fällt, dann müssen die Skalen der gegebenen Variablen entgegengesetzte Richtung haben (bei derselben Lage der Lösungsskala).

Nachdem wir ein Richtungsschema der Skalen des Nomogramms aufgestellt haben, setzen wir die Funktion einer der gegebenen Variablen gleich $f_1(u)$ und die Funktion der anderen gegebenen Variablen gleich $f_3(w)$. Hierbei muß man auf den Skalen auf die Lage derjenigen Punkte achten, bei denen $f_1 = 0$, $f_1 = \infty$, $f_3 = 0$ und $f_3 = \infty$ wird. In Übereinstimmung mit dem Schema des Nomogramms, das sich auf Seite 193 in Fig. 107 befindet, ist $f_1 = \infty$ und $f_2 = \infty$ im Schnittpunkt der Skala der Variablen v mit der Skala der Variablen u und $f_2 = 0$ und $f_3 = 0$ im Schnittpunkt der Skala der Variablen v mit der Skala der Variablen w; die Skalen der Variablen u und w schneiden sich in einem Punkte,

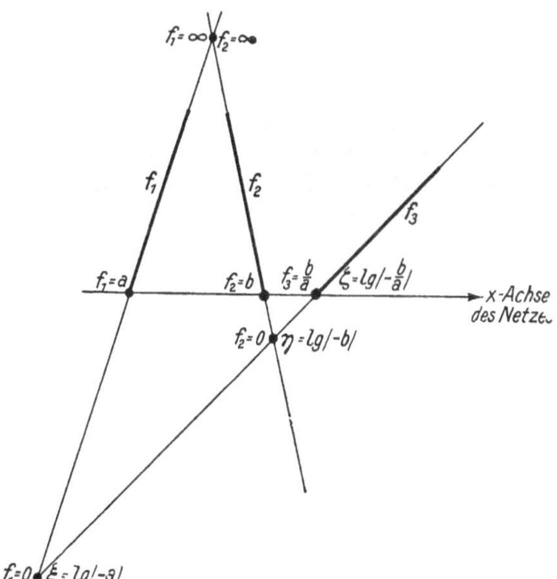

Fig. 121.

wobei $f_1 = 0$ und $f_3 = \infty$ wird. Dann bestimmen wir nach den Bereichen der Variablen die Argumente der Punkte, die auf der horizontalen festen Geraden des Dreieckes, auf der x-Achse liegen. Nach den Argumenten der untersten Punkte der Skalen ermitteln wir die Werte der Parameter a und b.

Bei der gewählten Anordnung des Nomogramms auf dem Netz hängt die Umwandlung der Skala der Variablen u von der Größe des Parameters α und die Umformung der Skala der Variablen v von der Größe des Parameters β ab. Ist die Charakteristik der Lösungsskala vorgeschrieben, so findet man den Parameter der Umformung β nach den Regeln, die im 8. Kapitel, § 48 dargelegt wurden. Ist dies nicht der Fall, so findet man den Parameter β aus den allgemeinen Überlegungen hinsichtlich der gewünschten Form eines Nomogramms. Den Parameter α findet man aus den Bedingungen, daß die gegenseitige Lage der Skalen des Nomogramms die Bedingungen im 1. Kapitel, § 8 erfüllen muß.

Bei einer Änderung der Parameter α und β vollzieht sich außer einer Veränderung der Charakteristiken der Skalen eine Veränderung in der Lage des Trägers der Skala der Variablen w. Um die Lage des Trägers der Skala w zu bestimmen, macht man zweckmäßig von den Koordinaten der Schnittpunkte dieser Skala mit den Skalen der Variablen u und v Gebrauch. Die Koordinatenwerte dieser Punkte sind in Fig. 121 angegeben. Um auf dem Netz die Lage des Punktes der Skala w zu bestimmen, der auf der x-Achse liegt, muß man dessen Koordinate ζ benutzen. Das andere Ende der Skala w wird entweder nach den Koordinaten ξ und η oder nach einer von ihnen und der Koordinate ζ bestimmt.

§ 61. Ein Konstruktionsbeispiel für ein Nomogramm einer Gleichung der kanonischen Form III/1

Im 8. Kapitel, § 48 wurde der Parameterwert der projektiven Umformung der Skala $y = \sin x$ angegeben, durch den die Skala eine Charakteristik bekommt, die der gleichförmigen am nächsten kommt. Wir wollen als Anwendungsbeispiel des im vorhergehenden Paragraphen dargelegten Verfahrens ein Nomogramm für diesen Ausdruck konstruieren.

Die Gleichung, die zum Auffinden des Parameters μ dient, lautet

$$\mu = \sqrt{\frac{\cos x_2}{\cos x_1}} - 1, \tag{10.8}$$

wobei x_1 und x_2 die Bereiche der Variablen x sind. Wir nehmen für x die folgenden Variabilitätsgrenzen:

$$0^0 \leqslant x_1 \leqslant 80^0,$$
$$10^0 \leqslant x_2 \leqslant 87{,}5^0.$$

Bei diesen Bereichen für x_1 und x_2 werden alle in der Praxis wahrscheinlich vorkommenden Fälle für die Konstruktion der Skala x erfaßt. Den Wert $x = 90^0$ muß man ausschließen, weil der Punkt mit dem Argument $x = 90^0$ ein Verdichtungspunkt ist. Man muß berücksichtigen, daß x_1 immer kleiner als x_2 ist. Die Bereiche des Parameters der Umformung μ bestimmen wir nach den Bereichen der Variablen x_1 und x_2. Aus geometrischen Überlegungen heraus kann man schließen, daß μ negativ sein muß, weil die Skala $y = \sin x$ eine fallende Charakteristik hat und weil, wenn man sie auf die gleichförmige Form bringt, die Punkte der Skala sich nach links verschieben. Der Verschiebung nach links entsprechen aber negative Werte des Parameters μ. Zu demselben Ergebnis kommt man auch unmittelbar aus der Gleichung (10.8), denn wenn $x_1 < x_2$, so ist $\cos x_1 > \cos x_2$ und $\sqrt{\frac{\cos x_2}{\cos x_1}} < 1$. Den kleinsten Wert hat μ für $x_1 = 0^0$ und $x_2 = 87{,}5^0$. Setzen wir diese Werte in die Gleichung (10.8) ein, so finden wir die untere Grenze von μ. Aufgerundet wird sie gleich $-0{,}8$. Den größten Wert von μ bekommen wir für $x_1 = 80^0$ und $x_2 = 10^0$. Er ist ungefähr gleich Null. Also hat μ die folgenden Variabilitätsgrenzen:

$$-0{,}8 \leqslant \mu \leqslant 0.$$

Die Konstruktion des Nomogramms beginnen wir wieder mit der Aufstellung des Richtungsschemas der Skalen des Nomogramms. Die Variable μ wächst mit wachsendem x_1 und fällt mit wachsendem x_2. Dies ist nur dann möglich, wenn die Skalen x_1 und x_2 verschiedene Richtung haben. Die Skala μ hat die Richtung der Skala x_1. Das Richtungsschema des Nomogramms ist in Fig. 122 dargestellt. Die Skalen x_1 und μ sind nach oben, die Skala x_2 ist nach unten gerichtet.

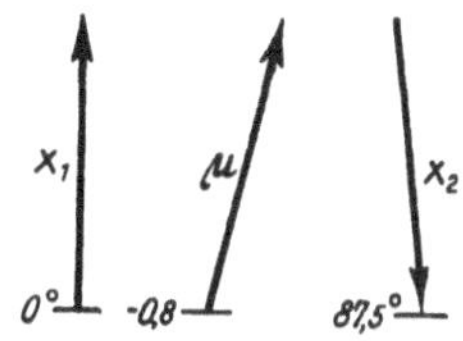

Fig. 122.

Wir schreiben die nomographierbare Gleichung wie folgt:

$$\mu + 1 = \sqrt{\cos x_2} \cdot \frac{1}{\sqrt{\cos x_1}}.$$

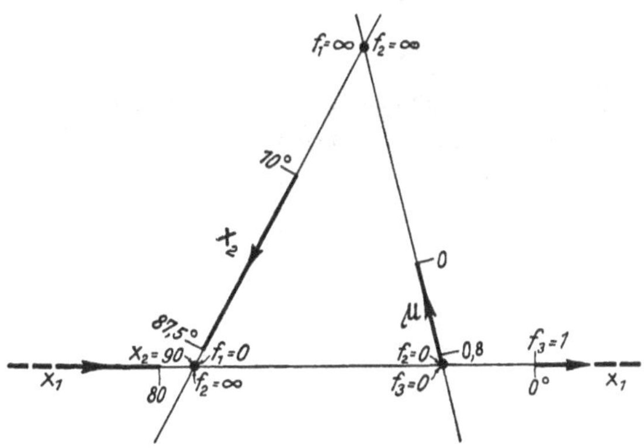

Fig. 123a.

Das ist aber die Gestalt der ersten kanonischen Form einer Gleichung dritter nomographischer Ordnung. Wir nehmen die Lösungsvariable μ für v. Dann ist $f_2 = \mu + 1$. Des weiteren gibt es zwei Möglichkeiten: entweder man nimmt x_1 für w und x_2 für u, d. h. man setzt $f_3 = \frac{1}{\sqrt{\cos x_1}}$ und $f_1 = \sqrt{\cos x_2}$, oder man nimmt x_1 für u und x_2 für w, d. h. man setzt $f_1 = \frac{1}{\sqrt{\cos x_1}}$ und $f_3 = \sqrt{\cos x_2}$. Diese beiden Fälle sind schematisch in Fig. 123a und b dargestellt. In diesen Figuren sind auch die Werte der Funktionen f_1, f_2 und f_3 in den Schnittpunkten der Skalen angegeben.

Das erste Schema des Nomogramms ist etwas schwieriger als das zweite zu verwirklichen. Damit die Lösungsskala μ zwischen den Skalen x_1 und x_2 liegt, muß das erste Schema des Nomogramms eine Gestalt haben, wie sie in Fig. 124 dargestellt ist. Hier muß der Teil der Skala von $87{,}5^0$ bis 90^0 (der unwirksame Teil der Skala) sich vom Punkte A über den unendlich fernen Punkt bis zum Punkte B, also bis zum Schnittpunkt der Träger der Skalen x_1 und x_2 erstrecken. Dadurch wird die Umformung der Skala x_2 sehr schwierig, weil ihr unwirksamer Teil eine so große Ausdehnung hat. Das zweite Schema besitzt diesen Nachteil nicht. Die Enden der Skalen x_1 und x_2 liegen hier weit von den Schnittpunkten ihrer Träger entfernt, und man kann ein solches Nomogramm viel einfacher realisieren.

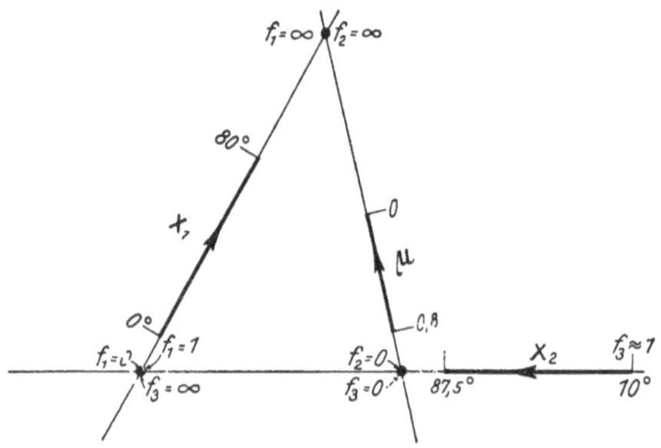

Fig. 123 b.

In Zusammenhang mit diesem Beispiel kann man einen allgemeinen Satz aussprechen: *Der Schnittpunkt der Träger der Skalen der gegebenen Größen darf nicht den wirksamen Teilen dieser Skalen angehören, wenn die Lösungsskala zwischen den Skalen der gegebenen Größen liegen soll.* Zur Konstruktion des Nomogramms wählen wir das zweite Schema der gegenseitigen Lage der Skalen der Variablen x_1 und x_2, d. h. wir setzen $f_1 = \frac{1}{\sqrt{\cos x_1}}$ und $f_3 = \sqrt{\cos x_2}$. Wir wollen jetzt die Werte der Parameter a und b bestimmen. Die Argumente der Anfangspunkte der Skalen x_1 und μ, die wir in die festen Punkte M und N (die Spitzen des festen Dreieckes) legen, haben die Werte $x_1 = 0$ und $\mu = -0{,}8$. Daraus erhalten wir für die Werte der Parameter a und b:

$$a = \frac{1}{\sqrt{\cos 0}} = 1, \qquad b = -0{,}8 + 1 = 0{,}2.$$

Wir stellen die Gleichungen der Skalen des Nomogramms in den Koordinaten des Netzes dar. Sie haben die Gestalt:

$$\text{Skala } x_1;\quad \xi_{01} = \lg\left|\frac{1}{\sqrt{\cos x_1}} - 1\right|, \qquad \eta_{01} = \infty;$$

$$\text{Skala } \mu:\quad \xi_{02} = \infty, \qquad \eta_{03} = \lg|\mu + 0{,}8|;$$

$$\text{Skala } x_2:\quad \xi_{03} = \lg\left|\frac{0{,}2 - \sqrt{\cos x_2}}{\sqrt{\cos x_2}}\right|, \qquad \eta_{03} = \lg|-0{,}2 + \sqrt{\cos x_2}|,$$

$$\zeta_{03} = \lg|-\sqrt{\cos x_2}|.$$

Gleichzeitig berechnen wir die Koordinaten der Schnittpunkte der Skalen x_2 mit den Trägern der Skalen x_1 und μ. Die Koordinate des Schnittpunktes des Trägers der Skala x_2 mit dem Träger der Skala x_1 ist $\overline{\xi} = 0$. Die Koordinate des Schnittpunktes des Trägers der Skala x_2 mit dem Träger der Skala μ ist $\overline{\eta} = -0{,}7$.

Wir wollen eine bestimmte Anzahl von Punkten der Skalen x, x_2 und μ berechnen, damit wir uns von diesen Skalen eine Vorstellung machen können und die beste Umformung des Nomogramms herausfinden. Die Ergebnisse der Berechnungen sind in der Tabelle 7 verzeichnet.

Nach den berechneten Koordinaten konstruieren wir auf dem Netz die erste Variante des Nomogramms. Sie ist in Fig. 125 dargestellt. Der Träger der Skala der Variablen x_2 liegt parallel zum Träger der Skala x_1, weil sich der Punkt mit der Koordinate $\overline{\xi} = 0$ auf der Dreiecksseite MP im Unendlichen befindet.

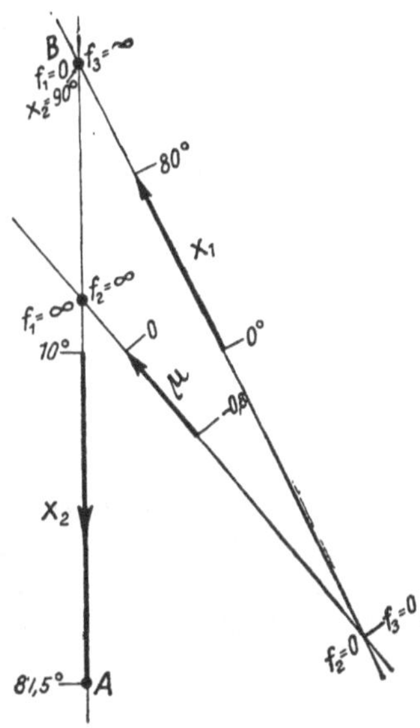

Fig. 124.

Nun unterwerfen wir das Nomogramm einer Umformung, wobei wir danach trachten, eine Skala μ zu bekommen, bei der die Genauigkeit der gesuchten Werte des Parameters μ bei kleinen Werten bedeutend größer sei als bei großen Werten, d. h. wir vergrößern die relative Länge der Teilungen im unteren Teil der Skala μ. Gleichzeitig werden wir darauf achten, daß die Skalen der Variablen x_1 und x_2 gleiche Höhe bekommen. Dann wird nämlich die Fläche der Zeichnung am besten ausgenutzt.

Wir beginnen mit der Umformung der Skala der Variablen μ. Um die relative Länge der Teilungen der Skala in ihrem unteren Teil zu vergrößern, werden wir die Punkte der Skala nach oben verschieben, d. h. den Wert des Parameters β vergrößern. Wenn wir alle Punkte der Skala um $\beta = 0{,}7$ nach oben verschieben, nimmt die Skala eine Gestalt an, wie sie in Fig. 126 dargestellt ist. Längs der Skala nimmt mit wachsendem μ die Charakteristik sehr schnell ab, und die Teilungen gleichen Argumentschrittes haben einen bedeutend größeren Teilstrichabstand am Anfang der Skala als an ihrem Ende. Bei dieser Form der Skala wollen wir bleiben. Bei $\beta = 0{,}7$ hat der Schnittpunkt des Trägers der Skala x_2 mit dem Träger der Skala μ die Koordinate $\overline{\eta} = 0$; das bedeutet, daß dieser Punkt sich auf dem Träger der Skala μ im Unendlichen befindet. Weil auch schon der Schnittpunkt des Trägers der Skala x_2 mit dem Träger der Skala x_1 sich im Unendlichen befand, stellt sich heraus, daß die Skala x_2 auf der unendlich fernen Geraden der Ebene liegt. Wir vergrößern den Wert des Parameters α. Dabei vergrößert sich die Koordinate des Schnittpunktes des Trägers der Skala x_2 mit dem Träger der Skala x_1, und der Schnittpunkt verschiebt sich aus dem

Unendlichen in Richtung auf die Spitze P des festen Dreieckes. Die Skala x_2 rückt bei der Vergrößerung von α von rechts her näher an die Skala μ, wobei sie der Skala μ parallel bleibt (weil der Schnittpunkt des Trägers der Skala x_2 mit dem

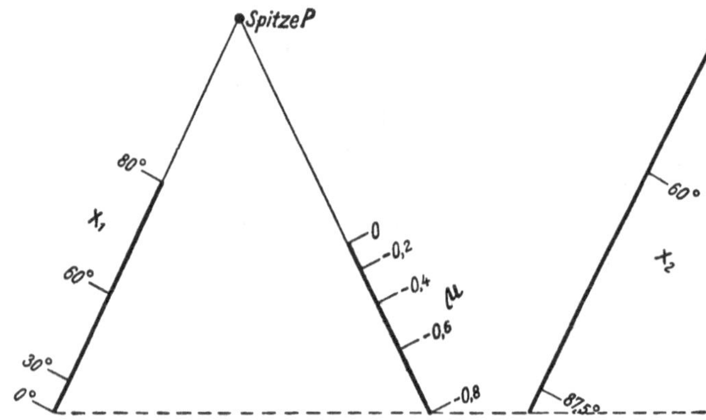

Fig. 125.

Träger der Skala μ bei einer Veränderung des Parameters α seine Lage beibehält). Würden wir den Parameter α verkleinern anstatt vergrößern, so würde der Schnittpunkt des Trägers der Skala x_2 mit dem Träger der Skala x_1 sich aus dem Unendlichen auf die Spitze M des festen Dreieckes zu bewegen, weil die

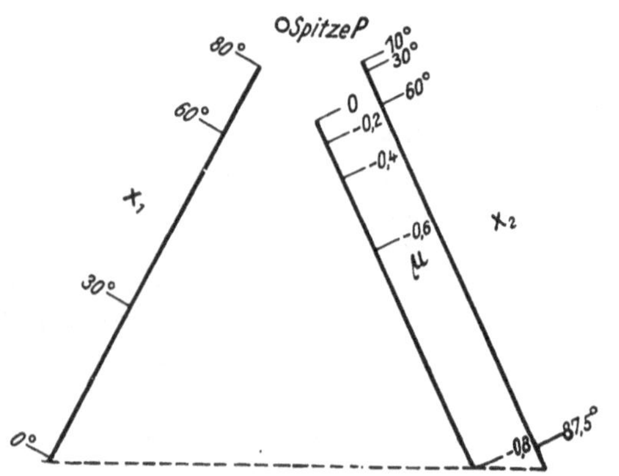

Fig. 126.

Koordinate des Schnittpunktes negativ würde. Die Skala x_2 würde sich dann unter Beibehaltung ihrer Parallelität mit der Skala μ aus dem Unendlichen heraus von links her auf die Skala x_1 zu bewegen. Dabei würde aber die Bedingung verletzt, daß sich die Lösungsskala zwischen den Skalen der gegebenen Größen x_1 und x_2 befinden soll.

Tabelle 7

x_1	ξ_{01}	μ	η_{02}	x_2	η_{03}	ζ_{03}
0°	$-\infty$	0	−0,10	10°	−0,1	$\overline{0}$
30°	−1,12	−0,2	−0,22	34°	−0,14	—
60°	−0,38	−0,4	−0,40	60°	−0,30	—
80°	0,15	−0,6	−0,70	87,5°	−2,05	—
Schnittpunkt mit dem Träger x_2	$\overline{0}$	−0,8 —	$-\infty$ —	Schnittpunkt mit MN	$-\infty$	$\overline{0,7}$
—	—	Schnittpunkt mit dem Träger x_2	$-\overline{0,7}$	—	—	—

Indem wir den Wert α vergrößern, achten wir auf die Lage des Trägers der Skala x_2 (wir beobachten die Lage des Schnittpunktes dieses Trägers mit dem Träger der Skala x_1) und auf die Lage des oberen Endes der Skala mit dem Argument $x_2 = 10^0$. Seine Koordinate ist $\eta_{03} = -0,10$. Der Punkt $x_2 = 10^0$ gleitet bei der Verschiebung der Skala x_2 auf der Geraden $\eta = -0,10$ des Netzes entlang. Indem wir allmählich den Wert α vergrößern, finden wir nach einigem Probieren, daß bei $\alpha = 0,85$ die Skalen der Variablen x_1 und x_2 die gleiche Höhe haben.

Die Parameterwerte α und β der Umformung des Nomogramms wählen wir gleich den gefundenen Werten 0,85 und 0,7. Die Koordinaten der Punkte des Nomogramms, die den Parameterwerten der Verschiebung auf dem Netz von $\alpha = 0,85$ und $\beta = 0,7$ entsprechen, sind in die Tabelle 8 eingetragen. Eine Skizze

Tabelle 8

x_1	ξ_1	μ	η_2	x_2	η_3	ζ_3
0°	—	0	0,6	10°	0,60	$-\overline{0,15}$
30°	−0,27	−0,2	0,48	30°	0,56	—
60°	0,47	−0,4	0,30	60°	0,40	—
80°	1,00	−0,6	0	87,5°	−1,35	—
Schnittpunkt mit dem Träger x_2	0,85	−0,8	$-\infty$	Schnittpunkt mit MN	$-\infty$	$-\overline{0,85}$
—	—	Schnittpunkt mit dem Träger x_2	$\overline{0}$	—	—	—

des Nomogramms ist in Fig. 126 dargestellt. Das Nomogramm erfüllt vollkommen alle bei seiner Konstruktion gestellten Bedingungen.

Wir wollen die Gleichungen des Nomogramms in cartesischen Koordinaten niederschreiben. Zu diesem Zweck setzen wir die Werte der Funktionen f_1, f_2 und f_3 und die ermittelten Parameterwerte a, b, m und n in die Gleichungen (10,7)

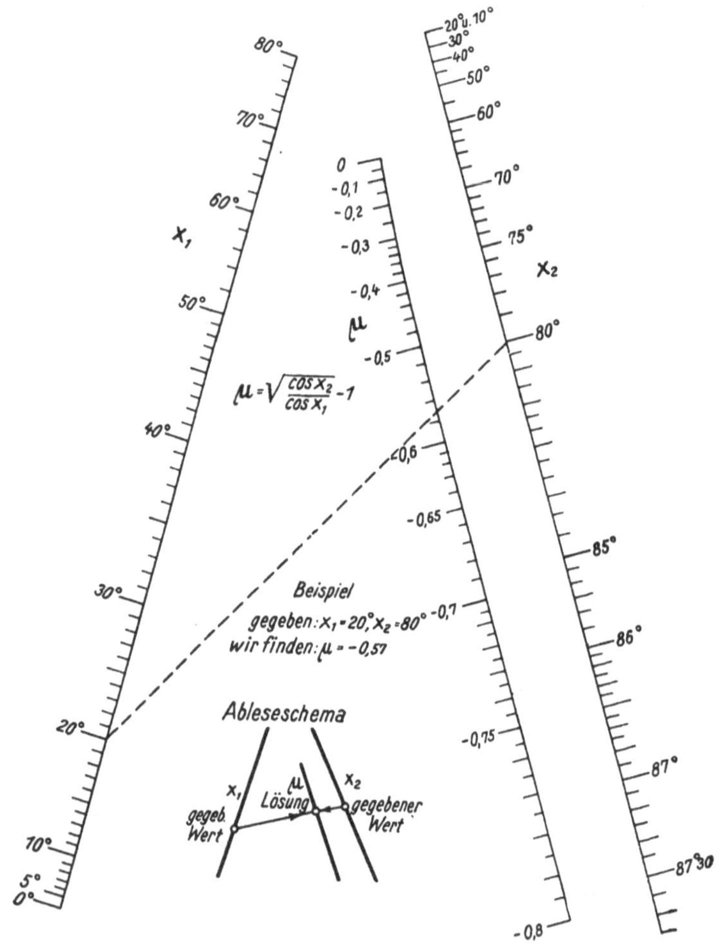

Fig. 127.

ein. Die Parameter m und n haben die Werte $\lg m = 0,85$ oder $m = 7$ und $\lg n = 0,7$ oder $n = 5$. Die Gleichungen der Skalen des Nomogramms sehen folgendermaßen aus:

$$\text{Skala } x_1: \quad x = \frac{-H}{1 + \left(\frac{1}{\sqrt{\cos x_1}} - 1\right) \cdot 7}, \qquad y = \frac{L \cdot \left(\frac{1}{\sqrt{\cos x_1}} - 1\right) 7}{1 + \left(\frac{1}{\sqrt{\cos x_1}} - 1\right) \cdot 7};$$

$$\text{Skala } \mu_2: \quad x = \frac{H}{1 + (\mu + 0{,}8) \cdot 5}, \qquad y = \frac{L(\mu + 0{,}8) \cdot 5}{1 + (\mu + 0{,}8) \cdot 5};$$

$$\text{Skala } x_2: \quad x = \frac{(7 + 5\sqrt{\cos x_2})\,H}{30\sqrt{\cos x_2}}, \qquad y = \frac{(5\sqrt{\cos x_2} - 1)\,7\,L}{30\sqrt{\cos x_2}}.$$

Die Parameter L und H finden wir aus den vorgeschriebenen Ausmaßen der Nomogrammzeichnung. Der Rahmen der Zeichnung soll 250 × 180 mm sein. Zur Berechnung von L rechnen wir die Koordinate des Endes der Skala x_2, des Punktes mit dem Argument $x_2 = 10^0$ aus. Wenn wir $x_2 = 10^0$ in die Gleichung der Skala x_2 einsetzen, erhalten wir $y = L \cdot 0{,}93 = 230$, woraus sich ergibt $L = 250$ mm. Zur Bestimmung von H berechnen wir den Abstand zwischen den Punkten der Skalen x_1 und x_2, die sich auf der x-Achse befinden. Durch diesen Abstand ist die Breite der Zeichnung gegeben. Der Punkt der Skala x_1, der auf der x-Achse liegt, hat das Argument $x_1 = 0$. Die Abszisse des Punktes $x_1 = 0$ ist gleich H. Die Abszisse des Schnittpunktes des Trägers der Skala x_2 mit der x-Achse erhalten wir, nachdem wir $\sqrt{\cos x_2} = 0{,}2$ in die Gleichungen der Skala x_2 eingesetzt haben (dabei wird y gleich Null). Diese Abszisse hat den Wert $H \cdot \frac{4}{3}$. Hieraus ergibt sich der Abstand zwischen den Punkten der Skalen x_1 und x_2 auf der x-Achse zu $H + \frac{4}{3} H = \frac{7}{3} H$. Wenn wir annehmen, daß dieser Abstand auf der Zeichnung gleich 160 mm sein kann (20 mm bleiben als Zwischenraum zwischen den betrachteten Punkten und dem Rand der Zeichnung), so finden wir $\frac{7}{3} H = 160$ oder $H = 70$ mm. Die endgültige Form des Nomogramms ist in Fig. 127 dargestellt. Auf dem Nomogramm ist ein Beispiel eingetragen: $x_1 = 20^0$, $x_2 = 80^0$. Daraus erhält man $\mu = -0{,}57$.

11. KAPITEL

DIE KONSTRUKTION VON NOMOGRAMMEN AUF EINEM SKELETT

Im 11. Kapitel werden die Konstruktionsmethoden von Nomogrammen auf einem Skelett dargelegt. Das Skelett ist auf einer Ellipse und einer Sekante der Ellipse konstruiert. Eine Zeichnung des Skeletts befindet sich in vergrößertem Maßstabe in der Beilage und kann zur Konstruktion von Nomogrammen dienen. In diesem Kapitel werden im einzelnen zwei Konstruktionsbeispiele von Nomogrammen untersucht.

§ 62. Das Skelett eines Nomogramms auf einer Ellipse und einer Sekante

In Fig. 98 ist das Skelett eines Nomogramms einer Gleichung dritter nomographischer Ordnung dargestellt, das auf einer Ellipse und einer Sekante konstruiert wurde. In vergrößertem Maßstabe befindet sich dieses Skelett auch in der Beilage 4.

Das Skelett besteht aus drei „Koordinatenskalen“: ξ, η und ζ. Die Werte der Variablen variieren auf ihnen von $-\infty$ bis $+\infty$. Die Schnittpunkte des geradlinigen Trägers der Skala ζ mit der Ellipse haben oben die Argumente $\xi = \eta = \zeta = +\infty$ und unten $\xi = \eta = \zeta = -\infty$. Die Graduierung der Skalen geht von $-2{,}0$ bis $+2{,}0$; von $-2{,}0$ bis $-1{,}0$ befinden sich die Striche aller Schritte von 0,1; von $-1{,}0$ bis $-0{,}8$ aller Schritte von 0,05; von $-0{,}8$ bis $-0{,}5$ aller Schritte von 0,02 und von $-0{,}5$ bis 0 aller Schritte von 0,01; dann wiederholt sich die Verteilung der Striche in umgekehrter Reihenfolge, weil die Skalen symmetrisch zu den Punkten mit den Argumenten Null liegen. Auf der inneren Seite der Ellipse und auf der linken Seite des geradlinigen Trägers der Skala ζ sind die Teilungen verstärkt eingetragen, die in den Koordinaten ξ, η und ζ den gleichen Argumentschritt 0,1 haben.

Nachdem man die nomographierbare Gleichung auf die zweite kanonische Form gebracht hat

$$f_3(w) = f_1(u) + f_2(v),$$

werden die Gleichungen der Skalen des Nomogramms in den Koordinaten des Skeletts gleich

$$\text{Skala } u\colon\quad \xi = f_1(u);$$
$$\text{Skala } v\colon\quad \eta = f_2(v);$$
$$\text{Skala } w\colon\quad \zeta = f_3(w).$$

Wenn die Gleichung die Gestalt der ersten oder der dritten kanonischen Form hat, so muß man, um die Gleichungen der Skalen des Nomogramms zu bekommen, die Gleichung in die zweite kanonische Form überführen. Wie man solche Umformungen ausführt, wurde bereits im 2. Kapitel, § 16 gezeigt.

Das Nomogramm ist auf dem Skelett folgendermaßen angeordnet: in den Punkt $\xi = -\infty$ fällt der Punkt mit den Argumenten $f_1 = f_2 = f_3 = -\infty$, in den Punkt $\zeta = +\infty$ fällt der Punkt mit den Argumenten $f_1 = f_2 = f_3 = +\infty$, die Skala u liegt auf der Skala ξ, die Skala v auf der Skala η und die Skala w auf der Skala ζ.

Weil die Funktionen f_1, f_2 und f_3 in der Gleichung ihre Plätze wechseln können (überträgt man eine Funktion aus dem einen Teil der Gleichung in den anderen, so ändert sie ihr Vorzeichen), so kann man bei der Konstruktion des Nomogramms ein beliebiges Richtungsschema seiner Skalen wählen.

Bei der Konstruktion des Nomogramms auf einem Skelett führen wir der Reihe nach folgende Schritte aus.

Wir bringen die nomographierbare Gleichung auf die zweite kanonische Form, entscheiden uns dann für ein Richtungsschema des Nomogramms und bestimmen in Abhängigkeit davon die Ausdrücke für $f_1(u)$, $f_2(v)$ und $f_3(w)$.

Wir stellen die Gleichungen der Skalen des Nomogramms in den Koordinaten ξ, η und ζ dar und berechnen die Koordinaten von sovielen Skalenpunkten des Nomogramms, um daraus eine Skizze konstruieren zu können.

Nach den Koordinaten der Punkte konstruieren wir auf dem Skelett die Skalen des Nomogramms. Liegen die Koordinaten der Punkte so, daß man die Skalen nicht konstruieren kann (die Skalen befinden sich in unmittelbarer Nähe der Punkte $\zeta = +\infty$ und sind stark zusammengedrückt), dann geben wir den Parametern α und β bestimmte Werte, die es gestatten, eine erste Skizze des Nomogramms zu konstruieren. Nach der ersten Skizze des Nomogramms schließen wir auf die Art der notwendigen Umformungen. Die Umformung des Nomogramms besteht in einer „Bewegung“ seiner Skalen auf den Koordinatenskalen des Skeletts und in einer „Ähnlichkeitsumformung“. Die „Bewegung“ besteht in einer Verschiebung aller Punkte der Skala auf dieselbe Entfernung, gemessen in den Koordinaten des Skeletts; die „Ähnlichkeitsumformung“ besteht in einer Vergrößerung der Koordinaten der Punkte aller Skalen des Nomogramms, wobei sie alle mit der gleichen Zahl multipliziert werden. Wie sich diese Umformungen auf die Gestalt der Skalen auswirken, wurde bereits im 8. Kapitel, § 47 gezeigt.

Die Umformung der „Bewegung“ wird durch die Veränderung der Parameter α, β und γ bestimmt. Die Werte α, β und γ sind die Größen der Abstände, um die die Punkte der Skalen verschoben werden und die in den Koordinaten des Skeletts gemessen werden: α ist die Größe, um die sich die Punkte der Skala u verschieben; β — um die sich die Punkte der Skala v und γ — um die sich die Punkte der Skala w verschieben. Weil die Parameter α, β und γ über die Beziehung $\alpha + \beta = \gamma$ zusammenhängen, sind nur zwei von ihnen unabhängig voneinander. Geometrisch heißt das, daß auf zwei von drei Skalen die Punkte sich immer gleichzeitig bewegen. Oder, was für die Konstruktion der Nomogramme von großem Interesse ist, bei der Umformung einer beliebigen Skala kann eine von den übrigen immer festbleiben; dies führt dazu, daß man zwei von drei Skalen eines Nomogramms unabhängig voneinander einer Umformung unterwerfen kann.

Verschiebt man die Punkte der Skala u, so kann entweder v oder w festbleiben. Wenn die Skala v festbleibt, so bewegen sich die Punkte der Skala w in derselben Richtung, wie die Punkte der Skala u und rücken in dieselbe „Entfernung γ". Wenn w festbleibt, verschieben sich die Punkte der Skala v in der entgegengesetzten Richtung, in der sich die Punkte der Skala u bewegen, in die „Entfernung β", die gleich α ist, d. h. $\beta = -\alpha$.

Wenn man die Punkte der Skala v verschiebt, so kann entweder u oder w festbleiben. Bleibt die Skala u fest, so bewegen sich die Punkte der Skala w in derselben Richtung, wie die Punkte der Skala v, in die „Entfernung γ". Wenn w festbleibt, so verschieben sich die Punkte der Skala u in entgegengesetzter Richtung zu der Bewegung der Punkte der Skala v in die „Entfernung α", die gleich β ist, d. h. $\alpha = -\beta$.

Der Reihe nach formt man das Nomogramm folgendermaßen um. Durch Verschiebung der Lösungsgeraden auf dem Skelett geben wir ihrer Charakteristik die notwendige Form. Indem wir Gebrauch von der Möglichkeit einer unabhängigen Umformung der Skalen machen, erreichen wir die beste Lage der Skalen der gegebenen Größen in bezug auf die Lösungsskala, wobei wir letztere unverändert lassen.

Die Umformungen werden geometrisch durchgeführt. Wenn man die Punkte der Skalen des Nomogramms auf die vorgeschriebene „Entfernung" verschiebt, so entspricht dem auf der Skala des Skeletts eine bestimmte Anzahl von Teilungen, die man markiert. So kann man leicht eine ganze Reihe aufeinanderfolgender Skizzen des Nomogramms konstruieren. Alle Konstruktionen werden auf Transparentpapier, das man auf das Skelett legt, ausgeführt. Nachdem wir dem Nomogramm eine Gestalt gegeben haben, die wir als befriedigend ansehen können, bestimmen wir die Werte der Parameter der Umformung, die die ursprüngliche Variante des Nomogramms in die endgültige Form überführen.

Weiter kann man dann auf zweierlei Weise vorgehen. Der einfachste Weg besteht in folgendem: Wir berechnen das Nomogramm in den Koordinaten des Skeletts nach den Formeln:

$$\xi = (f_1 + \alpha)\,\lambda,$$
$$\eta = (f_2 + \beta)\,\lambda,$$
$$\zeta = (f_3 + \gamma)\,\lambda,$$

wobei α, β und γ die Parameter der Umformung sind. Dann rechnen wir die Werte der Koordinaten von Skalenpunkten der endgültigen Variante des Nomogramms aus. Nach den errechneten Werten konstruieren wir auf dem Skelett die Skalen des Nomogramms. Ein solcher Weg ist einfach, aber er ist nur möglich, wenn zwei Bedingungen erfüllt sind: Das Skelett muß genügend groß sein, und das Nomogramm auf ihm muß so groß sein, daß es nach der Konstruktion auf photographischem Wege auf die Hälfte verkleinert werden kann (um den Einfluß von Ungenauigkeiten bei der Konstruktion zu verringern); das Nomogramm muß so sein, daß es nicht einer zusätzlichen affinen Umformung bedarf. Es ist ganz offensichtlich, daß das Skelett für eine solche Konstruktion eines Nomogramms mit der notwendigen Genauigkeit ausgeführt sein muß, und daß seine Skalen viel genauer ausgeführt sein müssen als auf dem in der Beilage beigefügten Skelett.

Der zweite Weg ist der Weg der Berechnung der Skalen des Nomogramms in cartesischen Koordinaten. Wir erhalten die Gleichungen der Skalen des Nomogramms in cartesischen Koordinaten, wenn wir die Ausdrücke ξ, η und ζ aus den Gleichungen der Skalen der endgültigen Variante des Nomogramms in die Gleichungen der Skalen des Skeletts einsetzen. Sie haben die Gestalt:

$$\begin{aligned} &\text{Skala } u: \quad x = \frac{H\varphi_1 m}{1 + (\varphi_1 \cdot m)^2}, \quad y = \frac{L(\varphi_1 \cdot m)^2}{1 + (\varphi_1 \cdot m)^2}; \\ &\text{Skala } v: \quad x = \frac{H\varphi_2 n}{1 + (\varphi_2 \cdot n)^2}, \quad y = \frac{L(\varphi_2 \cdot n)^2}{1 + (\varphi_2 \cdot n)^2}; \\ &\text{Skala } w: \quad x = 0, \quad y = \frac{L\varphi_3 \cdot p}{1 + \varphi_3 \cdot p}, \end{aligned} \tag{11.1}$$

wobei

$$\lg \varphi_1 = \lambda f_1, \quad \lg \varphi_2 = \lambda f_2, \quad \lg \varphi_3 = \lambda f_3,$$
$$\lg m = \alpha\lambda, \quad \lg n = \beta\lambda, \quad p = m \cdot n$$

und α, β, γ und λ die gefundenen Parameter der Umformung sind.

Die Koeffizienten L und H bestimmt man aus den geometrischen Ausmaßen des Nomogramms.

§ 63. Ein erstes Beispiel für die Konstruktion eines Nomogramms auf einem Skelett

Im 2. Kapitel wurde ein Nomogramm zur Bestimmung der Koordinatenzuwüchse angeführt, deren Skalen auf einer Ellipse lagen (Fig. 21). Wir wollen zeigen, wie dieses Nomogramm konstruiert wurde.

Die nomographierbare Gleichung hat die Form

$$\Delta x = l \cos \varphi,$$

wobei l der Abstand zwischen den Punkten ist, deren Koordinatendifferenz bestimmt werden soll; φ ist der Winkel, den die Richtung vom ersten zum zweiten Punkte mit der x-Achse bildet, und Δx ist der Zuwachs der Abszisse des zweiten Punktes in bezug auf den ersten.

Die Variablen haben folgende Bereiche:

$$0 \leqslant \varphi \leqslant 90^0; \quad 0 \leqslant l \leqslant 1000 \text{ m}; \quad 0 \leqslant \Delta x \leqslant 1000 \text{ m}.$$

Die Grenzen der Lösungsgröße Δx werden nach den Bereichen der gegebenen Größen φ und l bestimmt. Bei der Konstruktion des Nomogramms stellt man die Bedingung, daß die Lösung, die man erhält, nach Möglichkeit in den Grenzen $100 \leqslant \Delta x \leqslant 1000$ einen konstanten relativen Fehler besitzt (es hat keinen Sinn, einen konstanten relativen Fehler im ganzen Bereich von Δx, also für $0 \leqslant \Delta x \leqslant 1000$ zu verlangen).

Damit die Lösungsskala zwischen die Skalen der gegebenen Größen fällt, müssen die Skalen der gegebenen Größen verschiedene Richtung haben, weil Δx bei wachsendem l wächst und bei wachsendem φ fällt, was unmittelbar aus der nomographierbaren Gleichung ersichtlich ist. Wählt man die Richtung der Skala Δx nach oben und die Richtung der Skala φ nach unten, so kann man

$$f_1 = \lg \cos \varphi, \quad f_2 = \lg l \quad \text{und} \quad f_3 = \lg \Delta x$$

setzen. Dadurch bekommen die Skalen des Nomogramms in den Koordinaten ξ, η und ζ folgende Gleichungen:

$$\xi = \lg \cos \varphi, \qquad \eta = \lg l, \qquad \zeta = \lg \Delta x.$$

Wir berechnen die Koordinaten einer bestimmten Anzahl von Punkten der Skalen des Nomogramms. Die Ergebnisse der Berechnungen sind in die Tabelle 9 eingetragen.

Damit das Nomogramm in den Grenzen $100 \leqslant \Delta \leqslant 1000$ die Lösung mit einem konstanten relativen Fehler liefert, berechnen wir den Parameter der Umformung der Skala Δx nach den Formeln im 8. Kapitel, § 48, die den Wert des Parameters für die beste Umformung einer Skala auf die logarithmische Form angeben. Nach der Formel (8.25) erhalten wir

$$\mu = \sqrt{\frac{1000}{100}} - 1 \approx 2,2,$$

Tabelle 9

ξ \ φ	0	20	40	60	80	90			
$\alpha = 0$	0	−0,03	−0,12	−0,30	−0,76	$-\infty$	—	—	Ursprüngliche Werte
$\alpha = 0$	0	−0,03	−0,12	−0,30	−0,76	$-\infty$	—	—	I. Variante
$\alpha = 0,25$	0,25	0,22	0,13	−0,05	−0,51	$-\infty$	—	—	II. Variante
η \ l	0	50	100	200	400	600	800	1000	
$\beta = 0$	$-\infty$	1,70	2,00	2,30	2,60	2,78	2,90	3,00	Ursprüngliche Werte
$\beta = -2,5$	$-\infty$	−0,80	−0,50	−0,20	0,10	0,28	0,40	0,50	I. Variante
$\beta = -2,75$	$-\infty$	−1,05	−0,75	−0,45	−0,15	+0,03	0,15	0,25	II. Variante
ζ \ Δx	0	50	100	200	400	600	800	1000	
$\gamma = 0$	$-\infty$	1,70	2,00	2,300	2,60	2,78	2,90	3,00	Ursprüngliche Werte
$\gamma = -2,5$	$-\infty$	−0,80	−0,50	−0,20	0,10	0,28	0,40	0,50	I. Variante
$\gamma = -2,5$	$-\infty$	−0,80	−0,50	−0,20	0,10	0,28	0,40	0,50	II. Variante

und dann rechnen wir den gefundenen Wert nach der Formel (8.31) um, weil der Anfang des Teiles der Skala, auf dem sie sich von einer logarithmischen möglichst wenig unterscheiden soll, nicht mit dem Anfang der Skala zusammenfällt. Wenn wir berücksichtigen, daß im Falle der Gleichung einer Skala des Skeletts $a = 0$ ist, erhalten wir

$$p = \frac{\mu}{900 - 100\,\mu} = 0{,}0032$$

und hieraus den Wert des Parameters γ: $\gamma = \lg p = -2{,}5$.

Mit dem gefundenen Wert von γ konstruieren wir die erste Variante des Nomogramms. Weil $\alpha + \beta = \gamma$ ist, muß man bei der Konstruktion der ersten Variante notwendigerweise den Größen α und β Werte geben, die diese Gleichung erfüllen. Weil wir noch nicht wissen, wie das Nomogramm aussehen wird, können wir auch nicht sagen, welche Werte man für α und β nehmen muß. Das einzige, was man bis jetzt sagen kann, ist, daß die Koordinatenwerte η der Punkte der Skala l groß sind, und daß die Skala, die nach diesen Koordinatenwerten konstruiert wird, sich über die ganze Koordinatenskala η erstrecken wird und ihr Hauptteil (angefangen mit $l = 50$) sich in der Umgebung des Punktes $\eta = \infty$ befindet. Indem wir β den Wert $\beta = -2{,}5$ geben, verschieben wir ihre Punkte nach unten. Dann ist $\alpha = 0$, und die Punkte der Skala φ werden nach ihren ursprünglichen Koordinatenwerten konstruiert. Die erste Variante des Nomogramms ist in Fig. 128 dargestellt. Die Koordinaten der Skalenpunkte der ersten Variante befinden sich auf den entsprechenden Zeilen der Tabelle 9.

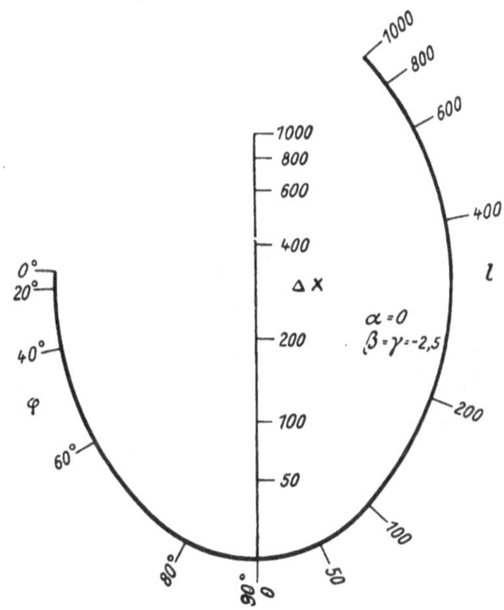

Fig. 128.

Diese Variante hat schon eine vollkommen annehmbare Form, und man könnte ohne weiteres das Nomogramm in dieser Gestalt benutzen. Jedoch kann man es noch weiter verbessern. Die Skalen der gegebenen Größen φ und l haben auf dem Nomogramm verschiedene Länge, und die Ausmaße der Zeichnung werden in der Länge durch die Skala l bestimmt. Wir verschieben nun die Punkte der Skala l so nach unten, daß die Ordinaten der Enden der Skalen l und φ gleich werden. Dabei wird die Länge der Lösungsskala Δx gleich der Länge der Zeichnung, und, wenn die erste und die zweite Variante dieselben Ausmaße haben, dann hat die Lösungsskala der zweiten Variante die größere Länge, d. h., die relative Länge der Skala Δx wird bei einer solchen Operation vergrößert, obwohl sie selbst nicht unmittelbar von der Veränderung betroffen wird.

Wir verkleinern den Wert von β. Die Parameter α und β hängen vermittels der Gleichung $\alpha + \beta = \gamma$ zusammen, wobei man γ nicht ändern kann. Der Wert von γ entspricht der besten Form der Skala Δx. Infolgedessen muß sich bei einer Verkleinerung von β der Wert α vergrößern. Geometrisch bedeutet das, daß, wenn man die Punkte der Skala l auf dem Skelett nach unten verschiebt, die Punkte der Skala φ sich um denselben „Abstand" längs der Koordinatenskala ξ nach oben verschieben müssen. Den notwendigen Wert von β findet man entweder aus dem Skelett oder aus der Überlegung, daß, wenn die Ordinaten von Punkten auf den Skalen φ und l gleich sind, auch ihre Koordinaten ξ und η gleich sein müssen. Wenn wir die Punkte der Skala l um 0,25 nach unten und die Punkte der Skala φ um 0,25 nach oben verschieben, erhalten wir für die Skalenenden der Skalen φ und l Gleichheit der Koordinaten ξ und η. Die Variante, die den Werten $\beta = -2{,}75$ und $\alpha = 0{,}25$ entspricht, ist in Fig. 129 dargestellt. Hier haben die Skalen φ und l die gleiche Höhe. Diese Variante wählen wir nunmehr als die endgültige.

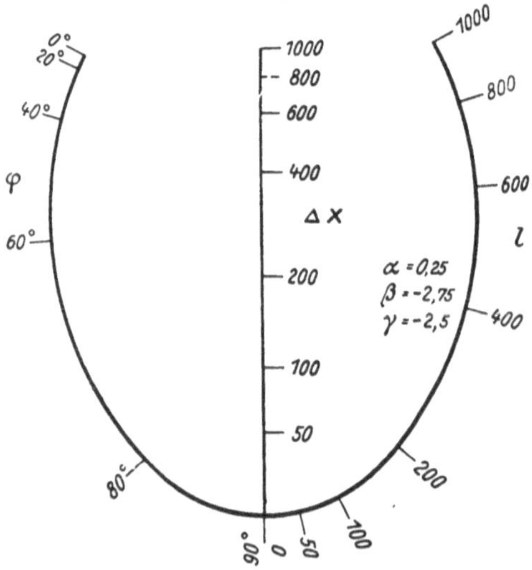

Fig. 129.

Die Gleichungen der Skalen des Nomogramms in cartesischen Koordinaten erhalten wir, wenn wir in die Gleichungen (11.1) die Ausdrücke für f_1, f_2 und f_3 und die Werte der Parameter der Umformung des Nomogramms: $m = 1{,}78$; $n = 1{,}8 \cdot 10^{-3}$; $p = m \cdot n = 3{,}2 \cdot 10^{-3}$ einsetzen. Hier muß man bemerken, daß man m und p nach α und γ findet, und daß man n schon mit p und m aus der Beziehung $p = m \cdot n$ erhält.

Die Gleichungen der Skalen in cartesischen Koordinaten lauten

$$\text{Skala } \varphi: \quad x = \frac{H\,1{,}78\cos\varphi}{1 + (1{,}78\cos\varphi)^2}, \qquad y = \frac{L\,(1{,}78\cos\varphi)^2}{1 + (1{,}78\cos\varphi)^2};$$

$$\text{Skala } l: \quad x = \frac{H\,1{,}8 \cdot 10^{-3} l}{1 + (1{,}8 \cdot 10^{-3} l)^2}, \qquad y = \frac{L\,(1{,}8 \cdot 10^{-3} l)^2}{1 + (1{,}8 \cdot 10^{-3} l)^2};$$

$$\text{Skala } \Delta x: \quad x = 0, \qquad y = \frac{L\,\Delta x \cdot 3{,}2 \cdot 10^{-3}}{1 + \Delta x \cdot 3{,}2 \cdot 10^{-3}}.$$

Die Werte H und L finden wir aus der Erwägung, daß der Rahmen der Zeichnung die Ausmaße 250×180 mm haben soll. Die Breite der Zeichnung des Nomogramms wird durch die Länge der Nebenachse der Ellipse bestimmt. Die Länge der Zeichnung des Nomogramms wird durch den Wert der Ordinate des

Punktes mit dem Argument $\Delta x = 1000$ bestimmt. Hieraus finden wir: $2H = 160$ und $H = 80$ mm; $0{,}76 \cdot L = 230$ und $L = 300$ mm.

Bei der Konstruktion des Nomogramms haben wir nicht von den Umformungen Gebrauch gemacht, die mit der Veränderung des Parameters λ verbunden sind. Hier konnte man sich mit dem begnügen, was man als Resultat einer Verschiebung des Nomogramms auf dem Skelett erhielt.

§ 64. Ein zweites Beispiel für die Konstruktion eines Nomogramms auf einem Skelett

Als zweites Beispiel für die Konstruktion eines Nomogramms auf einem Skelett untersuchen wir die Konstruktion eines Nomogramms für die Formel von Lamé, die dazu dient, das Verhältnis der Wandstärke eines Rohres zum inneren Radius des Rohres zu berechnen, wobei die bekannten Größen der Druck im Rohr und die für das Material des Rohres zulässige Höchstspannung ist. Die Formel heißt:

$$m = \sqrt{\frac{R+p}{R-p}} + 1,$$

wobei m das Verhältnis der Wandstärke des Rohres zu seinem inneren Radius ist, p der Druck im Rohr und R die für das Material des Rohres zulässige Höchstspannung ist. Das Nomogramm soll für folgende Bereiche der Variablen konstruiert werden.

$$400 \leqslant R \leqslant 2000,$$
$$40 \leqslant p \leqslant 200,$$
$$0{,}04 \leqslant m \leqslant 0{,}3,$$

wobei die Werte R und p in kg/cm² angegeben werden. Bei der Konstruktion des Nomogramms muß berücksichtigt werden, daß (nach der Aufgabe) von größtem Interesse der Bereich $0{,}05 \leqslant m \leqslant 0{,}2$ ist.

Indem wir die rechte und linke Seite der gegebenen Gleichung ins Quadrat erheben und nach $\frac{p}{R}$ auflösen, bringen wir die Gleichung auf die erste kanonische Form:

$$\frac{1}{R} \cdot p = \frac{(1+m)^2 - 1}{(1+m)^2 + 1}.$$

Die Größe m wächst mit wachsendem p und fällt mit wachsendem R. Damit die Lösungsskala zwischen die Skalen der gegebenen Größen fällt, müssen die Skalen der gegebenen Größen entgegengesetzte Richtung haben, und m muß mit der Skala p gleichgerichtet sein. Die Funktionen f_1, f_2 und f_3 haben dabei folgende Form:

$$f_1 = \frac{1}{R}, \quad f_2 = p, \quad f_3 = \frac{(1+m)^2 - 1}{(1+m)^2 + 1}$$

und die Gleichungen der Skalen des Nomogramms sehen in den Koordinaten des Skeletts folgendermaßen aus:

$$\text{Skala } R: \quad \xi = -\lg R;$$
$$\text{Skala } p: \quad \eta = \lg p;$$
$$\text{Skala } m: \quad \zeta = \lg \frac{(1+m)^2 - 1}{(1+m)^2 + 1}.$$

Wir wollen jetzt für eine Reihe von Punkten von jeder der Skalen die Werte der Koordinaten berechnen. Für die Skala m berechnen wir eine größere Anzahl von Punkten, weil sie die Lösungsskala ist und ihre Form uns interessieren wird. Die Ergebnisse der Berechnungen befinden sich in der Tabelle 10.

Tabelle 10

Skala der Variablen R Koordinate ξ				Skala der Variablen p Koordinate η				Skala der Variablen m Koordinate ζ			
R_0	ξ_0	Erste Variante	Zweite Variante	p	η_0	Erste Variante	Zweite Variante	m	ζ_0	Erste Variante	Zweite Variante
400	−2,6	0,4	1,2	40	1,60	−0,4	−1,20	0,04	−1,41	−0,41	−1,23
500	−2,69	0,31	0,93	60	1,78	−0,22	−0,66	0,06	−1,25	−0,25	−0,75
1000	−3,00	0	0	80	1,90	−0,10	−0,30	0,08	−1,11	−0,11	−0,33
1500	−3,18	−0,18	−0,54	100	2,00	0	0	0,1	−1,02	−0,02	−0,06
2000	−3,30	−0,30	−0,90	200	2,30	0,30	0,90	0,15	−0,86	0,14	0,42
		$\alpha = 3$	$\lambda = 3$			$\beta = -2$	$\lambda = 3$	0,20	−0,74	0,26	0,78
								0,30	−0,59	0,41	1,23
										$\gamma = 1$	$\lambda = 3$

Die Werte der Koordinaten der Skalenpunkte sind so, daß es keinen Sinn hat, unmittelbar nach diesen Werten das Nomogramm zu konstruieren. Man sieht dies sofort, wenn man einen Blick auf das Skelett wirft.

Damit die Skala der Lösungsvariablen m übersichtlich wird und damit sie mit ihrem wichtigsten Teil eine Lage einnimmt, bei der dieser Teil die größtmögliche Länge hat, verlegen wir den Punkt mit dem Argument $m = 0{,}1$ in den Punkt $\zeta = 0$. In der Umgebung dieses Punktes haben Abschnitte gleicher Länge in den Koordinaten ζ die größte Länge. Zu diesem Zweck setzen wir $\gamma = 1$. Nach dem gefundenen Wert γ berechnen wir die Werte der neuen Koordinaten der Punkte der Skala und konstruieren diese. Sie ist eine erste Näherung an die vollkommen befriedigende Form (Fig. 130, Skala m).

Jetzt besteht die Aufgabe darin, die gegenseitige Lage der Skalen der Variablen R und p festzulegen. Ihre Lage wird dadurch bestimmt, daß zwischen dem Träger der Lösungsskala und den Lösungsgeraden keine spitzen Winkel bestehen dürfen.

Die Skalen der Variablen R und p haben verschiedene Richtung: R von oben nach unten und p von unten nach oben. Wir legen den Anfang der Skala R und das Ende der Skala p in gleiche Höhe, indem wir den Parametern α und β, die schon über die Bedingung

$$\gamma = \alpha + \beta = 1$$

verknüpft sind, passende Werte beilegen. Die Gleichheit der Koordinate ξ des Anfangs der Skala R und der Koordinate η des Endes der Skala p gibt uns

$$-{}^2/_6 + \alpha = 2{,}30 + \beta$$

oder

$$\alpha - \beta = 4{,}9.$$

Wenn wir die so erhaltenen Gleichungen nach α und β auflösen, bekommen wir $\alpha = 3{,}0$ und $\beta = -2{,}0$ (nach dem Abrunden). Nach den gefundenen Parameterwerten berechnen wir die neuen Koordinatenwerte der Punkte der Skalen der Variablen R und p und konstruieren diese Skalen. Das Nomogramm, das man auf diese Weise bekommt, ist in Fig. 130 als Skizze dargestellt. Schon in dieser Form ist das Nomogramm ganz zufriedenstellend. Die Skala der Lösungsvariablen hat eine Charakteristik, die der logarithmischen sehr nahekommt; bei

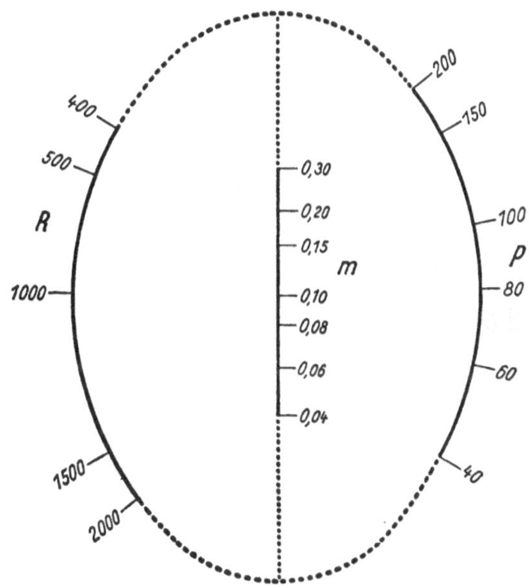

Fig. 130.

einer Veränderung des Parameters γ verschlechtert sich die logarithmische Charakteristik: bei einer Verschiebung der Skala nach oben vermindert sich der relative Argumentschritt der Teilungen im Punkte $m = 0{,}2$, bei einer Verschiebung der Skala nach unten vermindert sich der relative Argumentschritt der Teilung im Punkte $m = 0{,}05$. Bei dieser Variante des Nomogramms haben die Teilungen gleicher Länge in den Punkten $m = 0{,}2$ und $m = 0{,}05$ den gleichen relativen Argumentschritt, was man leicht an der Skizze nachprüfen kann. Dies ist aber ein Kennzeichen dafür, daß man bei einer Skala, die ein Maximum der logarithmischen Charakteristik hat, die beste Näherung an eine logarithmische Skala vor sich hat.

Aus der Zeichnung folgt, daß die Skala diesem Typ von Skalen angehört; denn ihre logarithmische Charakteristik hat ein Maximum. In Fig. 131 ist das Nomogramm dargestellt, das nach den für α und β gefundenen Werten mit $\alpha = 3{,}0$ und $\beta = -2{,}0$ konstruiert wurde. Wir müssen daran denken, daß wir von einer Umformung, die einer Änderung des Parameters λ entspricht, noch keinen Gebrauch gemacht haben. Das in der Zeichnung angeführte Nomogramm wurde für $\lambda = 1$ konstruiert.

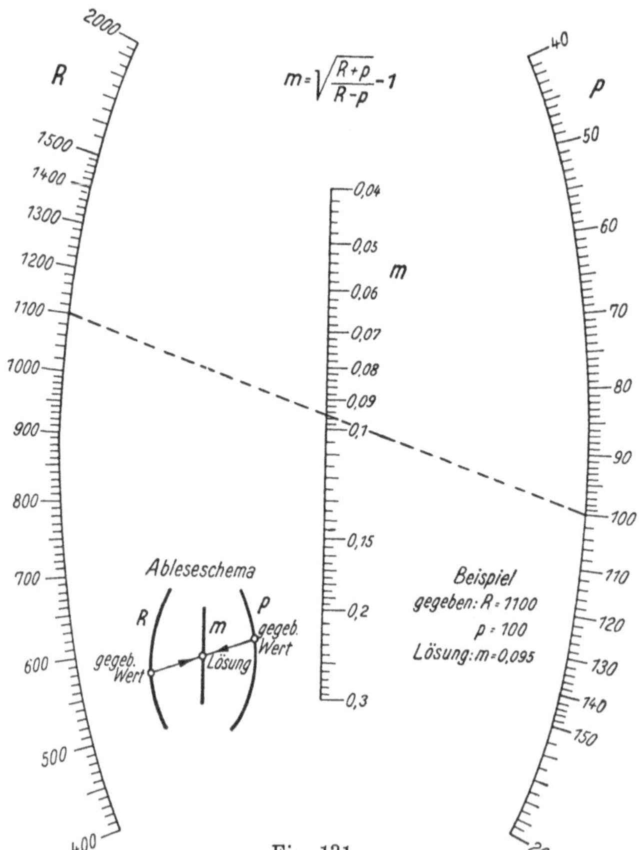

Fig. 131.

Damit wir in dem Intervall $0{,}05 \leqslant m \leqslant 0{,}2$ die größte Genauigkeit bekommen, ziehen wir in der Umgebung des Punktes $m = 0{,}1$ die Skala der Variablen m auseinander. Diese Umgebung ist die Mitte des entsprechenden logarithmischen Intervalls. Zu diesem Zweck wählen wir $\lambda = 3$. Wie man leicht an dem Skelett bestätigt findet, führt ein noch größerer Wert von λ dazu, daß sich der obere Teil der Skala verkleinert und daß die Enden der Skalen der Variablen p und R zu nahe an den Träger der Skala m heranrücken. Dabei treten wiederum zu spitze Schnittwinkel zwischen der Lösungsgeraden und dem Träger der Skala m auf, wenn die gegebenen Punkte auf entgegengesetzten Enden der Skalen liegen.

Bei $\lambda = 3$ haben diese Schnittwinkel eine noch zulässige Größe. Nachdem wir die neuen Koordinatenwerte der Punkte der Skala der Variablen m berechnet haben, konstruieren wir sie auf dem Skelett. Sie ist in Fig. 132 abgebildet. Fig. 132 selbst stellt eine Skizze der ersten Variante des Nomogramms dar. Bei der Konstruktion der Skalen R und p mußte man auch die neuen Werte der Koordinaten ξ und η berechnen.

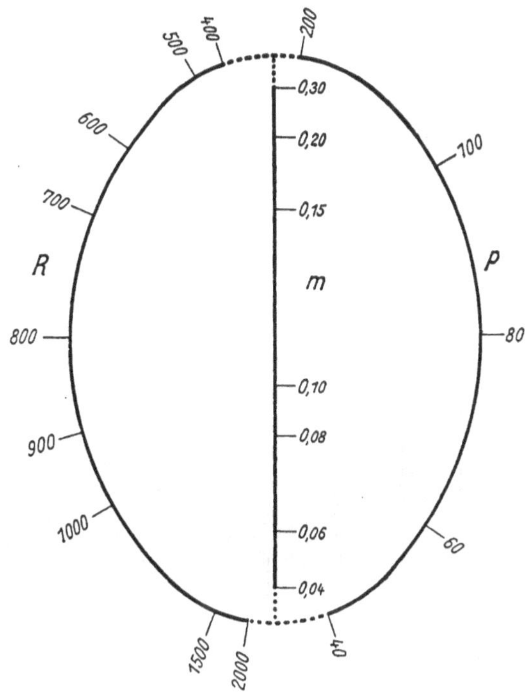

Fig. 132.

Um eine endgültige Zeichnung des Nomogramms herstellen zu können, muß man die Gleichungen seiner Skalen in cartesischen Koordinaten ausdrücken und die Koordinaten der Punkte nach diesen Gleichungen berechnen. Die Gleichungen der Skalen des Nomogramms in cartesischen Koordinaten haben folgende Gestalt:

$$\text{Skala } R: \quad x = \frac{-80\left(\frac{1}{R}1000\right)^3}{1+\left(\frac{1}{R}1000\right)^6}, \qquad y = \frac{220}{1+\left(\frac{1}{R}1000\right)^6};$$

$$\text{Skala } p: \quad x = \frac{80\,(p\cdot 0{,}01)^3}{1+(p\cdot 0{,}01)^6}, \qquad y = \frac{220}{1+(p\cdot 0{.}01)^6};$$

$$\text{Skala } m: \quad x = 0, \qquad y = \frac{220}{1+\left(\frac{(1+m)^2-1}{(1+m)^2+1}\,10\right)^3}.$$

Sie sehen etwas einfacher aus als die Gleichungen, die man erhält, wenn man die Ausdrücke der Funktionen f_1, f_2 und f_3 in die Formeln (11.1) einsetzt. Dies wurde dadurch erreicht, daß man die Richtung der y-Achse umkehrte und den

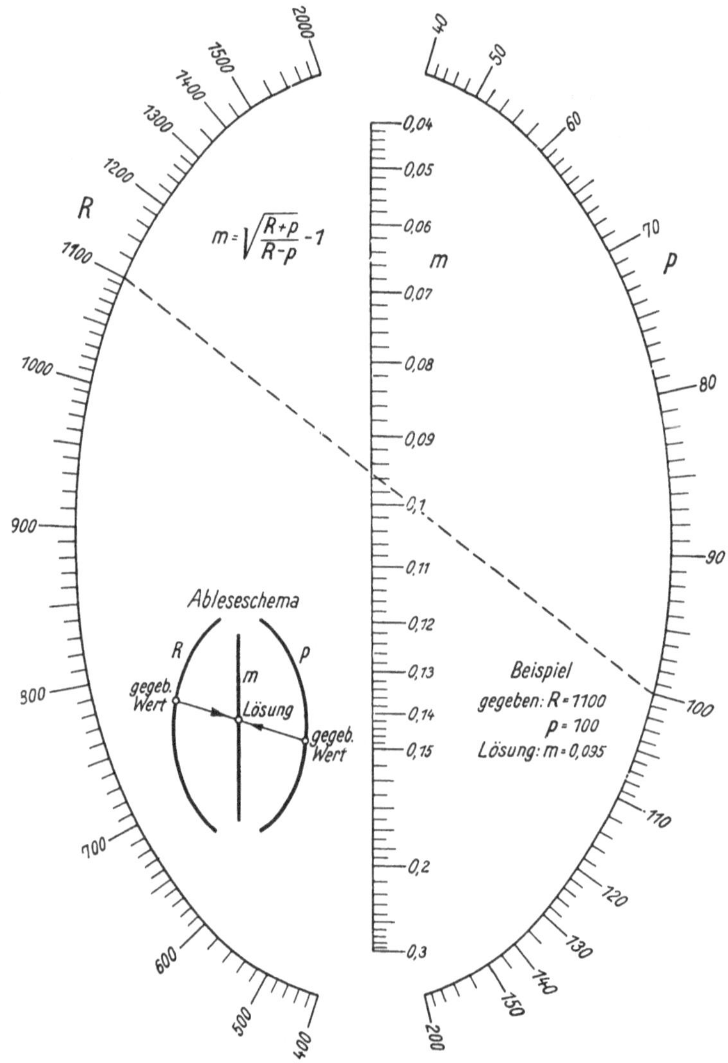

Fig. 133.

Koordinatenanfang in den Punkt $\zeta = +\infty$ verlegte, was wiederum die Richtungen aller Skalen des Nomogramms umkehrt.

Fig. 133 zeigt die endgültige Form des Nomogramms. Die anfangs gestellten Bedingungen sind hier erfüllt: der uns interessierende Abschnitt $0{,}05 \leqslant m \leqslant 0{,}2$ auf der Lösungsskala wurde bedeutend auseinandergezogen.

Es ist nützlich, die von uns konstruierten Nomogramme (Fig. 131 und Fig. 133) miteinander zu vergleichen. Sie zeigen anschaulich, welche Rolle der Parameter λ bei der Umformung von Nomogrammen spielt.

Die angeführten Beispiele zeigen, wie einfach man auf Skeletten Nomogramme konstruieren und umformen kann.

SCHLUSS

ALLGEMEINE KONSTRUKTIONSPRINZIPIEN VON NOMOGRAMMEN

Die vorhergehenden Kapitel des Buches waren im wesentlichen den Fluchtlinientafeln gewidmet. Es wurden auch Netztafeln betrachtet. Doch mit diesen zwei Typen von Nomogrammen sind noch nicht alle Möglichkeiten erschöpft, wie man funktionale Abhängigkeiten darstellen kann. Wie schon kurz in der Einführung erwähnt wurde, können die Darstellungsverfahren funktionaler Abhängigkeiten sehr verschiedenartig sein. Neben Netztafeln und Fluchtlinientafeln trifft man in der Praxis auch Nomogramme anderer Typen, von denen sich einige als sehr zweckmäßig erweisen.

Im vorliegenden Kapitel werden die allgemeinen Konstruktionsprinzipien von Nomogrammen betrachtet. Als Grundlage für die Darstellung funktionaler Abhängigkeiten dient die morphologische Theorie von D'OCAGNE[1]). Die allgemeine Betrachtung der Konstruktion von Nomogrammen gestattet es, den inneren Zusammenhang zwischen Nomogrammen verschiedener Typen aufzudecken, die man sonst durch einzelne Verfahren bekommt, und gestattet es, Wege zu neuen Nomogramm-Typen anzugeben. Gleichzeitig wird sehr genau der Platz bestimmt, der den Fluchtlinientafeln in der Masse der Nomogramme anderer Typen zukommt, und es werden ihre Vorteile aufgezeigt. In diesem Kapitel wird nur der geometrische Teil der Theorie dargelegt. Die Nomographierbarkeitsbedingungen und die kanonischen Formen nomographierbarer Gleichungen wurden nicht mit angeführt. Die Nomographierbarkeitsbedingungen kann man in der unten zitierten Arbeit von O. W. JERMOLOW finden. Die kanonischen Formen nomographierbarer Gleichungen für verschiedene Darstellungsarten sind in dem Buch von N. A. GLAGOLEW „Theoretische Grundlagen der Nomographie“ angeführt.

§ 65. Die Darstellungen veränderlicher Größen auf einem Nomogramm

Die Werte der variablen Größen werden auf einem Nomogramm entweder durch Bildpunkte oder durch Bildlinien dargestellt. Sowohl der Punkt als auch die Linie können das Argument einer Variablen besitzen, oder es können ihnen Argumente zugeschrieben werden, von denen jedes eine Gesamtheit von zwei oder mehr Variablen ist. Diese Tupel von Bildpunkten oder Bildlinien können also zur Darstellung eines eindimensionalen, zweidimensionalen, dreidimensionalen

1) Genaueres siehe: D'OCAGNE: Traité de Nomographie, 2-ed, p. 428—444, Paris 1921; W. MARGOULIS: Les abaques à transparent orienté ou tourant, Paris 1931. Die Ergebnisse von D'OCAGNE und MARGOULIS sind in dem Artikel von JERMOLOW dargelegt (O. W.): „Nomogramme mit einem festen Index von MARGOULIS“, Nomographisches Sammelwerk, ОНТИ, Moskau 1934.

oder mehrdimensionalen Variabilitätsbereiches von ein, zwei, drei oder mehr Variablen dienen. Ein Beispiel für die Darstellung eines eindimensionalen Variabilitätsbereiches einer Variablen ist die Skala. Als Beispiel der Darstellung eines zweidimensionalen Variabilitätsbereiches zweier Variabler diene das Binarfeld (Netz) oder die Binarskala.

Die Zahl der Variablen, deren Werte ein gegebener Punkt oder eine gegebene Linie darstellt, werden wir kurz *Zahl der Argumente des Punktes oder der Linie* nennen. Also hat in einem Netz und auf einer Binarskala jeder Punkt zwei Argumente. Auf einer Skala hat jeder Punkt nur ein Argument.

Prinzipiell spielt es keine Rolle, wie groß die Zahl der Argumente eines Punktes oder einer Linie eines Nomogramms ist. Aber wenn man ohne besondere Hilfskonstruktionen auskommen soll, so muß sich die Zahl der Argumente bei Skalenpunkten auf ein Argument, bei Punkten von Netzen auf zwei und bei Linien auf ein Argument beschränken. Wenn man die Zahl der Argumente vergrößert, so muß man zur Ablesung der Argumente der Punkte und Linien besondere Konstruktionen schaffen. Derartige Konstruktionen sind z. B. die Binarskalen, die unbenannten Skalen bei zusammengesetzten Nomogrammen. Zur Vereinfachung wollen wir in Zukunft voraussetzen, daß sowohl Punkte wie Linien nur ein Argument besitzen. Dann werden die Variablen entweder durch Skalen oder durch einparametrige Linienscharen dargestellt. Wenn es notwendig ist, die Zahl der Variablen im Nomogramm zu vergrößern, so kann man in das Nomogramm an Stelle von Skalen Netze und Binarskalen einführen. Man kann auch bei Linien die Zahl der Argumente vergrößern.

Bildpunkte wollen wir mit dem Buchstaben P_i bezeichnen, wobei i ein Index ist, den auch die Variable besitzt, die durch den Punkt dargestellt wird. Hat der Punkt zwei Argumente, so bekommt seine Bezeichnung entsprechend zwei Indizes (z. B. $P_{i,k}$).

Bildlinien wollen wir mit den Buchstaben C_i bezeichnen, wobei der Index i dieselbe Bedeutung wie oben hat. Wenn die Linie eine Gerade ist und dies besonders hervorgehoben werden soll, so wollen wir die Bezeichnung D verwenden. Ein Bündel paralleler Geraden wollen wir durch Δ, ein Bündel von Kreisen durch T bezeichnen.

Wird bei einem geometrischen Element nicht besonders auf seine Natur hingewiesen, so werden wir es mit dem Buchstaben E bezeichnen.

§ 66. Der Begriff vom Kontakt

Die funktionale Abhängigkeit zwischen den Variablen geht auf einem Nomogramm in eine geometrische Abhängigkeit zwischen den Elementen des Nomogramms, die die Variablen darstellen, über. Diese geometrische Abhängigkeit ist eine Darstellung der funktionalen Abhängigkeit.

Der geometrische Zusammenhang zwischen den Elementen eines Nomogramms findet seinen Ausdruck im Kontakt und kann in dieser Form betrachtet werden. Kontakt zwischen einem Punkt und einer Linie nennen wir ihre Zugehörigkeit zueinander (die Linie führt durch den Punkt, der Punkt liegt auf der Linie).

Kontakt zwischen zwei Punkten nennen wir ihr Zusammenfallen, Kontakt zwischen zwei Linien ihre Berührung oder ihr Zusammenfallen. Den Kontakt beim Zusammenfallen von zwei Punkten oder zwei Linien nennen wir *doppelten Kontakt.*

Wenn Kontakt zwischen zwei Elementen eines Nomogramms besteht, so wollen wir dies durch das Zeichen |—| andeuten. Schreibt man P_u |—| C_v, so heißt das, daß ein Punkt mit einem Argument der Variablen u auf einer Linie liegt, die das Argument der Variablen v hat. Doppelten Kontakt wollen wir durch das Zeichen |=| bezeichnen. Schreibt man P_u |=| P_w, so bedeutet dies, daß ein Punkt mit einem Argument der Variablen u mit einem Punkt zusammenfällt, der ein Argument der Variablen w besitzt. Kontakt zwischen zwei unbekannten Elementen (die keine Argumente haben) bezeichnen wir durch 0 |—| 0, wobei es auf deren Natur nicht ankommt.

§ 67. Die Darstellungen funktionaler Abhängigkeiten zwischen den Variablen (eines Nomogramms)

Betrachten wir zwei Ebenen, von denen eine auf der anderen liegt. Die erste Ebene, wir nennen sie π, möge fest sein, und die zweite, wir nennen sie π', möge auf der ersten gleiten. Die Ebene π' hat in bezug auf die Ebene π drei Freiheitsgrade: zwei Freiheitsgrade der fortschreitenden Bewegung und einen Freiheitsgrad der Drehung.

Schreibt man vor, daß zwischen den Elementen der Ebenen π und π' ein einfacher Kontakt bestehen soll, so verliert die Ebene π' in ihrer Lage einen Freiheitsgrad. Die Ebene π' hat gegenüber der Ebene π eine feste Lage, wenn man drei Kontakte zwischen drei Elementen von π und drei Elementen von π' vorschreibt. Davon wollen wir bei der Konstruktion von Nomogrammen Gebrauch machen.

Wenn sich auf der Ebene π die mit E_1, E_2, E_3 und E_4 bezeichneten und auf der Ebene π' die mit E'_5, E'_6, E'_7 und E'_8 bezeichneten Elemente befinden (die Elemente der zweiten Ebene werden wir durch einen Strich kennzeichnen), so bestimmen die Kontakte E_1 |—| E'_5, E_2 |—| E'_6 und E_3 |—| E'_7 die Lage der Ebene π' in bezug auf die Ebene π. Das Element E'_8 bestimmt das Element E_4, das mit ihm in Kontakt tritt, d. h., die Angabe der Elemente E_1, E_2, E_3, E'_5, E'_6, E'_7 und E'_8 führt zu der Bestimmung des Elementes E_4. So wird eine funktionale Abhängigkeit zwischen den Variablen hergestellt, die auf den Ebenen durch die Elemente E_1, ..., E'_8 dargestellt werden. Der geometrische Sachverhalt, der dieser funktionalen Abhängigkeit entspricht, ist das Vorhandensein der Kontakte E_1 |—| E'_5, E_2 |—| E'_6, E_3 |—| E_7 und E_4 |—| E'_8. *Nomogramm für die Gleichung*

$$F(z_1, z_2, z_3, z_4, z_5, z_6, z_7, z_8) = 0$$

nennen wir eine Konstruktion, bei der die durch die Gleichung definierte funktionale Abhängigkeit zwischen den Variablen z_1, ..., z_8 *zu den Kontakten* E_1 |—| E'_5, E_2 |—| E'_6, E_3 |—| E'_7 *und* E_4 |—| E'_8 *zwischen den Elementen führt, die bestimmte Werte dieser Variablen darstellen.*

Die ersten drei Kontakte, die die gegenseitige Lage der Ebenen zueinander bestimmen und zu den Werten der gegebenen Variablen gehören, nennen wir *Kontakte der Lage*. Der letzte Kontakt, der die Lösung liefert, heißt *Lösungskontakt*. Für den Lösungskontakt führen wir die Bezeichnung $\mapsto$ ein, wobei der Pfeil mit der Spitze auf das Lösungselement hinzeigt.

Die Zahl der Variablen in einer Gleichung, die durch ein solches Nomogramm dargestellt wird, ist gleich 8. Man kann sie vergrößern, wenn man die Zahl der Argumente der Elemente des Nomogramms erhöht. Die feste Ebene werden wir in Zukunft *Basisebene* und die bewegliche *Gleitebene* nennen. Daher nennt man diese Nomogramme *Gleittafeln*, auch Schiebeblattnomogramme genannt. In Fig. 134 ist das Schema einer Gleittafel dargestellt. In der Basisebene des Nomogramms liegen die Skalen der Variablen z_1 und z_3 und die Linienscharen der Variablen z_2 und z_4. Auf der Gleitebene befinden sich die Skalen der Variablen z_6 und z_8 und die Linienscharen der Variablen z_5 und z_7. Die Gleitebene hat eine solche Stellung, daß die den gegebenen Werten der Variablen entsprechenden Punkte und Linien zum Kontakt kommen: den Punkt P_1 legt man auf die Linie C'_5 der Schar z_5, den Punkt P'_6 auf die Linie C_2, den Punkt P_3 auf die Linie C'_7. Dies sind die Kontakte der Lage. Sie legen vollkommen die Lage der Gleitebene in bezug auf die Basisebene fest. Die Lösung findet man dann als das Argument der Linie C_4 der Schar z_4, auf die der Punkt P'_8 fällt, der dem gegebenen Wert z_8 auf der Skala entspricht. Der letzte Kontakt ist der Lösungskontakt.

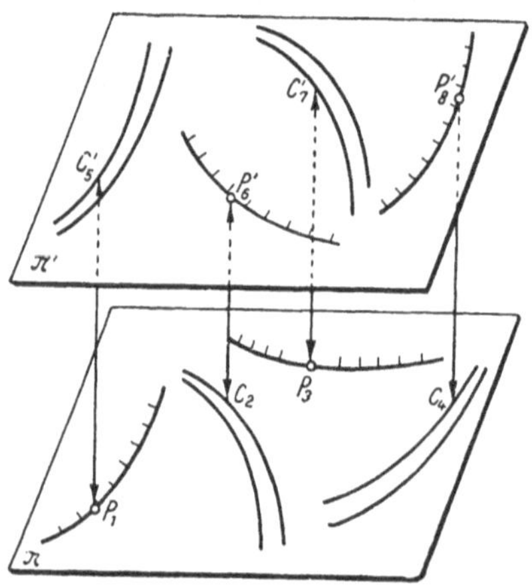

Fig. 134.

Die Kontakte der Lage sind auf der Zeichnung durch zweiseitige Pfeile, der Lösungskontakt durch einen einfachen Pfeil, der auf die Lösungslinie hinweist, gekennzeichnet.

Bei der praktischen Ausführung des Nomogramms stellt man die Gleitfläche aus durchsichtigem Material her.

Die oben beschriebene Konstruktion kann man für Gleichungen mit acht Variablen ausführen. Aber man kann sie auch zur Konstruktion von Nomogrammen benutzen, die eine geringere Zahl von Variablen besitzen. Hierbei gibt es zwei Wege. Man kann Gleichungen mit einer geringeren Zahl von Variablen als Sonderfälle einer Gleichung mit acht Variablen betrachten, wobei einige der Variablen eben konstante Werte annehmen. Dem entsprechen auf dem Nomogramm konstante Elemente: Punkte an Stelle von Skalen und einzelne Linien an Stelle von Linienscharen. So kann man bis zum Nomogramm für eine Gleichung mit zwei Variablen kommen, indem man auf dem Nomogramm sechs konstante Elemente einführt. Wenn es auf dem Nomogramm zum Kontakt zwischen konstanten

Elementen kommt, so vermindert sich die Anzahl der Freiheitsgrade der ursprünglichen Lage der Gleitfläche um eins. Das Vorhandensein von sechs konstanten Elementen kann dazu führen, daß die Gleitfläche auf der Basisfläche festgelegt ist, d. h. nicht mehr bewegt werden kann. Bei doppeltem Kontakt vermindert sich die Zahl der Freiheitsgrade der Gleitfläche um zwei. Er entspricht zwei einfachen Kontakten. Weil der doppelte Kontakt zwischen Elementen hergestellt wird, die beide nur ein Argument haben, so ist sein Vorhandensein der Einführung von zwei miteinander in Kontakt tretenden konstanten Elementen in das Nomogramm äquivalent und ruft folglich eine Verminderung der Zahl der Variablen um zwei Variable in der nomographierbaren Gleichung hervor.

Man kann im Nomogramm die Zahl der Lagekontakte vermindern, wobei die Gleitfläche eine bestimmte Bewegungsfreiheit behält, ohne daß dies auf den Lösungskontakt (und auf den Wert der Lösung) Einfluß hätte. So entstehen die Nomogramme mit einer freien Gleitfläche. Wenn man die Zahl der Lagekontakte um einen vermindert, so kann man Nomogramme für Gleichungen mit sechs Variablen konstruieren: vier Variable bestimmen die zwei Lagekontakte und zwei Variable gehen in den Lösungskontakt ein; die Gleitfläche behält einen Freiheitsgrad. Dieser Freiheitsgrad kann entweder dadurch realisiert werden, daß man eine fortschreitende Bewegung der Gleitfläche zuläßt, bei der die Lösung ihren Wert beibehält, oder dadurch, daß man eine Drehung um ein bestimmtes Zentrum zuläßt. Es sind auch noch kompliziertere Gesetze der freien Bewegung der Gleitfläche möglich. Bei der Herstellung von Nomogrammen mit einer freien Gleitfläche begegnet man einer dritten Form des Kontaktes — dem *Kontakt der Übertragung* (bis jetzt hatten wir es nur mit den Kontakten der Lage und dem Lösungskontakt zu tun). Der Kontakt der Übertragung beschränkt die Bewegungsfreiheit der Gleitfläche keinesfalls, sondern übernimmt nur die Bezeichnung des von den unbezifferten Elementen der Gleitfläche benötigten Elementes — überträgt das Argument von der Basisebene auf die Gleitfläche. Den Kontakt der Übertragung bezeichnen wir durch einen Pfeil $\rightarrow$, wobei man durch die Richtung des Pfeiles die Richtung angibt, in der das Argument übertragen wird.

Alle bekannten Formen von Nomogrammen erweisen sich als Sonderfälle des angeführten allgemeinen Schemas eines Gleitflächennomogramms, deshalb können sie zum Ausgangspunkt für die Konstruktion neuer Nomogrammtypen dienen.

In den folgenden Paragraphen wird die Ausführung von Gleitflächennomogrammen gezeigt: im § 68 werden Gleitflächennomogramme zur Berechnung der Bogenlänge der Ellipse und zur Berechnung der Temperatur einer Mischung angeführt, dann werden die Haupttypen von Nomogrammen als Sonderfälle der allgemeinen Form eines Gleitflächennomogramms behandelt. Für jeden Typ wird eine Strukturformel in Gestalt der Kontakte angegeben. Hier treffen wir alle die Sonderfälle wieder, von denen oben die Rede war: konstante unbezeichnete Elemente, freie Gleitflächen, Kontakte der Übertragung... Durch diese allgemeine Untersuchung gewinnt man einen Überblick über die Prinzipien der

Nomographierung, die Vielfalt der verschiedenen Nomogrammtypen sowie über die Wege, die man gehen muß, um neue Nomogrammtypen zu schaffen.

Die angeführten Strukturformeln sind jedoch nicht die einzig möglichen. Ein Nomogramm kann man manchmal als verschiedene Sonderfälle des allgemeinen Schemas ansehen und für dieses Nomogramm verschiedene Strukturformeln bekommen. Zur gleichen Zeit kann ein und dieselbe Strukturformel Nomogramme mit verschiedenen geometrischen Eigenschaften bestimmen. Solche sind z. B. die Fluchtlinientafeln und die Nomogramme mit einer kreisförmigen Gleitfläche. Die Strukturformeln drücken also die ganz allgemeinen Eigenschaften von Nomogrammen aus.

Im folgenden wollen wir der Reihe nach Nomogramme für Gleichungen mit zwei, drei und vier Variablen betrachten; in jedem Falle werden zuerst Nomogramme mit einer freien Gleitfläche angeführt.

§ 68. Zwei Beispiele für Schiebeblattnomogramme

In Fig. 135 ist ein Schiebeblattnomogramm zur Berechnung des Ellipsenbogens nach einer Formel dargestellt, die einen Näherungswert liefert:

$$L = \pi\left[\frac{3}{2}\,(a + b) - \sqrt{ab}\,\right],$$

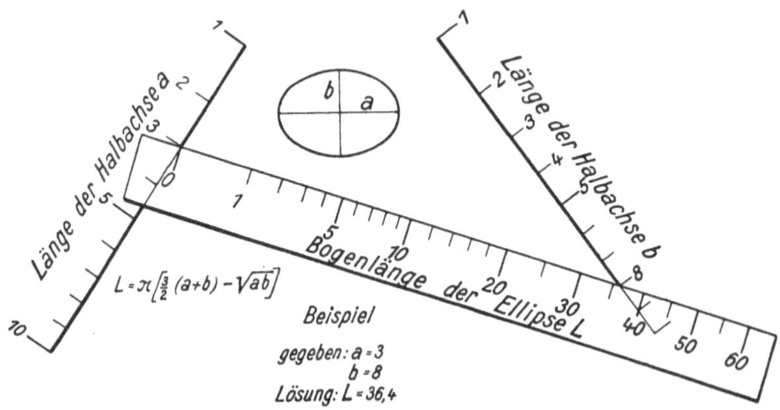

Fig. 135.

wobei L die Länge des Bogens der Ellipse, a und b ihre Halbachsen sind. Das Nomogramm besteht aus zwei geradlinigen Skalen für die Variablen a und b auf der Basisebene und einer Skala der Variablen L auf der Schiebefläche, die die Gestalt eines Lineals hat. Um nach den gegebenen Werten von a_0 und b_0 den Wert für L zu finden, muß man den Anfang der Skala L — also den Punkt mit dem Argument $L = 0$ — auf den Punkt der Skala a legen, der dem gegebenen Wert a_0 entspricht und dann das Lineal um diesen Punkt soweit drehen, der bis Rand des Lineals den Punkt b_0 auf der Skala b trifft. Der Schnittpunkt des Trägers der Skala L mit dem Träger der Skala b ist dann der Lösungspunkt auf der Skala L. Auf der Zeichnung ist die Skala L so dargestellt, daß sie gerade eine Lage einnimmt, die dem Beispiel $a = 3$ und $b = 8$ entspricht. In diesem Falle findet man L gleich 36,4. Wir wollen die Strukturformel des Nomogramms notieren. Wenn wir den Anfang der Skala L in den Punkt a_0 legen, stellen wir einen doppelten Kontakt $P_1 \mid=\mid P'_0$ her, wobei P'_0 die Bezeichnung des Punktes $L = 0$ ist. Das Zusammenfallen des Trägers der Skala L, den wir mit D'_{01} bezeichnen wollen, mit dem Punkt b_0 gibt uns den zweiten Kontakt $P_2 \mid-\mid D'_{01}$. So wird die Lage der Gleitfläche auf der Basisebene bestimmt. Der Lösungskontakt ist das Hindurchgehen des Trägers der Skala b durch einen der Punkte der Skala L: $D_{02} \mid\rightarrow P'_3$, wobei D_{02} die Bezeichnung des Trägers der Skala b ist. Also gehen in das Nomogramm drei unbekannte konstante Elemente P_0, D'_{01} und D'_{02} ein. Die Strukturformel des Nomogramms hat die Gestalt $P_1 \mid=\mid P'_0$, $P_2 \mid-\mid D'_{01}$, $D_2 \mid\rightarrow P'_3$. Man kann die Anzahl der benutzten Elemente des Nomogramms und der ihnen entsprechenden Variablen der Gleichung zusammenzählen. Der erste Kontakt ist ein Doppelkontakt, hier werden zwei Elemente P_1 und P'_0 gebraucht, die ihnen entsprechende Zahl von Variablen muß dann gleich vier sein. Der zweite Kontakt wird durch zwei Elemente P_2 und D'_{01} bestimmt, ihnen entsprechen in der Gleichung zwei Variable. Der Lösungskontakt wird durch die Elemente D_{02} und P'_3 bestimmt, zu denen in der Gleichung zwei Variable gehören. Die Konstruktion des Nomogramms entspricht also dem Fall, wo für die Kontakte alle acht Variablen benutzt werden. Drei von ihnen werden durch unbenannte Elemente dargestellt, wegen des doppelten Kontaktes wird die Zahl der Variablen von drei auf zwei reduziert.

Das zweite Nomogramm ist in Fig. 136 dargestellt. Es dient zur Berechnung der Mischungstemperatur, wenn man zwei Massen Wasser mit verschiedenen Temperaturen mischt. Die Formel zur Bestimmung der Mischungstemperatur hat die Gestalt

$$t = \frac{m_1 t_1 + m_2 t_2}{m_1 + m_2},$$

wobei m_1 die Wassermasse mit der Temperatur t_1 und m_2 die Wassermasse mit der Temperatur t_2 ist; t ist die Mischungstemperatur.

Das Nomogramm besteht aus einer Schar paralleler Geraden auf der Basisebene und einer Skala auf der Gleitfläche, die, wie im ersten Falle, die Gestalt eines Lineals hat. Die Geraden besitzen links von der Mittelgeraden mit dem Argument 0 die Argumente m_1 und rechts von der Mittelgeraden die Argumente m_2. Die Skala der Gleitfläche ist gleichzeitig eine Skala für die Variablen t_1, t_2 und t. Für das Nomogramm gilt folgende Ablesevorschrift: Wir legen das Lineal so auf die Basisebene, daß der Punkt mit dem Argument t_1 auf die Gerade fällt, deren Argument gleich dem gegebenen Wert m_2 ist, und der Punkt mit dem Argument t_2 auf die Gerade fällt, die das Argument m_1 hat. Der Schnittpunkt des Trägers der Lösungsskala mit der Geraden $m = 0$ ist dann der Lösungspunkt. Auf der Zeichnung entspricht die Lage der Gleitfläche dem Beispiel: $t_1 = 52^0$, $m_1 = 8$ kg, $t_2 = 16^0$, $m_2 = 10$ kg. Wie aus der Zeichnung ersichtlich ist, wird in diesem Falle die Lösung gleich $t = 32^0$. Aus der Art des Gebrauchs des Nomogramms folgt, daß die Gleitfläche einen Freiheitsgrad der Bewegung längs der Geraden m hat. Die Verschiebung der Gleitfläche ändert nicht den Wert der Lösung, wenn die Lage der Punkte t_1 und t_2 auf den Geraden m_2 und m_1 beibehalten wird. Die Struktur des Nomogramms springt sofort in die Augen. Die Kontakte der Lage werden durch die Lage der Punkte t_1 und t_2 auf den Geraden m_2 und m_1 bestimmt; sie sehen also folgendermaßen aus: $D_{m1} |\!-\!| P'_{t_2}$ und $D_{m2} |\!-\!| P'_{t_1}$. Der Lösungskontakt wird dadurch hergestellt, daß der Punkt t auf die konstante Gerade $m = 0$ fällt: $D_0 |\!\rightarrow P'_t$, wobei D_0 die Bezeichnung der konstanten Geraden ist.

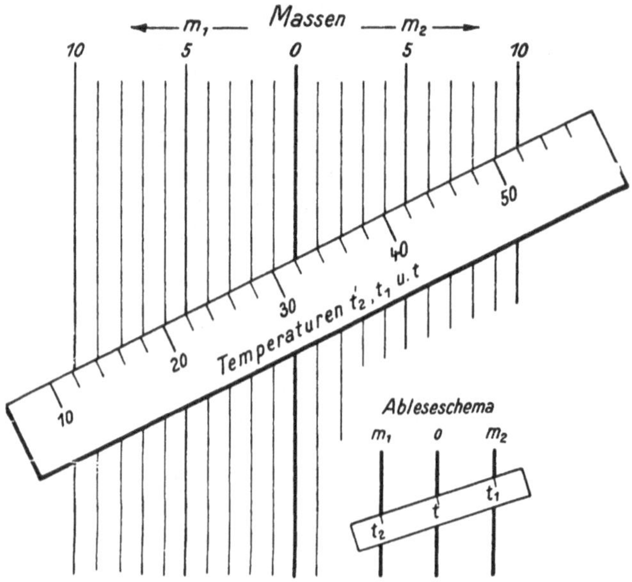

Fig. 136.

Der Freiheitsgrad der fortschreitenden Bewegung der Gleitfläche entspricht einer Verminderung der Variablen in der nomographierbaren Gleichung um zwei. Also haben wir letzten Endes ein Nomogramm für eine Gleichung mit sechs Variablen vor uns, wobei eine der Variablen durch eine konstante Größe ersetzt wurde, die auf dem Nomogramm durch die Gerade $m = 0$ dargestellt wird. Das Nomogramm hat folgende Strukturformel:

$$D_{m1} |\!-\!| P'_{t2},\ D_{m2} |\!-\!| P'_{t1},\ D_0 |\!\rightarrow P'_t.$$

Beide angeführten Nomogramme sind in ihrem Gebrauch sehr bequem. Dazu muß man noch sagen, daß man die erste Gleichung nicht durch Fluchtlinientafeln darstellen kann, und daß die zweite, obwohl man sie in Fluchtlinientafeln darstellen kann, dann eine solche mit zwei Binarfeldern ergeben würde, was natürlich bei ihrem Gebrauch viel komplizierter wäre als das angegebene Gleitflächennomogramm. (Bei Verwendung eines projektiven Papieres gelingt es, durch geradlinige Verbindung der beiden Argumentpunkte sofort die Mischungstemperatur abzulesen. — Der Herausgeber.)

§ 69. Nomogramme für Gleichungen mit zwei Variablen

Bekannt sind zwei Formen von Nomogrammen für die Gleichung mit zwei Variablen: *Die graphische Darstellung* einer Funktion in einem cartesischen (oder irgendeinem anderen) Koordinatensystem und die *doppelreihige Skala*, auch Doppelleiter genannt. In beiden Fällen wird das Nomogramm in einer Ebene konstruiert. Die drei Kontakte der Lage werden hier zum Festlegen der Gleitfläche benutzt, wir haben also immer die Kontakte 0 |—| 0, 0 |—| 0, 0 |—| 0.

Wir wollen die graphische Darstellung der Funktion $v = f(u)$, die im Allgemeinfall durch die Gleichung $F(u, v) = 0$ bestimmt wird, als Gleitflächennomogramm deuten. Wir werden annehmen, daß die Variablen u und v durch das Binarfeld (Netz) der Punkte $P_{u,v}$ mit den zwei Argumenten u und v auf der Basisebene des Nomogramms dargestellt werden. Die Linien $u =$ const. und $v =$ const. dienen zum Ablesen im Felde. Die Kurve C_0', die die eigentliche graphische Darstellung der Funktion ist, tragen wir auf die Gleitfläche auf (Fig. 137). Der Lösungskontakt auf einem solchen Nomogramm ist die Zugehörigkeit der Punkte des Feldes zur Kurve: $P_{u,v} \leftarrow\!|\; C'_0$. Ein Argument des Lösungspunktes ist bekannt, wir suchen unter den Punkten des Feldes den Punkt, der auf der Kurve liegt und von dessen zwei Argumenten eins den gegebenen Wert hat. Der Wert des zweiten Argumentes eines solchen Punktes ist dann die Lösung. In der Praxis ermittelt man den Lösungspunkt als Schnittpunkt der Linien $u =$ const. mit der Linie C_0'. Die Lösung liefert dann das zweite Argument des Punktes oder, was dasselbe ist, das Argument der durch diesen Punkt hindurchgehenden Linie $v =$ const.

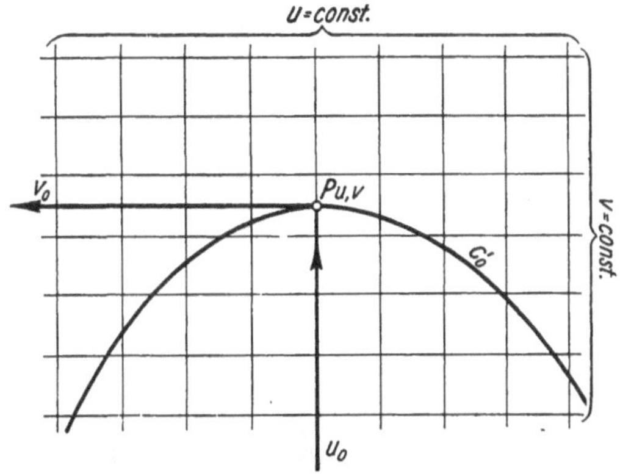

Fig. 137.

Doch diese Deutung ist nicht die einzig mögliche. Man könnte dies noch auf andere Weise machen, um so mehr als wir hier von der gebräuchlichen Bedingung abgewichen waren, nur Elemente des Nomogramms (in unseren Falle Punkte) mit einem Argument zu betrachten. Letzten Endes hat die Strukturformel die Gestalt $P_{u,v} \leftarrow\!|\; C_0'$, 0 |—| 0, 0 |—| 0 und 0 |—| 0, und das Nomogramm wird dadurch der Spezialfall des allgemeinen Schemas, wenn man in der nomographierbaren Gleichung sieben Variable als konstant annimmt und auf dem Nomogramm als konstante Elemente darstellt. Sechs von diesen Elementen sind für uns unwesentlich. Ihre Rolle besteht lediglich darin, der Gleitfläche eine feste Lage aufzuzwingen, sie werden deshalb auf dem Nomogramm nicht dargestellt. Wesentlich ist nur die Kurve C_0', die den Lösungskontakt bestimmt.

Eine Doppelleiter für die Gleichung $F(u, v) = 0$ kann man durch eine Skala der Variablen u auf der Basisebene und eine Skala der Variablen v auf der Gleitfläche darstellen. Zur Vereinfachung kann man annehmen, daß beide Skalen geradlinig sind. Die Gleitfläche wird dadurch in ihrer Lage festgehalten, so daß die Träger beider Skalen zusammenfallen. Der Lösungskontakt ist das Zusammenfallen von Punkten der Skalen u und v: $P_u \mid\!\rightarrow P_v$. Praktisch bestimmt man die Lösung so, daß man nach dem gegebenen Werte u den Punkt auf der ersten Skala aufsucht und dann das Argument des gefundenen Punktes auf der zweiten Skala abliest. Die Strukturformel des Nomogramms ist: $P_u \mid\!\rightarrow P_v$, $0 \mid\!-\!\mid 0$, $0 \mid\!-\!\mid 0$ und $0 \mid\!-\!\mid 0$. Das Nomogramm erhalten wir aus dem allgemeinen Schema, wenn wir von den acht Variablen der allgemeinen Gleichung sechs als konstant annehmen und die ihnen entsprechenden konstanten Elemente des Nomogramms auf die Kontakte der Lage beziehen.

Fig. 138.

Die Doppelleitern haben bestimmte praktische Bedeutung. Für Rechenzwecke sind sie bedeutend bequemer als die graphischen Darstellungen von Funktionen. Obwohl sie dieselbe Genauigkeit der Lösung liefert, nimmt sie doch einen viel geringeren Raum ein als die graphische Darstellung. Die Doppelleitern haben vor Tabellen den Vorzug, daß man hier bedeutend einfacher eine Interpolation durchführen kann. In Fig. 138 ist eine Doppelleiter dargestellt, die zu N den Wert von $\lg N$ angibt.

§ 70. Fluchtlinientafeln

Die Betrachtung von Nomogrammen für Gleichungen mit drei Variablen wollen wir mit den Fluchtlinientafeln beginnen. Die Fluchtlinientafel kann man als den Sonderfall des Schiebeblattnomogramms ansehen, wenn auf der Basisebene die Skalen der drei Variablen u, v und w und auf der Gleitfläche drei konstante Elemente liegen, die immer ein und dieselbe Gerade darstellen. Die Gleitfläche hat einen Freiheitsgrad. Die Einführung von drei konstanten Elementen führt zu einer Verminderung der Zahl der Variablen in der Gleichung um drei. Dadurch, daß man einen Lagekontakt aufhebt, was zu dem einen Freiheitsgrad der Gleitfläche führt, vermindert man die Zahl der Variablen in der Gleichung noch einmal um zwei. So wird die allgemeine Gleichung mit acht Variablen zu einer Gleichung mit drei Variablen $F(u, v, w) = 0$, und aus dem Gleitflächennomogramm der allgemeinen Form wird eine Fluchtlinientafel.

Die Lösung findet man auf dem Nomogramm auf folgende Weise. Wir legen die Gleitfläche so auf die Basisebene, daß die Gerade D_0', die sich auf ihr befindet, durch den gegebenen Punkt der Skala u geht. Dadurch wird der erste Kontakt der Lage hergestellt: $P_u \mid\!-\!\mid D_0'$. Dann drehen wir die Gleitfläche solange um den Punkt P_u, bis die Gerade D_0' durch den gegebenen Punkt der Skala v geht. Dadurch bekommen wir den zweiten Lagekontakt $P_v \mid\!-\!\mid D_0'$, damit ist also die Gleitfläche nun in ihrer Lage festgelegt. Sie besitzt noch einen Freiheitsgrad, nämlich den Freiheitsgrad der Bewegung längs der Geraden D_0'. Als Lösungskontakt dient der Schnittpunkt der Geraden D_0' mit dem Träger der Skala der Variablen w: $P_w \leftarrow\!| D_0'$ (Fig. 139). Der Freiheitsgrad der Verschiebung der Gleitfäche hat auf den Lösungskontakt keinen Einfluß. Die Vergrößerung der Zahl der Variablen einer auf diese Weise nomographierbaren Gleichung ist nur dadurch möglich, daß man die Zahl der Argumente der Punkte des Nomogramms erhöht, was zu den Netzen und Binarskalen auf dem Nomogramm führt. Die Strukturformel des Nomogramms ist offenbar $P_u \,|\!-\!|\, D_0'$, $P_v \,|\!-\!|\, D_0'$ und $P_w \leftarrow\!| D_0'$. Es ist prinzipiell gleichgültig, welcher geometrischen Natur das konstante Element auf einer Gleitfläche ist. Wichtig ist nur, daß es das Auffinden der Lösung gestattet. Dies führt dazu, daß man Nomogramme schaffen kann, die dieselbe Strukturformel haben, sich aber von den Fluchtlinientafeln unterscheiden. Als Beispiel dafür bringen wir das Nomogramm mit einer kreisförmigen Gleitfläche.

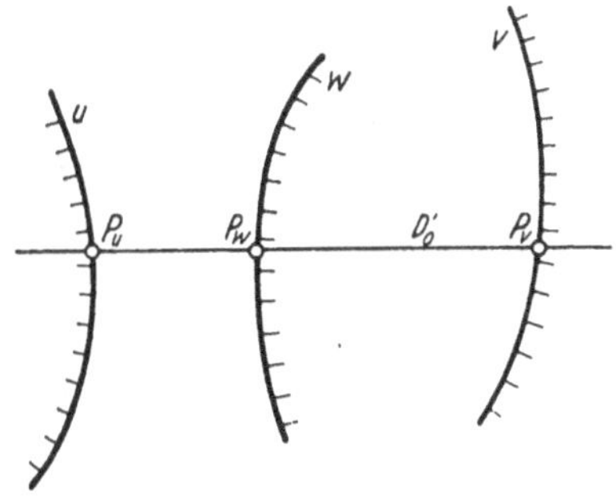

Fig. 139.

§ 71. Nomogramme mit kreisförmiger Ableselinie

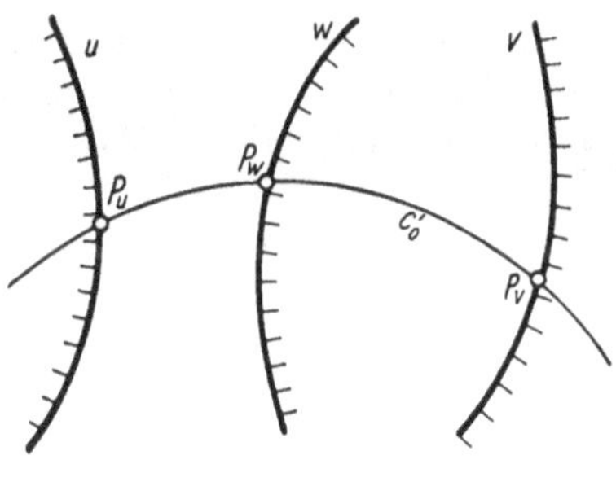

Fig. 140.

Das Nomogramm besteht aus drei Skalen für die Variablen u, v und w auf der Basisebene und einer Gleitfläche, auf der sich ein Kreis befindet. Um die Lösung zu ermitteln, legt man die Gleitfläche so auf das Nomogramm, daß der Kreis durch die Punkte u_0 und v_0 auf den Skalen u und v hindurchgeht, die den gegebenen Werten der Variablen entsprechen. Der Schnittpunkt des Kreises mit dem Träger der Variablen w ist dann der Lösungspunkt (Fig. 140). Die Ableselinie behält einen Freiheitsgrad: eine Drehung der Ableselinie um das Zentrum des Kreises. Dies hat jedoch keinen Einfluß auf den Wert der Lösung. Die Strukturformel des Nomogramms ist: $P_u \,|\!-\!|\, C_0'$, $P_v \,|\!-\!|\, C_0'$, $P_w \leftarrow\!| C_0'$, wobei C_0' die Bezeichnung des Kreises der Ableselinie ist.

§ 72. Nomogramme aus gleichweitentfernten Punkten (Stechzirkelnomogramm) — Nomogramme von N. M. Gersewanow

Ein Nomogramm aus gleichweitentfernten Punkten für eine Gleichung $F(u, v, w) = 0$ besteht aus drei Skalen für die Variablen u, v und w. Die Skalen sind so konstruiert, daß die Punkte mit den Argumenten u_0 und w_0 auf den Skalen der Variablen u und w sich in der gleichen Entfernung von dem Punkte mit dem Argument v_0 auf der Skala v befinden, wenn u_0, v_0 und w_0 die Gleichung befriedigen.

Daher auch die Bezeichnung des Nomogramms. In der Praxis ermittelt man die Lösung mit Hilfe eines Zirkels. Man sticht mit der einen Zirkelspitze in den Punkt v_0 ein und mit der anderen Zirkelspitze in den Punkt u_0 und macht dann mit der so erhaltenen Zirkelöffnung vom Punkte v_0 aus einen Einstich in den Träger der Skala w. Dieser Einstich legt auf der Skala w den Lösungspunkt fest (Fig. 141).

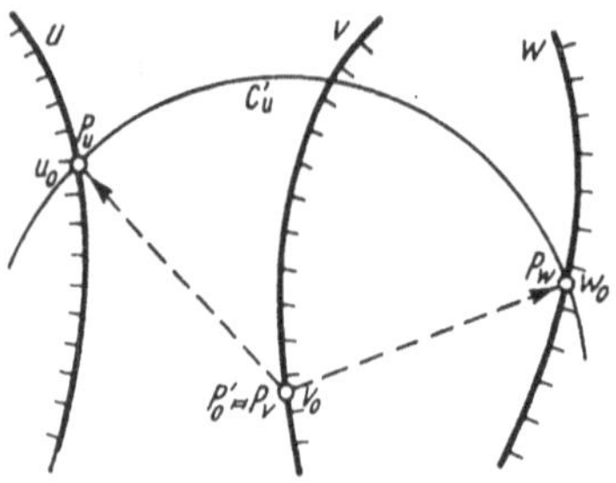

Fig. 141.

Wir wollen das Stechzirkelnomogramm als ein Schiebeblattnomogramm betrachten. Die Skalen der Variablen u, v und w lassen wir auf der Basisebene, auf die Gleitfläche tragen wir eine Schar konzentrischer Kreise auf. Um die Lösung mit Hilfe eines solchen Schiebeblattes zu finden, muß man das gemeinsame Zentrum der Kreise — wir bezeichnen es mit P'_0 — in den Punkt P_v auf der Skala der Variablen v legen. Wir bekommen einen doppelten Kontakt der Lage: $P_v \mid=\mid P'_0$. Nun suchen wir unter den Kreisen denjenigen heraus, der durch den Punkt P_u auf der Skala der Variablen u geht. Dies ist ein Kontakt der Übertragung $P_u \rightarrow C'_u$, der aus der Schar der Kreise den heraussucht, der die Lösung bestimmt. Der Schnittpunkt des gefundenen Kreises mit dem Träger der Lösungsskala ist dann der Lösungspunkt. Der Kontakt der Lösung hat folglich die Gestalt $P_w \leftarrow\mid C'_u$. Das Schiebeblatt mit der Kreisschar wird durch den Zirkel ersetzt. Das Schiebeblatt behält einen Freiheitsgrad der Bewegung; denn eine Drehung um das Zentrum P'_0 hat keinen Einfluß auf den Wert der Lösung.

Ein solches Nomographierungsverfahren führt von der allgemeinen Gleichung mit acht Variablen zu einer Gleichung mit drei Variablen: der doppelte Kontakt entspricht einer Verminderung der Zahl der Variablen in der nomographierbaren Gleichung um zwei, die Einführung eines konstanten Elementes, des Punktes P'_0, vermindert die Zahl der Variablen noch einmal um eine Variable, schließlich wird in der darzustellenden Gleichung die Zahl der Variablen durch die Beibehaltung eines Freiheitsgrades noch einmal um zwei erniedrigt. Der Kontakt der Übertragung hängt mit der Zahl der Variablen der Gleichung nicht zusammen, weil er nicht die Lage der Gleitfläche bestimmt. Die Strukturformel der Nomogramme aus gleichweitentfernten Punkten, wenn man sie als Gleitflächennomogramme betrachtet, hat die Gestalt $P_v \mid=\mid P'_0,\ P_u \rightarrow C'_u,\ P_w \leftarrow\mid C'_u$.

§ 73. Rechenschieber

Der gewöhnliche logarithmische Rechenschieber ist eine der einfachsten Ausführungen eines Schiebeblattnomogramms für eine Gleichung mit drei Variablen, die im gegebenen Falle die Form $w = u \cdot v$ hat.

Den feststehenden Teil des Schiebers kann man als Basisebene des Nomogramms, den beweglichen Teil als das Schiebeblatt des Nomogramms ansehen. Auf der Basisebene liegen die geradlinigen Skalen der Variablen u und w, die einen gemeinsamen Träger besitzen. Auf der Gleitfläche befindet sich nur die Skala der Variablen v (Fig. 142). Auf dem Nomogramm ist zwischen den geradlinigen Trägern der Skalen der Basisebene und der Gleitfläche ein doppelter Kontakt hergestellt. Nennen wir den Träger der Skala u D_u und den Träger der Skala v D'_v, so hat der Kontakt die Form $D_u \mid=\mid D'_v$. Konstruktiv erreicht man den Kontakt zwischen den Trägern der Skalen, indem man den beweglichen Teil des Schiebers in den Einschnitt im festen Teil hineinschiebt. Beim Gebrauch des

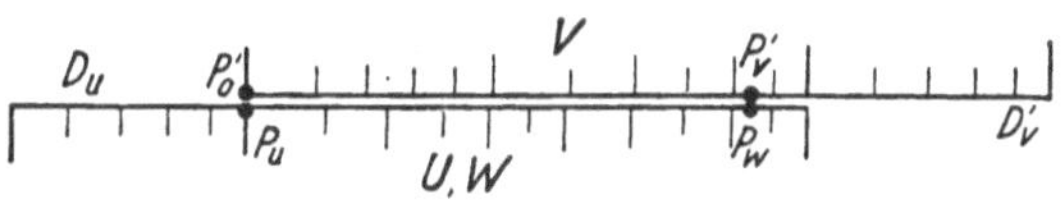

Fig. 142.

Rechenschiebers wird der dritte Kontakt der Lage hergestellt. Er besteht darin, daß man einen konstanten Punkt auf der Skala v des beweglichen Teiles (gewöhnlich ist es der Punkt mit dem Argument $v = 1$) — wir bezeichnen ihn mit P'_0 — zur Deckung mit dem Punkt der Skala u bringt, der dem gegebenen Werte u_0 entspricht: $P_u \mid-\mid P'_0$, wobei P_u die Bezeichnung des Punktes u_0 ist. Bekanntlich liest man die Lösung w_0 auf der unteren Skala w des Schiebers ab, und zwar im Punkte P_w. Dieser liegt dem Punkte der Skala v gegenüber, welcher dem gegebenen Werte v_0 entspricht. Das Aufeinanderfallen des Punktes mit dem Argument v_0 der Skala v mit dem Punkt, der das Argument w_0 hat und auf der Skala w liegt, ist dann der Lösungskontakt. Er hat die Gestalt $P_w \leftarrow\mid P'_v$, wobei P_w der Punkt mit dem Argument w_0 und P'_v der Punkt mit dem Argument v_0 ist.

Eine solche Ausführung des Schiebeblattnomogramms erniedrigt die Zahl der Variablen in der darzustellenden Gleichung von acht auf drei. In das Nomogramm gehen drei konstante Elemente ein: die Geraden D_u und D'_v und der Punkt P'_0. Der doppelte Kontakt zwischen den zwei konstanten Elementen D_u und D'_v vermindert die Zahl der Variablen in der darzustellenden Gleichung um vier. Das Vorhandensein des konstanten Elementes P'_0 (der Kontakt $P_u \mid-\mid P'_0$ ist hier ein einfacher Kontakt, weil die Punkte auf Geraden liegen, die sich schon im Kontakt befinden) erniedrigt die Zahl der Variablen in dem Nomogramm noch um eine weitere. Die Strukturformel des Nomogramms hat die Gestalt: $D_u \mid=\mid D'_v$, $P_u \mid-\mid P'_0$, $P_w \leftarrow\mid P'_v$. Alle besonderen Typen von Rechenschiebern sind eine Ausführung oder eine Weiterentwicklung des angeführten Schemas.

§ 74. Nomogramme mit einem rechten Winkel als Ablesevorschrift

In Fig. 143 ist schematisch ein Nomogramm für die Gleichung mit drei Variablen $F(u, v, w) = 0$ dargestellt, mittels dessen man die Lösung mit Hilfe eines durchsichtigen Schiebeblattes findet, auf dem ein rechter Winkel aufgezeichnet ist. Das Nomogramm besteht aus drei Skalen für die Variablen u, v und w. Um den Wert w_0 zu ermitteln, der den gegebenen Werten der Variablen u und v (u_0 und v_0) entspricht, muß man das Schiebeblatt so legen, daß die Spitze des rechten Winkels sich im Punkte u_0 befindet und einer der Schenkel des Winkels durch den Punkt v_0 geht. Dann ist der Schnittpunkt des zweiten Schenkels des Winkels mit dem Träger der Skala der Variablen w der Lösungspunkt. Die ersten zwei Punkte bestimmen vollkommen die Lage des Schiebeblattes in bezug auf die Basisebene.

Auf dem Nomogramm haben wir folgende Lagekontakte: der eine Kontakt wird dadurch gegeben, daß die Spitze des rechten Winkels auf einen Punkt der Skala der Variablen u fällt, der andere Kontakt, daß ein Schenkel des rechten Winkels durch einen Punkt auf der Skala der Variablen v geht. Bezeichnet man mit P'_0 die Spitze des rechten Winkels auf der Gleitfläche und mit P_0 den Punkt auf der Skala u, so hat der erste Kontakt die Gestalt $P_u \,|{=}|\, P'_{\bar{0}}$. Es ist ein doppelter Kontakt. Wir bezeichnen mit D'_{01} die eine und mit D'_{02} die andere Seite des rechten Winkels, mit P_v den Punkt auf der Skala v und mit P_w den Punkt auf der Skala w. Dann schreibt man den zweiten Kontakt der Lage $P_v \,|{-}|\, D'_{01}$ und den Kontakt der Lösung $P_w \leftarrow D'_{02}$. Die Strukturformel des Nomogramms hat dann die Gestalt $P_u \,|{=}|\, P'_0$, $P_v \,|{-}|\, D'_{01}$ und $P_w \leftarrow| \, D'_{02}$.

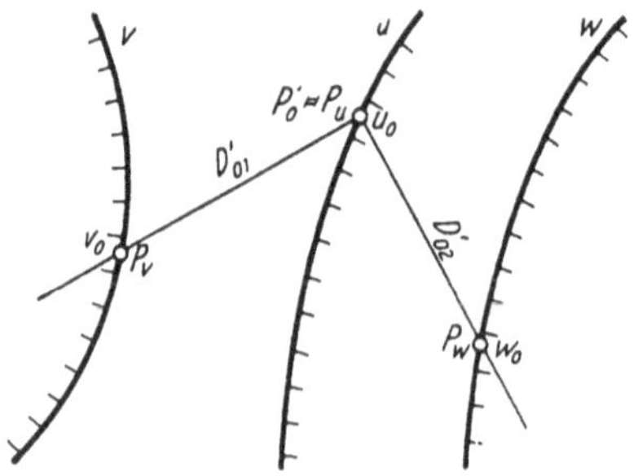

Fig. 143.

Die Zahl der Variablen im Nomogramm wird dadurch von acht auf drei vermindert, daß man drei konstante Elemente einführt: die Schenkel des rechten Winkels D'_{01} und $D'_{\bar{0}2}$ und seine Spitze P'_0, und außerdem ein Doppelkontakt $P_u \,|{=}|\, P'_0$ vorhanden ist. Jedes der konstanten Elemente vermindert die Zahl der Variablen um eine und der Doppelkontakt um zwei.

§ 75. Hexagonale Nomogramme

Im einfachsten Falle besteht ein hexagonales Nomogramm für eine Gleichung mit drei Variablen $F(u, v, w) = 0$ aus drei geradlinigen Skalen für die Variablen u, v und w, die auf den Seiten eines gleichseitigen Dreieckes liegen (Fig. 144). Die Lösung ermittelt man mit Hilfe eines durchsichtigen Schiebeblattes, auf dem die drei Geraden aufgetragen wurden, die durch einen Punkt gehen und miteinander Winkel von 120° bilden. Um nach dem Nomogramm den Wert $w = w_0$ aufzusuchen, der den gegebenen Werten $u = u_0$ und $v = v_0$ entspricht, legt man das Schiebeblatt so, daß eine ihrer Geraden durch den Punkt u_0 auf der Skala der Variablen u geht, wobei sie senkrecht auf dem Träger dieser Skala steht, und die zweite Gerade durch den Punkt v_0 auf der Skala der Variablen v geht (sie steht senkrecht auf dem Träger der Skala v). Dann wird der Lösungspunkt durch den Schnitt der dritten Geraden mit dem Träger der Lösungsskala w bestimmt.

Wir wollen die Strukturformel des Nomogramms aufstellen. Eine Verschiebung des Schiebeblattes in bezug auf die Basisfläche derart, daß eine ihrer Geraden senkrecht auf dem Träger der Skala u steht, bedeutet für die Gleitfläche den

Verlust eines Freiheitsgrades. Man kann diese Beschränkung in der Bewegung der Gleitfläche mit Hilfe des Kontaktes einfacher ausdrücken, wenn man die Skala u auf der Basisebene durch eine Schar paralleler Geraden ersetzt, die senkrecht zum Träger der Skala laufen und die Argumente der Punkte der Skala haben, durch die sie hindurchgehen. Dann wird die Lage der Gleitfläche, bei der ihre Gerade durch den Punkt der Skala u senkrecht zu deren Träger hindurchgeht, durch den Doppelkontakt $\Delta_u \mid = \mid D'_{01}$ ausgedrückt, wobei Δ_u die Gerade aus der Schar der parallelen Geraden u und D'_{01} die Gerade auf der Gleitfläche ist. Der zweite Kontakt der Lage hat die Gestalt $P_v \mid - \mid D'_{02}$, wobei P_v der Punkt auf der Skala v und D'_{02} die zweite Gerade der Gleitfläche ist. Diese zwei Kontakte bestimmen vollkommen die Lage der Gleitfläche. Den Lösungskontakt kann man in der Form schreiben $P_w \leftarrow\mid D'_{03}$, wobei P_w der Punkt auf der Skala w und D'_{03} die dritte Gerade der Gleitfläche ist. Schließlich hat dann die Strukturformel des Nomogramms die Gestalt $\Delta u \mid = \mid D'_{01}$, $P_v \mid - \mid D'_{02}$, $P_w \leftarrow\mid D'_{03}$.

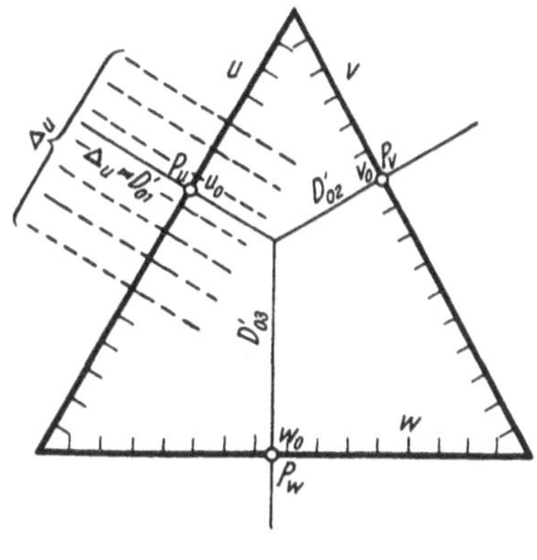

Fig. 144.

Die Zahl der Variablen im Nomogramm wird dadurch von acht auf drei vermindert, daß man drei konstante Elemente: D'_{01}, D'_{02} und D'_{03} und einen Doppelkontakt $D'_{01} \mid = \mid \Delta_u$ einführt.

In einem allgemeineren Falle können hexagonale Nomogramme Skalen haben, die auf drei beliebigen Geraden liegen, und sie können eine Gleitfläche besitzen, bei der die Geraden ganz anders zueinanderliegen, wie in dem betrachteten Falle. Es sind auch Lagen möglich, wo die Gleitfläche einen Freiheitsgrad besitzt[1]). Notwendigerweise muß erwähnt werden, daß Gleichungen, die durch hexagonale Nomogramme dargestellt werden, sich auch als Fluchtlinientafeln darstellen lassen.

§ 76. Netztafeln

Wir erhalten die einfachste Deutung einer Netztafel als Sonderfall eines Schiebeblattnomogramms, wenn wir annehmen, daß die Variablen u und v der nomographierbaren Gleichung $F(u, v, w) = 0$ auf der Basisebene durch ein Netz der Punkte $P_{u,v}$ dargestellt werden. Die Linienschar, die die Variable w darstellt, zeichnen wir auf das Schiebeblatt. Wir nehmen an, daß die Gleitfläche fest auf der Basisebene liegt, d. h. wir nehmen an, daß das Nomogramm drei Lagekontakte mit konstanten Elementen hat: $0 \mid - \mid 0$, $0 \mid - \mid 0$ und $0 \mid - \mid 0$. Die Linienscharen $u = \text{const.}$ und $v = \text{const.}$ betrachten wir als Hilfsscharen, die zum Ablesen der Argumente im Felde dienen. Der Lösungskontakt ist hier der Kontakt

1) Genaueres siehe; A. I. Moldauer „Hexagonale Nomogramme von Lallemand", Wissenschaftliche Notizen МГУ 28. Ausgabe, 1939.

zwischen einem Punkte des Feldes, der den gegebenen Werten der Variablen u und v entspricht, und einer Linie aus der Linienschar $w = \text{const.}$: $P_{u,v} \mid\!\!\rightarrow C'_w$ (Fig. 145). Die Strukturformel des Nomogramms hat die Gestalt: $P_{u,v} \mid\!\!\rightarrow C'_w$, $0 \mid\!-\!\mid 0$, $0 \mid\!-\!\mid 0$, $0 \mid\!-\!\mid 0$ und ist im wesentlichen die Formel eines Nomogramms mit zwei Variablen, weil den Werten der zwei Variablen u und v nur ein Element des Nomogramms, nämlich ein Punkt entspricht.

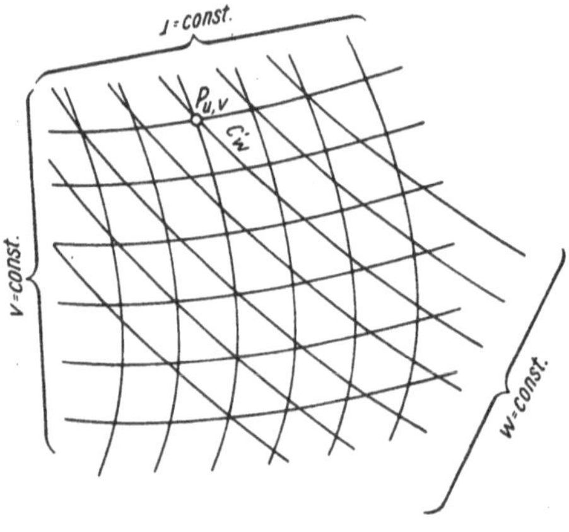

Fig. 145.

§ 77. Nomogramme in Form einer Paralleltafel

Mittels Paralleltafeln werden Gleichungen mit vier Variablen $F(u, v, w, t) = 0$ dargestellt. Eine Paralleltafel besteht aus vier Skalen für die Variablen u, v, w und t. Um nach dem Nomogramm den Wert t_0 aufzufinden, der den Werten u_0, v_0 und w_0 der Varbialen u, v und w entspricht, muß man folgendermaßen verfahren: Durch die Punkte u_0 und v_0 auf den Skalen u und v muß man eine Gerade legen; durch den Punkt w_0 auf der Skala w legt man eine zweite Gerade, die der ersten Geraden parallel ist: der Schnittpunkt der zweiten Geraden mit dem Träger der Skala t ist dann der Lösungspunkt, sein Argument bestimmt den Wert für t_0 (Fig. 146).

Das Hindurchlegen der zwei parallelen Geraden kann man durch die Anwendung eines durchsichtigen Schiebeblattes ersetzen, auf dem sich eine Schar paralleler

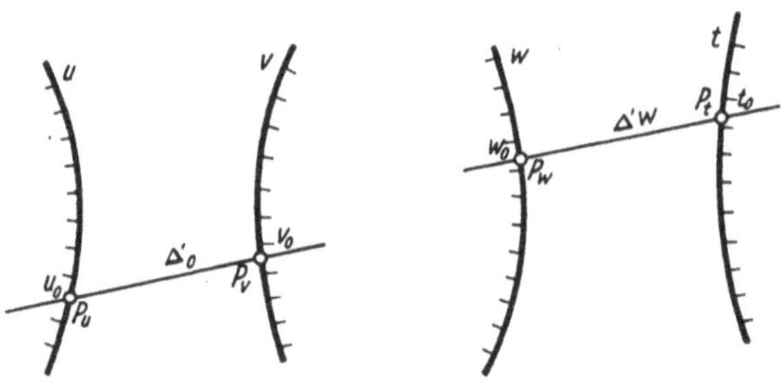

Fig. 146.

Geraden befindet. Wir legen das Schiebeblatt so, daß eine seiner Geraden durch die Punkte u_0 und v_0 auf den Skalen u und v geht. Damit erhalten wir die Lagekontakte $P_u \mid\!-\!\mid \Delta'_0$ und $P_v \mid\!-\!\mid \Delta'_0$, wobei P_u und P_v Punkte auf den Skalen u und v und Δ'_0 die konstante Gerade des Schiebeblattes ist. Dann suchen wir auf dem Schiebeblatt die Gerade auf, die durch den Punkt w_0 auf der Skala w hindurchgeht. Dies ist der Kontakt der Übertragung $P_w \rightarrow \Delta'_w$, P_w ist der Punkt auf der Skala w und Δ'_w eine Gerade aus der Schar der Parallelen des Schiebeblattes, die jetzt das Argument des Punktes der Skala w bekommen hat. Der Schnittpunkt der zweiten Geraden mit dem Träger der Skala t ist der Lösungspunkt. Der Lösungskontakt hat infolgedessen die Gestalt $P_t \leftarrow\!\!| \Delta'_w$, wobei P_t der Punkt der Skala t ist.

Das proportionale Nomogramm ist somit zu einem Schiebeblattnomogramm mit einer freien Gleitfläche geworden. Eine Verschiebung der Gleitfläche längs der auf ihm aufgetragenen Linien ändert den Lösungskontakt nicht. Die Strukturformel des Nomogramms hat die Gestalt $P_u \,|\!-\!|\, \Delta'_0$, $P_v \,|\!-\!|\, \Delta'_0$, $P_w \rightarrow \Delta'_w$, $P_t \leftarrow\!\!| \Delta'_w$. Die Zahl der Variablen auf dem Nomogramm ist vier. Die allgemeine Zahl von Variablen auf einem Gleitflächennomogramm, die gleich acht ist, wurde hier durch die Einführung zweier konstanter Elemente, die auf der Gleitfläche in einer Geraden vereint sind, und durch die Beibehaltung eines Freiheitsgrades für die Gleitfläche vermindert.

Eine Paralleltafel kann man als Sonderfall eines aus zwei Fluchtlinientafeln zusammengesetzten Nomogramms betrachten. Dann besteht das erste Nomogramm aus den Skalen u und v und der unendlich fernen unbenannten Skala der Variablen λ; das zweite Nomogramm aus den Skalen w, t und derselben unendlich fernen unbenannten Skala λ.

Die erste der parallelen Geraden der Gleitfläche Δ'_0 ist die Lösungsgerade des ersten Nomogramms. Sie bestimmt einen Punkt auf der unendlich fernen unbenannten Skala λ. Die zweite der parallelen Geraden ist Lösungsgerade des zweiten Nomogramms. Sie führt durch denselben Punkt auf der unbenannten Skala λ, wie die erste Lösungsgerade (weil sie der ersten Geraden parallel ist und sich folglich mit ihr in einem unendlich fernen Punkte schneidet, der auf der unendlich fernen Geraden liegt) und durch einen Punkt der Skala w. Unterwirft man ein solches Nomogramm einer projektiven Umformung, so verwandelt es sich in ein gewöhnliches aus Fluchtlinientafeln zusammengesetztes Nomogramm, weil die unbenannte Skala λ dann in eine endliche Entfernung rückt.

§ 78. Nomogramme in Form einer Kreuztafel

Ein Nomogramm in Form einer Kreuztafel für eine Gleichung mit vier Variablen $F(u, v, w, t) = 0$ besteht aus vier Skalen für die Variablen u, v, w und t und einem durchsichtigen Schiebeblatt (Gleitfläche), auf dem zwei sich senkrecht schneidende Geraden eingezeichnet wurden. Um nach dem Nomogramm den Wert t_0 zu ermitteln, der den gegebenen Werten der Variablen u, v und w (u_0, v_0 und w_0) entspricht, legen wir die Gleitfläche so, daß eine ihrer Geraden durch die Punkte u_0 und v_0 auf den Skalen der Variablen u und v, und die zweite Gerade durch den Punkt w_0 auf der Skala der Variablen w geht (Fig. 147). Der Schnittpunkt der zweiten Geraden der Gleitfläche mit dem Träger der Skala t ist der Lösungspunkt. Sein Argument t_0 ist der gesuchte Wert der Variablen t. Die Geraden der Gleitfläche muß man als vier konstante paarweise zusammenfallende Geraden betrachten. Wir bezeichnen die erste von ihnen mit D'_{01} und die zweite mit D'_{02}. Durch die Bedingung, daß die erste Gerade durch die Punkte auf den Skalen u

und v und die zweite Gerade durch einen Punkt auf der Skala w geht, kommt man zu den Kontakten der Lage. Wenn man die Punkte auf den Skalen u, v und w entsprechend P_u, P_v und P_w nennt, so haben die Kontakte der Lage die Gestalt P_u |—| D'_{01}, P_v |—| D'_u und P_w |—| D'_{02}. Den Kontakt der Lösung kann man in der Gestalt P_t←D'_{02} schreiben, wobei P_t ein Punkt auf der Skala t ist. Die Strukturformel des Nomogramms wird dann P_u |—| D'_{01}, P_v |—| D'_{01}, P_w |—| D'_{02}, P_t←| D'_{02}. Die Zahl der Variablen wird in dem Nomogramm dadurch von acht auf vier vermindert, daß man vier konstante Elemente einführt: die doppelt angenommenen Geraden D'_{01} und D'_{02}.

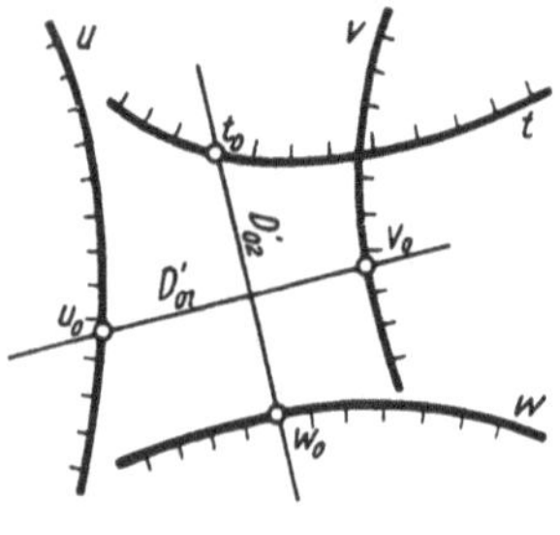

Fig. 147.

Eine Kreuztafel kann man leicht in eine Paralleltafel überführen. Dazu genügt es, die Skalen der Variablen w und t um 90° zu drehen, ohne daß man ihre gegenseitige Lage ändert. Dabei geht die zweite Gerade der Gleitfläche in jeder beliebigen Lage in eine Gerade über, die der ersten Geraden der Gleitfläche parallel ist, d. h. aber, das Nomogramm wurde in eine Paralleltafel überführt. Daraus folgt auch, daß man alle Kreuztafeln in Paralleltafeln umwandeln kann.

§ 79. Nomogramme mit Äquidistanzablesung in ihrer allgemeinen Form

Eine Gleichung mit vier Variablen $F(u, v, w, t) = 0$ kann durch ein Äquidistanznomogramm dargestellt werden, das allgemeineren Charakters ist gegenüber dem in § 72 beschriebenen. Das Nomogramm besteht aus vier Skalen für die Variablen u, v, w und t, die so konstruiert sind, daß der Abstand zwischen den Punkten u_0

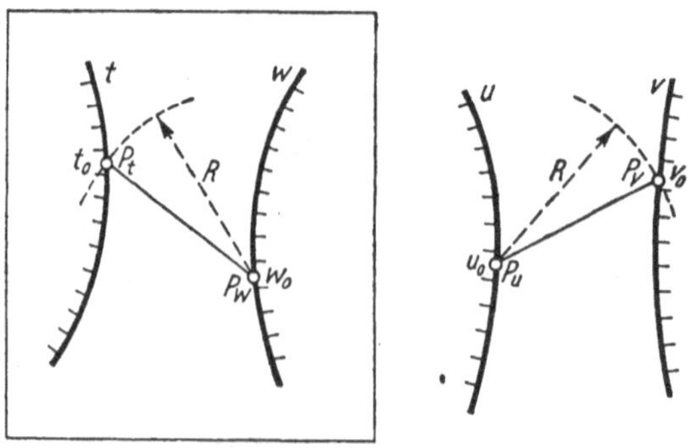

Fig. 148a.

und v_0 auf den Skalen u und v gleich dem Abstand zwischen den Punkten w_0 und t_0 auf den Skalen w und t ist, wenn die Werte u_0, v_0, w_0 und t_0 die Gleichung befriedigen. Die Ablesevorschrift eines solchen Nomogramms ist folgende. Wir nehmen einen Zirkel, stechen mit einer seiner Spitzen in den Punkt u_0 auf der Skala u und mit der anderen in den Punkt v_0 auf der Skala v. Ohne daß wir die Spannweite des Zirkels ändern, übertragen wir eine seiner Spitzen in den Punkt w_0 auf der Skala w und mit der anderen Spitze machen wir einen Einstich auf dem Träger der Skala t. Dieser Einstich legt den Lösungspunkt fest (Fig. 148a).

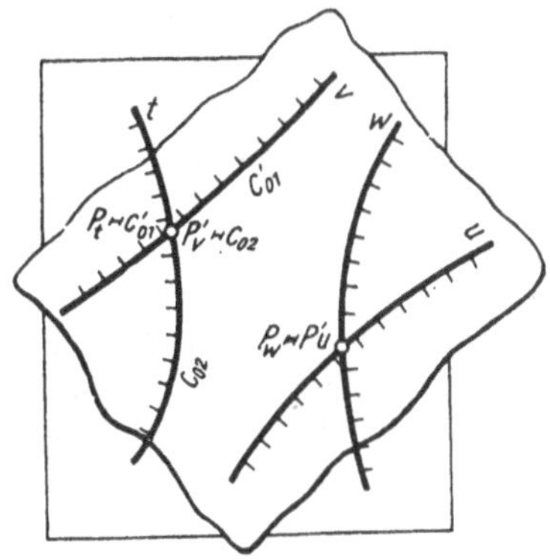

Fig. 148 b.

Man kann das Nomogramm als Sonderfall eines Schiebeblattes darstellen, wenn man die Skalen der Variablen w und t auf die Basisebene und die Skalen der Variablen u und v auf die Gleitfläche legt. Um in einem solchen Nomogramm die Lösung zu finden, muß man den Punkt mit dem Argument u_0 der Skala u der Gleitfläche auf den Punkt mit dem Argument w_0 der Skala w legen, die sich auf der Basisebene befindet. Dann drehen wir die Gleitfläche so weit, bis der Punkt mit dem Argument v_0 der Skala v auf den Träger der Skala t fällt. Der Schnittpunkt der Träger der Skalen v und t ist dann der Lösungspunkt (Fig. 148b). Bezeichnet man die Punkte auf den Skalen u, v, w und t entsprechend mit P'_u, P'_v, P_w und P_t und die Träger der Variablen v und t mit C'_{01} und C_{02}, so kann man die Kontakte der Lage und den Lösungskontakt formelmäßig festhalten. Die Kontakte der Lage sind: der doppelte Kontakt $P_w \mid = \mid P'_u$ und der Kontakt zwischen einem Punkt der Skala v und dem Träger der Skala t: $C'_{02} \mid - \mid P'_v$. Lösungskontakt wird der Kontakt zwischen dem Träger der Skala v und einem Punkt der Lösungsskala t: $P_t \leftarrow\mid C'_{01}$. Die Strukturformel des Nomogramms hat die Gestalt $P_w \mid = \mid P'_u$, $C_{02} \mid - \mid P'_v$, $P_t \leftarrow\mid C'_{01}$. Die Verminderung der Zahl der Variablen im Nomogramm ist auf den doppelten Kontakt und das Vorhandensein zweier konstanter Elemente C'_{01} und C_{02} zurückzuführen, deren Rolle hier die Träger der Skalen v und t spielen.

§ 80. Ein kurzer Vergleich der verschiedenen Methoden der Nomographierung

Die Nomogramme müssen zwei Hauptbedingungen erfüllen: man muß nach ihnen die Lösung mit dem vorgeschriebenen Genauigkeitsgrad finden, und dann muß der Prozeß der Lösungsermittlung genügend einfach sein. Um eine Nomographierungsmethode zu bewerten, muß man davon ausgehen, inwieweit obige Forderungen erfüllt sind und ob die Klasse der Funktionen, die man auf diese Weise nomographieren kann, genügend groß ist.

Je nach der praktischen Bestimmung des Nomogramms kann die eine oder die andere der variablen Größen, die in die Gleichung eingehen, Lösungsgröße sein. So kann sich auch die erforderliche Genauigkeit der Lösung und die Art, wie man sie bewertet, ändern. Dies führt zu der Notwendigkeit, bei der Konstruktion das Nomogramm einer projektiven Umformung zu unterwerfen. Je nachdem, wofür es in der Praxis gebraucht wird, muß man ihm diese oder jene Form geben.

Die größten Möglichkeiten der Umformung hat man bei der Konstruktion von Fluchtlinien- und Netztafeln. In allen übrigen Fällen ist der Bereich der Umformungen, die durch die Nomogramme zugelassen sind, begrenzt, und ihre Form wird im wesentlichen durch den Charakter der nomographierbaren Gleichungen und die Variabilitätsgrenzen der Variablen bestimmt. Von den zwei aufgezeigten Typen sind am bequemsten die Fluchtlinientafeln. Sie lassen eine Konstruktion einfacher Nomogramme für Gleichungen mit vielen Variablen zu und sind sehr einfach in ihrer Anwendung. Ein gewisser Vorzug der Netztafeln ist die hier gegebene Möglichkeit, ein Nomogramm für eine beliebige Gleichung mit drei Variablen zu konstruieren. Aber die Klasse der Gleichungen, die durch Fluchtlinientafeln darstellbar sind, ist doch so groß, daß in sie die Mehrzahl aller Gleichungen eingeht, denen man in der Ingenieurpraxis begegnet. Dadurch wird auch die weite Verbreitung der Fluchtlinientafeln verständlich.

Führt jedes der oben angeführten Verfahren zur Konstruktion von Nomogrammen, so ergeben sich in einzelnen Sonderfällen sehr gute Nomogramme. Besonders ist dies bei der Konstruktion von Rechengeräten, die auf dem nomographischen Prinzip beruhen, zu berücksichtigen, wo das allgemeine Schema des Gleitflächennomogramms schon zur Schaffung sehr gelungener Konstruktion geführt hat.

Bemerkungen des Herausgebers zur Fußnote 1 auf Seite 37:

In der vorliegenden Form ist eine Übersetzung der Gleichung in ein Nomogramm auf Grund der vorangegangenen Erörterungen in der Tat nicht möglich. Entschließt man sich jedoch zu einer algebraischen Umformung, indem man die Gleichung nach w auflöst und auf der rechten Seite Zähler und Nenner durch $\frac{u}{2}$ dividiert, dann erhält man

$$w = \frac{\dfrac{\sqrt{\left(\frac{u}{2}\right)^2 - v}}{\frac{u}{2}} - 1}{\dfrac{1}{\frac{u}{2}}}.$$

Diese Gleichung läßt sich aber nach SCHWERDT: „Anwendungen der Nomographie in der Mathematik“, Berlin 1931, Springer S. 4 einer Grundform zuordnen, die auf ein Nomogramm mit einer Leiter und einem Netz führt, wobei die Ablesegrade durch den Drehpunkt $y_2 = 1$ geht. Das vom Herausgeber danach entworfene Nomogramm erscheint im Jahre 1954 in der Zeitschrift „Acta Hydrophysica“ Akademie-Verlag, Berlin.

BEILAGE 1

DETERMINANTEN (EINE KNAPPE DARSTELLUNG)

Bei der Lösung von Gleichungssystemen ersten Grades verwendet man zur Vereinfachung der Schreibweise Determinanten.

Determinante zweiter Ordnung nennt man einen Ausdruck, der aus den Elementen der quadratischen Matrix

$$\begin{matrix} a_1 & b_1 \\ a_2 & b_2 \end{matrix}$$

nach folgendem Gesetz gebildet wird: $a_1b_2 - a_2b_1$. An Stelle des angeführten Ausdruckes schreibt man die quadratische Matrix und bezeichnet sie durch zwei senkrechte Striche an den Seiten. Man benutzt also die Bezeichnung:

$$a_1b_2 - a_2b_1 = \begin{vmatrix} a_1 & b_1 \\ a_2 & b_2 \end{vmatrix}.$$

Die Elemente a_i und b_i können sowohl Zahlen als auch Funktionen sein. Im ersten Falle ist die Determinante eine Zahl, im zweiten Falle eine Funktion derselben Variablen wie ihre Elemente. Die Elemente a_1 und a_2, b_1 und b_2 sind die erste und die zweite *Spalte* der Determinante. Die Elemente a_1 und b_1, a_2 und b_2 bilden *die erste und die zweite Zeile der Determinante.*

Ordnung einer Determinante nennt man die Zahl ihrer Zeilen oder Spalten. Bei Problemen, die mit der Konstruktion von Nomogrammen zusammenhängen, begegnet man im wesentlichen den Determinanten *dritter Ordnung.*

$$a_1b_2c_3 + a_2b_3c_1 + a_3b_1c_2 - a_3b_2c_1 - a_2b_1c_3 - a_1b_3c_2 =$$

$$= \begin{vmatrix} a_1 & b_1 & c_1 \\ a_2 & b_2 & c_2 \\ a_3 & b_3 & c_3 \end{vmatrix}.$$

Es gibt ein einfaches Verfahren, wie man sich den Ausdruck der auf der linken Seite der Gleichung steht, hinschreiben kann: den Ausdruck einer Determinante dritten Grades durch ihre Elemente. Man bildet das Produkt der Elemente der Determinante, die auf ihrer Hauptdiagonale stehen: a_1, b_2, c_3 und dann das Produkt der Elemente, die auf den kleinen Nebendiagonalen stehen (b_1c_2 und a_2b_3) mit den ihnen auf der anderen Seite der Hauptdiagonale gegenüberstehenden Elementen a_3 und c_1. Wir erhalten $a_3b_1c_2$ und $a_2b_3c_1$. Alle drei Produkte muß man mit dem Pluszeichen versehen. Der Weg, wie man die Produkte bildet, ist in der Matrix punktiert eingetragen:

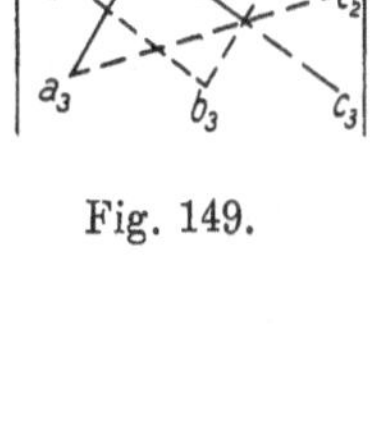

Fig. 149.

Die Produkte, die in die Determinanten mit dem Minuszeichen eingehen, stellt man analog auf, wobei man die zweite Hauptdiagonale benutzt $a_3b_2c_1$ und die ihr parallelen kleinen Diagonalen. So erhält man die Produkte $a_3b_2c_1$, $a_2b_1c_3$ und $a_1b_3c_2$.

Jetzt wollen wir einige Eigenschaften von Determinanten anführen, von denen im Buch Gebrauch gemacht wurde.

1. Der Wert einer Determinante bleibt unverändert, wenn man zu den Elementen einer der Spalten Größen hinzufügt, die den entsprechenden Elementen der anderen Spalten proportional sind, d. h. es gilt die Gleichung:

$$\begin{vmatrix} a_1 & b_1 & c_1 \\ a_2 & b_2 & c_3 \\ a_3 & b_3 & c_3 \end{vmatrix} = \begin{vmatrix} a_1 + \lambda b_1 + \mu c_1 & b_1 & c_1 \\ a_2 + \lambda b_2 + \mu c_2 & b_2 & c_2 \\ a_3 + \lambda b_3 + \mu c_3 & b_3 & c_3 \end{vmatrix},$$

wobei λ und μ algebraische Größen sind.

2. Multipliziert man die Elemente einer beliebigen Spalte der Determinante mit derselben Zahl, so vergrößert sich der Wert der Determinante um denselben Faktor.

$$\begin{vmatrix} \lambda a_1 & b_1 & c_1 \\ \lambda a_2 & b_2 & c_2 \\ \lambda a_3 & b_3 & c_3 \end{vmatrix} = \lambda \begin{vmatrix} a_1 & b_1 & c_1 \\ a_2 & b_2 & c_2 \\ a_3 & b_3 & c_3 \end{vmatrix}.$$

3. Der Wert einer Determinante ändert sich nicht, wenn man Zeilen und Spalten vertauscht. Hieraus folgt, daß alle von uns oben hinsichtlich der Spalten formulierten Eigenschaften auch für die Zeilen der Determinante Gültigkeit haben.

Wir bringen nun die für uns nötigen Anwendungen der Determinanten.

1. Die Fläche S eines Dreieckes, dessen Spitzen sich in den Punkten mit den Koordinaten (x_1, y_1), (x_2, y_2), (x_3, y_3) befinden, wird mit Hilfe einer Determinante dritter Ordnung folgendermaßen ausgedrückt:

$$S = \frac{1}{2} \begin{vmatrix} 1 & x_1 & y_1 \\ 1 & x_2 & y_2 \\ 1 & x_3 & y_3 \end{vmatrix}.$$

Hieraus kann man die notwendige und hinreichende Bedingung dafür gewinnen, daß drei gegebene Punkte auf einer Geraden liegen. Nimmt man diese Punkte als Spitzen unseres Dreieckes, so entartet dieses Dreieck in eine Gerade, und sein Flächeninhalt wird also Null, d. h. für die Koordinaten von drei Punkten, die auf einer Geraden liegen, ist die Gleichung erfüllt

$$\begin{vmatrix} 1 & x_1 & y_1 \\ 1 & x_2 & y_2 \\ 1 & x_3 & y_3 \end{vmatrix} = 0.$$

Dies ist eine notwendige und hinreichende Bedingung dafür, daß drei Punkte mit den Koordinaten (x_1, y_1), (x_2, y_2), (x_3, y_3) auf einer Geraden liegen.

2. Dasselbe Ergebnis kann man auch auf eine andere Weise erhalten. Wenn die drei Punkte (x_1, y_1), (x_2, y_2) und (x_3, y_3) auf einer Geraden liegen, die die Form $Ax + By + C = 0$ haben soll, so ist klar, daß die Koordinaten der gegebenen Punkte die Gleichung dieser Geraden erfüllen, d. h. es gilt

$$Ax_1 + By_1 + C = 0,$$

$$Ax_2 + By_2 + C = 0,$$

$$Ax_3 + By_3 + C = 0.$$

Es gibt infolgedessen Koeffizienten A, B und C ungleich Null, die Lösungen dieses Gleichungssystems sind. Eine notwendige und hinreichende Bedingung für die Lösbarkeit des obigen homogenen Gleichungssystems ist aber, daß die Koeffizientendeterminate dieses Systems gleich Null ist. In unserem Falle gilt also die Gleichung

$$\begin{vmatrix} x_1 & y_1 & 1 \\ x_2 & y_2 & 1 \\ x_3 & y_3 & 1 \end{vmatrix} = 0.$$

Dies ist gleichzeitig eine notwendige und hinreichende Bedingung dafür, daß die drei betrachteten Punkte auf einer Geraden liegen. Erst hatten wir diese Bedingung auf geometrische Weise erhalten, indem wir den Ausdruck für die Fläche eines Dreieckes verwandten.

Von der obigen Bedingung der Lösbarkeit eines homogenen Gleichungssystems haben wir auch in diesem Buche Gebrauch gemacht.

Eingehendere Ausführungen über Determinanten in einer für unsere Zwecke erschöpfenden Fülle kann man in dem Buch von I. I. Priwalow: „Analytische Geometrie“ im Kapitel „Determinanten“ finden.

NAMEN- UND SACHVERZEICHNIS

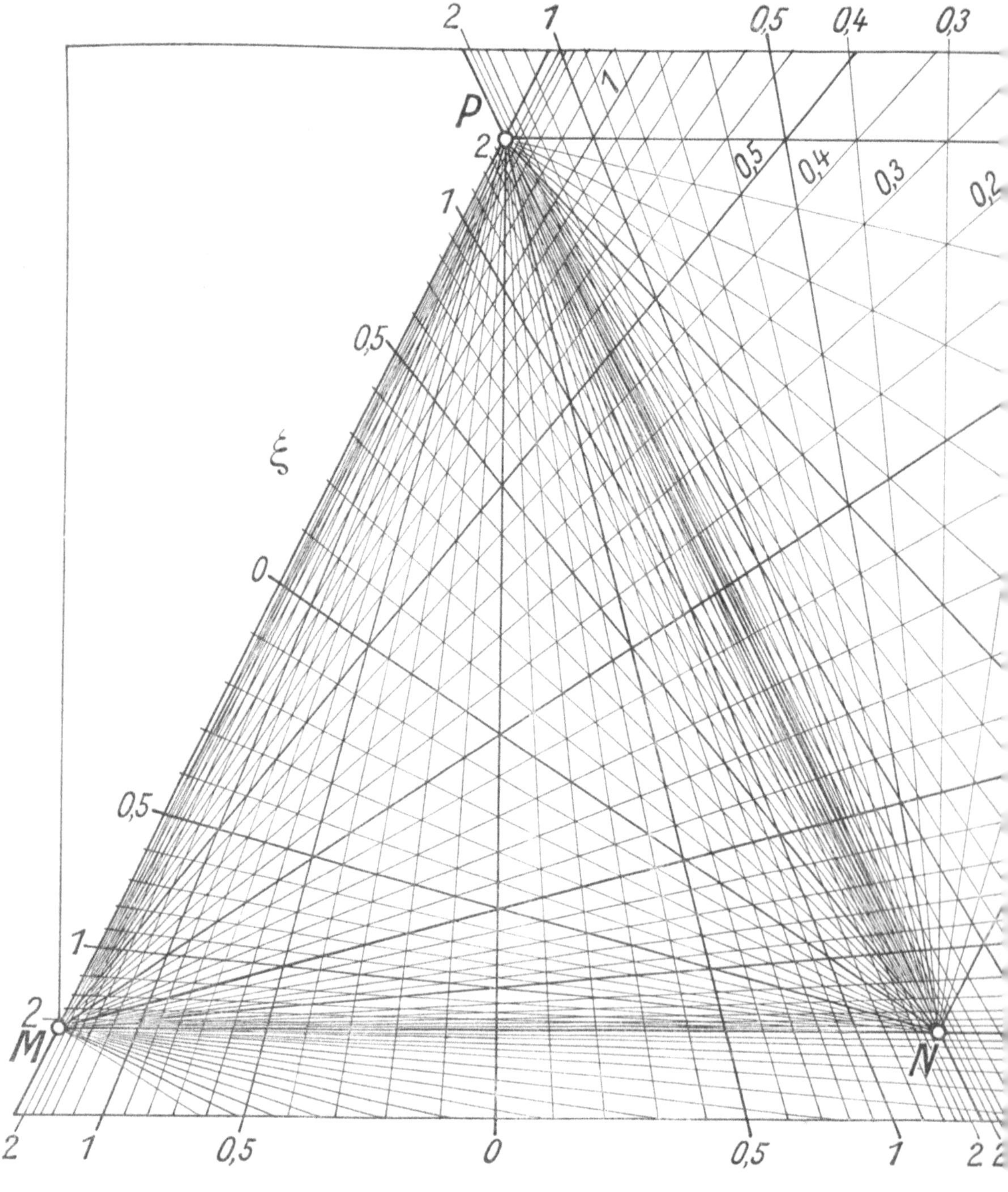

Beilage 2. Ein Net

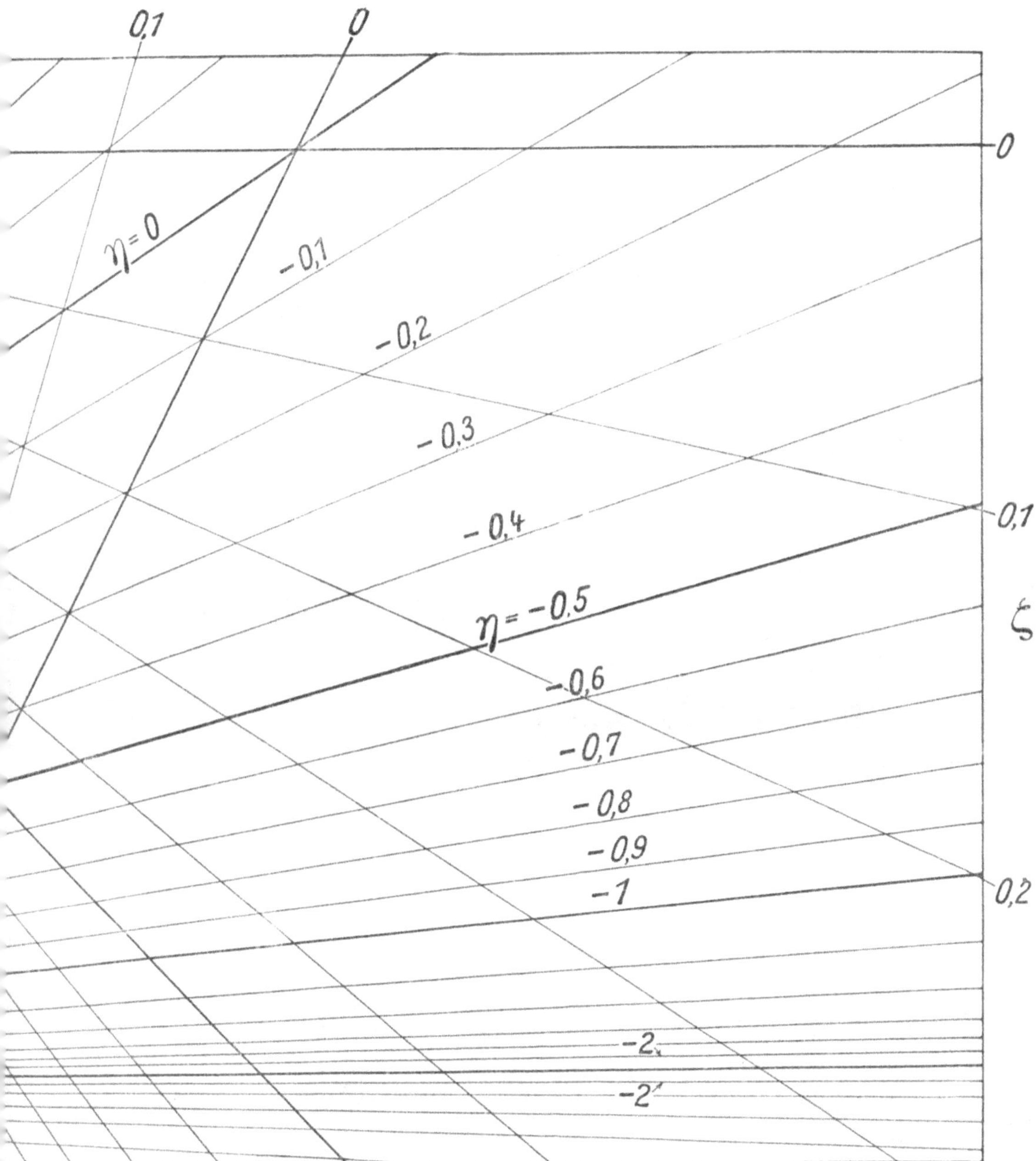

…n festen Dreieck

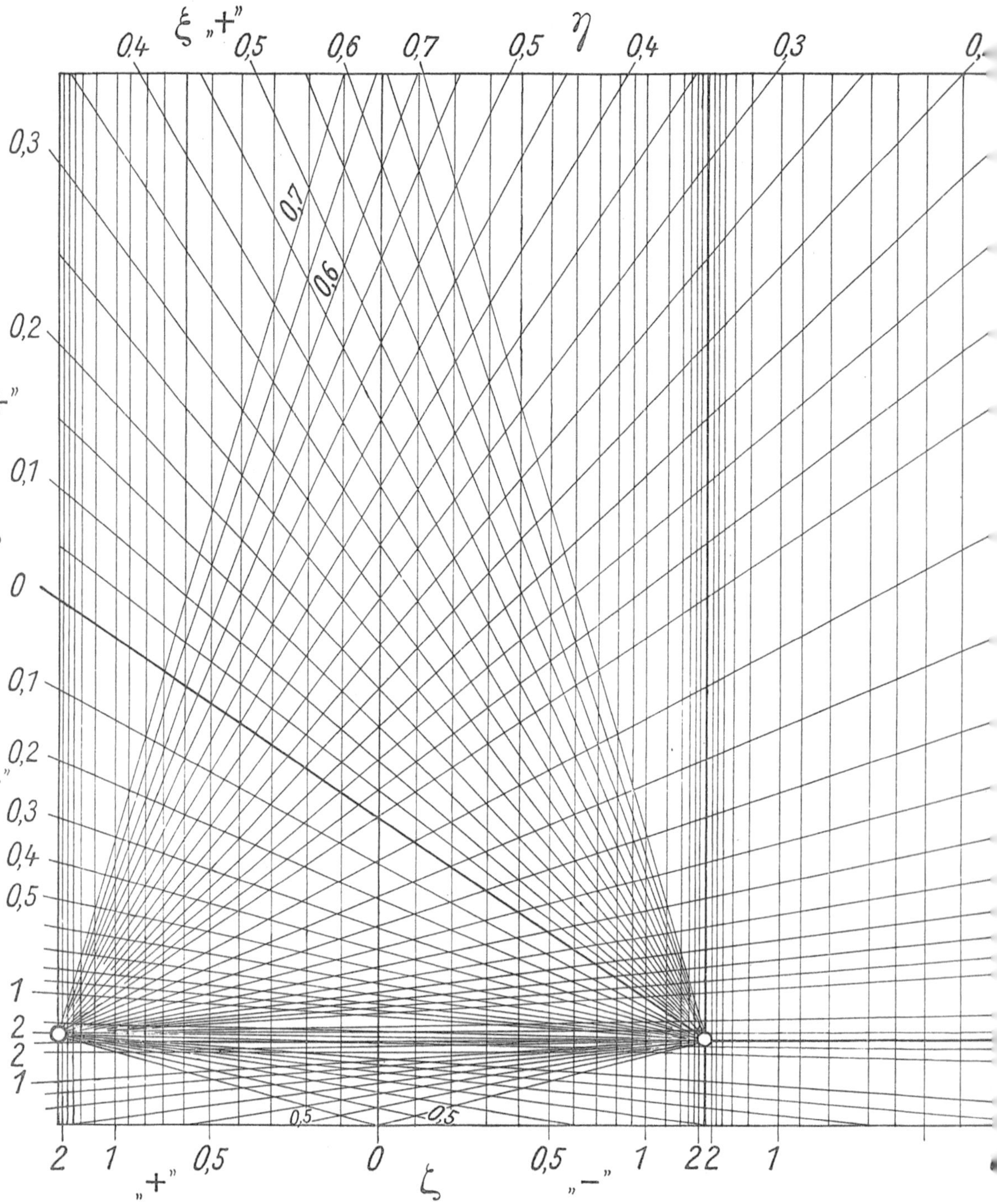

Beilage 3. Ein Net

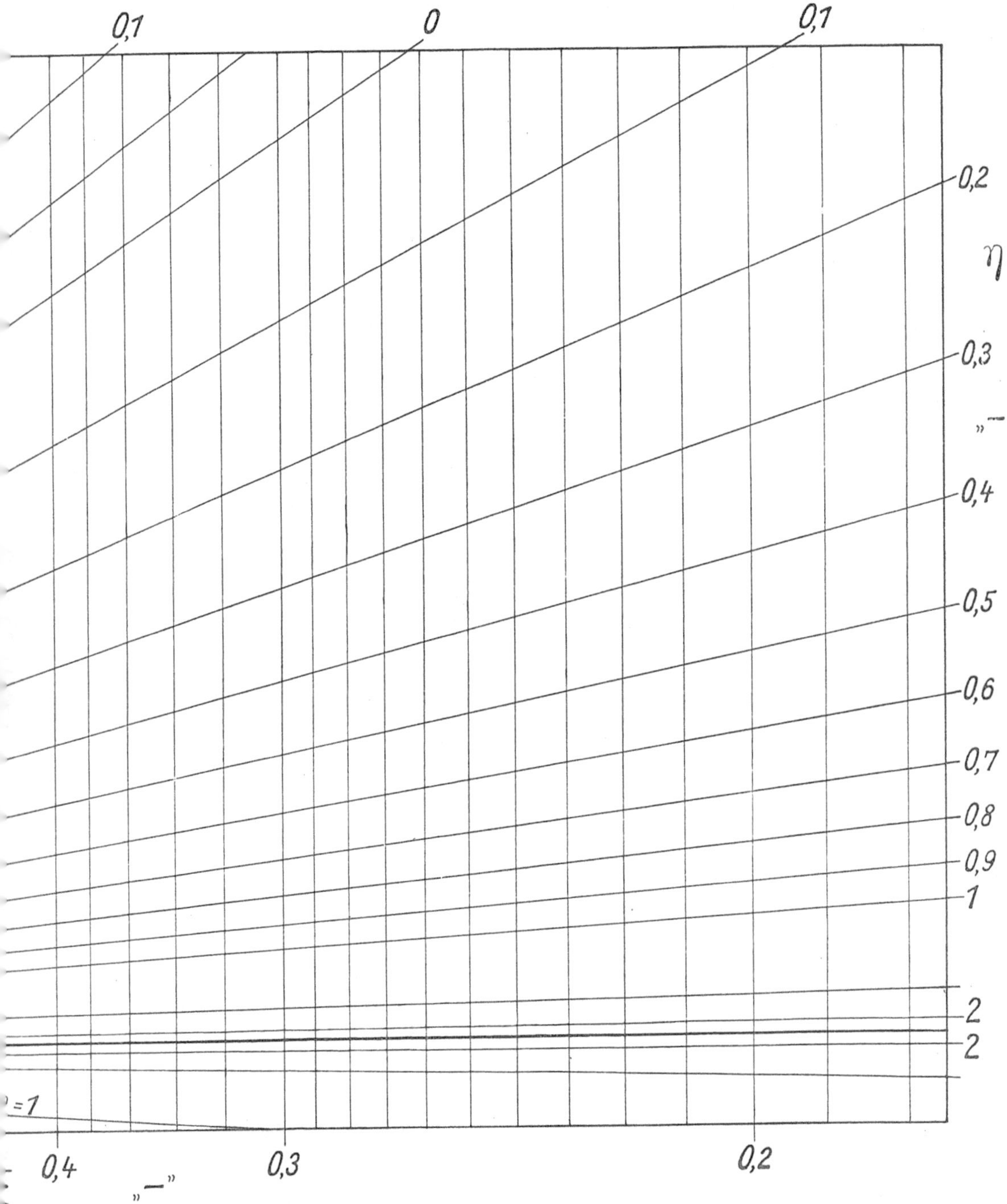

n parallelen Geraden

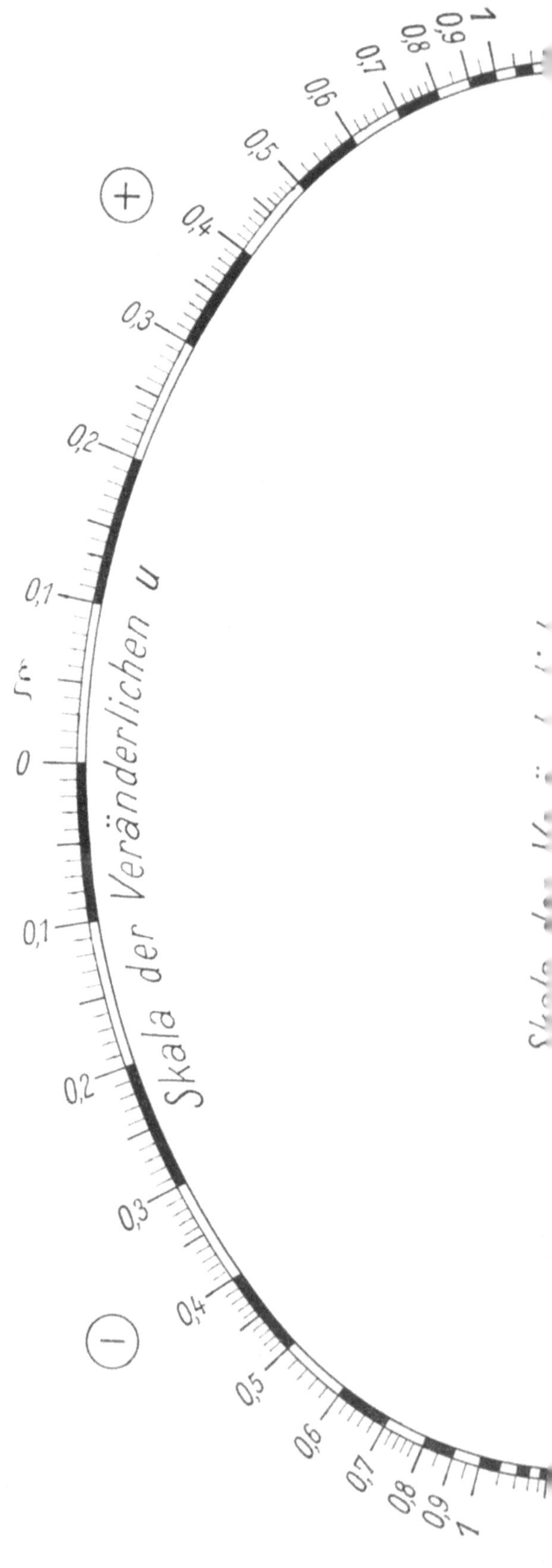

Beilage 4. Das Skelett auf

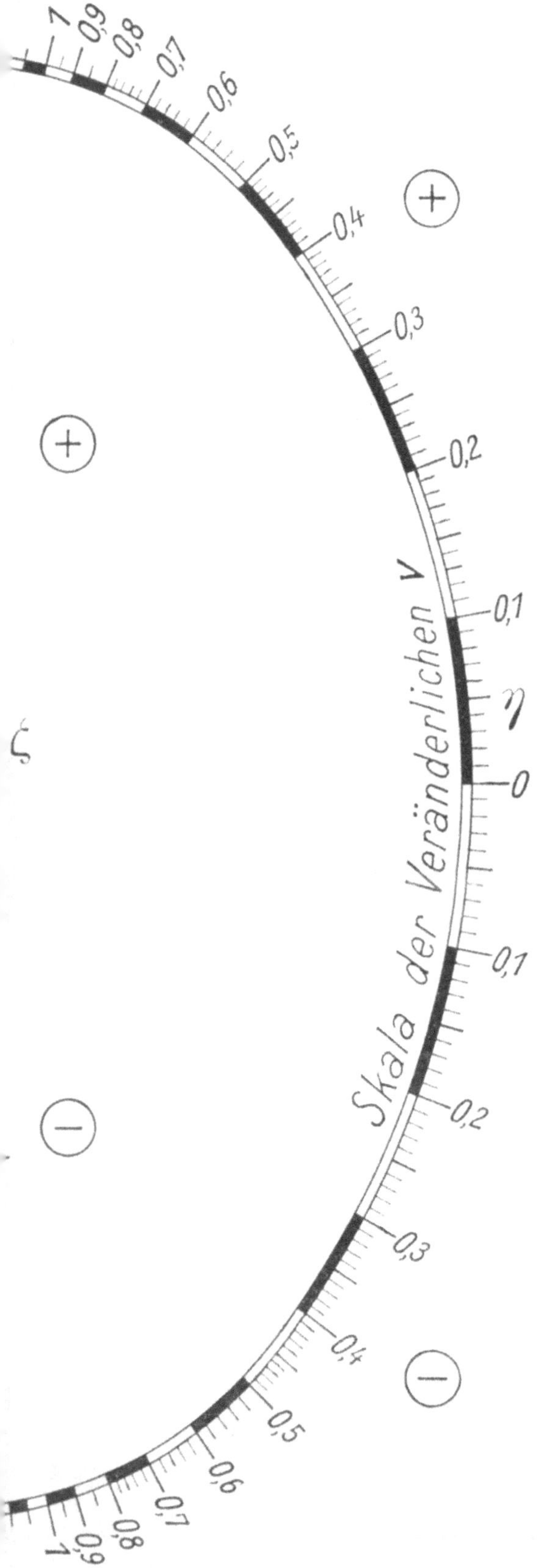

ose und einer Sekante

FSC
www.fsc.org
MIX
Papier | Fördert
gute Waldnutzung
FSC® C083411

Zeitfracht Medien GmbH
Ferdinand-Jühlke-Straße 7
99095 Erfurt, Deutschland
produktsicherheit@kolibri360.de